国家电网
STATE GRID

U0831110

电网企业专业技能考核题库

配电线路工

国网宁夏电力有限公司　编

中国电力出版社
CHINA ELECTRIC POWER PRESS

内 容 提 要

本书编写依据国家职业技能鉴定、电力行业职业技能鉴定与国家电网有限公司技能等级评价（认定）相关制度、规范、标准，立足宁夏电网生产实际，融合新型电力系统构建及新时代技能人才发展目标要求。本书主要内容为电网企业技能人员技能等级认定与评价实操试题，包含技能笔答及技能操作两大部分，其中技能笔答主要以问答题形式命题，技能操作以任务书形式命题，均明确了各个环节的考核知识点、标准答案和评分标准。

本书为电网企业生产技能人员的培训教学用书，可供从事相应职业（工种）技能人员学习参考，也可作为电力职业院校教学参考书。

图书在版编目（CIP）数据

配电线路工/国网宁夏电力有限公司编. —北京：中国电力出版社，2022.1
电网企业专业技能考核题库
ISBN 978-7-5198-6149-0

Ⅰ.①配… Ⅱ.①国… Ⅲ.①配电线路–职业技能–鉴定–习题集 Ⅳ.①TM726-44

中国版本图书馆 CIP 数据核字（2021）第 226820 号

出版发行：中国电力出版社
地　　址：北京市东城区北京站西街 19 号（邮政编码 100005）
网　　址：http://www.cepp.sgcc.com.cn
责任编辑：马　丹（010-63412725）
责任校对：黄　蓓　常燕昆　朱丽芳
装帧设计：郝晓燕
责任印制：钱兴根

印　　刷：北京天宇星印刷厂
版　　次：2022 年 1 月第一版
印　　次：2022 年 1 月北京第一次印刷
开　　本：889 毫米×1194 毫米　16 开本
印　　张：25.75
字　　数：736 千字
定　　价：80.00 元

《电网企业专业技能考核题库　配电线路工》

编　委　会

主　任　衣立东

副主任　陈红军　贺　文

成　员　贺　波　刘志远　王世杰　韦　鹏　杨剑锋　王国功
何　锐　欧阳怀　谢卫宁　郭文东　张建国　张云峰
陆彦虎　支占宁　薛玉龙　朱洪波　惠　亮　邱　枫
何鹏飞　朱　琳　乔成银　卢　军　张玉峰

《电网企业专业技能考核题库　配电线路工》

编　写　组

主　　编　张仁和

副 主 编　姚志刚　吴国平　何玉鹏

编写人员　吴少杰　燕正家　马　敏　贺瑞斌　张　浪　王登擎
张　星　虎生江　段旭文　岳文泰　尹继明　李互刚
张春林　秦　力　王建华　刘二鹏　张　源　唐　婷
杨安家　张少敏

审稿人员　冯晓群　何玉鹏　张鹏程　朱　林　张金鹏　韩世军
马　波　马立强　李　超　屈文贺　吕满顺　王　斌

前　言

国网宁夏电力有限公司以国家职业技能鉴定、电力行业职业技能鉴定与国家电网有限公司技能等级评价（认定）相关制度、规范、标准为依据，主要针对电网企业各类技能工种的初级工、中级工、高级工、技师、高级技师等人员，以专业操作技能为主线，立足宁夏电网生产实际，结合新型电力系统构建要求，编写了《电网企业专业技能考核题库》丛书。丛书在编写原则上，以职业能力建设为核心；在内容定位上，突出针对性和实用性，涵盖了国家电网有限公司相关政策、标准、规程、规定及现代电力系统新设备、新技术、新知识、新工艺等内容。

丛书的深度、广度遵循了“适应发展需求、立足实践应用”的工作思路，全面涵盖了国家电网有限公司技能等级评价（认定）内容，能够为国网宁夏电力有限公司实施技能等级评价（认定）专业技能考核命题提供依据，也可服务于同类电网企业技能人员能力水平的考核与认定。本套丛书可供电网企业技能人员学习参考，可作为电网企业生产技能人员的培训教学用书，也可作为电力职业院校教学参考用书。

由于时间和水平有限，难免存在疏漏之处，恳请各位专家和读者提出宝贵意见。

目 录

第一部分
初级工

第一章　配电线路工初级工技能笔答

Jb0002532001　在低温下进行高处作业应注意什么？（5分）

考核知识点：安全防护知识

难易度：中

标准答案：

（1）在气温低于–10℃时，不宜进行高处作业。

（2）确因工作需要进行作业时，作业人员应采取保暖措施，施工场所附近设置临时取暖休息所，并注意防火。

（3）高处连续工作时间不宜超过1h。

（4）在冰雪、霜冻、雨雾天气进行高处作业，应采取防滑措施。

Jb0005531002　在进行事故巡视时，除常规要求外，还应注意什么？（5分）

考核知识点：配电线路知识

难易度：易

标准答案：

（1）巡视人员应穿绝缘鞋或绝缘靴。

（2）事故巡线应始终认为线路带电。

（3）即使明知该线路已停电，亦应认为线路随时有恢复送电的可能。

Jb0005533003　电杆装配时，对螺栓的穿向有什么要求？（5分）

考核知识点：配电线路知识

难易度：难

标准答案：

（1）对立体结构：水平方向由内向外，垂直方向由下向上。

（2）对平面结构：

1）顺线路方向，双面构件由内向外，单面构件由送电侧穿入或按统一方向。

2）横线路方向，两侧由内向外，中间由左向右（面向受电侧）或按统一方向。

3）垂直方向，由下向上。

Jb0005532004　组装横担的工艺要求是什么？（5分）

考核知识点：配电线路知识

难易度：中

标准答案：

（1）横担安装应平正。

（2）横担端部上下歪斜不应大于20mm。

（3）横担端部左右扭斜不应大于20mm。

（4）双杆的横担，横担与电杆连接处的高差不应大于连接距离的5‰，左右扭斜不应大于横担总长度的1%。

Jb0005532005 10kV配电线路上对绝缘子安装有什么要求？（5分）

考核知识点：配电线路知识

难易度：中

标准答案：

（1）安装应牢固，连接可靠，防止积水。

（2）安装时应清除表面灰垢、附着物及不应有的涂料。

（3）绝缘子裙边与带电部位的间隙不应小于50mm。

Jb0005532006 铝导线在针式绝缘子上固定时如何缠绕铝包带？（5分）

考核知识点：配电线路知识

难易度：中

标准答案：

（1）铝包带的缠绕方向应与外层线股的绞制方向一致。

（2）铝包带缠绕应无重叠，牢固、无间隙。

（3）缠绕长度应超出接触处长度的两侧各加30mm。

Jb0005532007 用大锤打板桩地锚时应注意什么？（5分）

考核知识点：配电线路知识

难易度：中

标准答案：

（1）打锤人应检查锤把连接是否牢固，木柄是否完好。

（2）扶桩人应站在打锤人的侧面，待桩锚基本稳定后，方可撒手。

（3）扶桩人应注意四周，并随时顾及是否有人接近。

（4）打锤人不准戴手套。

Jb0005533008 电杆底盘如何安装？（5分）

考核知识点：配电线路知识

难易度：难

标准答案：

（1）电杆底盘的安装应在基坑检验合格后进行。

（2）底盘安装后其圆槽面应与电杆轴线垂直。

（3）底盘找正后应填土夯实至底盘表面。

（4）底盘安装允许偏差，应使电杆组立后满足电杆允许偏差规定。

Jb0005531009 卡盘如何安装？（5分）

考核知识点：配电线路知识

难易度：易

标准答案：

（1）安装前将卡盘设置处以下的土壤分层回填夯实。

（2）安装位置、方向、深度应符合设计要求，深度允许偏差为±50mm，当设计无要求时，上平面距地面不应小于500mm。

（3）与电杆连接应紧密。

Jb0005531010　拉线盘如何埋设？（5分）

考核知识点：配电线路知识

难易度：易

标准答案：

（1）拉线盘的埋设深度和方向应符合设计要求。

（2）拉线棒与拉线盘应垂直，连接处应采用双螺母，其外露地面部分的长度应为500～700mm。

（3）拉线坑应有斜坡，回填土时应将土块打碎后夯实。

（4）拉线坑宜设防沉层。

Jb0005533011　环形钢筋混凝土电杆安装前应进行哪些外观检查？（5分）

考核知识点：配电线路知识

难易度：难

标准答案：

（1）表面光洁平整，壁厚均匀，无露筋、跑浆等现象。

（2）放置地平面检查时，应无纵向裂缝，横向裂缝的宽度不应超过0.1mm。

（3）杆身弯曲不应超过杆长的1/1000。

Jb0005533012　爆炸性气体环境的电力设计应符合哪些规定？（5分）

考核知识点：配电线路知识

难易度：难

标准答案：

（1）宜将正常运行时发生火花的电气设备布置在爆炸危险性较小或没有爆炸危险的环境内。

（2）在满足工艺生产及安全的前提下，应减少防爆电气设备的数量。

（3）防爆电气设备必须是符合现行国家标准的产品。

（4）不宜采用携带式电气设备。

Jb0005531013　巡线人员发现导线断线应怎么办？（5分）

考核知识点：配电线路知识

难易度：易

标准答案：

（1）巡线人员如发现导线、电缆断落地面或悬吊空中，应设法防止行人靠近断线地点8m以内，以免跨步电压伤人。

（2）迅速报告调度和上级，等候处理。

Jb0002532014　倒闸操作前后应注意哪些问题？（5分）

考核知识点：安全防护知识

难易度：中

标准答案：

（1）倒闸操作前，应按操作票顺序在模拟图或接线图上预演核对无误。

（2）操作前、后都应检查核对现场设备名称、编号，断路器、隔离开关的断、合位置。

（3）电气设备操作后的位置检查应以设备实际位置为准，无法看到实际位置时，可通过设备机械指示位置、电气指示、仪表及各种遥测、遥信信号的变化，且应有两个及以上的指示已同时发生对应变化，才能确认该设备已操作到位。

（4）操作完后，受令人应立即报告发令人。

Jb0002531015　倒闸操作中产生疑问时怎么办？（5分）

考核知识点：安全防护知识

难易度：易

标准答案：

（1）不准擅自改变操作票。

（2）应向操作发令人询问清楚无误后再进行操作。

Jb0003531016　绝缘电阻表上的各个接线端子如何连接？（5分）

考核知识点：配电线路工的基本知识

难易度：易

标准答案：

（1）接线端子“E”接被试品的接地端，常为正极性。

（2）接线端子“L”接被试品高压端，常为负极性。

（3）接线端子“G”接屏蔽端。

（4）接线端子“L”与被试品之间应采用相应绝缘强度的屏蔽线和绝缘棒作连接。

Jb0008532017　接地装置采用水平敷设的接地体，应符合哪些规定？（5分）

考核知识点：防雷与接地知识

难易度：中

标准答案：

（1）接地体应平直，埋深在0.7m及以下。

（2）地沟底面应平整，尽量减少石块或其他影响接地体与土壤紧密接触的杂物。

（3）倾斜地形沿地形等高线敷设。

Jb0002532018　设备验电时，哪些情况不能作为设备已停电的依据？（5分）

考核知识点：安全防护知识

难易度：中

标准答案：

（1）设备的分合闸指示牌的指示。

（2）母线电压表指示为零位。

（3）电源指示灯已熄灭。

（4）电动机不转动。

（5）电磁线圈无电磁声响。

（6）变压器无声响。

Jb0002531019　在电力线路上哪些工作允许按口头或电话命令执行？（5分）

考核知识点：安全防护知识

难易度：易

标准答案：

（1）测量接地电阻。

（2）修剪树枝。

（3）杆、塔底部和基础等地面检查、消缺工作。

（4）涂写杆塔号、安装标志牌等，工作地点在杆塔最下层导线以下，并能够保持 1.0m 安全距离的工作。

Jb0002532020　为使高压触电者加快脱离电源，可抛掷裸金属线来断开电源，此时应如何操作？（5分）

考核知识点：安全防护知识

难易度：中

标准答案：

（1）抛掷裸金属线之前，应先将金属线的一端固定可靠接地，然后另一端系上重物抛掷。

（2）抛掷的一端不可触及触电者和其他人。

（3）抛掷者抛出线后，要迅速离开接地的金属线 8m 以外或双腿并拢站立，防止跨步电压伤人。

（4）在抛掷裸金属线时，应注意防止电弧伤人或断线危及人员安全。

Jb0004531021　配电系统发生哪些情况时必须迅速查明原因并及时处理？（5分）

考核知识点：配电网络基本知识

难易度：易

标准答案：

（1）断路器跳闸（不论重合是否成功）或熔断器跌落（熔丝熔断）。

（2）发生永久性接地或频发性接地。

（3）变压器一次或二次熔丝熔断。

（4）线路倒杆、断线，发生火灾、触电伤亡等意外事件。

（5）用户报告无电或电压异常。

Jb0002531022　同杆塔架设的多层电力线路应如何进行验电？（5分）

考核知识点：安全防护知识

难易度：易

标准答案：

（1）先验低压、后验高压。

（2）先验下层、后验上层。

（3）先验近侧、后验远侧。

（4）禁止工作人员穿越未经验电、接地的线路对上层线路进行验电。

Jb0005533023　线路施工中，对开口销或闭口销安装有什么要求？（5分）

考核知识点：配电线路知识

难易度：难

标准答案：

（1）施工中采用的开口销或闭口销不应有折断、裂纹等现象。
（2）采用开口销安装时，应对称开口，开口角度应为30°～60°。
（3）严禁用线材或其他材料代替开口销、闭口销。

Jb0005531024　拉线采用绑扎固定时，应符合哪些规定？（5分）
考核知识点：配电线路知识
难易度：易
标准答案：
（1）拉线两端弯曲部分应设置心形环。
（2）钢绞线拉线应采用直径不大于3.21mm的镀锌铁线绑扎固定。
（3）绑扎应整齐、紧密，最小缠绑长度应符合有关规定。

Jb0005532025　当采用UT型线夹及楔形线夹固定安装拉线时，对UT型线夹及楔形线夹的安装有什么要求？（5分）
考核知识点：配电线路知识
难易度：中
标准答案：
（1）安装前丝扣上应涂润滑剂。
（2）线夹舌板与拉线接触应紧密，受力后无滑动现象，线夹凸肚在尾线侧，安装时不应损伤线股。
（3）拉线弯曲部分不应有明显松股，拉线断头处与拉线主线应固定可靠，线夹处露出的尾线长度为300～500mm，尾线回头后与本线应扎牢。
（4）当同一组拉线使用双线夹并采用连板时，其尾线端的方向应统一。
（5）UT型线夹的螺杆应露扣，并应有不小于1/2螺杆丝扣长度可供调紧，调整后，UT型线夹的双螺母应并紧。

Jb0005531026　线路金具在使用前应符合哪些要求？（5分）
考核知识点：配电线路知识
难易度：易
标准答案：
金具在使用前应做外观检查，并符合以下要求：
（1）表面光洁，无裂纹、毛刺、飞边、砂眼、气泡等缺陷。
（2）线夹转动灵活，与导线接触面符合要求。
（3）镀锌良好，无锌皮脱落、锈蚀现象。

Jb0005532027　绝缘子、瓷横担的外观检查有哪些规定？（5分）
考核知识点：配电线路知识
难易度：中
标准答案：
（1）瓷件与铁件的组合无歪斜现象，且结合紧密，铁件镀锌良好。
（2）瓷釉光滑，无裂纹、缺釉、斑点、烧痕、气泡或瓷釉烧坏等缺陷。
（3）弹簧销、弹簧垫的弹力适宜。

Jb0003532028　杆上安装横担时，作业人员需选配哪些工器具？（5分）

考核知识点：配电线路工的基本知识

难易度：中

标准答案：

（1）人身安全用具：安全帽、安全带、工作服、绝缘胶鞋等。

（2）携带工具：扳手、手锤、卷尺、工具袋、吊物绳、脚扣或踩板等。

Jb0005533029　杆上安装横担时，应注意哪些安全事项？（5分）

考核知识点：配电线路知识

难易度：难

标准答案：

（1）杆上作业时，安全带不应拴得太长，最好在电杆上缠2圈。

（2）当吊起的横担放在安全带上时，应将吊物绳整理顺当。

（3）不用的工具不能随手放在横担及杆顶上，应放入工具袋或工具夹内。

（4）地面工作人员戴安全帽远离杆下，以免高空掉物伤人。

Jb0006532030　如何能使变压器台架上高压引下线的三相线做得直而受力均匀？（5分）

考核知识点：配电变压器知识

难易度：中

标准答案：

（1）先将高压引下线上端固定。

（2）下端固定处的针式绝缘子稍松些，不拧紧。

（3）将三相引线拉直，但不要太紧，并画印。

（4）逐相在针式绝缘子上做终端。

（5）把针式绝缘子螺母拧紧，利用它的反弹使三相线拉直而受力均匀。

Jb0005531031　对低压绝缘线连接后的绝缘恢复有什么要求？（5分）

考核知识点：配电线路知识

难易度：易

标准答案：

（1）导线连接后，均应用绝缘带包扎，常用胶皮布带和黑包布带来恢复绝缘。

（2）用于三相电源的导线，用胶皮布带包一层后再用黑包布带包一层。

（3）用于单相电源的导线，直接用黑包布带包缠2层即可。

Jb0002531032　心肺复苏法支持生命的三项基本措施是什么？（5分）

考核知识点：安全防护知识

难易度：易

标准答案：

（1）畅通气道。

（2）口对口（口对鼻）人工呼吸。

（3）胸外心脏按压。

Jb0002531033 怎样使触电者脱离低压电源？（5分）

考核知识点：安全防护知识

难易度：易

标准答案：

（1）利用电源开关或电源插座切断电源。

（2）利用带绝缘的工具割断电源线。

（3）利用绝缘的物体挑开电源线。

（4）利用绝缘手段拉开触电者。

Jb0003531034 脚扣在使用时应注意哪些事项？（5分）

考核知识点：配电线路工的基本知识

难易度：易

标准答案：

（1）U形环变形或销子螺纹损坏不得使用。

（2）不得横向受力。

（3）销子不得扣在能活动的索具内。

（4）不得处于吊件的转角处。

（5）应按标记规定的负荷使用。

Jb0005532035 电气装置安装工程在分项工程施工质量检验时，什么情况不应进行验收、评定？（5分）

考核知识点：配电线路知识

难易度：中

标准答案：

（1）检验项目检验结果，没有全部达到质量标准。

（2）设计及制造厂对质量标准有数据要求，而检验结果栏中没填实测数据。

（3）质检人员签字不齐全。

Jb0005531036 10kV配电线路与哪些交叉跨越时其直线跨越杆的导线应双固定？（5分）

考核知识点：配电线路知识

难易度：易

标准答案：

（1）铁路。

（2）高速公路和一级公路。

（3）电车道。

（4）通航河流。

（5）一、二级弱电线路。

（6）10kV线路。

（7）特殊管道、一般管道、索道。

Jb0009532037 麻绳、白棕绳在选用时有何要求？（5分）

考核知识点：起重机械在电力施工中的应用

难易度：中

标准答案：

（1）棕绳（麻绳）作为辅助绳索使用，其允许拉力不得大于 0.98kN/cm^2。

（2）用于捆绑或在潮湿状态下使用时应按允许拉力减半计算。

（3）霉烂、腐蚀、断股或损伤者不得使用。

Jb0005531038　什么叫居民区？什么叫非居民区？什么叫交通困难区？（5 分）

考核知识点：配电线路知识

难易度：易

标准答案：

（1）居民区：城镇、工业企业地区、港口、码头、车站等人口密集区。

（2）非居民区：上述居民区以外的地区，虽然时常有人、有车辆或农业机械到达，但未建房屋或房屋稀少。

（3）交通困难地区：车辆、农业机械不能到达的地区。

Jb0005531039　按在线路中的位置和作用，电杆可分为哪几种？（5 分）

考核知识点：配电线路知识

难易度：易

标准答案：

（1）直线杆。

（2）耐张杆。

（3）转角杆。

（4）终端杆。

（5）分支杆。

（6）跨越杆。

Jb0002531040　如何正确使用验电器？（5 分）

考核知识点：安全防护知识

难易度：易

标准答案：

（1）验电应使用相应电压等级、合格的接触式验电器。

（2）验电前，宜先在有电设备上进行试验，确认验电器良好，无法在有电设备上进行试验时，可用高压发生器等确证验电器良好。

（3）验电时，人体应与被验电设备保持规程规定的距离，并设专人监护。

（4）使用伸缩式验电器时，应保证绝缘的有效长度。

Jb0003532041　登杆工具有哪些？如何正确使用保管？（5 分）

考核知识点：配电线路工的基本知识

难易度：中

标准答案：

（1）登杆工具主要包括不可调式脚扣、可调式脚扣和脚踏板（踩板）。

（2）使用方法：

1）使用前应仔细进行外观检查，并进行人体冲击试验；

2）登杆工具应指定专人管理，在使用期间，应定期进行试验。

Jb0005533042 叙述如何进行挖掘杆坑工作。（5分）

考核知识点：配电线路知识

难易度：难

标准答案：

（1）确定坑位，画好坑口线，即可按规定的深度用人工或挖坑机挖掘。

（2）人力挖坑挖出的土一般要堆放在离坑边 0.5m 以外的四周，坡度适当，以免影响坑内工作。扔砖、瓦、土石时应防止伤人。

（3）当挖至一定深度坑内出水时，应在坑内的一角挖一小坑集水，然后用水桶或排水机械将水排出。

（4）遇有流沙或其他松散易塌的土质，可适当地增大坑口尺寸，并在挖至要求深度后立即立杆，或者挖坑时用挡土板支持坑壁。

（5）遇有石坑可采用爆破或其他适当的方法进行开挖。

Jb0006533043 叙述变压器和变压器台架的巡视、检查内容。（5分）

考核知识点：配电变压器知识

难易度：难

标准答案：

（1）套管是否清洁，有无裂纹、损伤、放电痕迹。

（2）油温、油色、油面是否正常，有无异声、异味。

（3）呼吸器是否正常，有无堵塞现象。

（4）各个电气连接点有无锈蚀、过热和烧损现象。

（5）分接开关指示位置是否正确，换接是否良好。

（6）外壳有无脱漆、锈蚀，焊口有无裂纹、渗油。

（7）各部密封垫有无老化、开裂，缝隙有无渗漏油现象。

（8）各部螺栓是否完整，有无松动。

（9）铭牌及其他标志是否完好。

（10）变压器台架高度是否符合规定，有无锈蚀、倾斜、下沉；铁构件有无腐蚀；砖、石结构台架有无裂纹。

Jb0008531044 无间隙金属氧化物避雷器有何优点？（5分）

考核知识点：防雷与接地

难易度：易

标准答案：

（1）结构简单。

（2）保护性能好。

（3）吸收能量大。

（4）保护效果好。

（5）运行检测方便。

Jb0002531045　专责监护人的安全职责是什么？（5分）

考核知识点： 安全防护知识

难易度： 易

标准答案：

（1）明确被监护人员和监护范围。

（2）工作前对被监护人员交代安全措施、告知危险点和安全注意事项。

（3）监督被监护人员遵守安全规程和现场安全措施，及时纠正不安全行为。

Jb0005533046　常用的钢丝钳有哪些规格？如何正确使用？（5分）

考核知识点： 配电线路知识

难易度： 难

标准答案：

（1）电工常用的钢丝钳有150、175、200mm三种规格。

（2）使用方法：

1）使用前应检查钳柄套有耐电压500V以上的绝缘管套是否完好；

2）操作时刀口不应朝向自己的脸部。

Jb0005533047　人力绞磨由哪几部分组成？工作中如何正确使用？（5分）

考核知识点： 配电线路知识

难易度： 难

标准答案：

（1）人力绞磨主要由磨架、磨芯、磨杠三部分组成。

（2）使用时绞磨架必须固定，牵引绳应水平进入磨芯上，缠绕5圈以上，尾绳由两个人随时收紧，为防止倒转，轮轴上应装有棘轮。

Jb0005533048　双钩紧线器的使用应遵守哪些规定？（5分）

考核知识点： 配电线路知识

难易度： 难

标准答案：

（1）应经常润滑保养。

（2）出现换向爪失灵、螺杆无保险螺栓、表面裂纹或变形等现象时严禁使用。

（3）紧线器受力后应至少保留1/5有效丝杆长度。

Jb0005532049　导线连接网套的使用应遵守哪些规定？（5分）

考核知识点： 配电线路知识

难易度： 中

标准答案：

（1）导线穿入网套必须到位。

（2）网套夹持导线的长度不得少于导线直径的30倍。

（3）网套末端应用铁丝绑扎，绑扎不得少于20圈。

Jb0002532050　当发现人身触电后，应如何让触电者脱离电源？（5分）

考核知识点：安全防护知识

难易度：中

标准答案：

（1）首先要使触电者迅速脱离电源，越快越好，因为电流作用的时间越长，伤害越重。

（2）脱离电源，就是要把触电者接触的那一部分带电设备的断路器、隔离开关或其他断路设备断开。

（3）或者设法将触电者与带电设备脱离开。

（4）在脱离电源过程中救护人员也要注意保护自身的安全。

Jb0010531051　什么叫运用中的电气设备？（5 分）

考核知识点：运行管理知识

难易度：易

标准答案：

（1）全部带有电压的电气设备。

（2）一部分带有电压的电气设备。

（3）一经操作即带有电压的电气设备。

Jb0010532052　《电力设施保护条例》对架空电力线路保护区如何规定？（5 分）

考核知识点：运行管理知识

难易度：中

标准答案：

《电力设施保护条例》规定架空电力线路保护区为导线边线向外侧水平延伸并垂直于地面所形成的两平行面内的区域，在一般地区各级电压导线的边线延伸距离如下：

（1）1～10kV 为 5m。

（2）35～110kV 为 10m。

（3）154～330kV 为 15m。

（4）500kV 为 20m。

Jb0003511053　将一根截面积 $S_A=25mm^2$ 的铜导线换成等长的铝导线，但导线的电阻不能变，求所需铝导线的截面积 S_B。（提示：铜的电阻率 $\rho_A=0.0175\Omega \cdot mm^2/m$，铝的电阻率 $\rho_B=0.0283\Omega \cdot mm^2/m$）（5 分）

考核知识点：配电线路工的基本知识

难易度：易

标准答案：

解：

因为 $$R=\rho\frac{L}{S}$$

又因为 $$R_A=R_B$$

所以 $$S_B=S_A\frac{\rho_B}{\rho_A}=25\times\frac{0.0283}{0.0175}=40.42\ (mm^2)$$

答：所需铝导线的截面积 S_B 为 $40.428mm^2$。

Jb0003512054　某线路采用 LGJ－70 型导线，其导线瞬时拉断力 $T_P=19417N$，导线的安全系

数 K=2.5，导线截面积 S=76mm^2，则导线的最大使用应力为多少？（5 分）

考核知识点：配电线路工的基本知识

难易度：中

标准答案：

解：

$$\sigma_m = T_p/(KS) = 19\,417/(2.5\times 76) = 102.2\text{（MPa）}$$

答：导线的最大使用应力为 102.2MPa。

Jb0003511055　用四桩柱接地绝缘电阻表测量土地电阻率，四个电极布置在一条直线上，极间距离 L=11m，测得接地电阻 R=10Ω，则土地电阻率为多少？（5 分）

考核知识点：配电线路工的基本知识

难易度：易

标准答案：

解：

$$\rho = 2\pi LR = 2\times 3.14\times 11\times 10 = 690.8\text{（Ω·m）}$$

答：土地电阻率为 690.8Ω·m。

Jb0003512056　如图 Jb0003512056 所示，已知拉线与地面的夹角∠B=60°，拉线挂线点距地面 H=12m，拉线盘埋深 M=2.2m，试计算出拉线长度及拉线坑中心距电杆中心水平距离。（5 分）

考核知识点：配电线路工的基本知识

难易度：中

标准答案：

解：

（1）拉线坑中心距电杆中心水平距离为

$$L = (12+2.2)\tan 30° = 8.198\text{（m）}$$

（2）拉线长度为

$$L_{AB} = \frac{12}{\cos 30°} = \frac{12}{0.866} = 13.86\text{（m）}$$

答：拉线长度为 13.86m，拉线坑中心距电杆中心水平距离为 8.198m。

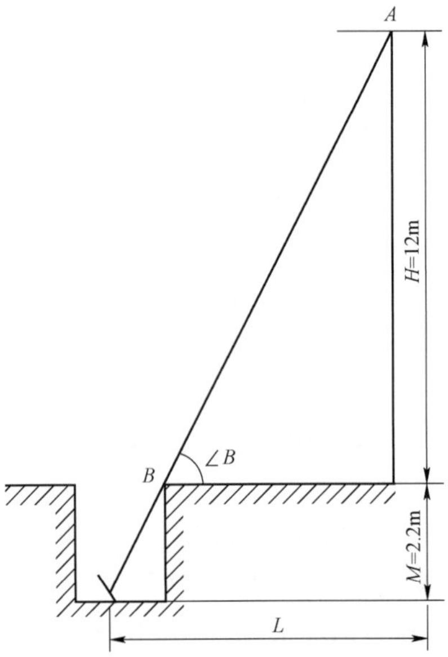

图 Jb0003512056

Jb0003512057　某施工现场，需用撬杠把重物移动，已知撬杠支点到重物距离 L_1=0.2m，撬杠支点到施力距离 L_2=1.8m，问人对撬杠施加多大的力 F 时，才能把 200kg 的重物 G 撬起来。（5 分）

考核知识点：配电线路工的基本知识

难易度：中

标准答案：

解：

根据力矩平衡原理，有

$$GL_1 = FL_2$$
$$9.8\times 200L_1 \leqslant FL_2$$

$$F \geqslant \frac{200L_1 \times 9.8}{L_2} = \frac{200 \times 9.8 \times 0.2}{1.8} = 217.8\text{（N）}$$

答：人对撬杠施加一个大于 217.8N 的力时，才能把 200kg 的重物撬起来。

Jb0004511058　某台三相电力变压器，其一次绕组电压为 6kV，二次绕组电压为 230V，求该变压器的变比。若一次绕组为 1500 匝，试问二次绕组应为多少匝？（5 分）

考核知识点：配电网络基本知识

难易度：易

标准答案：

解：

由 $U_1/U_2=N_1/N_2=K$，可得：

（1）变比为

$$K=U_1/U_2=6000/230\approx 26$$

（2）二次绕组的匝数为

$$N_2=N_1/K=1500/26\approx 58\text{（匝）}$$

答：该变压器的变比是 26，二次绕组应为 58 匝。

Jb0004511059　单相变压器的一次电压 $U_1=3000$V，其变比 $K=15$，二次电流 $I_2=60$A 时，试求一次电流及二次电压。（5 分）

考核知识点：配电网络基本知识

难易度：易

标准答案：

解：

（1）由 $U_1/U_2=K$，可得二次电压为

$$U_2=U_1/K=3000/15=200\text{（V）}$$

（2）由 $I_1/I_2=1/K$，可得一次电流为

$$I_1=I_2/K=60/15=4\text{（A）}$$

答：二次电压为 200V，一次电流为 4A。

Jb0003511060　白棕绳的最小破断拉力 $T_D=31\ 200$N，其安全系数 $K=3.12$，试求白棕绳的允许使用拉力 T。（5 分）

考核知识点：配电线路工的基本知识

难易度：易

标准答案：

解：

$$T=T_D/K=31\ 200/3.12=10\ 000\text{（N）}$$

答：白棕绳的允许使用拉力为 10 000N。

Jb0003513061　更换某耐张绝缘子串，导线为 LGJ－185 型。试估算一下收紧导线时工具需承受多大的拉力 F。（已知导线的应力 $\sigma=98$MPa）（5 分）

考核知识点：配电线路工的基本知识

难易度：难

标准答案：

解：

$$F=\sigma S=98\times 185=18\ 130\text{（N）}$$

答：收紧导线时工具需承受的拉力 F 为 18 130N。

Jb0005513062　已知某线路弧垂观测档一端视点 A0 与导线悬挂点距离 $a=0.5$m，另一视点 B0 与悬挂点距离 $b=0.3$m，试求该观测档弧垂值 f。（5 分）

考核知识点：配电线路知识

难易度：难

标准答案：

解：

$$f=(\sqrt{a}+\sqrt{b})^2/4$$
$$=0.394\text{（m）}$$

答：该观测档弧垂值为 0.394m。

Jb0003521063　如图 Jb0003521063 所示绳结的名称是什么？有什么用途？（5 分）

图 Jb0003521063

考核知识点：配电线路工的基本知识

难易度：易

标准答案：

图 Jb0003521063 所示为木匠结，用于较小的荷重，容易解开。

Jb0005521064　如图 Jb0005521064 所示杆型的名称是什么？（5 分）

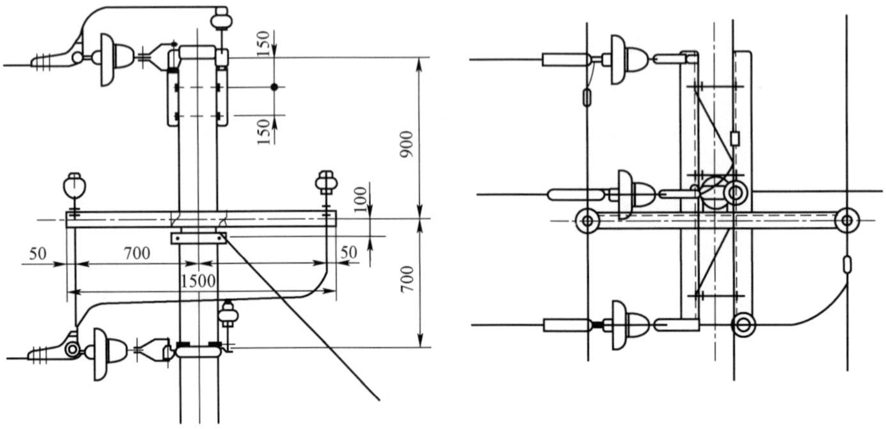

图 Jb0005521064

考核知识点：配电线路知识

难易度：易

标准答案：

图 Jb0005521064 所示为高压配电线路分支杆杆型。

Jb0005521065　如图 Jb0005521065 所示金具的名称是什么？（5 分）

考核知识点：配电线路知识

难易度：易

标准答案：

图 Jb0005521065 所示为球头挂环。

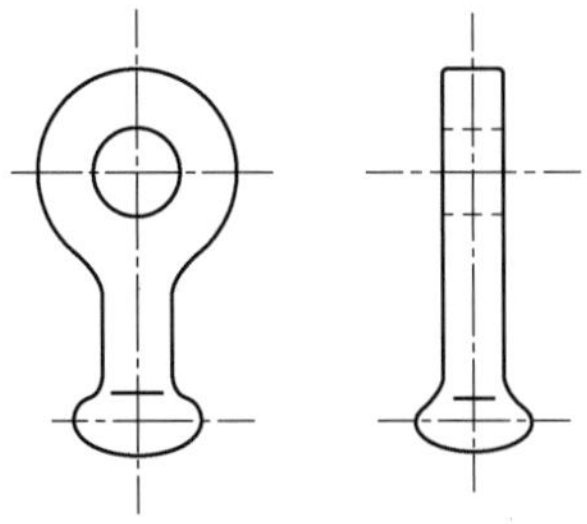

图 Jb0005521065

Jb0003522066　画出Π型等值电路图。（5 分）

考核知识点： 配电线路工的基本知识

难易度： 中

标准答案： 如图 Jb0003522066 所示。

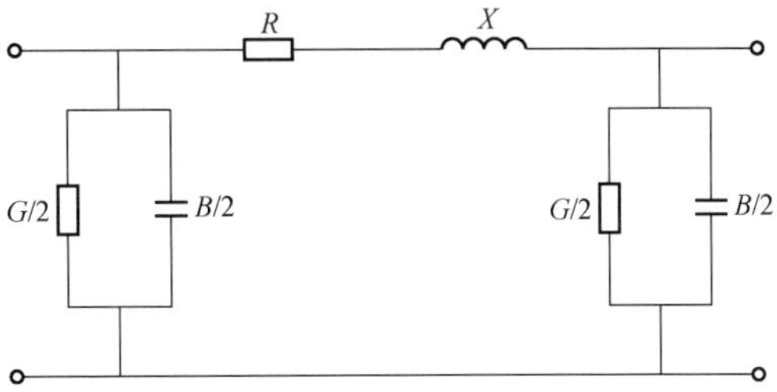

图 Jb0003522066

Jb0003521067　画出用一只单连开关控制一盏灯的接线图。（5 分）

考核知识点： 配电线路工的基本知识

难易度： 易

标准答案： 如图 Jb0003521067 所示。

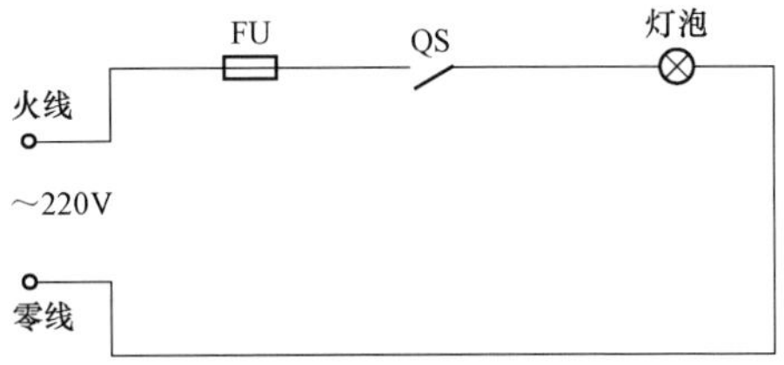

图 Jb0003521067

第二章　配电线路工初级工技能操作

Jc0005541068　在进行事故巡视时，除常规要求外，还应注意什么？（100 分）
考核知识点：配电线路知识
难易度：易

技能等级评价专业技能考核操作工作任务书

一、任务名称
在进行事故巡视时，除常规要求外，还应注意什么？
二、适用工种
配电线路工初级工。
三、具体任务
口述：在进行事故巡视时，除常规要求外，还应注意什么？
四、工作规范及要求
（1）单独操作。
（2）所需材料。
（3）专用工具。
（4）本考核总成绩满分为 100 分。
五、考核及时间要求
考核时间共 5 分钟，每超过 1 分钟扣 20 分。

技能等级评价专业技能考核操作评分标准

<table>
<tr><td>工种</td><td colspan="5">配电线路工</td><td>评价等级</td><td>初级工</td></tr>
<tr><td>项目模块</td><td colspan="4">配电线路知识—架空线路的运行规程和规定</td><td>编号</td><td colspan="2">Jc0005541068</td></tr>
<tr><td>单位</td><td colspan="2"></td><td>准考证号</td><td colspan="2"></td><td>姓名</td><td></td></tr>
<tr><td>考试时限</td><td colspan="2">5 分钟</td><td>题型</td><td colspan="2">单项操作</td><td>题分</td><td>100 分</td></tr>
<tr><td>成绩</td><td></td><td>考评员</td><td colspan="2"></td><td>考评组长</td><td></td><td>日期</td><td></td></tr>
<tr><td>试题正文</td><td colspan="8">在进行事故巡视时，除常规要求外，还应注意什么</td></tr>
<tr><td>需要说明的问题和要求</td><td colspan="8">口述：在进行事故巡视时，除常规要求外，还应注意什么？要求口述逻辑思维清楚，语音清晰，神态自如</td></tr>
</table>

序号	项目名称	质量要求	满分	扣分标准	扣分原因	得分
1	着装要求	要求穿工作服，绝缘鞋	5	未按要求着装扣 5 分		
2	标准答案及评分标准	（1）巡视人员应穿绝缘鞋和绝缘靴	30	漏答该条扣 30 分		
		（2）事故巡线应始终认为线路带电	30	漏答该条扣 30 分		

续表

序号	项目名称	质量要求	满分	扣分标准	扣分原因	得分
2	标准答案及评分标准	（3）即使明知该线路已停电，亦应认为线路随时有恢复送电的可能	30	漏答该条扣 30 分		
3	答题要求	口述要求：逻辑思维清楚，语音清晰，神态自如	5	慌张、语言表达不清扣 3 分		
合计			100			

Jc0002541069　专责监护人的安全职责是什么？（100 分）

考核知识点：安全防护知识

难易度：易

技能等级评价专业技能考核操作工作任务书

一、任务名称

专责监护人的安全职责是什么？

二、适用工种

配电线路工初级工。

三、具体任务

口述：专责监护人的安全职责是什么？

四、工作规范及要求

（1）单独操作。

（2）所需材料。

（3）专用工具。

（4）本考核总成绩满分为 100 分。

五、考核及时间要求

考核时间共 5 分钟，每超过 1 分钟扣 20 分。

技能等级评价专业技能考核操作评分标准

工种	配电线路工				评价等级	初级工
项目模块	安全防护知识—安全组织措施			编号	Jc0002541069	
单位		准考证号			姓名	
考试时限	5 分钟	题型	单项操作		题分	100 分
成绩		考评员		考评组长		日期	
试题正文	专责监护人的安全职责是什么					
需要说明的问题和要求	口述：专责监护人的安全职责是什么？要求口述逻辑思维清楚，语音清晰，神态自如					

序号	项目名称	质量要求	满分	扣分标准	扣分原因	得分
1	着装要求	要求穿工作服，绝缘鞋	5	未按要求着装扣 5 分		
2	标准答案及评分标准	（1）明确被监护人员和监护范围	30	漏答该条扣 30 分		

续表

序号	项目名称	质量要求	满分	扣分标准	扣分原因	得分
2	标准答案及评分标准	（2）工作前对被监护人员交代安全措施、告知危险点和安全注意事项	30	漏答该条扣 30 分		
		（3）监督被监护人员遵守安全规程和现场安全措施，及时纠正不安全行为	30	漏答该条扣 30 分		
3	答题要求	口述要求：逻辑思维清楚，语音清晰，神态自如	5	慌张、语言表达不清扣 3 分		
合计			100			

Jc0002541070　心肺复苏法支持生命的三项基本措施是什么？（100 分）

考核知识点：安全防护知识

难易度：易

技能等级评价专业技能考核操作工作任务书

一、任务名称

心肺复苏法支持生命的三项基本措施是什么？

二、适用工种

配电线路工初级工。

三、具体任务

口述：心肺复苏法支持生命的三项基本措施是什么？

四、工作规范及要求

（1）单独操作。

（2）所需材料。

（3）专用工具。

（4）本考核总成绩满分为 100 分。

五、考核及时间要求

考核时间共 5 分钟，每超过 1 分钟扣 20 分。

技能等级评价专业技能考核操作评分标准

工种	配电线路工				评价等级	初级工
项目模块	安全防护知识—紧急救护			编号	Jc0002541070	
单位		准考证号			姓名	
考试时限	5 分钟	题型	单项操作		题分	100 分
成绩		考评员		考评组长		日期	
试题正文	心肺复苏法支持生命的三项基本措施是什么					
需要说明的问题和要求	口述：心肺复苏法支持生命的三项基本措施是什么，要求口述逻辑思维清楚，语音清晰，神态自如					

序号	项目名称	质量要求	满分	扣分标准	扣分原因	得分
1	着装要求	要求穿工作服，绝缘鞋	5	未按要求着装扣 5 分		

续表

序号	项目名称	质量要求	满分	扣分标准	扣分原因	得分
2	标准答案及评分标准	（1）畅通气道	30	漏答该条扣 30 分		
		（2）口对口（口对鼻）人工呼吸	30	漏答该条扣 30 分		
		（3）胸外心脏按压	30	漏答该条扣 30 分		
3	答题要求	口述要求：逻辑思维清楚，语音清晰，神态自如	5	慌张、语言表达不清扣 3 分		
合计			100			

Jc0002541071　当发现人身触电后，应如何让触电者脱离电源？（100 分）

考核知识点：安全防护知识

难易度：易

技能等级评价专业技能考核操作工作任务书

一、任务名称

当发现人身触电后，应如何让触电者脱离电源？

二、适用工种

配电线路工初级工。

三、具体任务

口述：当发现人身触电后，应如何让触电者脱离电源？

四、工作规范及要求

（1）单独操作。

（2）所需材料。

（3）专用工具。

（4）本考核总成绩满分为 100 分。

五、考核及时间要求

考核时间共 5 分钟，每超过 1 分钟扣 20 分。

技能等级评价专业技能考核操作评分标准

工种	配电线路工				评价等级	初级工
项目模块	安全防护知识—紧急救护			编号	Jc0002541071	
单位		准考证号			姓名	
考试时限	5 分钟	题型	单项操作		题分	100 分
成绩		考评员		考评组长		日期	
试题正文	当发现人身触电后，应如何让触电者脱离电源					
需要说明的问题和要求	口述：当发现人身触电后，应如何让触电者脱离电源？要求口述逻辑思维清楚，语音清晰，神态自如					

序号	项目名称	质量要求	满分	扣分标准	扣分原因	得分
1	着装要求	要求穿工作服，绝缘鞋	10	未按要求着装扣 10 分		

续表

序号	项目名称	质量要求	满分	扣分标准	扣分原因	得分
2	标准答案及评分标准	（1）首先要使触电者迅速脱离电源，越快越好，因为电流作用的时间越长，伤害越重	20	漏答该条扣20分		
		（2）脱离电源，就是要把触电者接触的那一部分带电设备的断路器、隔离开关或其他断路设备断开	20	漏答该条扣20分		
		（3）或者设法将触电者与带电设备脱离开	20	漏答该条扣20分		
		（4）在脱离电源过程中，救护人员也要注意保护自身的安全	20	漏答该条扣20分		
3	答题要求	口述要求：逻辑思维清楚，语音清晰，神态自如	10	慌张、语言表达不清扣5分		
合计			100			

Jc0002541072　怎样使触电者脱离低压电源？（100分）

考核知识点：安全防护知识

难易度：易

技能等级评价专业技能考核操作工作任务书

一、任务名称

怎样使触电者脱离低压电源？

二、适用工种

配电线路工初级工。

三、具体任务

口述：怎样使触电者脱离低压电源？

四、工作规范及要求

（1）单独操作。

（2）所需材料。

（3）专用工具。

（4）本考核总成绩满分为100分。

五、考核及时间要求

考核时间共5分钟，每超过1分钟扣20分。

技能等级评价专业技能考核操作评分标准

工种	配电线路工					评价等级	初级工
项目模块	安全防护知识—紧急救护				编号	Jc0002541072	
单位			准考证号			姓名	
考试时限	5分钟		题型	单项操作		题分	100分
成绩		考评员		考评组长		日期	
试题正文	怎样使触电者脱离低压电源						
需要说明的问题和要求	口述：怎样使触电者脱离低压电源？要求口述逻辑思维清楚，语音清晰，神态自如						

续表

序号	项目名称	质量要求	满分	扣分标准	扣分原因	得分
1	着装要求	要求穿工作服，绝缘鞋	10	未按要求着装扣 10 分		
2	标准答案及评分标准	（1）利用电源开关或电源插座切断电源	20	漏答该条扣 20 分		
		（2）利用带绝缘的工具割断电源线	20	漏答该条扣 20 分		
		（3）利用绝缘的物体挑开电源线	20	漏答该条扣 20 分		
		（4）利用绝缘手段拉开触电者	20	漏答该条扣 20 分		
3	答题要求	口述要求：逻辑思维清楚，语音清晰，神态自如	10	慌张、语言表达不清扣 5 分		
合计			100			

Jc0007541073　负荷开关的特点有哪些？（100 分）

考核知识点：柱上开关设备知识

难易度：易

技能等级评价专业技能考核操作工作任务书

一、任务名称

负荷开关的特点有哪些？

二、适用工种

配电线路工初级工。

三、具体任务

口述：负荷开关的特点有哪些？

四、工作规范及要求

（1）单独操作。

（2）所需材料。

（3）专用工具。

（4）本考核总成绩满分为 100 分。

五、考核及时间要求

考核时间共 5 分钟，每超过 1 分钟扣 20 分。

技能等级评价专业技能考核操作评分标准

<table>
<tr><td>工种</td><td colspan="6">配电线路工</td><td>评价等级</td><td>初级工</td></tr>
<tr><td>项目模块</td><td colspan="5">柱上开关设备知识—柱上开关设备的基本知识</td><td>编号</td><td colspan="2">Jc0007541073</td></tr>
<tr><td>单位</td><td colspan="2"></td><td>准考证号</td><td colspan="3"></td><td>姓名</td><td></td></tr>
<tr><td>考试时限</td><td colspan="2">5 分钟</td><td>题型</td><td colspan="3">单项操作</td><td>题分</td><td>100 分</td></tr>
<tr><td>成绩</td><td></td><td>考评员</td><td colspan="2"></td><td>考评组长</td><td></td><td>日期</td><td></td></tr>
<tr><td>试题正文</td><td colspan="8">负荷开关的特点有哪些</td></tr>
<tr><td>需要说明的问题和要求</td><td colspan="8">口述：负荷开关的特点有哪些？要求口述逻辑思维清楚，语音清晰，神态自如</td></tr>
</table>

续表

序号	项目名称	质量要求	满分	扣分标准	扣分原因	得分
1	着装要求	要求穿工作服，绝缘鞋	5	未按要求着装扣 5 分		
2	标准答案及评分标准	（1）能在正常的导电回路条件或规定的过载条件下关合、承载和开断电流	30	漏答该条扣 30 分		
		（2）能在异常的导电回路条件（例如短路）下按规定的时间承载电流	30	漏答该条扣 30 分		
		（3）按照需要，可具有关合短路电流的能力	30	漏答该条扣 30 分		
3	答题要求	口述要求：逻辑思维清楚，语音清晰，神态自如	5	慌张、语言表达不清扣 3 分		
合计			100			

Jc0007541074　高压熔断器可以对哪些设备进行过载及短路保护？（100 分）

考核知识点：柱上开关设备知识

难易度：易

技能等级评价专业技能考核操作工作任务书

一、任务名称

高压熔断器可以对哪些设备进行过载及短路保护？

二、适用工种

配电线路工初级工。

三、具体任务

口述：高压熔断器可以对哪些设备进行过载及短路保护？

四、工作规范及要求

（1）单独操作。

（2）所需材料。

（3）专用工具。

（4）本考核总成绩满分为 100 分。

五、考核及时间要求

考核时间共 5 分钟，每超过 1 分钟扣 20 分。

技能等级评价专业技能考核操作评分标准

工种	配电线路工					评价等级	初级工
项目模块	柱上开关设备知识—柱上开关设备的基本知识				编号	Jc0007541074	
单位		准考证号				姓名	
考试时限	5 分钟	题型	单项操作			题分	100 分
成绩		考评员		考评组长		日期	
试题正文	高压熔断器可以对哪些设备进行过载及短路保护						
需要说明的问题和要求	口述：高压熔断器可以对哪些设备进行过载及短路保护？要求口述逻辑思维清楚，语音清晰，神态自如						

续表

序号	项目名称	质量要求	满分	扣分标准	扣分原因	得分
1	着装要求	要求穿工作服，绝缘鞋	10	未按要求着装扣 10 分		
2	标准答案及评分标准	（1）输配电线路	20	漏答该条扣 20 分		
		（2）电力变压器	20	漏答该条扣 20 分		
		（3）电压互感器	20	漏答该条扣 20 分		
		（4）电力电容器	20	漏答该条扣 20 分		
3	答题要求	口述要求：逻辑思维清楚，语音清晰，神态自如	10	慌张、语言表达不清扣 5 分		
合计			100			

Jc0003541075　登杆工具有哪些？如何正确使用保管？（100 分）

考核知识点：配电线路工的基本知识

难易度：易

技能等级评价专业技能考核操作工作任务书

一、任务名称

登杆工具有哪些？如何正确使用保管？

二、适用工种

配电线路工初级工。

三、具体任务

口述：登杆工具有哪些？如何正确使用保管？

四、工作规范及要求

（1）单独操作。

（2）所需材料。

（3）专用工具。

（4）本考核总成绩满分为 100 分。

五、考核及时间要求

考核时间共 5 分钟，每超过 1 分钟扣 20 分。

技能等级评价专业技能考核操作评分标准

工种	配电线路工					评价等级	初级工
项目模块	配电线路工的基本知识—线路基本知识				编号	Jc0003541075	
单位			准考证号			姓名	
考试时限	5 分钟		题型	单项操作		题分	100 分
成绩		考评员		考评组长		日期	
试题正文	登杆工具有哪些？如何正确使用保管						
需要说明的问题和要求	口述：登杆工具有哪些？如何正确使用保管？要求口述逻辑思维清楚，语音清晰，神态自如						

续表

序号	项目名称	质量要求	满分	扣分标准	扣分原因	得分
1	着装要求	要求穿工作服，绝缘鞋	5	未按要求着装扣5分		
2	标准答案及评分标准	（1）登杆工具主要包括不可调式脚扣、可调式脚扣和脚踏板（踩板）	30	漏答该条扣30分		
		（2）使用前应仔细进行外观检查，并进行人体冲击试验	30	漏答该条扣30分		
		（3）登杆工具应指定专人管理，在使用期间，应定期进行试验	30	漏答该条扣30分		
3	答题要求	口述要求：逻辑思维清楚，语音清晰，神态自如	5	慌张、语言表达不清扣3分		
合计			100			

Jc0005541076　绝缘子、瓷横担的外观检查有哪些规定？（100分）

考核知识点：配电线路知识

难易度：易

技能等级评价专业技能考核操作工作任务书

一、任务名称

绝缘子、瓷横担的外观检查有哪些规定？

二、适用工种

配电线路工初级工。

三、具体任务

口述：绝缘子、瓷横担的外观检查有哪些规定？

四、工作规范及要求

（1）单独操作。

（2）所需材料。

（3）专用工具。

（4）本考核总成绩满分为100分。

五、考核及时间要求

考核时间共5分钟，每超过1分钟扣20分。

技能等级评价专业技能考核操作评分标准

工种	配电线路工					评价等级	初级工
项目模块	配电线路知识—架空线路的运行规程和规定				编号	Jc0005541076	
单位		准考证号				姓名	
考试时限	5分钟	题型	单项操作			题分	100分
成绩		考评员		考评组长		日期	
试题正文	绝缘子、瓷横担的外观检查有哪些规定						
需要说明的问题和要求	口述：绝缘子、瓷横担的外观检查有哪些规定？要求口述逻辑思维清楚，语音清晰，神态自如						

续表

序号	项目名称	质量要求	满分	扣分标准	扣分原因	得分
1	着装要求	要求穿工作服，绝缘鞋	5	未按要求着装扣 5 分		
2	标准答案及评分标准	（1）磁件与铁件的组合无歪斜现象，且结合紧密，铁件镀锌良好	30	漏答该条扣 30 分		
		（2）瓷釉光滑无裂纹、缺釉、斑点、烧痕、气泡或瓷釉烧坏等缺陷	30	漏答该条扣 30 分		
		（3）弹簧销、弹簧垫的弹力适宜	30	漏答该条扣 30 分		
3	答题要求	口述要求：逻辑思维清楚，语音清晰，神态自如	5	慌张、语言表达不清扣 3 分		
合计			100			

Jc0005541077　什么是导线的弧垂？其大小有什么影响？（100 分）

考核知识点：配电线路知识

难易度：易

技能等级评价专业技能考核操作工作任务书

一、任务名称

什么是导线的弧垂？其大小有什么影响？

二、适用工种

配电线路工初级工。

三、具体任务

口述：什么是导线的弧垂？其大小有什么影响？

四、工作规范及要求

（1）单独操作。

（2）所需材料。

（3）专用工具。

（4）本考核总成绩满分为 100 分。

五、考核及时间要求

考核时间共 5 分钟，每超过 1 分钟扣 20 分。

技能等级评价专业技能考核操作评分标准

工种	配电线路工					评价等级	初级工
项目模块	配电线路知识—架空线路的运行规程和规定				编号	Jc0005541077	
单位		准考证号				姓名	
考试时限	5 分钟	题型	单项操作			题分	100 分
成绩		考评员		考评组长		日期	
试题正文	什么是导线的弧垂？其大小有什么影响						
需要说明的问题和要求	口述：什么是导线的弧垂？其大小有什么影响？要求口述逻辑思维清楚，语音清晰，神态自如						

续表

序号	项目名称	质量要求	满分	扣分标准	扣分原因	得分
1	着装要求	要求穿工作服，绝缘鞋	5	未按要求着装扣 5 分		
2	标准答案及评分标准	（1）导线的弧垂是一档架空线内导线与导线悬挂点所连直线间的最大垂直距离	25	漏答该条扣 25 分		
		（2）其大小的影响	15	漏答该条扣 15 分		
		（3）弧垂过大，容易造成相间短路及对地安全距离不够	25	漏答该条扣 25 分		
		（4）弧垂过小，导线承受拉力过大而可能被拉断，或致使横担扭曲变形	25	漏答该条扣 25 分		
3	答题要求	口述要求：逻辑思维清楚，语音清晰，神态自如	5	慌张、语言表达不清扣 3 分		
合计			100			

Jc0007541078　隔离开关的特点有哪些？（100 分）

考核知识点：柱上开关设备知识

难易度：易

技能等级评价专业技能考核操作工作任务书

一、任务名称

隔离开关的特点有哪些？

二、适用工种

配电线路工初级工。

三、具体任务

口述：隔离开关的特点有哪些？

四、工作规范及要求

（1）单独操作。

（2）所需材料。

（3）专用工具。

（4）本考核总成绩满分为 100 分。

五、考核及时间要求

考核时间共 5 分钟，每超过 1 分钟扣 20 分。

技能等级评价专业技能考核操作评分标准

工种	配电线路工					评价等级	初级工
项目模块	柱上开关设备知识—柱上开关设备的基本知识				编号	Jc0007541078	
单位		准考证号				姓名	
考试时限	5 分钟	题型	单项操作			题分	100 分
成绩	考评员		考评组长			日期	
试题正文	隔离开关的特点有哪些						
需要说明的问题和要求	口述：隔离开关的特点有哪些？要求口述逻辑思维清楚，语音清晰，神态自如						

续表

序号	项目名称	质量要求	满分	扣分标准	扣分原因	得分
1	着装要求	要求穿工作服，绝缘鞋	5	未按要求着装扣 5 分		
2	标准答案及评分标准	（1）在分位置时，触头间有符合规定要求的绝缘距离和明显的断开标志	30	漏答该条扣 30 分		
		（2）在合位置时，能承载正常回路条件下的电流及在规定时间内异常条件（例如短路）下的电流	30	漏答该条扣 30 分		
		（3）当回路电流很小时，或者当隔离开关每极的两接线端间的电压在关合和开断前后无显著变化时，具有关合和开断回路的能力	30	漏答该条扣 30 分		
3	答题要求	口述要求：逻辑思维清楚，语音清晰，神态自如	5	慌张、语言表达不清扣 3 分		
合计			100			

Jc0003541079　什么叫运用中的电气设备？（100 分）

考核知识点：配电线路工的基本知识

难易度：易

技能等级评价专业技能考核操作工作任务书

一、任务名称

什么叫运用中的电气设备？

二、适用工种

配电线路工初级工。

三、具体任务

口述：什么叫运用中的电气设备？

四、工作规范及要求

（1）单独操作。

（2）所需材料。

（3）专用工具。

（4）本考核总成绩满分为 100 分。

五、考核及时间要求

考核时间共 5 分钟，每超过 1 分钟扣 20 分。

技能等级评价专业技能考核操作评分标准

<table>
<tr><td>工种</td><td colspan="6">配电线路工</td><td>评价等级</td><td>初级工</td></tr>
<tr><td>项目模块</td><td colspan="5">配电线路工的基本知识—线路基本知识</td><td>编号</td><td colspan="2">Jc0003541079</td></tr>
<tr><td>单位</td><td colspan="2"></td><td>准考证号</td><td colspan="3"></td><td>姓名</td><td></td></tr>
<tr><td>考试时限</td><td colspan="2">5 分钟</td><td>题型</td><td colspan="3">单项操作</td><td>题分</td><td>100 分</td></tr>
<tr><td>成绩</td><td></td><td>考评员</td><td colspan="2"></td><td>考评组长</td><td></td><td>日期</td><td></td></tr>
<tr><td>试题正文</td><td colspan="8">什么叫运用中的电气设备</td></tr>
<tr><td>需要说明的问题和要求</td><td colspan="8">口述：什么叫运用中的电气设备？要求口述逻辑思维清楚，语音清晰，神态自如</td></tr>
</table>

续表

序号	项目名称	质量要求	满分	扣分标准	扣分原因	得分
1	着装要求	要求穿工作服，绝缘鞋	5	未按要求着装扣5分		
2	标准答案及评分标准	（1）全部带有电压的电气设备	30	漏答该条扣30分		
		（2）一部分带有电压的电气设备	30	漏答该条扣30分		
		（3）一经操作即带有电压的电气设备	30	漏答该条扣30分		
3	答题要求	口述要求：逻辑思维清楚，语音清晰，神态自如	5	慌张、语言表达不清扣3分		
合计			100			

Jc0002541080　如何正确使用验电器？（100分）

考核知识点：安全防护知识

难易度：易

技能等级评价专业技能考核操作工作任务书

一、任务名称

如何正确使用验电器？

二、适用工种

配电线路工初级工。

三、具体任务

口述：如何正确使用验电器？

四、工作规范及要求

（1）单独操作。

（2）所需材料。

（3）专用工具。

（4）本考核总成绩满分为100分。

五、考核及时间要求

考核时间共5分钟，每超过1分钟扣20分。

技能等级评价专业技能考核操作评分标准

工种	配电线路工					评价等级	初级工
项目模块	安全防护知识—安全技术措施				编号	Jc0002541080	
单位			准考证号			姓名	
考试时限	5分钟		题型	单项操作		题分	100分
成绩		考评员		考评组长		日期	
试题正文	如何正确使用验电器						
需要说明的问题和要求	口述：如何正确使用验电器？要求口述逻辑思维清楚，语音清晰，神态自如						

续表

序号	项目名称	质量要求	满分	扣分标准	扣分原因	得分
1	着装要求	要求穿工作服，绝缘鞋	10	未按要求着装扣 5 分		
2	标准答案及评分标准	（1）验电应使用相应电压等级、合格的接触式验电器	20	漏答该条扣 20 分		
		（2）验电前，宜先在有电设备上进行试验，确认验电器良好，无法在有电设备上进行试验时，可用工频高压发生器等确证验电器良好	20	漏答该条扣 20 分		
		（3）验电时，人体应与被验电设备保持规程规定的距离，并设专人监护	20	漏答该条扣 20 分		
		（4）使用伸缩式验电器时，应保证绝缘的有效长度	20	漏答该条扣 20 分		
3	答题要求	口述要求：逻辑思维清楚，语音清晰，神态自如	10	慌张语言表达不清扣 5 分		
合计			100			

Jc0010541081　拉合跌落式熔断器的操作。（100 分）

考核知识点：运行管理知识

难易度：易

技能等级评价专业技能考核操作工作任务书

一、任务名称

拉合跌落式熔断器的操作。

二、适用工种

配电线路工初级工。

三、具体任务

进行拉合跌落式熔断器的操作。

四、工作规范及要求

（1）单独操作，有人监护。

（2）所需材料：绝缘操作棒、安全帽一顶、登杆工具一套。

（3）本考核总成绩满分为 100 分。

（4）触碰红线得 0 分。

五、考核及时间要求

考核时间共 10 分钟，每超过 1 分钟扣 2 分。

技能等级评价专业技能考核操作评分标准

工种	配电线路工				评价等级	初级工
项目模块	运行管理知识—运行管理			编号	Jc0010541081	
单位		准考证号			姓名	
考试时限	10 分钟	题型	单项操作		题分	100 分
成绩		考评员		考评组长		日期
试题正文	拉合跌落式熔断器的操作					

续表

需要说明的问题和要求	适合各种跌落式熔断器

序号	项目名称	质量要求	满分	扣分标准	扣分原因	得分
1	工作前准备					
1.1	选择工器具	选择安全用具、登杆工具等，并检查完好	5	漏、错选一项扣1分； 未检查一项扣1分； 不按规定穿着一项扣1分		
1.2	选择材料	绝缘操作棒、安全帽一顶、登杆工具一套	5			
1.3	着装、穿戴	工作服、绝缘鞋、安全帽等穿戴正确无误	5			
2	工作过程					
2.1	登杆前检查	登杆前检查杆根和拉线	5	未检查一项扣2分； 不做冲击试验扣5分； 不熟练扣2～5分； 过高、过矮均扣3分； 每项操作重复一次扣10分；不到位扣5分； 无论拉、合闸操作顺序错误均扣总题分的100%		
2.2	登杆工具检查	对登杆工具进行冲击试验	5			
2.3	登杆	动作规范、熟练	5			
2.4	工作位置确定	站位合适，安全带绑系正确	5			
2.5	分闸操作	拉闸时，先断中相，后拉下风向，最后拉上风相，每相操作均应一次成功到位	25			
2.6	合闸操作	合闸时，先合上风向，再合下风向，最后合中相，每相操作均应一次到位	25			
2.7	操作水平	熟练、顺利	5			
3	工作终结验收					
3.1	安全文明生产	操作过程中无跌落物，工作完毕清理现场，交还工器具	10	一处不合格扣2分； 未在规定时间完成，每延时1分钟扣2分；未清理现场或交还工器具扣3分		
合计			100			

Jc0010541082　挂设一组10kV线路接地线的操作。（100分）

考核知识点：运行管理知识

难易度：易

技能等级评价专业技能考核操作工作任务书

一、任务名称

挂设一组10kV线路接地线的操作。

二、适用工种

配电线路工初级工。

三、具体任务

（1）挂设一组10kV线路接地线的操作。

（2）适合挂设10kV线路接地线的操作。

四、工作规范及要求

（1）单独操作，有人监护。

（2）合格 10kV 专用验电器一支、接地线一组（多股软铜线、截面积大于 $25mm^2$ ）、登杆工具、安全帽、安全带、吊物绳等。

（3）挂设接地线之前应验电，并设专人监护确定线路无电压后方可开始挂设接地线。

（4）本考核总成绩满分为 100 分。

（5）触碰红线得 0 分。

五、考核及时间要求

考核时间共 15 分钟，每超过 1 分钟扣 2 分。

技能等级评价专业技能考核操作评分标准

工种	配电线路工					评价等级	初级工
项目模块	运行管理知识—运行管理				编号	Jc0010541082	
单位			准考证号			姓名	
考试时限	15 分钟		题型	单项操作		题分	100 分
成绩		考评员		考评组长		日期	
试题正文	挂设一组 10kV 线路接地线的操作						
需要说明的问题和要求	挂设接地线之前应验电，并设专人监护确定线路无电压后方可开始挂设接地线						

序号	项目名称	质量要求	满分	扣分标准	扣分原因	得分
1	工作前准备					
1.1	选择安全用具及工器具	选择安全用具、登杆工具，并检查完好	5	漏、错一项扣 1 分； 未检查一项扣 1 分； 不按规定穿着一项扣 1 分		
1.2	着装、穿戴	工作服、安全鞋、安全帽等穿戴无误	5			
1.3	选择接地线	完好，可以使用	5			
2	工作过程					
2.1	登杆前检查	登杆前检查杆根和拉线	5	未检查一项扣 2 分； 不做试验扣 5 分； 不熟练扣 2～5 分； 过高、过矮均扣 3 分； 顺序错误扣 10 分； 出错一次扣 2 分； 碰触一次扣 5 分		
2.2	登杆工具检查	对登杆工具进行冲击试验	5			
2.3	验电器使用前确定	在明确有电时证明其完好	5			
2.4	登杆	动作规范、熟练	5			
2.5	工作位置确定	站位合适，安全带系绑正确	5			
2.6	验电	验电方法及顺序正确	10			
2.7	接地线装设	先接接地端后接导线端，操作中人身不得碰触接地线	15			
2.8	操作顺序	操作熟练，逐相挂设	5			

续表

序号	项目名称	质量要求	满分	扣分标准	扣分原因	得分
3	工作终结验收					
3.1	接地线装设	接地线与导线连接可靠没有缠绕现象，接地棒在地下深度不小于 600mm	20	连接不可靠一处扣 5 分；缠绕一次扣 1 分； 埋深每小于 100mm 扣 2 分； 发生一次跌落物扣 5 分； 未清理现场或交还工器具扣 3 分； 未在规定时间完成，每延时 1 分钟扣 2 分		
3.2	安全文明生产	操作过程中无跌落物，工作完毕清理现场，交还工器具	10			
合计			100			

Jc0003541083　脚扣法登杆。(100 分)

考核知识点：配电线路工的基本知识

难易度：易

技能等级评价专业技能考核操作工作任务书

一、任务名称

脚扣法登杆。

二、适用工种

配电线路工初级工。

三、具体任务

用脚扣法登杆。

四、工作规范及要求

（1）单独操作。
（2）工具：安全带、安全帽、登杆工具（如脚扣）、防坠器。
（3）要求着装正确（穿工作服、工作鞋，戴安全帽）。
（4）杆下一人监护。
（5）在带有防坠装置的电杆上进行作业。
（6）在不带电的停电线路上操作。
（7）本考核总成绩满分为 100 分。
（8）触碰红线得 0 分。

五、考核及时间要求

考核时间共 10 分钟，每超过 1 分钟扣 2 分。

技能等级评价专业技能考核操作评分标准

<table>
<tr><td>工种</td><td colspan="6">配电线路工</td><td>评价等级</td><td>初级工</td></tr>
<tr><td>项目模块</td><td colspan="5">配电线路工的基本知识—线路基本知识</td><td>编号</td><td colspan="2">Jc0003541083</td></tr>
<tr><td>单位</td><td colspan="2"></td><td>准考证号</td><td colspan="3"></td><td>姓名</td><td></td></tr>
<tr><td>考试时限</td><td colspan="2">10 分钟</td><td>题型</td><td colspan="3">单项操作</td><td>题分</td><td>100 分</td></tr>
<tr><td>成绩</td><td></td><td>考评员</td><td colspan="2"></td><td>考评组长</td><td></td><td>日期</td><td></td></tr>
</table>

续表

试题正文	脚扣法登杆					
需要说明的问题和要求	（1）要求着装正确（穿工作服、工作鞋，戴安全帽）。 （2）杆下一人监护。 （3）使用安全带及防坠器。 （4）在带有防坠装置的电杆上进行作业。 （5）在不带电的停电线路上操作					
序号	项目名称	质量要求	满分	扣分标准	扣分原因	得分
1	工作前准备					
1.1	选择合适的登杆工器具	所选登杆工具应经试验合格，并在有效期内	5	选择不正确扣 1 分		
1.2	选择防坠器	防坠器应良好可靠	5	不检查不给分（可试问）		
1.3	杆塔检查	核对线路名称和杆号，电杆杆根、基础、拉线应牢固可靠	5	不检查不给分（可试问）		
2	工作过程					
2.1	登杆前检查	登杆前检查杆根和拉线	5	未检查一项扣 2 分； 不作试验扣 5 分； 不熟练扣 2～5 分； 过高、过矮均扣 3 分； 顺序错误扣 10 分； 出错一次扣 2 分； 碰触一次扣 5 分		
2.2	登杆工具检查	对登杆工具进行冲击试验	5			
2.3	验电器使用前确定	在明确有电时证明其完好	5			
2.4	登杆	动作规范、熟练	5			
2.5	工作位置确定	站位合适，安全带系绑正确	5			
2.6	验电	验电方法及顺序正确	10			
2.7	接地线装设	先接接地端后接导线端，操作中人身不得碰触接地线	15			
2.8	操作顺序	操作熟练，逐相挂设	5			
3	工作终结验收					
3.1	接地线装设	接地线与导线连接可靠没有缠绕现象，接地棒在地下深度不小于 600mm	20	连接不可靠一处扣 5 分；缠绕一次扣 1 分； 埋深每小于 100mm 扣 2 分		
3.2	安全文明生产	操作过程中无跌落物，工作完毕清理现场，交还工器具	10	发生一次跌落物扣 5 分； 未清理现场或交还工器具扣 3 分； 未在规定时间完成，每延时 1 分钟扣 2 分		
合计			100			

Jc0005541084 安装一组 10kV 跌落式熔断器的操作。（100 分）

考核知识点： 配电线路知识

难易度： 易

技能等级评价专业技能考核操作工作任务书

一、任务名称

安装一组 10kV 跌落式熔断器的操作。

二、适用工种

配电线路工初级工。

三、具体任务

安装一组 10kV 跌落式熔断器。

四、工作规范及要求

（1）单独操作。
（2）线路上安全措施已完成。
（3）工具：安全带、安全帽、登杆工具（如脚扣）、防坠器。
（4）要求着装正确（穿工作服、工作鞋，戴安全帽）。
（5）杆下一人监护。
（6）在带有防坠装置的电杆上进行作业。
（7）在不带电的停电线路上操作。
（8）本考核总成绩满分为 100 分。
（9）触碰红线得 0 分。

五、考核及时间要求

考核时间共 40 分钟，每超过 1 分钟扣 2 分。

技能等级评价专业技能考核操作评分标准

工种	配电线路工				评价等级	初级工
项目模块	配电线路知识—架空线路的组成			编号	Jc0005541084	
单位		准考证号			姓名	
考试时限	40 分钟	题型	单项操作		题分	100 分
成绩		考评员		考评组长		日期	
试题正文	安装一组 10kV 跌落式熔断器的操作					
需要说明的问题和要求	（1）挂设接地线之前应验电，并设专人监护确定线路无电压后方可开始挂设接地线。 （2）5 级以上大风禁止登杆作业					

序号	项目名称	质量要求	满分	扣分标准	扣分原因	得分
1	工作前准备					
1.1	选择安全用具及工器具	选择安全用具、登杆工具，并检查完好	5	漏、错一项扣 1 分； 未检查一项扣 1 分； 不按规定穿着一项扣 1 分		
1.2	着装、穿戴	工作服、安全鞋、安全帽等穿戴无误	5			
1.3	选择接地线	完好，可以使用	5			
2	工作过程					
2.1	登杆前检查	登杆前检查杆根和拉线	5	未检查一项扣 2 分； 不作试验扣 5 分； 不熟练扣 2～5 分； 过高、过矮均扣 3 分； 顺序错误扣 10 分； 出错一次扣 2 分； 碰触一次扣 5 分		
2.2	登杆工具检查	对登杆工具进行冲击试验	5			
2.3	验电器使用前确定	在明确有电时证明其完好	5			

续表

序号	项目名称	质量要求	满分	扣分标准	扣分原因	得分
2.4	登杆	动作规范、熟练	5	未检查一项扣2分； 不作试验扣5分； 不熟练扣2～5分； 过高、过矮均扣3分； 顺序错误扣10分； 出错一次扣2分； 碰触一次扣5分		
2.5	工作位置确定	站位合适，安全带系绑正确	5			
2.6	验电	验电方法及顺序正确	5			
2.7	接地线装设	先接接地端后接导线端，操作中人身不得碰触接地线	20			
2.8	操作顺序	操作熟练，逐相挂设	5			
3	工作终结验收					
3.1	跌落式熔断器安装工艺	跌落式熔断器安装夹角符合有关规定（15°～30°），水平间距不小于500mm	10	一项不合格扣5分； 损伤一处扣2分； 不作清理扣3分； 不交还工器具及剩余材料扣3分； 未在规定时间完成，每延时1分钟扣2分		
3.2	熔丝安装工艺	松紧适当	10			
3.3	安全文明生产	工器具材料摆放有序，工器具、设备无损伤，杆上无遗留物及跌落物等失误，清理现场，交还工器具及剩余材料	10			
合计			100			

Jc0005541085 拉线上把制作的操作。（100分）

考核知识点：配电线路知识

难易度：易

技能等级评价专业技能考核操作工作任务书

一、任务名称

拉线上把制作的操作。

二、适用工种

配电线路工初级工。

三、具体任务

进行拉线上把制作。

四、工作规范及要求

（1）单独完成。

（2）建议采用GJ－35钢绞线。

（3）本考核总成绩满分为100分。

（4）触碰红线得0分。

五、考核及时间要求

考核时间共30分钟，每超过1分钟扣2分。

技能等级评价专业技能考核操作评分标准

<table>
<tr><td>工种</td><td colspan="6">配电线路工</td><td>评价等级</td><td>初级工</td></tr>
<tr><td>项目模块</td><td colspan="5">配电线路知识—架空线路的组成</td><td>编号</td><td colspan="2">Jc0005541085</td></tr>
<tr><td>单位</td><td colspan="2"></td><td>准考证号</td><td colspan="3"></td><td>姓名</td><td></td></tr>
<tr><td>考试时限</td><td colspan="2">30分钟</td><td>题型</td><td colspan="3">单项操作</td><td>题分</td><td>100分</td></tr>
<tr><td>成绩</td><td></td><td>考评员</td><td colspan="2"></td><td>考评组长</td><td></td><td>日期</td><td></td></tr>
</table>

续表

试题正文	拉线上把制作的操作
需要说明的问题和要求	（1）单独完成。 （2）建议采用 GJ－35 钢绞线

序号	项目名称	质量要求	满分	扣分标准	扣分原因	得分
1	工作前准备					
1.1	选择工器具、材料	扳手、手锤、钢丝钳、铁丝、断线钳、钢卷尺等	5	漏、错选一项扣 1 分； 未检查一项扣 1～3 分； 不按规定穿着一项扣 1～3 分		
1.2	选择楔形线夹型号及检查	选择正确并做外观检查	5			
1.3	着装、穿戴	工作服、工作鞋、安全帽、手套等穿戴正确无误	5			
2	工作过程					
2.1	剪断钢绞线，钢绞线剪断处小铁丝绑扎	方法正确，绑扎牢固，钢绞线无松股	5	不绑扎扣 5 分； 松动扣 2 分； 松股扣 2～5 分； 锚具穿入方向错扣 5 分； 尺寸错误扣 2～5 分； 圆弧不正确扣 2～5 分； 不作处理扣 5 分； 穿向不正确扣 5 分； 损坏镀锌层扣 5 分； 选择有误扣 2～5 分； 返工一次扣 2 分		
2.2	将线夹套筒套入钢绞线	方向正确	5			
2.3	在钢绞线上量出弯曲部位尺寸	尺寸符合操作要求	5			
2.4	弯曲钢绞线	圆弧与楔子相吻合	5			
2.5	弯曲部位弧度处理	使尾线及主线成开口状态	5			
2.6	放入楔子并拉紧	穿向正确	5			
2.7	敲冲牢固	用手锤敲冲	5			
2.8	尾线绑扎	采用 10～12 号铁丝绑扎	5			
2.9	操作过程	熟练、连贯	5			
3	工作终结验收					
3.1	钢绞线短头出线方向	应在凸肚处	10	凸肚方向朝反扣 10 分； 不合要求每处扣 2～5 分； 不作清理扣 3 分； 不交还工器具及剩余材料扣 3 分； 未在规定时间完成，每延时 1 分钟扣 2 分		
3.2	短头留取长度	300～500mm	5			
3.3	钢绞线与楔子半圆弯曲结合	结合处不得有死角和空隙	5			
3.4	短头绑扎尺寸	距线头 50mm 处绑扎，长度为 50～80mm	5			
3.5	铁丝绞合端处理	铁丝绞合端部弯进 2 股钢绞线并列处	5			
3.6	安全文明生产	工器具材料摆放有序，工器具、设备无损伤，清理现场，交还工器具及剩余材料	10			
合计			100			

Jc0010552086　组织一般电缆事故抢修。（100 分）

考核知识点：运行管理知识

难易度：中

技能等级评价专业技能考核操作工作任务书

一、任务名称

组织一般电缆事故抢修。

二、适用工种

配电线路工初级工。

三、具体任务

模拟组织一般电缆事故抢修。

四、工作规范及要求

（1）模拟操作采用口头答辩。

（2）要求思路清晰、条理清楚。

（3）可根据常见事故设置事故类型。

（4）安全文明生产，在规定时间内完成。

（5）本考核总成绩满分为100分。

（6）触碰红线得0分。

五、考核及时间要求

考核时间共20分钟，每超过1分钟扣2分。

技能等级评价专业技能考核操作评分标准

工种	配电线路工			评价等级	初级工
项目模块	运行管理知识—运行管理		编号	Jc0010552086	
单位		准考证号		姓名	
考试时限	20分钟	题型	多项操作	题分	100分
成绩		考评员		考评组长		日期	
试题正文	组织一般电缆事故抢修				
需要说明的问题和要求	（1）模拟操作采用口头简答。 （2）要求思路清晰、条理清楚。 （3）可根据常见事故设置事故类型。 （4）安全文明生产，在规定时间内完成				

序号	项目名称	质量要求	满分	扣分标准	扣分原因	得分
1	工作前准备					
1.1	现场勘查	明确停电范围、施工方法、危险点和应采取措施、配合工作等	5	缺一项扣5分； 工器具错、漏选一项扣1分； 不完整扣1～3分； 不按规定穿着一项扣1分； 不进行现场勘查扣10分； 不办理工作票扣10分		
1.2	工器具、材料准备	选择施工工器具、安全工器具、材料，满足施工要求	5			
1.3	停电申请	向调度部门办理线路停电申请	5			
1.4	办理事故应急抢修单	填写电力线路事故应急抢修单	5			
1.5	着装、穿戴	工作服、工作鞋、安全帽等穿戴正确	5			
2	工作过程					

续表

序号	项目名称	质量要求	满分	扣分标准	扣分原因	得分
2.1	工作许可	按规定办理许可手续	5	缺一项扣 5 分； 不完整扣 1～3 分； 不办许可手续扣 10 分； 不按工作票实施补充安全措施扣 10 分		
2.2	站班会	口述：工作前对工作班成员进行危险点告知，交代安全措施和技术措施，并确定每一个工作班成员都已知晓	5			
2.3	补充安全措施	按抢修单要求实施补充安全措施	10			
2.4	施工作业	按规定组织施工	30			
3	工作终结验收					
3.1	质量检查	按验收规范及运行规程进行验收	5	质量检查内容不符一项扣 1～2 分； 不办理工作终结手续扣 10 分； 不作清理扣 3 分； 未在规定时间完成，每延时 1 分钟扣 2 分		
3.2	工作终结	拆除接地线，所有人员撤离，办理工作终结	10			
3.3	安全文明生产	工作时无违章，工作结束，清理现场，交还工器具	10			
合计			100			

Jc0011552087　10kV 开关站（真空环网柜）出线由运行转检修的操作。（100 分）

考核知识点：开关站、配电室和箱式变电站

难易度：中

技能等级评价专业技能考核操作工作任务书

一、任务名称

10kV 开关站（真空环网柜）出线由运行转检修的操作。

二、适用工种

配电线路工初级工。

三、具体任务

10kV 开关站（真空环网柜）出线由运行转检修的操作。

四、工作规范及要求

（1）当开关的供出线路需检修时，开关站相应间隔开关由运行转检修。

（2）倒闸操作应 2 人进行。

（3）安全文明生产，在规定时间内完成。

（4）本考核总成绩满分为 100 分。

五、考核及时间要求

考核时间共 15 分钟，每超过 1 分钟扣 2 分。

技能等级评价专业技能考核操作评分标准

<table>
<tr><td>工种</td><td colspan="6">配电线路工</td><td>评价等级</td><td>初级工</td></tr>
<tr><td>项目模块</td><td colspan="5">开关站、配电室和箱式变电站—开关站、配电室和箱式变电站的运行</td><td>编号</td><td colspan="2">Jc0011552087</td></tr>
<tr><td>单位</td><td colspan="2"></td><td>准考证号</td><td colspan="3"></td><td>姓名</td><td></td></tr>
<tr><td>考试时限</td><td colspan="2">15 分钟</td><td>题型</td><td colspan="3">多项操作</td><td>题分</td><td>100 分</td></tr>
<tr><td>成绩</td><td></td><td>考评员</td><td colspan="2"></td><td>考评组长</td><td></td><td>日期</td><td></td></tr>
<tr><td>试题正文</td><td colspan="8">10kV 开关站（真空环网柜）出线由运行改检修的操作</td></tr>
</table>

续表

需要说明的问题和要求	（1）当开关的供出线路需检修时，开关站相应间隔开关由运行转检修。 （2）开关站设备为真空环网柜。 （3）开关站出线对侧无电源。 （4）非配调设备。 （5）倒闸操作应 2 人进行。 （6）安全文明生产，在规定时间内完成

序号	项目名称	质量要求	满分	扣分标准	扣分原因	得分
1	工作前准备					
1.1	办理操作票	根据实际情况填写操作票，并审票合格	5	工器具每漏、错选一项扣 1 分； 不按规定穿着一项扣 1 分； 不办理操作票扣 5 分		
1.2	准备工器具	根据工作需要选择工器具及安全用具	5			
1.3	着装、穿戴	按规定穿工作服、工作鞋，戴绝缘手套、安全帽等	5			
2	工作过程					
2.1	核对命名	核对开关站名称后进入，核对间隔双重命名及状态	5	不核对命名扣 5 分； 操作顺序错误扣 15～25 分； 不悬挂警告牌扣 5 分； 不验电就装设接地线扣 10 分； 不规范扣 1～3 分； 不熟练扣 1～3 分； 无唱票复诵扣 5 分		
2.2	操作开关设备	先拉开开关，检查线路侧带电显示器或指示仪表情况，再拉开线路侧刀闸，后拉开母线侧刀闸	25			
2.3	验电挂接地	用验电器在线路刀闸侧验电、放电	10			
		验明确无电后，立即在线路刀闸电路侧装设接地线	10			
2.4	悬挂警告牌	悬挂“禁止合闸，线路有人工作”警告牌	5			
2.5	唱票复诵	倒闸操作时，有唱票复诵	5			
2.6	熟练程度	操作熟练、顺利	5			
3	工作终结验收					
3.1	开关操作	开关、刀闸操作到位	5	不到位或不牢靠扣 1～5 分； 未清理现场或未交还工器具扣 3 分； 未在规定时间完成，每延时 1 分钟扣 2 分		
3.2	接地线装设	接地线装设牢靠，警示牌挂设正确	5			
3.3	安全文明生产	操作过程中无工具损伤，柜内无遗留物，工作完毕应清理现场，交还工器具	10			
合计			100			

Jc0003552088　配电变压器绝缘电阻测量。（100 分）

考核知识点：配电线路工的基本知识

难易度：中

技能等级评价专业技能考核操作工作任务书

一、任务名称

配电变压器绝缘电阻测量。

二、适用工种

配电线路工初级工。

三、具体任务

口述：配电变压器绝缘电阻测量。

四、工作规范及要求

（1）采用手摇式绝缘电阻表测量。

（2）利用配电变压器（台架），断开配电变压器高低压引线及避雷器等各种电气设备。

（3）派一人与操作者配合，所派人员听从操作者指挥。

（4）安全文明生产，在规定时间内完成。

（5）本考核总成绩满分为100分。

（6）触碰红线得0分。

五、考核及时间要求

考核时间共45分钟，每超过1分钟扣2分。

技能等级评价专业技能考核操作评分标准

工种	配电线路工			评价等级	初级工
项目模块	配电线路工的基本知识—线路基本知识		编号	Jc0003552088	
单位		准考证号		姓名	
考试时限	45分钟	题型	多项操作	题分	100分
成绩	考评员		考评组长		日期
试题正文	口述配电变压器绝缘电阻测量				
需要说明的问题和要求	（1）采用手摇式绝缘电阻表测量。 （2）利用培训配电变压器，拆除配电变压器高低压引线及避雷器等各种电气设备。 （3）派一人与操作者配合，所派人员听从操作者指挥。 （4）安全文明生产，在规定时间内完成				

序号	项目名称	质量要求	满分	扣分标准	扣分原因	得分
1	口述前准备					
1.1	着装、穿戴	按规定穿工作服、工作鞋，戴绝缘手套、安全帽等	5	未按规定着装一项扣1分； 错、漏选一项扣1分； 每错一项扣1分； 绝缘电阻表不检查扣10分； 检查不完整或方法不正确扣2～5分		
1.2	选择绝缘电阻表及配套引线	选择正确，符合工作需要	5			
1.3	绝缘电阻表使用前检查	检查绝缘电阻表是否良好。检查时将绝缘电阻表两根引线相碰，慢慢摇动手柄，检查指针是不是指向“0”，如果指针不指“0”，应调整表上的调零装置；将两根引线分开，检查指针是否指向“∞”	10			
2	口述工作过程					
2.1	清理配电变压器	将配电变压器表面擦拭干净。确保停电后配电变压器内部设备与环境温度相同，湿度不大于75%，以免造成测量误差	5	识别不准或不正确扣5分		
2.2	测试高压侧对低压侧及地绝缘电阻	（1）把高压侧的三个桩头用短接线相连接，低压侧的四个桩头用短接线相连接并接地。 （2）用测试引线将测试仪“接地”端和低压桩头连接。 （3）将“电路”端测试引线接于测试桩头，手摇测试仪转速由低到高，保持120r/min左右，记录读数。 （4）记录读数后，先将“电路”端测试引线与测试桩头分开后，再降低手摇测试仪转速至零。 （5）对配电变压器测试桩头放电	25	错误一项扣5分； 接线错误扣10分； 测量方法错误扣5～10分； 不符合要求扣1～3分		

续表

序号	项目名称	质量要求	满分	扣分标准	扣分原因	得分
2.3	测试低压侧对地绝缘电阻	（1）把高压侧的三个桩头用短接线相连接，低压侧的四个桩头用短接线相连接并接地。 （2）用测试引线将测试仪“接地”端和接地连接重复上述步骤，记录读数	20	错误一项扣 5 分； 接线错误扣 10 分； 测量方法错误扣 5～10 分； 不符合要求扣 1～3 分		
2.4	注意事项	（1）测试导线不得使用双股绝缘线或绞线，应用单股线分开连接，接地线必须采用裸导线。 （2）测试过程中，为避免电击，不得碰触测试导线和配电变压器，测试后同样不得碰触。 （3）“电路”端测试引线接于测试桩头应用挂钩钩住，不能绕死。 （4）测试过程中，如果绝缘电阻迅速下降（到零），应停止测试	20			
3	口述终结验收					
3.1	结果分析	应根据配电变压器状况及测量时天气情况，综合分析、判断得出结论	5	判断错误扣 5 分； 不作清理扣 3 分； 不交还工器具扣 3 分； 未在规定时间内完成，每延时 1 分钟扣 2 分		
3.2	安全文明生产	工作时无违章，工作结束，清理现场，交还工器具	5			
合计			100			

Jc0010563089　使用吊车更换 10m 直线杆的施工组织方案。（100 分）

考核知识点：运行管理知识

难易度：难

技能等级评价专业技能考核操作工作任务书

一、任务名称

使用吊车更换 10m 直线杆的施工组织方案。

二、适用工种

配电线路工初级工。

三、具体任务

口述：更换一基 10m 直线杆，作业方法为吊车组立，预应力杆已运输到位。针对此项工作，要求考生口述一份使用吊车更换 10m 直线杆的施工过程。

四、工作规范及要求

单杆已运输到位，请按流程使用吊车更换 10m 直线杆的施工组织方案。

（1）人员配置分工合理。

（2）工器具及材料清楚。

（3）主要作业程序描述正确。

（4）关键工序工艺质量标准清楚。

（5）组织、安全、技术措施齐全。

（6）考核时间结束终止考试。

（7）本考核总成绩满分为 100 分。

（8）触碰红线得0分。

五、考核及时间要求

考核时间共30分钟，每超过1分钟扣2分，到35分钟终止考核。

技能等级评价专业技能考核操作评分标准

工种	配电线路工					评价等级	初级工
项目模块	运行管理知识—运行设备检修				编号	Jc0010563089	
单位			准考证号			姓名	
考试时限	30分钟		题型	综合操作		题分	100分
成绩		考评员		考评组长		日期	
试题正文	口述使用吊车更换10m直线杆的施工组织方案						
需要说明的问题和要求	（1）考生在30分钟内口述更换电杆操作流程。 （2）口述安全和技术措施。 （3）电杆为10m预应力杆，组立方式为使用吊车组立。 （4）所用工具、材料由考生根据施工需要进行安排。 （5）本考核总成绩满分为100分						

序号	项目名称	质量要求	满分	扣分标准	扣分原因	得分
1	整体要求					
1.1	标题	要写清楚线路名称、杆号及作业内容	5	少一项扣2分		
1.2	工程概况介绍	应对工程概况或该工作的背景进行简单描述	5	没有工程概况介绍扣5分		
2	组织措施					
2.1	工作内容	应写清楚工作的线路、杆号、工作内容、工作范围	5	少一项内容扣3分		
2.2	工作人员及分工	（1）应写清楚工作班组和人数或者逐一填写工作人员名字。 （2）单位名称和个人姓名不得使用真实名称。 （3）应有明确分工	5	一项不正确扣2分		
2.3	工作时间	应写清楚计划工作时间，计划工作开始及工作结束时间均应以年、月、日、时、分填写清楚	5	没有填写时间扣5分；时间填写不清楚的扣3分		
3	作业程序					
3.1	准备工作	（1）安全措施宣讲及落实（作业人员着装正确，戴安全帽，系安全带）。 （2）人员分工（指挥、安全监护、吊车操作、拆除扎线、临时拉线、制作拉线、登杆各岗位人员分配）。 （3）作业开始前的检查（导线受力情况的检查）	5	少一项扣2分		
3.2	拆除旧杆	（1）将钢丝绳套选择在合适的位置绑扎，并使钢丝绳受力。 （2）将要更换的直线杆导线三相扎线松开，导线用绳索拉向外侧不影响拆除旧杆。 （3）拔出电杆	3	少一项扣1分		

续表

序号	项目名称	质量要求	满分	扣分标准	扣分原因	得分
3.3	立杆	（1）在原处挖掘基坑。 （2）检查或放置底盘。 （3）选择合适位置绑扎起吊点，对各绑扎点及吊点情况进行检查。 （4）起吊电杆（电杆受力后应检查各绑扎点及吊点，横担离地 30～50cm 时停止牵引，检查各受力点，确无问题后再起吊）。 （5）调整电杆位置，落杆入基础坑内，并使电杆位于线路中心。 （6）杆根回填土并夯实。回填土每升高 500mm 夯实一次，回填土高出地面 300mm	7	少一步扣 2 分		
3.4	架设导线及附件安装	（1）安装直线杆横担和绝缘子。 （2）将导线绑扎在绝缘子上	5	少一项扣 2 分		
3.5	拆除工器具及清理现场	（1）登杆拆除吊点钢丝绳套。 （2）清理现场	5	少一项扣 2 分		
4	安全措施					
4.1	防触电措施	（1）核对线路名称。 （2）停电，在作业点两端验电、挂接地线	5	少一项扣 2 分		
4.2	防止高坠措施	（1）在杆根回填土夯实之前，不得登杆。 （2）安全带及延长绳外观检查及冲击试验。 （3）登杆过程中应全程使用安全带，杆上作业过程中不得失去保护	5	少一项扣 2 分		
4.3	防止高空落物伤人措施	（1）作业人员应正确佩戴安全帽。 （2）作业点正下方不得有人逗留或通过	5	少一项扣 2 分		
4.4	防止倒杆措施	（1）杆塔起立后及横担离地 30～50cm 时，应对各受力点处做一次全面检查并冲击，确无问题再继续起立。 （2）起吊过程中，应注意检查各绑扎点钢丝绳套锁紧情况及位置是否正确。 （3）正式拉线做好，杆基回填土夯实后，方可登杆拆除所有牵引和临时拉线。 （4）距杆根 1.2 倍杆高范围内，除指挥人员外其他人员不得入内	5	少一项扣 2 分		
5	技术措施					
5.1	工器具的使用要求	（1）吊车吨位选择，统一指挥等。 （2）钢丝绳套绑扎位置及绑扎方法，使用过程进行安全检查等	10	少一项扣 5 分		
5.2	质量要求	（1）杆身不得有纵向裂纹，横向裂纹宽度不得超过 0.1mm，长度不得超过周长的 1/3，且 1m 内横向裂纹不得超过 3 处。 （2）电杆立好后，应垂直于地面，并与相邻电杆在一条直线上。 （3）电杆埋深符合要求（+100mm，－50mm）。 （4）横担安装平正，安装偏差：横担端部上下歪斜及左右扭斜均不应大于 20mm	10	少一项扣 5 分		
6	工具材料					
6.1	工具	（1）应有工具清单。 （2）应含有吊车、钢丝绳套、绳索等立杆工具，并应根据情况选择适当的型号。 （3）应含有验电器、接地线、安全带、延长绳、脚扣等安全工器具	5	少一项扣 2 分；没有型号要求扣 2 分		
6.2	材料	（1）应有材料清单。 （2）应有横担、绝缘子、扎线等材料	5	少一项扣 3 分；没有型号要求扣 2 分		
合计			100			

Jc0010563090　更换 10kV 跌落式熔断器的检修方案。（100 分）

考核知识点： 运行管理知识

难易度： 难

技能等级评价专业技能考核操作工作任务书

一、任务名称

更换 10kV 跌落式熔断器的检修方案。

二、适用工种

配电线路工初级工。

三、具体任务

口述：更换 10kV 跌落式熔断器，作业方法停电检修。针对此项工作，要求考生口述更换 10kV 跌落式熔断器的施工组织方案。

四、工作规范及要求

（1）人员配置分工合理。

（2）工器具及材料清楚。

（3）主要作业程序正确。

（4）关键工序工艺质量标准清楚。

（5）考核时间结束终止考试。

（6）本考核总成绩满分为 100 分。

五、考核及时间要求

考核时间共 30 分钟，每超过 1 分钟扣 2 分，到 35 分钟终止考核。

技能等级评价专业技能考核操作评分标准

工种	配电线路工					评价等级	初级工
项目模块	运行管理知识—运行设备检修				编号	Jc0010563090	
单位		准考证号				姓名	
考试时限	30 分钟	题型	综合操作			题分	100 分
成绩		考评员		考评组长		日期	
试题正文	口述更换 10kV 跌落式熔断器的检修方案						
需要说明的问题和要求	（1）考生在 30 分钟内完成方案口述。 （2）方案中施工班组、作业人员不指定。 （3）所用工具、材料由考生根据施工需要进行安排。 （4）本模块总成绩满分为 100 分						

序号	项目名称	质量要求	满分	扣分标准	扣分原因	得分
1	准备工作					
1.1	办理工作票	根据实际情况填写工作票，并审票合格	5	工器具每漏、错选一项扣 1 分； 不按规定穿着一项扣 1 分； 不办理操作票扣 5 分		
1.2	准备工器具	根据工作需要选择工器具及安全用具	5			
1.3	着装、穿戴	按规定穿工作服、工作鞋，戴绝缘手套、安全帽等	5			

续表

序号	项目名称	质量要求	满分	扣分标准	扣分原因	得分
2	工作过程					
2.1	杆上工作位置确定	站位合适，安全带系绑正确	10	少一项扣 5 分		
2.2	跌落式熔断器拆除	（1）选择合适的吊点，将传递小物件的吊绳准备好。 （2）将熔丝管拉开并取下。 （3）将跌落式熔断器的上下引线分别拆除。 （4）用吊绳将一相跌落式熔断器的瓷柱绑扎牢固，松开与横担连接处并缓慢放置地面	20	少一项扣 5 分		
2.3	跌落式熔断器安装	（1）地面人员用循环绳绑牢跌落式熔断器并缓缓拉上杆，在向上拉的过程中防止跌落式熔断器与电杆相碰而损坏绝缘子。 （2）安装跌落式熔断器并固定牢靠。 （3）连接跌落式熔断器引线。铜铝连接应有可靠的过渡措施。 （4）安装跌落式熔断器连接端子绝缘防护罩	20	少一项扣 5 分		
3	工作竣工验收					
3.1	按规范进行验收	对现场进行全面检查验收，无异常后，通知人员拆除接地线，所有人员撤离现场	10	缺一项扣 5 分； 未拆除接地线扣总分值 50%； 违章一次扣 5 分； 不符合要求扣 1～3 分； 未作清理扣 5 分； 不交还工器具扣 5 分； 未在规定时间内完成，每延时 1 分钟扣 2 分		
3.2	工作终结及送电	交回工作票，汇报工作结束，恢复送电	10			
3.3	安全文明生产	（1）现场材料、工器具堆放合理。 （2）工作结束后清理现场，将带入现场的施工器械、设备及材料撤出现场运回。 （3）现场施工无违章	15			
合计			100			

Jc0010563091 配电线路一般事故抢修组织方案。（100 分）

考核知识点：运行管理知识

难易度：难

技能等级评价专业技能考核操作工作任务书

一、任务名称

配电线路一般事故抢修组织方案。

二、适用工种

配电线路工初级工。

三、具体任务

针对此项工作，可根据常见事故设置事故类型，要求考生编写配电线路一般事故抢修组织方案。

四、工作规范及要求

请按以下要求完成配电线路一般事故抢修组织方案的编写，方案编写在教室内完成。

（1）人员配置分工合理（方案中不得出现真实单位名称及个人姓名）。

（2）工器具及材料清楚。

（3）主要作业程序正确。

（4）关键工序工艺质量标准清楚。

（5）组织、安全、技术措施齐全。

（6）考核时间结束终止考试。

（7）本考核总成绩满分为 100 分。

五、考核及时间要求

考核时间共 30 分钟，每超过 1 分钟扣 2 分，到 35 分钟终止考核。

技能等级评价专业技能考核操作评分标准

工种	配电线路工					评价等级	初级工
项目模块	运行管理知识—运行设备检修				编号	Jc0010563091	
单位		准考证号				姓名	
考试时限	30 分钟	题型	综合操作			题分	100 分
成绩		考评员		考评组长		日期	
试题正文	编写一份配电线路一般事故抢修组织方案						
需要说明的问题和要求	（1）学员集中于教室在 30 分钟内完成方案编写。 （2）方案中施工班组、作业人员不指定，由考生自行填写，但不得出现真实单位名称和个人姓名。 （3）所用工具、材料由考生根据施工需要进行安排。 （4）本考核总成绩满分为 100 分。 （5）可根据常见事故设置事故类型						

序号	项目名称	质量要求	满分	扣分标准	扣分原因	得分
1	整体要求					
1.1	标题	要写清楚线路名称、杆号及作业内容	5	少一项扣 2 分		
1.2	工程概况介绍	对该工作的背景进行简单描述	5	没有工程概况介绍扣 5 分		
2	组织措施					
2.1	工作内容	应写清楚工作的线路、杆号、工作内容、工作范围	10	少一项内容扣 3 分		
2.2	工作人员及分工	（1）应写清楚工作班组和人数；或者逐一填写工作人员名字。 （2）单位名称和个人姓名不得使用真实名称。 （3）应有明确分工	5	一项不正确扣 2 分		
2.3	工作时间	抢修单应写清楚计划工作时间，计划工作开始及工作结束时间均应以年、月、日、时、分填写清楚	5	没有填写时间扣 5 分；时间填写不清楚的扣 3 分		
3	作业程序					
3.1	停电申请	向调度部门办理线路停电申请	5	少一项扣 2 分		
3.2	办理事故应急抢修单	填写电力线路事故应急抢修单	5	少一项扣 1 分		
3.3	工作许可	按规定办理许可手续	5	少一步扣 2 分		
3.4	站班会	工作前对工作班成员进行危险点告知，交代安全措施和技术措施，并确定每一个工作班成员都已知晓	5	少一项扣 2 分		
3.5	施工作业	按规定组织施工	10	少一项扣 2 分		

续表

序号	项目名称	质量要求	满分	扣分标准	扣分原因	得分
4	安全措施	（1）危险点分析及预防。 （2）执行标准作业卡。 （3）执行电力安全工作规程中保证安全的组织措施。 （4）执行电力安全工作规程中保证安全的技术措施。 （5）执行有关高空作业的规定。 （6）工器具检查和试验要求。 （7）大型操作项目的指挥，信号及工作人员的互相配合。 （8）出现异常情况时的处理程序	10	少一项扣 2 分		
5	技术措施					
5.1	工器具的使用要求	（1）选择主要施工工器具的规格型号。 （2）进行主要施工机器的强度校核	10	少一项扣 5 分		
5.2	质量要求	（1）依据项目要求选择合理的施工方案。 （2）按照设置的故障类型写清质量要求	10	少一项扣 5 分		
6	工具材料					
6.1	工具	（1）应有工具清单。 （2）应包含施工工具。 （3）应含有验电器、接地线、安全带、延长绳、脚扣等安全工器具和个人工具	5	少一项扣 2 分；没有型号要求扣 2 分		
6.2	材料	（1）应有材料清单。 （2）应有故障抢修需要的主要材料	5	少一项扣 3 分；没有型号要求扣 2 分		
合计			100			

Jc0010563092　更换配电线路拉线的抢修方案。（100 分）

考核知识点：运行管理知识

难易度：难

技能等级评价专业技能考核操作工作任务书

一、任务名称

更换配电线路拉线的抢修方案。

二、适用工种

配电线路工初级工。

三、具体任务

针对此项工作，事故类型为拉线损坏，要求考生编写配电线路抢修的施工组织方案。

四、工作规范及要求

请按以下要求完成配电线路拉线的抢修方案的编写；方案编写在教室内完成。

（1）人员配置分工合理（方案中不得出现真实单位名称及个人姓名）。

（2）工器具及材料清楚。

（3）主要作业程序正确。

（4）关键工序工艺质量标准清楚。

（5）考核时间结束终止考试。

（6）本考核总成绩满分为 100 分。

五、考核及时间要求

考核时间共 30 分钟，每超过 1 分钟扣 2 分，到 35 分钟终止考核。

技能等级评价专业技能考核操作评分标准

<table>
<tr><td>工种</td><td colspan="6">配电线路工</td><td>评价等级</td><td>初级工</td></tr>
<tr><td>项目模块</td><td colspan="5">运行管理知识—运行设备检修</td><td>编号</td><td colspan="2">Jc0010563092</td></tr>
<tr><td>单位</td><td colspan="2"></td><td>准考证号</td><td colspan="3"></td><td>姓名</td><td></td></tr>
<tr><td>考试时限</td><td colspan="2">30 分钟</td><td>题型</td><td colspan="3">综合操作</td><td>题分</td><td>100 分</td></tr>
<tr><td>成绩</td><td></td><td>考评员</td><td colspan="2"></td><td>考评组长</td><td></td><td>日期</td><td></td></tr>
<tr><td>试题正文</td><td colspan="8">编写一份更换配电线路拉线的抢修方案</td></tr>
<tr><td>需要说明的问题和要求</td><td colspan="8">（1）学员集中于教室在 30 分钟内完成方案编写。
（2）方案中施工班组、作业人员不指定，由考生自行填写，但不得出现真实单位名称和个人姓名。
（3）更换一条耐张杆拉线。
（4）所用工具、材料由考生根据施工需要进行安排。
（5）本模块总成绩满分为 100 分</td></tr>
</table>

序号	项目名称	质量要求	满分	扣分标准	扣分原因	得分
1	准备工作					
1.1	办理抢修单	填写抢修单	5	工器具每漏、错选一项扣 1 分； 不按规定穿着一项扣 1 分； 不办理操作票扣 5 分		
1.2	准备工器具	根据工作需要选择工器具及安全用具	5			
1.3	着装、穿戴	按规定穿工作服、工作鞋，戴绝缘手套、安全帽等	5			
2	工作过程					
2.1	临时拉线设置	钢丝绳缠绕电杆 2 圈后用卸扣或 U 形环锚固，杆下人员用紧线器将临时拉线收紧，在拉线棒上装 1 只 U 形环锚固临时拉线，要求不影响正式拉线的安装	15	少一项扣 5 分		
2.2	拆除旧拉线	先拆 UT 线夹的螺母，松去拉线，将上把拆除、吊下	10	少一步扣 5 分		
2.3	制作新拉线	按要求做好上把固定，用紧线器收紧钢绞线画印，制作下把装上并调整 UT 线夹的螺母使之受力正常	20	少一项扣 5 分		
2.4	拆除临时拉线	（1）按规定将钢绞线回头尾线绑扎。 （2）拆除临时拉线不可伤及正式拉线	10	少一项扣 5 分		
3	工作竣工验收					
3.1	按规范进行验收	（1）拉线尾线出线，尾线从凸肚处穿出。 （2）尾线回头长度为 300～500mm。 （3）拉线受力均匀。 （4）螺杆应露扣，并应有不少于 1/2 螺杆丝扣长度	20	少一项扣 5 分		
3.2	工作终结	交回工作票，汇报工作结束	5	少一项扣 2 分		
3.3	安全文明生产	工器具材料摆放有序，工器具、设备无损伤，杆上无遗留物及跌落物等失误，清理现场，交还工器具及剩余材料	5	工具损坏一次扣 1 分； 不作清理扣 3 分； 不交还工器具扣 3 分； 未在规定时间完成，每延时 1 分钟扣 2 分		
合计			100			

Jc0010563093　配电线路直线杆更换绝缘子（1 个）。（100 分）

考核知识点：运行管理知识

难易度：难

技能等级评价专业技能考核操作工作任务书

一、任务名称

配电线路直线杆更换绝缘子（1 个）。

二、适用工种

配电线路工初级工。

三、具体任务

配电线路直线杆更换绝缘子（1 个）。

四、工作规范及要求

（1）工作时设专人监护。

（2）天气良好。

（3）在培训专用线路上进行，线下无电力线及弱电线。

（4）已做好安全措施。

（5）触碰红线得 0 分。

（6）本考核总成绩满分为 100 分。

五、考核及时间要求

考核时间共 30 分钟，每超过 1 分钟扣 2 分，到 35 分钟终止考核。

技能等级评价专业技能考核操作评分标准

工种	配电线路工					评价等级	初级工
项目模块	运行管理知识—运行设备检修				编号	Jc0010563093	
单位			准考证号			姓名	
考试时限	30 分钟		题型	综合操作		题分	100 分
成绩		考评员		考评组长		日期	
试题正文	配电线路直线杆更换绝缘子（1 个）						
需要说明的问题和要求	（1）工作时设专人监护。 （2）天气良好。 （3）在培训专用线路上进行，线下无电力线及弱电线。 （4）已做好安全措施						

序号	项目名称	质量要求	满分	扣分标准	扣分原因	得分
1	准备工作					
1.1	选择工器具、材料	选择工器具及材料满足工作需要	5	工器具每漏、错选一项扣 1 分； 不按规定穿着一项扣 1 分； 不办理操作票扣 5 分		
1.2	着装、穿戴	工作服、工作鞋、安全帽等穿戴正确无误	5			
1.3	对即将使用的绝缘子进行测试	绝缘电阻表选择正确，测试方法正确，单片绝缘子绝缘电阻大于 500MΩ	5			
2	工作过程					
2.1	登杆前检查	登杆前检查杆根及拉线	5	少一项扣 5 分		

续表

序号	项目名称	质量要求	满分	扣分标准	扣分原因	得分
2.2	登杆工具检查	对登杆工具进行冲击试验	5	少一步扣5分		
2.3	登杆	登杆动作规范、熟练	5	少一项扣5分		
2.4	工作位置确定	站位合适，安全带系绑正确	5	少一项扣5分		
2.5	绝缘子更换	工具使用方法正确	5	未检查扣5分； 未作试验扣5分； 不熟练扣2～6分； 过高、过矮均扣2分； 方法或顺序不正确扣2～5分； 绳结不正确扣2～5分； 操作不熟练扣2～6分； 发生一次落物扣5分		
		操作顺序正确	5			
		操作方法正确	5			
		旧绝缘子吊下、新绝缘子吊上，绳结绑扎正确	5			
		安装新绝缘子	10			
		更换操作熟练、顺利	5			
3	工作竣工验收					
3.1	绝缘子安装	扎线绑扎正确	10	少一项扣5分		
		螺栓拧紧	5			
3.2	安全文明生产	操作过程中无跌落物	10	发生一次落物扣5分； 未清理现场扣5分		
		工作完毕清理现场，交还工器具	5			
合计			100			

Jc0010563094　配电线路单相接地的抢修方案。(100分)

考核知识点：运行管理知识

难易度：难

技能等级评价专业技能考核操作工作任务书

一、任务名称

配电线路单相接地的抢修方案。

二、适用工种

配电线路工初级工。

三、具体任务

针对此项工作，事故类型为10kV配电线路单相接地，要求考生口述配电线路单相接地的抢修方案。

四、工作规范及要求

请按以下要求完成配电线路单相接地的抢修方案的编写；方案编写在教室内完成。

（1）人员配置分工合理（方案中不得出现真实单位名称及个人姓名）。

（2）工器具及材料清楚。

（3）主要作业程序正确。

（4）关键工序工艺质量标准清楚。

（5）考核时间结束终止考试。

（6）本考核总成绩满分为100分。

五、考核及时间要求

考核时间共 30 分钟，每超过 1 分钟扣 2 分，到 40 分钟终止考核。

技能等级评价专业技能考核操作评分标准

工种	配电线路工					评价等级	初级工
项目模块	运行管理知识—运行设备检修				编号	Jc0010563094	
单位		准考证号				姓名	
考试时限	30 分钟	题型	综合操作			题分	100 分
成绩		考评员		考评组长		日期	
试题正文	口述配电线路单相接地的抢修方案						
需要说明的问题和要求	（1）考生在 30 分钟内完成方案口述。 （2）方案中施工班组、作业人员不指定，由考生自行填写，但不得出现真实单位名称和个人姓名。 （3）所用工具、材料由考生根据施工需要进行安排。 （4）本模块总成绩满分为 100 分						

序号	项目名称	质量要求	满分	扣分标准	扣分原因	得分
1	整体要求					
1.1	标题	要写清楚线路名称、杆号及抢修内容	5	少一项扣 2 分		
1.2	工程概况介绍	应对抢修内容或该工作的背景进行简单描述。应写清楚工作线路、杆号、工作内容、工作范围	10	没有工作内容介绍扣 5 分		
2	作业程序					
2.1	准备工作	（1）安全措施宣讲及落实（作业人员着装正确，戴安全帽，系安全带）。 （2）人员分工（指挥、安全监护、登杆各岗位人员分配）。 （3）了解故障线路名称、故障状态、接地相位，并明确线路运行方式，初步分析线路故障发生范围。 （4）根据本线路故障巡线预案，制订故障巡线和线路分段隔离方案，明确线路分段巡视和开关拉合顺序，明确人员分工	10	少一项扣 2 分		
2.2	判断隔离故障点	按照故障巡线和线路分段拉闸方案，结合线路故障指示仪指示信息，由工作人员负责人下令隔离线路故障多发段或主线后段	5	少一项扣 1 分		
2.3	抢修过程	（1）工作负责人向调度确定该线路在冷备用状态。 （2）验电确定无电压后，立即测量隔离点前段线路的绝缘电阻。摇测时应先接接地端，后用绝缘操作杆将绝缘电阻与线路逐相连接，测试绝缘电阻。用相同的方法测量隔离点后段的线路的绝缘电阻。 （3）如果隔离点前段线路正常，则由工作负责人向调度汇报，要求送主线；然后对后段线路选择合适的分段点，再次测量线路前、后绝缘电阻，并及时恢复可以送电的线路。 （4）如果是隔离点前段线路故障，应对前段线路选择合适的分段点，再次测量线路前、后段绝缘电阻，并及时恢复可以送电的线路	40	少一步扣 10 分		
2.4	巡视查找故障点	（1）在隔离出最后的故障线路区段后，工作负责人安排对故障短线路进行分组巡视。 （2）各分组巡线人员对负责巡视的线路按照先主干线后分支线、先首端后末端、先故障多发段后其他线路的原则进行巡视，直到发现故障点	10	少一步扣 5 分		
3	工作终结验收					

续表

序号	项目名称	质量要求	满分	扣分标准	扣分原因	得分
3.1	恢复送电	（1）发现故障点后，分段巡视小组负责人应迅速与工作负责人联系。 （2）工作负责人下令隔离故障点，并向调度汇报，恢复对非故障线路送电	10	少一步扣5分		
3.2	安全文明生产	操作过程中无工具损伤，柜内无遗留物，工作完毕应清理现场，交还工器具	10	不到位或不牢靠扣1～5分； 未清理现场或未交还工器具扣3分； 未在规定时间完成，每延时1分钟扣2分		
合计			100			

第二部分
中级工

第三章 配电线路工中级工技能笔答

Jb0005431095 配电线路单横担安装有什么要求？（5分）

考核知识点：配电线路知识

难易度：易

标准答案：

（1）直线杆横担应装于受电侧。

（2）分支杆、90°转角杆及终端杆横担应装于拉线侧。

（3）横担安装应平整，横担端部上下歪斜和左右扭斜不应大于20mm。

Jb0005432096 架空配电线路防雷设施巡视时有哪些巡视内容？（5分）

考核知识点：配电线路知识

难易度：中

标准答案：

（1）避雷器瓷套有无裂纹、损伤、闪络痕迹，表面是否脏污。

（2）避雷器的固定是否牢固。

（3）引线连接是否良好，与邻相和杆塔构件的距离是否符合规定。

（4）各部附件是否锈蚀，接地端焊接处有无开裂、脱落。

（5）保护间隙有无烧损，锈蚀或被外物短接，间隙距离是否符合规定。

Jb0003431097 哪些工作应填用第一种工作票？（5分）

考核知识点：配电线路工的基本知识

难易度：易

标准答案：

（1）在停电的线路或同杆（塔）架设多回线路中的部分停电线路上的工作。

（2）在全部或部分停电的配电设备上的工作。所谓全部停电，系指供给该配电设备上的所有电源线路均已全部断开者。

（3）高压电力电缆停电的工作。

Jb0005432098 架空配电线路接地装置巡视时有哪些巡视内容？（5分）

考核知识点：配电线路知识

难易度：中

标准答案：

（1）接地引下线有无丢失、断股、损伤。

（2）接头接触是否良好，线夹螺栓有无松动、锈蚀。

（3）接地引下线的保护管有无破损、丢失，固定是否牢靠。

（4）接地体有无外露、严重腐蚀，在埋设范围内有无土方工程。

Jb0005431099　电杆上安装电气设备有哪些要求？（5 分）

考核知识点：配电线路知识

难易度：易

标准答案：

（1）安装应牢固可靠。

（2）电气连接应接触紧密，不同金属连接应有过渡措施。

（3）瓷件表面光洁，无裂缝、破损等现象。

Jb0008432100　杆上避雷器安装时有什么规定？（5 分）

考核知识点：防雷与接地

难易度：中

标准答案：

（1）瓷套与抱箍之间应加垫层。

（2）排列整齐、高低一致，相间距离：1～10kV 时不小于 350mm；1kV 以下时不小于 150mm。

（3）引线短而直，连接紧密，采用绝缘线时，其截面应符合规程规定。

（4）与电气部分连接，不应使避雷器产生外加应力。

（5）接地线接地可靠，接地电阻值符合规定。

Jb0006432101　杆上变压器及变压器台架安装有什么要求？（5 分）

考核知识点：配电变压器知识

难易度：中

标准答案：

（1）变压器台架水平倾斜不大于台架根开的 1%。

（2）一、二次引线排列整齐、绑扎牢固。

（3）油枕、油位正常，外壳干净。

（4）接地可靠，接地电阻值符合规定。

（5）套管、螺栓等部件齐全。

（6）呼吸孔道通畅。

Jb0008431102　架空配电线路避雷器有哪些试验项目？周期为多少？（5 分）

考核知识点：防雷与接地

难易度：易

标准答案：

（1）避雷器绝缘电阻试验，周期为 1～3 年。

（2）避雷器工频放电试验，周期为 1～3 年。

Jb0005432103　钢丝绳套插接时，要保证哪些数据？（5 分）

考核知识点：配电线路知识

难易度：中

标准答案：
（1）插接的环绳或绳套，其插接长度应不小于钢丝绳直径的 15 倍。
（2）插接长度不得小于 300mm。
（3）新插接的钢丝绳套应做 125%允许负荷的抽样试验。

Jb0005432104　导线受损后，怎样进行缠绕处理？（5 分）
考核知识点：配电线路知识
难易度：中
标准答案：
（1）将导线受损处的线股处理平整。
（2）选用与导线同金属的单股线作缠绕材料，其直径不应小于 2mm。
（3）缠绕中心应位于损伤最严重处。
（4）缠绕应紧密，受损伤部分应全部覆盖。
（5）缠绕长度应不小于 100mm。

Jb0005433105　悬式绝缘子安装时有什么要求？（5 分）
考核知识点：配电线路知识
难易度：难
标准答案：
（1）安装应牢固、连接可靠、防止积水。
（2）安装时应清除表面的污垢、附着物及不应有的涂料。
（3）与电杆、导线金具连接处无卡压现象。
（4）悬垂串上的弹簧销子、螺栓及穿钉应向受电侧穿入，两边线应由内向外，中线应由左向右（面向受电侧）或统一方向穿入。
（5）耐张串上的弹簧销子、螺栓及穿钉应由上向下穿，当有特殊困难时，可由内向外或由左向右（面向受电侧）或统一方向穿入。

Jb0008433106　接地体（线）焊接的搭接长度有什么要求？（5 分）
考核知识点：防雷与接地
难易度：难
标准答案：
（1）扁钢为其宽度的 2 倍，且至少 3 个棱边焊接。
（2）圆钢为其直径的 6 倍。
（3）圆钢与扁钢连接时，长度为圆钢直径的 6 倍。
（4）扁钢与钢管、扁钢与角钢焊接时，为了连接可靠，除应在接触部位两侧进行焊接外，并应焊以由钢带弯成的弧形（或直角形）卡子或直接由钢带本身弯成弧形（或直角形）与钢管（或角钢）焊接。

Jb0005433107　导线受损伤，采用补修管补修时有什么要求？（5 分）
考核知识点：配电线路知识
难易度：难
标准答案：
（1）损伤处铝（铝合金）股线应先恢复其原绞制状态。

（2）补修管的中心应位于损伤最严重处，需补修导线的范围位于管内各 20mm 处。
（3）当采用液压施工时，应符合国家现行标准的规定。

Jb0005432108 10kV 及以下的配电线路安装时，对弧垂有什么要求？（5 分）
考核知识点：配电线路知识
难易度：中
标准答案：
（1）弧垂的误差不应超过设计值的±5%。
（2）同档内各相导线弧垂宜一致。
（3）水平排列的导线弧垂相差不应大于 50mm。

Jb0005432109 绝缘线在安装前，其质量应符合什么要求？（5 分）
考核知识点：配电线路知识
难易度：中
标准答案：
（1）绝缘线表面应平整、光滑、色泽均匀。
（2）绝缘层厚度应符合规定。
（3）绝缘线的绝缘层挤包紧密。
（4）绝缘层易剥离。
（5）绝缘线端部应有密封措施。

Jb0005433110 电杆上安装瓷横担绝缘子有哪些工艺要求？（5 分）
考核知识点：配电线路知识
难易度：难
标准答案：
（1）当直立安装时，顶端顺线路安装倾斜不应大于 10mm。
（2）当水平安装时，顶端宜向上翘起 5°～10°，顶端顺线路歪斜不应大于 20mm。
（3）当安装于转角杆时，顶端竖直安装的瓷横担支架装在转角的内角侧（瓷横担应装在支架的外角侧）。
（4）全瓷式瓷横担绝缘子的固定处应加软垫。

Jb0005433111 电杆处于什么位置时需打护桩？护桩怎样设置？（5 分）
考核知识点：配电线路知识
难易度：难
标准答案：
（1）在电杆可能遭到机动车辆碰撞处需设置护桩。
（2）护桩设置要求：
1）护桩离电杆 0.5m 处设置。
2）护桩长 2m，埋深 1m。
3）护桩露出地面部分应涂以 0.2m 宽的红、白相间的油漆圈。

Jb0005433112 架空导线弧垂观测时观测档应如何选择？（5 分）

考核知识点：配电线路知识

难易度：难

标准答案：

（1）当紧线段在5档及以下时，靠近中间选择1档。

（2）当紧线段在6～12档时，靠近两端各选择1档，但不宜选择在有耐张杆的地方。

（3）当紧线段在12档以上时，靠近两端及中间各选择1档，但不宜选择在有耐张杆的地方。

Jb0003432113　对于携带式接地线有哪些规定？（5分）

考核知识点：配电线路工的基本知识

难易度：中

标准答案：

（1）接地线应用有透明护套的多股软铜线组成。

（2）接地线截面积不得小于25mm^2，同时应满足装设地点短路电流的要求。

（3）禁止使用其他导线作接地线或短路线。

（4）接地线应使用专用的线夹固定在导体上，严禁用缠绕的方法进行接地或短路。

Jb0011432114　什么情况下油浸变压器室的门应为甲级防火门？（5分）

考核知识点：开关站、配电室和箱式变电站

难易度：中

标准答案：

（1）变压器室位于车间内。

（2）变压器室位于容易沉积可燃粉尘、可燃纤维的场所。

（3）变压器室附近有粮、棉及其他易燃物大量集中的露天堆场。

（4）变压器室位于建筑物内。

（5）变压器室下面有地下室。

Jb0011432115　母线的相序排列当设计无规定时有什么要求？（5分）

考核知识点：开关站、配电室和箱式变电站

难易度：中

标准答案：

（1）上、下布置的交流母线，由上到下排列为A、B、C相；直流母线正极在上，负极在下。

（2）水平布置的交流母线，由盘后向盘面排列为A、B、C相；直流母线正极在后，负极在前。

（3）引下线的交流母线由左至右排列为A、B、C相；直流母线正极在左，负极在右。

Jb0011431116　母线在什么部位不应刷相色漆？（5分）

考核知识点：开关站、配电室和箱式变电站

难易度：易

标准答案：

（1）母线的螺栓连接及支持连接处、母线与电器的连接处以及距所有连接处10mm以内的地方。

（2）供携带式接地线连接用的接触面上，不刷漆部分的长度应为母线的宽度或直径，且不应小于50mm，并在其两侧涂以宽度为10mm的黑色标志带。

Jb0009433117　选择钢丝绳（套）时，有哪些情况存在则不允许使用？（5分）

考核知识点：起重机械在电力施工中的应用

难易度：难

标准答案：

（1）钢丝绳在一个节距内的断丝数超过规定数值时。

（2）钢丝绳有锈蚀或磨损时，磨损量或锈蚀量经折减后超过规定数值时。

（3）绳芯损坏或绳股挤出、断裂。

（4）笼状畸形、严重扭结或弯折。

（5）压扁严重，断面缩小。

（6）受过火烧或电灼。

Jb0003431118　线路工作终结的报告应包括哪些内容？（5分）

考核知识点：配电线路工的基本知识

难易度：易

标准答案：

线路工作终结的报告应简明扼要，并包括下列内容。工作负责人姓名，某线路上某处（说明起止杆塔号、分支线名称等）工作已经完工，设备改动情况，工作地点所挂的接地线、个人保安线已全部拆除，线路上已无本班组工作人员和遗留物，可以送电。

Jb0003431119　红外测温对检测环境有什么要求？（5分）

考核知识点：配电线路工的基本知识

难易度：易

标准答案：

（1）检测目标及环境的温度不宜低于5℃。

（2）空气湿度不宜大于85%，不应在有雷、雨、雾、雪及风速超过0.5m/s的环境下进行检测。

（3）室外检测应在日出之前、日落之后或阴天进行。

（4）室内检测宜闭灯进行，被测物应避免灯光直射。

Jb0010431120　设备缺陷分为哪几类？如何管理？（5分）

考核知识点：运行管理知识

难易度：易

标准答案：

（1）一般缺陷，指对近期安全运行影响不大的缺陷，可列入年、季检修计划或日常维护工作中消除。

（2）重大缺陷，指缺陷比较严重，但设备仍可短期继续安全运行，该缺陷应在短期内消除，消除前应加强监视。

（3）紧急缺陷，指严重程度已使设备不能继续安全运行，随时可能导致发生事故或危及人身安全的缺陷，必须尽快消除或采取必要的安全技术措施进行临时处理。

Jb0003432121　怎样正确选择绝缘电阻表？（5分）

考核知识点：配电线路工的基本知识

难易度：中

标准答案：

（1）绝缘电阻表的额定电压应根据被测设备的绝缘等级进行选择。

（2）100V 以下的电气设备或回路，采用 250V 绝缘电阻表。

（3）100～500V 的电气设备或回路，采用 500V 绝缘电阻表。

（4）500～3000V 的电气设备或回路，采用 1000V 绝缘电阻表。

（5）3000～10 000V 的电气设备或回路，采用 2500V 绝缘电阻表。

（6）10 000V 及以上的电气设备或回路，采用 2500V 或 5000V 绝缘电阻表。

Jb0006432122　试述什么是变压器的极性，用万用表如何进行判断。（5 分）

考核知识点：配电变压器知识

难易度：中

标准答案：

（1）变压器绕组的极性是指一、二次绕组的相对极性，也就是当一次绕组的某一段的瞬时电位为正时，二次绕组也必然同时有一个电位为正的对应端。

（2）这两个对应端就叫作同极性点或者称为同名端，通常用“※”和“+”作标记。

（3）用万用表能很方便地判断变压器的极性。当开关闭合的瞬时，如果是指针万用表表针正摆（数字万用表为正值），说明“1”。

Jb0005431123　阐述跌落式熔断器的安装应符合什么规定。（5 分）

考核知识点：配电线路知识

难易度：易

标准答案：

（1）跌落式熔断器的各部分零件完整。

（2）转轴光滑灵活，铸件无裂纹、砂眼、锈蚀。

（3）瓷件良好，熔丝管不应有吸潮膨胀或弯曲现象。

（4）熔断器安装牢固，排列整齐，熔丝管轴线与地面的垂线夹角应为 15°～30°。熔断器水平相间距离不应小于 500mm。

（5）操作灵活可靠，接触紧密。合熔丝管时上触头应有一定的压缩行程。

（6）上、下引线要压紧，与线路导线的连接紧密可靠。

Jb0002432124　叙述现场抢救的四个原则的含义。（5 分）

考核知识点：安全防护知识

难易度：中

标准答案：

现场抢救必须做到迅速、就地、准确、坚持四个原则。

（1）迅速就是要争分夺秒、千方百计地使触电者尽快脱离电源，并将受害者放到安全地方。这是现场抢救的关键。

（2）就地就是争取时间，在现场（安全地方）就地抢救触电者。

（3）准确就是抢救的方法和实施的动作姿势要合适得当。

（4）坚持就是抢救必须坚持到底，直至医务人员判定触电者已经死亡，已再无法抢救时，才能停止抢救。

Jb0002432125 什么是基尔霍夫的节点电流定律和回路电压定律？（5分）

考核知识点：配电线路工的基本知识

难易度：易

标准答案：

（1）基尔霍夫的节点电流定律：对复杂电路的任一点来说，流入和流出该点和各支路电流代数和为零。

（2）基尔霍夫的回路电压定律：对复杂电路的任一闭合回路来说，各电阻上电压降代数和，等于各电源电动势的代数和。

Jb0002432126 什么是力的三要素？请解释各自的含义。（5分）

考核知识点：安全防护知识

难易度：易

标准答案：

（1）力的三要素指的是力的大小、方向和作用点。

（2）力的大小表示物体间机械作用的强弱，可通过力的运动效应和变形效应来度量。力的单位是牛顿（用字母N表示）或千牛顿（用字母kN表示）。

（3）力的方向表示物体间的机械作用具有方向性，它包含方位和指向两层含义。

（4）力的作用点是力作用在物体上的部位。

Jb0003431127 磁电系测量机构有哪些特点？（5分）

考核知识点：安全防护知识

难易度：易

标准答案：

（1）优点：准确性高、灵敏度高、标尺刻度均匀、功耗少。

（2）缺点：只能测直流，不能测交流，过载能力低，构造较复杂，造价高。

Jb0005431128 导线截面选择的依据是什么？（5分）

考核知识点：配电线路知识

难易度：易

标准答案：

（1）按经济电流密度。

（2）按发热条件。

（3）按允许电压损耗。

（4）按机械强度。

Jb0004431129 电力系统中中性点接地有几种方式？配电系统属哪种接地方式？（5分）

考核知识点：配电网络基本知识

难易度：易

标准答案：

（1）中性点接地方式有：

1）中性点大电流接地方式。

2）中性点小电流接地方式。

（2）配电系统属于小电流接地方式。

Jb0006432130　变压器的特性试验有哪些项目？（5分）
考核知识点：配电变压器知识
难易度：中
标准答案：
（1）变比试验。
（2）极性及连接组别试验。
（3）短路试验。
（4）空载试验等。

Jb0005432131　双杆立好后应正直，位置偏差应符合哪些规定？（5分）
考核知识点：配电线路知识
难易度：中
标准答案：
（1）直线杆结构中心与中心桩之间的横方向位移，不应大于50mm。
（2）转角杆结构中心与中心桩之间的横、顺方向位移，不应大于50mm。
（3）迈步不应大于30mm。
（4）根开不应超过±30mm。

Jb0008432132　金属氧化物避雷器有哪些主要优点？（5分）
考核知识点：防雷与接地
难易度：中
标准答案：
（1）结构简单，体积小，质量轻。
（2）无间隙。
（3）无续流，能耐受多重雷、多重过电压。
（4）通流能力大，使用寿命长。
（5）运行维护简单。

Jb0004432133　线路电晕会产生什么影响？（5分）
考核知识点：配电网络基本知识
难易度：中
标准答案：
（1）增加线路功率损耗，称为电晕损耗。
（2）产生臭氧和可听噪声，破坏了环境。
（3）电晕的放电脉冲，对无线电和高频通信造成干扰。
（4）电晕作用还会腐蚀导线，严重时烧伤导线和金具。
（5）电晕的产生有时还可能造成导线舞动，危及线路安全运行。

Jb0005432134　在设计配电线路的路径和杆位时，有哪些要求？（5分）
考核知识点：配电线路知识

难易度：中

标准答案：

设计时应满足有关部门的规定：

（1）与城镇总体规划及配电网改造相结合。

（2）少占或不占农田。

（3）减少跨越和转角。

（4）避开易燃、易爆、有腐蚀气体的生产厂房及仓库。

（5）便于运行维护和施工等。

Jb0004433135　对电气主接线的基本要求是什么？（5分）

考核知识点：配电网络基本知识

难易度：难

标准答案：

（1）可靠性，对用户保证供电可靠和电能质量。

（2）灵活性，能适合各种运行方式、便于检修。

（3）操作方便，接线清晰，布置对称合理，运行方便。

（4）经济性，在满足上述三个基本要求的前提下，力求投资省，维护费用少。

Jb0005433136　采用钢筋混凝土结构有哪些主要优点？（5分）

考核知识点：配电线路知识

难易度：难

标准答案：

（1）造价低，水、石、砂等不仅价廉，还可就地取材。

（2）抗压强度高，近似天然石材，且在外力作用下变形较小。

（3）强度可根据原材料和配合比的变化灵活掌握。

（4）容易做成所需形状。

（5）稳固性和耐久性好。

Jb0002432137　现场工作人员要求掌握哪些紧急救护法？（5分）

考核知识点：安全防护知识

难易度：中

标准答案：

（1）正确解脱电源。

（2）会心肺复苏法。

（3）会止血、包扎，会正确搬运伤员。

（4）会处理急救外伤或中毒。

（5）能正确解救杆上遇难人员。

Jb0009432138　电杆装车运输时，重心应放在什么位置？如何确定电杆的中心？（5分）

考核知识点：起重机械在电力施工中的应用

难易度：中

标准答案：
（1）电杆重心应放在车厢中心。
（2）等径水泥杆的重心在电杆的中间。
（3）拔梢杆的重心位置距小头长度约占电杆全长的56%。

Jb0005433139　钳工操作的平面锉削几种方法的优点是什么？（5分）
考核知识点：配电线路知识
难易度：难
标准答案：
（1）交叉锉法，可以根据锉痕随时掌握锉削部位的调整。
（2）顺向锉法，锉刀做直线运动，可以得到光洁、锉纹一致的平面。
（3）推锉法，主要用于修整工件表面的锉纹以增加其光洁度。

Jb0002431140　同杆塔架设的多层电力线路应如何进行验电？（5分）
考核知识点：安全防护知识
难易度：易
标准答案：
（1）先验低压、后验高压。
（2）先验下层、后验上层。
（3）先验近侧、后验远侧。
（4）禁止工作人员穿越未经验电、接地的线路对上层线路进行验电。

Jb0003432141　拉线采用绑扎固定时，应符合哪些规定？（5分）
考核知识点：配电线路工的基本知识
难易度：中
标准答案：
（1）拉线两端弯曲部分应设置心形环。
（2）钢绞线拉线应采用直径不大于3.21mm的镀锌铁线绑扎固定。
（3）绑扎应整齐、紧密，最小缠绑长度应符合有关规定。

Jb0005432142　线路金具在使用前的检查应符合哪些要求？（5分）
考核知识点：配电线路知识
难易度：中
标准答案：
金具在使用前应做外观检查，并符合以下要求：
（1）表面光洁，无裂纹、毛刺、飞边、砂眼、气泡等缺陷。
（2）线夹转动灵活，与导线接触面符合要求。
（3）镀锌良好，无锌皮脱落、锈蚀现象。

Jb0005433143　绝缘子、瓷横担的外观检查有哪些规定？（5分）
考核知识点：配电线路知识
难易度：难

标准答案：

（1）瓷件与铁件的组合无歪斜现象，且结合紧密，铁件镀锌良好。

（2）瓷釉光滑，无裂纹、缺釉、斑点、烧痕、气泡或瓷釉烧坏等缺陷。

（3）弹簧销、弹簧垫的弹力适宜。

Jb0005433144　对低压绝缘线连接后的绝缘恢复有什么要求？（5 分）

考核知识点：配电线路知识

难易度：难

标准答案：

（1）导线连接后，均应用绝缘带包扎，常用胶皮布带和黑包布带来恢复绝缘。

（2）用于三相电源的导线，用胶皮布带包一层后再用黑包布带包一层。

（3）用于单相电源的导线，直接用黑包布带包缠 2 层即可。

Jb0002431145　在低温下进行高处作业应注意什么？（5 分）

考核知识点：安全防护知识

难易度：易

标准答案：

（1）在气温低于−10℃时，不宜进行高处作业。

（2）确因工作需要进行作业时，作业人员应采取保暖措施，施工场所附近设置临时取暖休息所，并注意防火。

（3）高处连续工作时间不宜超过 1h。

（4）在冰雪、霜冻、雨雾天气进行高处作业，应采取防滑措施。

Jb0005431146　组装横担的工艺要求是什么？（5 分）

考核知识点：配电线路知识

难易度：易

标准答案：

（1）横担安装应平正。

（2）横担端部上下歪斜不应大于 20mm。

（3）横担端部左右扭斜不应大于 20mm。

（4）双杆的横担，横担与电杆连接处的高差不应大于连接距离的 5/1000，左右扭斜不应大于横担总长度的 1/100。

Jb0005431147　铝导线在针式绝缘子上固定时如何缠绕铝包带？（5 分）

考核知识点：配电线路知识

难易度：易

标准答案：

（1）铝包带的缠绕方向应与外层线股的绞制方向一致。

（2）铝包带缠绕应无重叠，牢固、无间隙。

（3）缠绕长度应超出接触处长度的两侧各加 30mm。

Jb0005431148　电杆底盘如何安装？（5 分）

考核知识点：配电线路知识

难易度：易

标准答案：

（1）电杆底盘的安装应在基坑检验合格后进行。

（2）底盘安装后其圆槽面应与电杆轴线垂直。

（3）底盘找正后应填土夯实至底盘表面。

（4）底盘安装允许偏差，应使电杆组立后满足电杆允许偏差规定。

Jb0005431149　卡盘如何安装？（5分）

考核知识点：配电线路知识

难易度：易

标准答案：

（1）安装前将卡盘设置处以下的土壤分层回填夯实。

（2）安装位置、方向、深度应符合设计要求，深度允许偏差为±50mm，当设计无要求时，上平面距地面不应小于500mm。

（3）与电杆连接应紧密。

Jb0005431150　拉线盘如何埋设？（5分）

考核知识点：配电线路知识

难易度：易

标准答案：

（1）拉线盘的埋设深度和方向应符合设计要求。

（2）拉线棒与拉线盘应垂直，连接处应采用双螺母，其外露地面部分的长度应为500～700mm。

（3）拉线坑应有斜坡，回填土时应将土块打碎后夯实。

（4）拉线坑宜设防沉层。

Jb0005431151　巡线人员发现导线断线应怎么办？（5分）

考核知识点：配电线路知识

难易度：易

标准答案：

（1）巡线人员如发现导线、电缆断落地面或悬吊空中，应设法防止行人靠近断线地点8m以内，以免跨步电压伤人。

（2）迅速报告调度和上级，等候处理。

Jb0002432152　倒闸操作前后应注意哪些问题？（5分）

考核知识点：安全防护知识

难易度：中

标准答案：

（1）倒闸操作前，应按操作票顺序在模拟图或接线图上预演核对无误。

（2）操作前、后都应检查核对现场设备名称、编号，断路器、隔离开关的断、合位置。

（3）电气设备操作后的位置检查应以设备实际位置为准，无法看到实际位置时，可通过设备机械指示位置、电气指示、仪表及各种遥测、遥信信号的变化，且至少应有两个及以上的指示已同时发生对应变化，才能确认该设备已操作到位。

（4）操作完后，受令人应立即报告发令人。

Jb0003431153 在电力线路上哪些工作允许按口头或电话命令执行？（5分）

考核知识点：配电线路工的基本知识

难易度：易

标准答案：

（1）测量接地电阻。

（2）修剪树枝。

（3）杆、塔底部和基础等地面检查、消缺工作。

（4）涂写杆塔号、安装标志牌等，工作地点在杆塔最下层导线以下，并能够保持 1.0m 安全距离的工作。

Jb0002431154 为使高压触电者加快脱离电源，可抛掷裸金属线来断开电源，此时应如何操作？（5分）

考核知识点：安全防护知识

难易度：易

标准答案：

（1）抛掷金属线之前，应先将金属线的一端固定可靠接地，然后另一端系上重物抛掷。

（2）抛掷的一端不可触及触电者和其他人。

（3）抛掷者抛出线后，要迅速离开接地的金属线 8m 以外或双腿并拢站立，防止跨步电压伤人。

（4）在抛掷短路线时，应注意防止电弧伤人或断线危及人员安全。

Jb0005432155 配电系统发生哪些情况时必须迅速查明原因并及时处理？（5分）

考核知识点：配电线路知识

难易度：中

标准答案：

（1）断路器跳闸（不论重合是否成功）或熔断器跌落（熔丝熔断）。

（2）发生永久性接地或频发性接地。

（3）变压器一次或二次熔丝熔断。

（4）线路倒杆、断线，发生火灾、触电伤亡等意外事件。

（5）用户报告无电或电压异常。

Jb0003412156 如图 Jb0003412156 所示，已知拉线与电杆夹角为 $\alpha=45°$，拉线挂点高 $H=10m$，拉线盘埋设位置比电杆埋设位置低 2m，拉线盘埋深 2m，试计算出拉线长度（不计拉棒露出长度和拉线回头长度）及拉线坑中心至电杆的距离。（5分）

考核知识点：配电线路工的基本知识

难易度：中

标准答案：

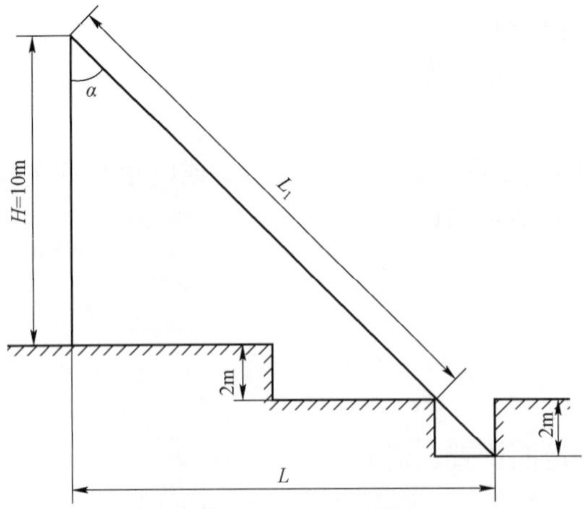

图 Jb0003412156

解：

（1）拉线长度为

$$L_1=(H+2)/\cos\alpha=16.97\text{（m）}$$

（2）拉线坑中心距电杆的距离为

$$L=\tan45°\times(10+2+2)=14\text{（m）}$$

答：拉线长度为 16.97m，拉线坑中心至电杆的距离为 14m。

Jb0003411157　已知一钢芯铝绞线钢芯有 7 股，每股直径 $d_1=2$mm，铝芯有 28 股，每股直径 $d_2=2$mm，试计算导线钢芯及铝绞线的截面积（单位为 mm^2）。（5 分）

考核知识点：配电线路工的基本知识

难易度：易

标准答案：

解：

（1）钢芯的实际截面积为

$$S_G=7\pi(2/2)^2=7\times3.14\times1=22\text{（mm}^2\text{）}$$

（2）铝芯的实际截面积为

$$S_L=28\pi(2/2)^2=28\times3.14\times1=88\text{（mm}^2\text{）}$$

答：导线钢芯截面积为 $22mm^2$，铝绞线的截面积为 $88mm^2$。

Jb0005412158　某一条线路，其中一个耐张段共 4 档，档距分别为 $L_1=70$m，$L_2=80$m，$L_3=80$m，$L_4=70$m，试计算该耐张段的长度及代表档距。（5 分）

考核知识点：配电线路知识

难易度：中

标准答案：

解：

$$L=L_1+L_2+L_3+L_4=70+80+80+70=300\text{ (m)}$$

$$I_D=\sqrt{\frac{L_1^3+L_2^3+L_3^3+L_4^3}{L}}=\sqrt{5700}=75.498\text{（m）}$$

答：该耐张段的长度为300m，代表档距为75.498m。

Jb0005412159 某线路的孤立档，档距 $L=80$m，设计弧垂为 $f=1.5$m，实测弧垂时 $f_0=1.1$m，需要调整弧垂，试计算线长调整量ΔL（单位为 m）。（5 分）

考核知识点：配电线路知识

难易度：中

标准答案：

解：

$$\Delta L=\frac{8}{3}(f^2-f_0^2)/L=\frac{8}{3}(1.5^2-1.1^2)/80=0.035\text{（m）}$$

答：线长调整量为0.035m。

Jb0002413160 某 1－2 滑轮组吊一重物 $Q=2000$kg，牵引绳由定滑轮引出，由人力绞磨牵引，求提升重物所需拉力（已知单滑轮工作效率为 95%，滑轮组的综合效率 $\eta=90\%$）。（5 分）

考核知识点：安全防护知识

难易度：难

标准答案：

解：

已知滑轮组数 $n=3$，且钢丝绳由定滑轮引出，所以所需拉力为

$$P=\frac{Q\times 9.80}{n\eta}=\frac{2000\times 9.80}{3\times 0.9}=7259.26\text{（N）}$$

答：提升重物所需拉力为7259.26N。

Jb0002412161 已知某电杆 $L=12$m，梢径 $d=190$mm，根径 $D=350$mm，壁厚 $t=50$mm，求电杆的重心距杆根的距离 H。（5 分）

考核知识点：安全防护知识

难易度：中

标准答案：

解：

$$\begin{aligned}H&=(L/3)[(D+2d-3t)/(D+d-2t)]\\&=12/3\times[(350+2\times 190-3\times 50)/(350+190-2\times 50)]\\&=5.272\text{（m）}\end{aligned}$$

答：电杆的重心距杆根的距离为5.272m。

Jb0003413162 某 35kV 线路，耐张杆分别用 4 片泄漏距离 $L_0=290$mm 的悬式绝缘子挂装，试求其泄漏比距 λ。（5 分）

考核知识点：配电线路工的基本知识

难易度：难

标准答案：

解：

（1）总泄漏距离为

$$L=L_0m=290\times4=1160\text{（mm）}$$

（2）泄漏比距为

$$\lambda=L/U_e=1160/35=33.1\text{（cm/kV）}$$

答：其泄漏比距 λ 为 33.1cm/kV。

Jb0002413163　某 1－2 滑轮组提升 Q=3000kg 重物，牵引绳从定滑轮引出，由人力绞磨牵引，求提升该重物所需拉力 P，并计算钢丝绳破断力 P_D。（已知：单滑轮工作效率为 95%，滑轮组综合效率 η=90%，钢丝绳动荷系数 K_1 选 1.2，不均衡系数 K_2 选 1.2，安全系数 K_3 选 4.5）（5 分）

考核知识点：安全防护知识

难易度：难

标准答案：

解：

（1）已知滑轮组数 n=3，且钢丝绳由定滑轮引出，所以所需拉力为

$$P=Q\times9.80/(n\eta)=3000\times9.8/(3\times0.9)=10\,889\text{（N）}=10.89\text{kN}$$

（2）钢丝绳破断拉力为

$$P_D=PK_1K_2K_3=10.89\times1.2\times1.2\times4.5=70.56\text{（kN）}$$

答：提升该重物所需拉力为 10.89kN，钢丝绳破断力为 70.56kN。

Jb0005413164　某 10kV 高压配电线路，已知某处电杆的埋深 h_1=1.8m，导线对地高 h_2=5.5m，导线最大弧垂 f_{max}=1.4m，自横担中心至绝缘子顶槽的距离 h_3=0.2m，横担中心至杆顶距离 h_4=0.9m，试确定该处电杆的全高，并选择电杆。（5 分）

考核知识点：配电线路知识

难易度：难

标准答案：

解：

电杆的全高为

$$H=h_1+h_2+f_{max}+h_4-h_3=1.8+5.5+1.4+0.9-0.2=9.4\text{（m）}$$

答：确定该处电杆的全高应为 9.4m，根据电杆的高度形式应选择 10m 的拔梢水泥杆。

Jb0003421165　说出如图 Jb0003421165 所示绳结的名称及用途。（5 分）

考核知识点：配电线路工的基本知识

难易度：易

标准答案：

图 Jb0003421165 所示为双套结，用于终端结扣。

图 Jb0003421165

Jb0005421166　说出如图 Jb0005421166 所示金具的名称。（5 分）

考核知识点：配电线路知识

难易度：易

标准答案：

图 Jb0005421166 所示为螺栓型耐张线夹。

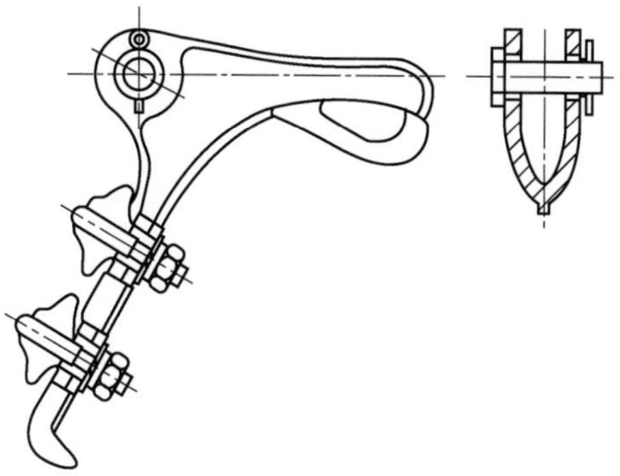

图 Jb0005421166

Jb0005412167　画出施工现场中保证施工质量的关系框图。（5 分）

考核知识点：配电线路知识

难易度：中

标准答案：如图 Jb0005412167 所示。

图 Jb0005412167

Jb0004412168　画出两变电站双侧电源双回路供电方式的示意图。（5 分）

考核知识点：配电网络基本知识

难易度：中

标准答案：如图 Jb0004412168 所示。

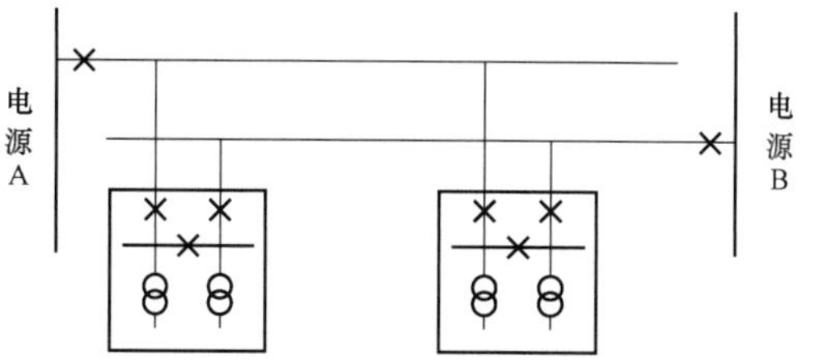

图 Jb0004412168

Jb0003411169　说出如图 Jb0003411169 所示绳结的名称及用途。（5 分）

考核知识点：配电线路工的基本知识

难易度：易

标准答案：

图 Jb0003411169 所示为牛鼻结，用于钢丝绳扣，系自紧式。

图 Jb0003411169

第四章　配电线路工中级工技能操作

Jc0005441170　母线在什么部位不应刷相色漆？（100 分）

考核知识点：配电线路知识

难易度：易

技能等级评价专业技能考核操作工作任务书

一、任务名称

母线在什么部位不应刷相色漆？

二、适用工种

配电线路工中级工。

三、具体任务

口述：母线在什么部位不应刷相色漆？

四、工作规范及要求

（1）单独操作。

（2）所需材料。

（3）专用工具。

（4）本考核总成绩满分为 100 分。

五、考核及时间要求

考核时间共 5 分钟，每超过 1 分钟扣 20 分。

技能等级评价专业技能考核操作评分标准

工种	配电线路工					评价等级	中级工
项目模块	配电线路知识—架空线路的运行规程和规定				编号	Jc0005441170	
单位		准考证号				姓名	
考试时限	5 分钟	题型	单项操作			题分	100 分
成绩		考评员		考评组长		日期	
试题正文	母线在什么部位不应刷相色漆						
需要说明的问题和要求	口述：母线在什么部位不应刷相色漆？要求口述逻辑思维清楚，语音清晰，神态自如						

序号	项目名称	质量要求	满分	扣分标准	扣分原因	得分
1	着装要求	要求穿工作服、绝缘鞋	10	未按要求着装扣 10 分		

续表

序号	项目名称	质量要求	满分	扣分标准	扣分原因	得分
2	标准答案及评分标准	（1）母线的螺栓连接及支持连接处，母线与电器的连接处，以及距所有连接处 10mm 以内的地方	40	漏答该条扣 40 分		
		（2）供携带式接地线连接用的接触面上，不刷漆部分的长度，应为母线的宽度或直径，且不应小于 50 毫米，并在其两侧涂以宽度为 10mm 的黑色标志带	40	漏答该条扣 40 分		
3	答题要求	口述要求：逻辑思维清楚，语音清晰，神态自如	10	慌张、语言表达不清扣 5 分		
合计			100			

Jc0005441171　母线的相序排列当设计无规定时，有什么要求？（100 分）

考核知识点：配电线路知识

难易度：易

技能等级评价专业技能考核操作工作任务书

一、任务名称

母线的相序排列当设计无规定时，有什么要求？

二、适用工种

配电线路工中级工。

三、具体任务

口述：母线的相序排列当设计无规定时，有什么要求？

四、工作规范及要求

（1）单独操作。

（2）所需材料。

（3）专用工具。

（4）本考核总成绩满分为 100 分。

五、考核及时间要求

考核时间共 5 分钟，每超过 1 分钟扣 20 分。

技能等级评价专业技能考核操作评分标准

工种	配电线路工					评价等级	中级工
项目模块	配电线路知识—架空线路的运行规程和规定				编号	Jc0005441171	
单位			准考证号			姓名	
考试时限	5 分钟		题型	单项操作		题分	100 分
成绩		考评员		考评组长		日期	
试题正文	母线的相序排列当设计无规定时，有什么要求						
需要说明的问题和要求	口述：母线的相序排列当设计无规定时，有什么要求？要求口述逻辑思维清楚，语音清晰，神态自如						

续表

序号	项目名称	质量要求	满分	扣分标准	扣分原因	得分
1	着装要求	要求穿工作服、绝缘鞋	5	未按要求着装扣 5 分		
2	标准答案及评分标准	（1）上、下布置的交流母线，由上到下排列为 A、B、C 相，直流母线正极在上，负极在下	30	漏答该条扣 30 分		
		（2）水平布置的交流母线，由盘后向盘面排列为 A、B、C 相，直流母线正极在后，负极在前	30	漏答该条扣 30 分		
		（3）引下线的交流母线由左至右排列为 A、B、C 相，直流母线正极在左，负极在右	30	漏答该条扣 30 分		
3	答题要求	口述要求：逻辑思维清楚，语音清晰，神态自如	5	慌张、表达不清扣 3 分		
合计			100			

Jc0006441172　什么情况下油浸变压器室的门应为甲级防火门？（100 分）

考核知识点：配电变压器知识

难易度：易

技能等级评价专业技能考核操作工作任务书

一、任务名称

什么情况下油浸变压器室的门应为甲级防火门？

二、适用工种

配电线路工中级工。

三、具体任务

口述：什么情况下油浸变压器室的门应为甲级防火门？

四、工作规范及要求

（1）单独操作。

（2）所需材料。

（3）专用工具。

（4）本考核总成绩满分为 100 分。

五、考核及时间要求

考核时间共 5 分钟，每超过 1 分钟扣 20 分。

技能等级评价专业技能考核操作评分标准

工种	配电线路工					评价等级	中级工
项目模块	配电变压器知识—配电变压器的安装				编号	Jc0006441172	
单位		准考证号				姓名	
考试时限	5 分钟	题型	单项操作			题分	100 分
成绩		考评员		考评组长		日期	
试题正文	什么情况下油浸变压器室的门应为甲级防火门						
需要说明的问题和要求	口述：什么情况下油浸变压器室的门应为甲级防火门？要求口述逻辑思维清楚，语音清晰，神态自如						

续表

序号	项目名称	质量要求	满分	扣分标准	扣分原因	得分
1	着装要求	要求穿工作服、绝缘鞋	10	未按要求着装扣10分		
2	标准答案及评分标准	（1）变压器室位于车间内	15	漏答该条扣15分		
		（2）变压器室位于容易沉积可燃粉尘，可燃纤维的场所	15	漏答该条扣15分		
		（3）变压器室附近有粮棉及其他易燃物大量集中的露天堆场	15	漏答该条扣15分		
		（4）变压器室位于建筑物内	20	漏答该条扣20分		
		（5）变压器室下面有地下室	20	漏答该条扣20分		
3	答题要求	口述要求：逻辑思维清楚，语音清晰，神态自如	5	慌张、语言表达不清扣3分		
合计			100			

Jc0005441173　电杆处于什么位置时需打护桩？护桩怎样设置？（100分）

考核知识点：配电线路知识

难易度：易

技能等级评价专业技能考核操作工作任务书

一、任务名称

电杆处于什么位置时需打护桩？护桩怎样设置？

二、适用工种

配电线路工中级工。

三、具体任务

口述：电杆处于什么位置时需打护桩？护桩怎样设置？

四、工作规范及要求

（1）单独操作。

（2）所需材料。

（3）专用工具。

（4）本考核总成绩满分为100分。

五、考核及时间要求

考核时间共5分钟，每超过1分钟扣20分。

技能等级评价专业技能考核操作评分标准

<table>
<tr><td>工种</td><td colspan="5">配电线路工</td><td>评价等级</td><td>中级工</td></tr>
<tr><td>项目模块</td><td colspan="4">配电线路知识—架空线路的组成</td><td>编号</td><td colspan="2">Jc0005441173</td></tr>
<tr><td>单位</td><td colspan="2"></td><td>准考证号</td><td colspan="2"></td><td>姓名</td><td></td></tr>
<tr><td>考试时限</td><td colspan="2">5分钟</td><td>题型</td><td colspan="2">单项操作</td><td>题分</td><td>100分</td></tr>
<tr><td>成绩</td><td></td><td>考评员</td><td></td><td>考评组长</td><td></td><td>日期</td><td></td></tr>
<tr><td>试题正文</td><td colspan="7">电杆处于什么位置时需打护桩？护桩怎样设置</td></tr>
<tr><td>需要说明的问题和要求</td><td colspan="7">口述：电杆处于什么位置时需打护桩？护桩怎样设置？要求口述逻辑思维清楚，语音清晰，神态自如</td></tr>
</table>

续表

序号	项目名称	质量要求	满分	扣分标准	扣分原因	得分
1	着装要求	要求穿工作服、绝缘鞋	10	未按要求着装扣 10 分		
2	标准答案及评分标准	（1）在电杆可能遭到机动车辆碰撞处需设置护桩	20	漏答该条扣 20 分		
		（2）护桩离电杆 0.5m 处设置	20	漏答该条扣 20 分		
		（3）护桩长 2m，埋深 1m	20	漏答该条扣 20 分		
		（4）护桩露出地面部分，应涂以 0.2m 宽的黄黑相间的油漆圈	20	漏答该条扣 20 分		
3	答题要求	口述要求：逻辑思维清楚，语音清晰，神态自如	10	慌张、语言表达不清扣 5 分		
合计			100			

Jc0008441174　接地铁（线）焊接的搭接长度有什么要求？（100 分）

考核知识点：防雷与接地

难易度：易

技能等级评价专业技能考核操作工作任务书

一、任务名称

接地铁（线）焊接的搭接长度有什么要求？

二、适用工种

配电线路工中级工。

三、具体任务

口述：接地铁（线）焊接的搭接长度有什么要求？

四、工作规范及要求

（1）单独操作。

（2）所需材料。

（3）专用工具。

（4）本考核总成绩满分为 100 分。

五、考核及时间要求

考核时间共 5 分钟，每超过 1 分钟扣 20 分。

技能等级评价专业技能考核操作评分标准

工种	配电线路工				评价等级	中级工
项目模块	防雷与接地—接地装置基本知识			编号	Jc0008441174	
单位		准考证号			姓名	
考试时限	5 分钟	题型	单项操作		题分	100 分
成绩		考评员		考评组长		日期	
试题正文	接地铁（线）焊接的搭接长度有什么要求					

续表

需要说明的问题和要求	口述：接地铁（线）焊接的搭接长度有什么要求？要求口述逻辑思维清楚，语音清晰，神态自如					
序号	项目名称	质量要求	满分	扣分标准	扣分原因	得分
1	着装要求	要求穿工作服、绝缘鞋	10	未按要求着装扣 10 分		
2	标准答案及评分标准	（1）扁钢为其宽度的 2 倍，且至少 3 个棱边焊接	20	漏答该条扣 20 分		
		（2）圆钢为其直径的 6 倍	20	漏答该条扣 20 分		
		（3）圆钢与扁钢连接时，长度为圆钢直径的 6 倍	20	漏答该条扣 20 分		
		（4）扁钢与钢管、扁钢与角钢焊接时，为了连接可靠，除应在接触部位两侧进行焊接外，并应焊以由钢带弯成的弧形（或直角形）卡子或直接由钢带本身弯成弧形（或直角形）与钢管（或角钢）焊接	20	漏答该条扣 20 分		
3	答题要求	口述要求：逻辑思维清楚，语音清晰，神态自如	10	慌张、语言表达不清 5 分		
合计			100			

Jc0005441175 架空配电线路防雷设施巡视时有哪些巡视内容？（100 分）

考核知识点：配电线路知识

难易度：易

技能等级评价专业技能考核操作工作任务书

一、任务名称

架空配电线路防雷设施巡视时有哪些巡视内容？

二、适用工种

配电线路工中级工。

三、具体任务

口述：架空配电线路防雷设施巡视时有哪些巡视内容？

四、工作规范及要求

（1）单独操作。

（2）所需材料。

（3）专用工具。

（4）本考核总成绩满分为 100 分。

五、考核及时间要求

考核时间共 5 分钟，每超过 1 分钟扣 20 分。

技能等级评价专业技能考核操作评分标准

工种	配电线路工					评价等级	中级工
项目模块	配电线路知识—架空线路的运行规程和规定				编号	Jc0005441175	
单位			准考证号			姓名	
考试时限	5 分钟		题型	单项操作		题分	100 分
成绩		考评员		考评组长		日期	

续表

试题正文	架空配电线路防雷设施巡视时有哪些巡视内容					
需要说明的问题和要求	口述：架空配电线路防雷设施巡视时有哪些巡视内容？要求口述逻辑思维清楚，语音清晰，神态自如					
序号	项目名称	质量要求	满分	扣分标准	扣分原因	得分
1	着装要求	要求穿工作服、绝缘鞋	5	未按要求着装扣5分		
2	标准答案及评分标准	（1）避雷器瓷套有无裂纹，损伤、闪络痕迹，表面是否脏污	10	漏答该条扣10分		
		（2）避雷器的固定是否牢固	20	漏答该条扣20分		
		（3）引线连接是否良好，与邻相和杆塔构件的距离是否符合规定	20	漏答该条扣20分		
		（4）各部附件是否锈蚀，接地端焊接处有无开裂、脱落	20	漏答该条扣20分		
		（5）保护间隙有无烧损、锈蚀或被外物短接，间隙距离是否符合规定	20	漏答该条扣20分		
3	答题要求	口述要求：逻辑思维清楚，语音清晰，神态自如	5	慌张、语言表达不清3分		
合计			100			

Jc0005441176　液压法导线接续的操作。（100分）

考核知识点：配电线路知识

难易度：易

技能等级评价专业技能考核操作工作任务书

一、任务名称

液压法导线接续的操作。

二、适用工种

配电线路工中级工。

三、具体任务

用液压法进行导线接续的操作。

四、工作规范及要求

（1）要求单独操作，一人配合。

（2）要求着装正确（工作服、工作胶鞋、安全帽）。

（3）所需工具：

1）相应导线与接续管规格、型号是否匹配。

2）选用压接机具、压接模具，确保压模规格与压接管相匹配。

3）工器具：液压接钳及压接模具、断线钳、钢丝刷、细砂纸、游标卡尺、木槌、锉刀、记号笔等。

（4）触碰红线得0分。

（5）考生须在30分钟内完成更换处理操作。

（6）本考核总成绩满分为100分。

五、考核及时间要求

考核时间共30分钟，每超过1分钟扣2分，到35分钟终止考核。

技能等级评价专业技能考核操作评分标准

工种	配电线路工					评价等级	中级工
项目模块	配电线路知识—架空线路的组成				编号	Jc0005441176	
单位			准考证号			姓名	
考试时限	30分钟		题型	单项操作		题分	100分
成绩		考评员		考评组长		日期	
试题正文	液压法导线接续的操作						
需要说明的问题和要求	（1）要求单独操作，一人配合。 （2）要求着装正确（工作服、工作胶鞋、安全帽）						

序号	项目名称	质量要求	满分	扣分标准	扣分原因	得分
1	工具材料准备、检查					
1.1	液压机具及模具接续管选用检查	（1）选用压接机具、压接模具，确保压模规格与压接管相匹配，并进行外观检查。 （2）压接钳应放在坚硬、平整的地面上，模具顶盖上方不得有人	5	漏、错选一项扣3分； 未进行外观检查扣2分		
1.2	钢模选择	压接钢芯的钢模规格符合钢芯型号，压接铝线的钢模规格符合接续导线型号	5	钢模选用错误扣5分		
1.3	导线与接续管的检查	LGJ－240导线、电力复合脂，接续金具，型号符合要求，并进行外观检查	5	选择材料与项目不符合扣3分； 未检查每项扣2分		
2	清洗、涂导电脂					
2.1	接续管的清洗	应用汽油清洗接续管内壁油垢，清除影响穿管的锌疤与焊渣	5	清洗达不到要求扣5分		
2.2	导线被压接部分的清洗	钢芯铝绞线的液压部分穿管前应用汽油清除表面油垢	5	表面未作处理扣2分； 导线擦洗不干净扣2分； 涂除长度不够扣3分		
2.3	涂导电脂	液压后铝股与铝管接触的表面全部涂到	5	导电脂未按要求进行涂抹扣5分		
3	画印、剥铝线、穿管					
3.1	压接管画印、割线	钢芯与外层铝绞线分别压接。当导线头裁好后，对导线接头进行严格画印、绑扎、割线，钢绞线端头向内1/2钢接续管长处画印。铝管端口线两边对称，钢管端口线距内层铝股台阶线不少于10mm	15	导线接头没画印扣5分； 切割前未在导线、钢绞线进行绑扎扣2分； 切割尺寸不标准扣3分		
3.2	导线穿管对接	进行液压法压接前应将割线后的线头进行试穿管，以检验管、线间的连接是否符合要求。套入钢接续管顺序、方向位置准确	10	接续管与导线规格不匹配扣3分； 未对照压接管表面标识核准扣1分； 穿管顺序、方向不正确扣1分		

续表

序号	项目名称	质量要求	满分	扣分标准	扣分原因	得分
3.3	钢接续管压接的压模顺序	钢芯铝绞线压接时，应先压内层钢管，再压外层铝管，压接钢模选择正确，压接顺序正确。每压接一模后应停留30s以上	10	压接顺序错误扣5分； 压接不作停留扣1分/次； 压接尺寸错误扣1分/项		
3.4	铝接续管压接的压模顺序	钢芯铝绞线对接方式操作，压接顺序正确。铝接续管套在钢接续管上的位置应两侧相等，铝接续管压接自重叠部分两端各留出10mm处分别向两端进行，压完一端再压另一端；压接时，相邻两模间应重叠5～8mm，每压接一模后停留30s以上	10	压接顺序错误扣5分； 压接不规范扣2～5分； 压接尺寸错误扣1分/项； 未重叠扣1分/处； 压接停留时间不够扣1分/次		
4	质量要求					
4.1	外观检查、整理	导线液压法压接后的接续管表面应光滑、平整，不允许有扭曲，无飞边、毛刺，接续管表面出现飞边时应将其锉平后，再用砂纸打磨光滑。液压后的接续管应呈正六边形，符合标准	15	接续管表面不光滑扣5分； 接续管表面不平整扣5分； 接续管有飞边、毛刺扣4分； 压接后不用砂纸打磨扣3分		
4.2	防腐处理	操作过程中无工具损伤，文明操作，要求操作过程熟练连贯、有序，清理现场	5	接续管未打印工号扣2分（口述）； 压管两端未防腐处理扣3分		
5	其他要求	（1）操作动作熟练。 （2）清理工作现场符合文明生产要求。 （3）在规定时间内完成。 （4）工作服、绝缘鞋、安全帽等穿戴正确	5	操作动作不熟练扣2分； 其余每项扣1分		
合计			100			

Jc0010441177　拉合跌落式熔断器的操作。（100分）

考核知识点：运行管理知识

难易度：易

技能等级评价专业技能考核操作工作任务书

一、任务名称

拉合跌落式熔断器的操作。

二、适用工种

配电线路工中级工。

三、具体任务

进行拉合跌落式熔断器的操作。

四、工作规范及要求

（1）单独操作，有人监护。

（2）所需材料：绝缘操作棒、安全帽一顶、登杆工具一套。

（3）本考核总成绩满分为100分。

（4）触碰红线得 0 分。

五、考核及时间要求

考核时间共 20 分钟，每超过 1 分钟扣 2 分。

技能等级评价专业技能考核操作评分标准

工种	配电线路工			评价等级	中级工
项目模块	运行管理知识—运行设备检修		编号	Jc0010441177	
单位		准考证号		姓名	
考试时限	20 分钟	题型	单项操作	题分	100 分
成绩	考评员		考评组长		日期
试题正文	拉合跌落式熔断器的操作				
需要说明的问题和要求	适合各种跌落式熔断器				

序号	项目名称	质量要求	满分	扣分标准	扣分原因	得分
1	工作前准备					
1.1	选择工器具	选择安全用具、登杆工具等，并检查合格完好	5	漏、错选一项扣 1 分；未检查一项扣 1 分；不按规定穿着一项扣 1 分		
1.2	选择材料	绝缘操作棒、安全帽一顶、登杆工具一套	5			
1.3	着装、穿戴	工作服、绝缘鞋、安全帽等穿戴正确无误	5			
2	工作过程					
2.1	登杆前检查	登杆前检查杆根和拉线	5	未检查一项扣 2 分；不做冲击试验扣 5 分；不熟练扣 2～5 分；过高、过矮均扣 3 分；每项操作重复一次扣 10 分；不到位扣 5 分；无论拉、合闸操作顺序错误均扣总题分的 100%		
2.2	登杆工具检查	对登杆工具进行冲击试验	5			
2.3	登杆	动作规范、熟练	5			
2.4	工作位置确定	站位合适，安全带绑系正确	5			
2.5	分闸操作	拉闸时，先断中相，后拉下风向，最后拉上风相，每相操作均应一次成功到位	25			
2.6	合闸操作	合闸时，先合上风向，再合下风向，最后合中相，每相操作均应一次到位	25			
2.7	操作水平	熟练、顺利	5			
3	工作终结验收					
3.1	安全文明生产	操作过程中无跌落物，工作完毕清理现场，交还工器具	10	一处不合格扣 2 分；未在规定时间完成，每延时 1 分钟扣 2 分；未清理现场或交还工器具扣 3 分		
合计			100			

Jc0010441178　挂设一组 10kV 线路接地线的操作。（100 分）

考核知识点：运行管理知识

难易度：易

技能等级评价专业技能考核操作工作任务书

一、任务名称

挂设一组 10kV 线路接地线的操作。

二、适用工种

配电线路工中级工。

三、具体任务

（1）挂设一组 10kV 线路接地线的操作。

（2）适合挂设 10kV 线路接地线的操作。

四、工作规范及要求

（1）单独操作，有人监护。

（2）合格 10kV 专用验电器一支、接地线一组（多股软铜线、截面积大于 $25mm^2$）、登杆工具、安全帽、安全带、吊物绳等。

（3）挂设接地线之前应验电，并设专人监护确定线路无电压后方可开始挂设接地线。

（4）本考核总成绩满分为 100 分。

（5）触碰红线得 0 分。

五、考核及时间要求

考核时间共 15 分钟，每超过 1 分钟扣 2 分。

技能等级评价专业技能考核操作评分标准

工种	配电线路工				评价等级	中级工
项目模块	运行管理知识—运行设备检修			编号	Jc0010441178	
单位		准考证号			姓名	
考试时限	15 分钟	题型	单项操作		题分	100 分
成绩		考评员		考评组长		日期
试题正文	挂设一组 10kV 线路接地线的操作					
需要说明的问题和要求	挂设接地线之前应验电，并设专人监护确定线路无电压后方可开始挂设接地线					

序号	项目名称	质量要求	满分	扣分标准	扣分原因	得分
1	工作前准备					
1.1	选择安全用具及工器具	选择安全用具、登杆工具，并检查完好	5	漏、错一项扣 1 分； 未检查一项扣 1 分； 不按规定穿着一项扣 1 分		
1.2	着装、穿戴	工作服、安全鞋、安全帽等穿戴无误	5			
1.3	选择接地线	完好，可以使用	5			
2	工作过程					
2.1	登杆前检查	登杆前检查杆根和拉线	5	未检查一项扣 2 分； 不作试验扣 5 分； 不熟练扣 2～5 分； 过高、过矮均扣 3 分； 顺序错误扣 10 分； 出错一次扣 2 分； 碰触一次扣 5 分		
2.2	登杆工具检查	对登杆工具进行冲击试验	5			
2.3	验电器使用前确定	在明确有电时证明其完好	5			

续表

序号	项目名称	质量要求	满分	扣分标准	扣分原因	得分
2.4	登杆	动作规范、熟练	5	未检查一项扣 2 分； 不作试验扣 5 分； 不熟练扣 2～5 分； 过高、过矮均扣 3 分； 顺序错误扣 10 分； 出错一次扣 2 分； 碰触一次扣 5 分		
2.5	工作位置确定	站位合适，安全带系绑正确	5			
2.6	验电	验电方法及顺序正确	10			
2.7	接地线装设	先接接地端后接导线端，操作中人身不得碰触接地线	15			
2.8	操作顺序	操作熟练，逐相挂设	5			
3	工作终结验收					
3.1	接地线装设	接地线与导线连接可靠没有缠绕现象，接地棒在地下深度不小于 600mm	20	连接不可靠一处扣 5 分；缠绕一次扣 1 分； 埋深每小于 100mm 扣 2 分； 发生一次跌落物扣 5 分； 未清理现场或交还工器具扣 3 分； 未在规定时间完成，每延时 1 分钟扣 2 分		
3.2	安全文明生产	操作过程中无跌落物，工作完毕清理现场，交还工器具	10			
合计			100			

Jc0006441179　配电变压器高低压引线安装。（100 分）

考核知识点：配电变压器知识

难易度：易

技能等级评价专业技能考核操作工作任务书

一、任务名称

配电变压器高低压引线安装。

二、适用工种

配电线路工中级工。

三、具体任务

完成配电变压器高低压引线安装。

四、工作规范及要求

（1）单独操作

（2）工器具：安全带、安全帽、登杆工具（如脚扣），防坠器。

（3）要求着装正确（穿工作服、工作鞋，戴安全帽）。

（4）杆下一人监护。

（5）在带有防坠装置的电杆上进行作业。

（6）在不带电的停电线路上操作。

（7）本考核总成绩满分为 100 分。

（8）触碰红线得 0 分。

五、考核及时间要求

考核时间共 30 分钟，每超过 1 分钟扣 2 分。

技能等级评价专业技能考核操作评分标准

<table>
<tr><td>工种</td><td colspan="6">配电线路工</td><td>评价等级</td><td>中级工</td></tr>
<tr><td>项目模块</td><td colspan="5">配电变压器知识—配电变压器的安装</td><td>编号</td><td colspan="2">Jc0006441179</td></tr>
<tr><td>单位</td><td colspan="2"></td><td>准考证号</td><td colspan="3"></td><td>姓名</td><td></td></tr>
<tr><td>考试时限</td><td colspan="2">30 分钟</td><td>题型</td><td colspan="3">单项操作</td><td>题分</td><td>100 分</td></tr>
<tr><td>成绩</td><td></td><td>考评员</td><td colspan="2"></td><td>考评组长</td><td></td><td>日期</td><td></td></tr>
<tr><td>试题正文</td><td colspan="8">配电变压器高低压引线安装</td></tr>
<tr><td>需要说明的问题和要求</td><td colspan="8">（1）避雷器、跌落式熔断器、变压器、接地引线、低压横担、绝缘子等均已安装好。
（2）所需材料及设备由操作者根据变压器容量选择。
（3）工作时设专人监护</td></tr>
</table>

<table>
<tr><td>序号</td><td>项目名称</td><td>质量要求</td><td>满分</td><td>扣分标准</td><td>扣分原因</td><td>得分</td></tr>
<tr><td>1</td><td>工作前准备</td><td></td><td></td><td></td><td></td><td></td></tr>
<tr><td>1.1</td><td>选择材料</td><td>选择与变压器容量相匹配的高低压导线，设备线夹等</td><td>10</td><td>选择不正确扣 1 分</td><td></td><td></td></tr>
<tr><td>1.2</td><td>选择工器具</td><td>带好所需的个人工具</td><td>5</td><td>不检查不给分（可试问）</td><td></td><td></td></tr>
<tr><td>1.3</td><td>着装、穿戴</td><td>工作服、工作鞋、安全帽等穿戴正确</td><td>5</td><td>不按规定穿着一项扣 1 分</td><td></td><td></td></tr>
<tr><td>2</td><td>工作过程</td><td></td><td></td><td></td><td></td><td></td></tr>
<tr><td>2.1</td><td>登杆前检查</td><td>登杆前检查杆根和拉线</td><td>5</td><td rowspan="9">未检查一项扣 2 分；
不作试验扣 5 分；
不熟练扣 2～5 分；
过高、过矮均扣 3 分；
顺序错误扣 10 分；
出错一次扣 2 分；
碰触一次扣 5 分；
位置选择不当扣 3 分；
一相绑扎不正确扣 2 分</td><td></td><td></td></tr>
<tr><td>2.2</td><td>登杆工具检查</td><td>对登杆工具进行冲击试验</td><td>5</td><td></td><td></td></tr>
<tr><td>2.3</td><td>登杆</td><td>登杆选择位置合适，动作熟练、规范</td><td>10</td><td></td><td></td></tr>
<tr><td rowspan="2">2.4</td><td rowspan="2">引线安装</td><td>（1）安装变压器高压引线，与变压器高压桩头、跌落式熔断器下端头连接牢靠</td><td>10</td><td rowspan="2"></td><td rowspan="2"></td></tr>
<tr><td>（2）安装变压器低压引线，与变压器低压桩头、低压开关设备连接牢靠</td><td>10</td></tr>
<tr><td rowspan="3">2.5</td><td rowspan="3">导线固定</td><td>（1）高压引线与高压绝缘子绑扎方法正确</td><td>5</td><td rowspan="3"></td><td rowspan="3"></td></tr>
<tr><td>（2）低压引线与低压绝缘子绑扎方法正确</td><td>5</td></tr>
<tr><td>（3）变压器低压侧中性线桩头引线与接地引线牢靠</td><td>5</td></tr>
<tr><td>2.6</td><td>操作程序及熟练程度</td><td>引线连接操作程序正确、熟练</td><td>5</td><td></td><td></td></tr>
<tr><td>3</td><td>工作终结验收</td><td></td><td></td><td></td><td></td><td></td></tr>
<tr><td>3.1</td><td>引线布置</td><td>布线均匀美观、松紧适度，电气间隙符合规定</td><td>10</td><td rowspan="2">接线出现严重错误扣总题分 100%；
发生一次违章扣 5 分；
不符合要求一项扣 2～5 分；
不作清理扣 3 分；
不交还工器具及剩余材料扣 3 分；
未在规定时间完成，每延时 1 分钟扣 2 分</td><td></td><td></td></tr>
<tr><td>3.2</td><td>安全文明生产</td><td>杆上无遗留物及跌落物，工作完毕交还工器具，清理现场</td><td>10</td><td></td><td></td></tr>
<tr><td colspan="2">合计</td><td></td><td>100</td><td></td><td></td><td></td></tr>
</table>

Jc0010441180 安装一组 10kV 跌落式熔断器的操作。(100 分)

考核知识点： 运行管理知识

难易度： 易

技能等级评价专业技能考核操作工作任务书

一、任务名称

安装一组 10kV 跌落式熔断器的操作。

二、适用工种

配电线路工中级工。

三、具体任务

安装一组 10kV 跌落式熔断器。

四、工作规范及要求

（1）单独操作。

（2）线路上安全措施已完成。

（3）工具：安全带、安全帽、登杆工具（如脚扣），防坠器。

（4）要求着装正确（穿工作服、工作鞋，戴安全帽）。

（5）杆下一人监护。

（6）在带有防坠装置的电杆上进行作业。

（7）在不带电的停电线路上操作。

（8）本考核总成绩满分为 100 分。

（9）触碰红线得 0 分。

五、考核及时间要求

考核时间共 20 分钟，每超过 1 分钟扣 2 分。

技能等级评价专业技能考核操作评分标准

工种	配电线路工					评价等级	中级工
项目模块	运行管理知识—运行设备检修				编号	Jc0010441180	
单位		准考证号				姓名	
考试时限	20 分钟	题型	单项操作			题分	100 分
成绩		考评员		考评组长		日期	
试题正文	安装一组 10kV 跌落式熔断器的操作						
需要说明的问题和要求	（1）挂设接地线之前应验电，并设专人监护确定线路无电压后方可开始挂设接地线。 （2）5 级以上大风禁止登杆作业						

序号	项目名称	质量要求	满分	扣分标准	扣分原因	得分
1	工作前准备					
1.1	选择安全用具及工器具	选择安全用具、登杆工具，并检查完好	5	漏、错一项扣 1 分； 未检查一项扣 1 分； 不按规定穿着一项扣 1 分		
1.2	着装、穿戴	工作服、安全鞋、安全帽等穿戴无误	5			
1.3	选择接地线	完好，可以使用	5			

续表

序号	项目名称	质量要求	满分	扣分标准	扣分原因	得分
2	工作过程					
2.1	登杆前检查	登杆前检查杆根和拉线	5	未检查一项扣2分； 不作试验扣5分； 不熟练扣2～5分； 过高、过矮均扣3分； 顺序错误扣10分； 出错一次扣2分； 碰触一次扣5分		
2.2	登杆工具检查	对登杆工具进行冲击试验	5			
2.3	验电器使用前确定	在明确有电时证明其完好	5			
2.4	登杆	动作规范、熟练	5			
2.5	工作位置确定	站位合适，安全带系绑正确	5			
2.6	验电	验电方法及顺序正确	5			
2.7	接地线装设	先接接地端后接导线端，操作中人身不得碰触接地线	20			
2.8	操作顺序	操作熟练，逐相挂设	5			
3	工作终结验收					
3.1	跌落式熔断器安装工艺	跌落式熔断器安装夹角符合有关规定（15°～30°），水平间距不小于500mm	10	一项不合格扣5分； 损伤一处扣2分； 不作清理扣3分； 不交还工器具及剩余材料扣3分； 未在规定时间完成，每延时1分钟扣2分		
3.2	熔丝安装工艺	松紧适当	10			
3.3	安全文明生产	工器具材料摆放有序，工器具、设备无损伤，杆上无遗留物及跌落物等失误，清理现场，交还工器具及剩余材料	10			
合计			100			

Jc0005441181　拉线上把制作的操作。（100分）

考核知识点：配电线路知识

难易度：易

技能等级评价专业技能考核操作工作任务书

一、任务名称

拉线上把制作的操作。

二、适用工种

配电线路工中级工。

三、具体任务

完成拉线上把制作的操作。

四、工作规范及要求

（1）单独完成。

（2）建议采用GJ－35钢绞线。

（3）触碰红线得0分。

（4）本考核总成绩满分为100分。

五、考核及时间要求

考核时间共50分钟，每超过1分钟扣2分。

技能等级评价专业技能考核操作评分标准

工种	配电线路工			评价等级	中级工
项目模块	配电线路知识—架空线路的组成		编号	Jc0005441181	
单位		准考证号		姓名	
考试时限	50 分钟	题型	单项操作	题分	100 分
成绩		考评员	考评组长	日期	
试题正文	拉线上把制作的操作				
需要说明的问题和要求	（1）单独完成。 （2）建议采用 GJ－35 钢绞线				

序号	项目名称	质量要求	满分	扣分标准	扣分原因	得分
1	工作前准备					
1.1	选择工器具、材料	扳手、手锤、钢丝钳、铁丝、断线钳、钢卷尺等	5	漏、错选一项扣 1 分； 未检查一项扣 1～3 分； 不按规定穿着一项扣 1～3 分		
1.2	选择楔形线夹型号及检查	选择正确并做外观检查	5			
1.3	着装、穿戴	工作服、工作鞋、安全帽、手套等穿戴正确无误	5			
2	工作过程					
2.1	剪断钢绞线，钢绞线剪断处小铁丝绑扎	方法正确，绑扎牢固，钢绞线无松股	5	不作绑扎扣 5 分； 松动扣 2 分； 松股扣 2～5 分； 锚具穿入方向错扣 5 分； 尺寸错误扣 2～5 分； 圆弧不正确扣 2～5 分； 不作处理扣 5 分； 穿向不正确扣 5 分； 损坏镀锌层扣 5 分； 选择有误扣 2～5 分； 返工一次扣 2 分		
2.2	将线夹套筒套入钢绞线	方向正确	5			
2.3	在钢绞线上量出弯曲部位尺寸	尺寸符合操作要求	5			
2.4	弯曲钢绞线	圆弧与楔子相吻合	5			
2.5	弯曲部位弧度处理	使尾线及主线成开口状态	5			
2.6	放入楔子并拉紧	穿向正确	5			
2.7	敲冲牢固	用手锤敲冲	5			
2.8	尾线绑扎	采用 10～12 号铁丝绑扎	5			
2.9	操作过程	熟练、连贯	5			
3	工作终结验收					
3.1	钢绞线短头出线方向	应在凸肚处	10	凸肚方向朝反扣 10 分； 不合要求每处扣 2～5 分； 不作清理扣 3 分； 不交还工器具及剩余材料扣 3 分； 未在规定时间完成，每延时 1 分钟扣 2 分		
3.2	短头留取长度	300～500mm	5			
3.3	钢绞线与楔子半圆弯曲结合	结合处不得有死角和空隙	5			
3.4	短头绑扎尺寸	距线头 50mm 处绑扎，长度为 50～80mm	5			
3.5	铁丝绞合端处理	铁丝绞合端部弯进 2 股钢绞线并列处	5			
3.6	安全文明生产	工器具材料摆放有序，工器具、设备无损伤，清理现场，交还工器具及剩余材料	10			
合计			100			

Jc0005452182　组织一般电缆事故抢修。（100 分）

考核知识点：配电线路知识

难易度：中

技能等级评价专业技能考核操作工作任务书

一、任务名称

组织一般电缆事故抢修。

二、适用工种

配电线路工中级工。

三、具体任务

组织一般电缆事故抢修。

四、工作规范及要求

（1）模拟操作采用口头答辩。

（2）要求思路清晰、条理清楚。

（3）可根据常见事故设置事故类型。

（4）安全文明生产，在规定时间内完成。

（5）触碰红线得 0 分。

（6）本考核总成绩满分为 100 分。

五、考核及时间要求

考核时间共 15 分钟，每超过 1 分钟扣 2 分。

技能等级评价专业技能考核操作评分标准

工种	配电线路工					评价等级	中级工
项目模块	配电线路知识—电力电缆的运行				编号	Jc0005452182	
单位			准考证号			姓名	
考试时限	15 分钟		题型	多项操作		题分	100 分
成绩		考评员		考评组长		日期	
试题正文	组织一般电缆事故抢修						
需要说明的问题和要求	（1）模拟操作采用口头简答。 （2）要求思路清晰、条理清楚。 （3）可根据常见事故设置事故类型。 （4）安全文明生产，在规定时间内完成						

序号	项目名称	质量要求	满分	扣分标准	扣分原因	得分
1	工作前准备					
1.1	现场勘查	明确停电范围、施工方法、危险点和应采取措施、配合工作等	5	缺一项扣 5 分； 工器具错、漏选一项扣 1 分； 不完整扣 1～3 分； 不按规定穿着一项扣 1 分； 不进行现场勘查扣 10 分； 不办理工作票扣 10 分		
1.2	工器具、材料准备	选择施工工器具、安全工器具、材料，满足施工要求	5			
1.3	停电申请	向调度部门办理线路停电申请	5			
1.4	办理事故应急抢修单	填写电力线路事故应急抢修单	5			
1.5	着装、穿戴	工作服、工作鞋、安全帽等穿戴正确	5			
2	工作过程					

续表

序号	项目名称	质量要求	满分	扣分标准	扣分原因	得分
2.1	工作许可	按规定办理许可手续	5	缺一项扣5分； 不完整扣1～3分； 不办许可手续扣10分； 不按工作票实施补充安全措施扣10分		
2.2	站班会	工作前对工作班成员进行危险点告知，交代安全措施和技术措施，并确定每一个工作班成员都已知晓	5			
2.3	补充安全措施	按抢修单要求实施补充安全措施	10			
2.4	施工作业	按规定组织施工	30			
3	工作终结验收					
3.1	质量检查	按验收规范及运行规程进行验收	5	质量检查内容不符一项扣1～2分； 不办理工作终结手续扣10分； 不作清理扣3分； 未在规定时间完成，每延时1分钟扣2分		
3.2	工作终结	拆除接地线，所有人员撤离，办理工作终结	10			
3.3	安全文明生产	工作时无违章，工作结束，清理现场，交还工器具	10			
合计			100			

Jc0011452183　10kV 开关站（真空环网柜）出线由运行改转检修的操作。（100 分）

考核知识点：开关站、配电室和箱式变电站

难易度：中

技能等级评价专业技能考核操作工作任务书

一、任务名称

10kV 开关站（真空环网柜）出线由运行转检修的操作。

二、适用工种

配电线路工中级工。

三、具体任务

完成 10kV 开关站（真空环网柜）出线由运行转检修的操作。

四、工作规范及要求

（1）当开关的供出线路需检修时，开关站相应间隔开关由运行转检修。

（2）倒闸操作应 2 人进行。

（3）安全文明生产，在规定时间内完成。

（4）触碰红线得 0 分。

（5）本考核总成绩满分为 100 分。

五、考核及时间要求

考核时间共 15 分钟，每超过 1 分钟扣 2 分。

技能等级评价专业技能考核操作评分标准

工种	配电线路工					评价等级	中级工
项目模块	开关站、配电室和箱式变电站—开关站、配电室和箱式变电站的运行				编号	Jc0011452183	
单位			准考证号			姓名	
考试时限	15 分钟		题型	多项操作		题分	100 分
成绩		考评员		考评组长		日期	

续表

试题正文	10kV 开关站（真空环网柜）出线由运行转检修的操作
需要说明的问题和要求	（1）当开关的供出线路需检修时，开关站相应间隔开关由运行转检修。 （2） 开关站设备为真空环网柜。 （3）开关站出线对侧无电源。 （4）非配调设备。 （5）倒闸操作应 2 人进行。 （6）安全文明生产，在规定时间内完成

序号	项目名称	质量要求	满分	扣分标准	扣分原因	得分
1	工作前准备					
1.1	办理操作票	根据实际情况填写操作票，并审票合格	5	工器具每漏、错选一项扣 1 分； 不按规定穿着一项扣 1 分； 不办理操作票扣 5 分		
1.2	准备工器具	根据工作需要选择工器具及安全用具	5			
1.3	着装、穿戴	按规定穿工作服、工作鞋，戴绝缘手套、安全帽等	5			
2	工作过程					
2.1	核对命名	核对开关站名称后进入，核对间隔双重命名及状态	5	不核对命名扣 5 分； 操作顺序错误扣 15～25 分； 不悬挂警告牌扣 5 分； 不验电就装设接地线扣 10 分； 不规范扣 1～3 分； 不熟练扣 1～3 分； 无唱票复诵扣 5 分		
2.2	配调申请	配调申请，下达指令，方可操作	5			
2.3	操作开关设备	先拉开开关，检查线路侧带电显示器或指示仪表情况，再拉开线路侧刀闸，后拉开母线侧刀闸	25			
2.4	验电挂接地	用验电器在线路刀闸侧验电、放电	10			
		验明确无电后，立即在线路刀闸电路侧装设接地线	10			
2.5	悬挂警告牌	悬挂“禁止合闸，线路有人工作”警告牌	5			
2.6	唱票复诵	倒闸操作时，有唱票复诵	5			
2.7	熟练程度	操作熟练、顺利	5			
3	工作终结验收					
3.1	开关操作	开关、刀闸操作到位	5	不到位或不牢靠扣 1～5 分； 未清理现场或未交还工器具扣 3 分； 未在规定时间完成，每延时 1 分钟扣 2 分		
3.2	接地线装设	接地线装设牢靠，警示牌挂设正确	5			
3.3	安全文明生产	操作过程中无工具损伤，柜内无遗留物，工作完毕应清理现场，交还工器具	5			
合计			100			

Jc0003452184　配电变压器绝缘电阻测量。（100 分）

考核知识点：配电线路工的基本知识

难易度：中

技能等级评价专业技能考核操作工作任务书

一、任务名称

配电变压器绝缘电阻测量。

二、适用工种

配电线路工中级工。

三、具体任务

完成配电变压器绝缘电阻测量。

四、工作规范及要求

（1）采用手摇式绝缘电阻表测量。

（2）利用配电变压器（台架），断开配电变压器高低压引线及避雷器等各种电气设备。

（3）派一人与操作者配合，所派人员听从操作者指挥。

（4）安全文明生产，在规定时间内完成。

（5）本考核总成绩满分为 100 分。

五、考核及时间要求

考核时间共 40 分钟，每超过 1 分钟扣 2 分。

技能等级评价专业技能考核操作评分标准

<table>
<tr><td>工种</td><td colspan="6">配电线路工</td><td>评价等级</td><td>中级工</td></tr>
<tr><td>项目模块</td><td colspan="5">配电线路工的基本知识—线路基本知识</td><td>编号</td><td colspan="2">Jc0003452184</td></tr>
<tr><td>单位</td><td colspan="2"></td><td>准考证号</td><td colspan="3"></td><td>姓名</td><td></td></tr>
<tr><td>考试时限</td><td colspan="2">40 分钟</td><td>题型</td><td colspan="3">多项操作</td><td>题分</td><td>100 分</td></tr>
<tr><td>成绩</td><td></td><td>考评员</td><td colspan="2"></td><td>考评组长</td><td></td><td>日期</td><td></td></tr>
<tr><td>试题正文</td><td colspan="8">配电变压器绝缘电阻测量</td></tr>
<tr><td>需要说明的问题和要求</td><td colspan="8">（1）采用手摇式绝缘电阻表测量。
（2）利用培训配电变压器，拆除配电变压器高低压引线及避雷器等各种电气设备。
（3）派一人与操作者配合，所派人员听从操作者指挥。
（4）安全文明生产，在规定时间内完成</td></tr>
</table>

序号	项目名称	质量要求	满分	扣分标准	扣分原因	得分
1	工作前准备					
1.1	着装、穿戴	按规定穿工作服、工作鞋，戴绝缘手套、安全帽等	5	未按规定着装一项扣 1 分； 错、漏选一项扣 1 分； 每错一项扣 1 分； 绝缘电阻表不检查扣 10 分； 检查不完整或方法不正确扣 2～5 分		
1.2	选择绝缘电阻表及配套引线	选择正确，符合工作需要	5			
1.3	绝缘电阻表使用前检查	检查绝缘电阻表是否良好。检查时将绝缘电阻表两根引线相碰，慢慢摇动手柄，检查指针是不是指向“0”，如果指针不指“0”，应调整表上的调零装置；将两根引线分开，检查指针是否指向“∞”	10			
2	工作过程					
2.1	清理配电变压器	将配电变压器表面擦拭干净。确保停电后配电变压器内部设备与环境温度相同，湿度不大于 75%，以免造成测量误差	5	识别不准或不正确扣 5 分		
2.2	测试高压侧对低压侧及地绝缘电阻	（1）把高压侧的三个桩头用短接线相连接，低压侧的四个桩头用短接线相连接并接地。 （2）用测试引线将测试仪“接地”端和低压桩头连接。 （3）将“电路”端测试引线接于测试桩头，手摇测试仪转速由低到高，保持 120r/min 左右，记录读数。 （4）记录读数后，先将“电路”端测试引线与测试桩头分开后，再降低手摇测试仪转速至零。 （5）对配电变压器测试桩头放电	25	错误一项扣 5 分； 接线错误扣 10 分； 测量方法错误扣 5～10 分； 不符合要求扣 1～3 分		
2.3	测试低压侧对地绝缘电阻	（1）把高压侧的三个桩头用短接线相连接，低压侧的四个桩头用短接线相连接并接地。 （2）用测试引线将测试仪“接地”端和接地连接重复上述步骤，记录读数	20			

续表

序号	项目名称	质量要求	满分	扣分标准	扣分原因	得分
2.4	注意事项	（1）测试导线不得使用双股绝缘线或绞线，应用单股线分开连接，接地线必须采用裸导线。 （2）测试过程中，为避免电击，不得碰触测试导线和配电变压器，测试后同样不得碰触。 （3）“电路”端测试引线接于测试桩头应用挂钩钩住，不能绕死。 （4）测试过程中，如果绝缘电阻迅速下降（到零），应停止测试	20			
3	终结验收					
3.1	结果分析	应根据配电变压器状况及测量时天气情况，综合分析、判断得出结论	5	判断错误扣5分； 未清理扣3分； 不交还工器具扣3分； 未在规定时间内完成，每延时1分钟扣2分		
3.2	安全文明生产	工作时无违章，工作结束，清理现场，交还工器具	5			
合计			100			

Jc0005452185　耐张杆更换绝缘子（一相）的操作。（100分）

考核知识点：配电线路知识

难易度：中

技能等级评价专业技能考核操作工作任务书

一、任务名称

耐张杆更换绝缘子（一相）的操作。

二、适用工种

配电线路工中级工。

三、具体任务

完成耐张杆更换绝缘子（一相）的操作。

四、工作规范及要求

（1）工作时设专人监护。

（2）天气良好。

（3）在培训专用线路上进行，线下无电力线及弱电线。

（4）已做好安全措施。

（5）触碰红线得0分。

（6）本考核总成绩满分为100分。

五、考核及时间要求

考核时间共30分钟，每超过1分钟扣2分，到35分钟终止考核。

技能等级评价专业技能考核操作评分标准

<table>
<tr><td>工种</td><td colspan="6">配电线路工</td><td>评价等级</td><td>中级工</td></tr>
<tr><td>项目模块</td><td colspan="5">配电线路知识—架空线路的组成</td><td>编号</td><td colspan="2">Jc0005452185</td></tr>
<tr><td>单位</td><td colspan="2"></td><td>准考证号</td><td colspan="3"></td><td>姓名</td><td></td></tr>
<tr><td>考试时限</td><td colspan="2">30分钟</td><td>题型</td><td colspan="3">多项操作</td><td>题分</td><td>100分</td></tr>
<tr><td>成绩</td><td></td><td>考评员</td><td colspan="2"></td><td>考评组长</td><td></td><td>日期</td><td></td></tr>
</table>

续表

试题正文	耐张杆更换绝缘子（一相）的操作
需要说明的问题和要求	（1）工作时设专人监护。 （2）天气良好。 （3）在培训专用线路上进行，线下无电力线及弱电线。 （4）已做好安全措施

序号	项目名称	质量要求	满分	扣分标准	扣分原因	得分
1	准备工作					
1.1	选择工器具、材料	选择工器具及材料，满足工作需要	5	工器具每漏、错选一项扣1分； 不按规定穿着一项扣1分； 不办理操作票扣5分		
1.2	着装、穿戴	工作服、工作鞋、安全帽等穿戴正确无误	5			
1.3	对即将使用的绝缘子进行测试	绝缘电阻表选择正确，测试方法正确，单片绝缘子绝缘电阻大于500MΩ	5			
2	工作过程					
2.1	登杆前检查	登杆前检查杆根及拉线	5	少一项扣5分		
2.2	登杆工具检查	对登杆工具进行冲击试验	5	少一步扣5分		
2.3	登杆	登杆动作规范、熟练	5	少一项扣5分		
2.4	工作位置确定	站位合适，安全带系绑正确	5	少一项扣5分		
2.5	绝缘子更换	（1）工具使用方法正确	5	未检查扣5分； 未作试验扣5分； 不熟练扣2～6分； 过高、过矮均扣2分； 方法或顺序不正确扣2～5分； 绳结不正确扣2～5分； 操作不熟练扣2～6分； 发生一次落物扣5分		
		（2）操作顺序正确	10			
		（3）操作方法正确	10			
		（4）旧绝缘子吊下、新绝缘子吊上，绳结绑扎正确	5			
		（5）安装新绝缘子	10			
		（6）更换操作熟练、顺利	5			
3	工作竣工验收					
3.1	绝缘子安装	（1）位置正确，销口统一朝上。 （2）各部分连接紧固。 （3）螺栓穿向正确。 （4）开口销到位并分开30°～60°	10	少一项扣5分		
3.2	安全文明生产	（1）操作过程中无跌落物	5	坠物扣5分； 未清理扣1～5分； 未在规定时间内完成，每延时1分钟扣2分		
		（2）工作完毕后清理现场，交还工器具	5			
合计			100			

Jc0010463186　使用吊车更换10m直线杆的施工方案。（100分）

考核知识点：运行管理知识

难易度：难

技能等级评价专业技能考核操作工作任务书

一、任务名称

吊车更换 10m 直线杆的施工组织方案。

二、适用工种

配电线路工中级工。

三、具体任务

更换一基 10m 直线杆，作业方法为吊车组立，预应力杆已运输到位。针对此项工作，要求考生口述一份使用吊车更换 10m 直线杆的施工过程。

四、工作规范及要求

单杆已运输到位，请按流程使用吊车更换 10m 直线杆的施工组织方案。

（1）人员配置分工合理。

（2）工器具及材料清楚。

（3）主要作业程序描述正确。

（4）关键工序工艺质量标准清楚。

（5）组织、安全、技术措施齐全。

（6）考核时间结束终止考试。

（7）触碰红线得 0 分。

（8）本考核总成绩满分为 100 分。

五、考核及时间要求

考核时间共 60 分钟，每超过 1 分钟扣 2 分，到 65 分钟终止考核。

技能等级评价专业技能考核操作评分标准

<table>
<tr><td>工种</td><td colspan="6">配电线路工</td><td>评价等级</td><td>中级工</td></tr>
<tr><td>项目模块</td><td colspan="5">运行管理知识—运行设备检修</td><td>编号</td><td colspan="2">Jc0010463186</td></tr>
<tr><td>单位</td><td colspan="2"></td><td>准考证号</td><td colspan="3"></td><td>姓名</td><td></td></tr>
<tr><td>考试时限</td><td colspan="2">60 分钟</td><td>题型</td><td colspan="3">综合操作</td><td>题分</td><td>100 分</td></tr>
<tr><td>成绩</td><td></td><td>考评员</td><td colspan="2"></td><td>考评组长</td><td></td><td>日期</td><td></td></tr>
<tr><td>试题正文</td><td colspan="8">口述使用吊车更换 10m 直线杆的施工组织方案</td></tr>
<tr><td>需要说明的问题和要求</td><td colspan="8">（1）考生在 60 分钟内编制更换电杆更换组织方案。
（2）口述安全和技术措施。
（3）电杆为 10m 预应力杆，组立方式为使用吊车组立。
（4）所用工具、材料由考生根据施工需要进行安排。
（5）本模块总成绩满分为 100 分</td></tr>
</table>

序号	项目名称	质量要求	满分	扣分标准	扣分原因	得分
1	整体要求					
1.1	标题	要写清楚线路名称、杆号及作业内容	5	少一项扣 2 分		
1.2	工程概况介绍	应对工程概况或该工作的背景进行简单描述	5	没有工程概况介绍扣 5 分		
2	口述组织措施					
2.1	工作内容	应写清楚工作的线路、杆号、工作内容、工作范围	5	少一项内容扣 3 分		

续表

序号	项目名称	质量要求	满分	扣分标准	扣分原因	得分
2.2	工作人员及分工	（1）应写清楚工作班组和人数；或者逐一填写工作人员名字。 （2）单位名称和个人姓名不得使用真实名称。 （3）应有明确分工	5	一项不正确扣 2 分		
2.3	工作时间	应写清楚计划工作时间，计划工作开始及工作结束时间均应以年、月、日、时、分填写清楚	5	没有填写时间扣 5 分；时间填写不清楚扣 3 分		
3	口述作业程序					
3.1	准备工作	（1）安全措施宣讲及落实（作业人员着装正确，戴安全帽，系安全带）。 （2）人员分工（指挥、安全监护、吊车操作、拆除扎线、临时拉线、制作拉线、登杆各岗位人员分配）。 （3）作业开始前的检查（导线受力情况的检查）	5	少一项扣 2 分		
3.2	拆除旧杆	（1）将钢丝绳套选择在合适的位置绑扎，并使钢丝绳受力。 （2）将要更换的直线杆导线三相扎线松开，导线用绳索拉向外侧不影响拆除旧杆。 （3）拔出电杆	3	少一项扣 1 分		
3.3	立杆	（1）在原处挖掘基坑。 （2）检查或放置底盘。 （3）选择合适位置绑扎起吊点，对各绑扎点及吊点情况进行检查。 （4）起吊电杆，电杆受力后应检查各绑扎点及吊点，横担离地 30～50cm 时停止牵引，检查各受力点，确无问题后再起吊。 （5）调整电杆位置，落杆入基础坑内，并使电杆位于线路中心。 （6）杆根回填土并夯实。回填土每升高 500mm 夯实一次，回填土高出地面 300mm	7	少一步扣 2 分		
3.4	架设导线及附件安装	（1）安装直线杆横担和绝缘子。 （2）将导线绑扎在绝缘子上	5	少一项扣 2 分		
3.5	拆除工器具及清理现场	（1）登杆拆除吊点钢丝绳套。 （2）清理现场	5	少一项扣 2 分		
4	安全措施					
4.1	防触电措施	（1）核对线路名称。 （2）停电，在作业点两端验电、挂接地线	5	少一项扣 2 分		
4.2	防止高坠措施	（1）在杆根回填土夯实之前，不得登杆。 （2）安全带及延长绳外观检查及冲击试验。 （3）登杆过程中应全程使用安全带，杆上作业过程中不得失去保护	5	少一项扣 2 分		
4.3	防止高空落物伤人措施	（1）作业人员应正确佩戴安全帽。 （2）作业点正下方不得有人逗留或通过	5	少一项扣 2 分		
4.4	防止倒杆措施	（1）杆塔起立后及横担离地 30～50cm 时，应对各受力点处做一次全面检查并进行冲击试验，确无问题再继续起立。 （2）起吊过程中，应注意检查各绑扎点钢丝绳套锁紧情况及位置是否正确。 （3）正式拉线做好，杆基回填土夯实后，方可登杆拆除所有牵引和临时拉线。 （4）距杆根 1.2 倍杆高范围内，除指挥人员外其他人员不得入内	5	少一项扣 2 分		
5	技术措施					
5.1	工器具的使用要求	（1）吊车吨位选择，统一指挥等。 （2）钢丝绳套绑扎位置及绑扎方法，使用过程进行安全检查等	10	少一项扣 5 分		

续表

序号	项目名称	质量要求	满分	扣分标准	扣分原因	得分
5.2	质量要求	（1）杆身不得有纵向裂纹，横向裂纹宽度不得超过 0.1mm，长度不得超过周长的 1/3，且 1m 内横向裂纹不得超过 3 处。 （2）电杆立好后，应垂直于地面，并与相邻电杆在一条直线上。 （3）电杆埋深符合要求（+100mm，－50mm）。 （4）横担安装平正，安装偏差：横担端部上下歪斜及左右扭斜均不应大于 20mm	10	少一项扣 5 分		
6	工具材料					
6.1	工具	（1）应有工具清单。 （2）应含有吊车、钢丝绳套、绳索等立杆工具，并应根据情况选择适当的型号。 （3）应含有验电器、接地线、安全带、延长绳、脚扣等安全工器具	5	少一项扣 2 分；没有型号要求扣 2 分		
6.2	材料	（1）应有材料清单。 （2）应有横担、绝缘子、扎线等材料	5	少一项扣 3 分；没有型号要求扣 2 分		
合计			100			

Jc0010463187　更换 10kV 跌落式熔断器的检修方案。（100 分）

考核知识点：运行管理知识

难易度：难

技能等级评价专业技能考核操作工作任务书

一、任务名称

更换 10kV 跌落式熔断器的检修方案。

二、适用工种

配电线路工中级工。

三、具体任务

更换 10kV 跌落式熔断器，作业方法为停电检修。针对此项工作，要求考生编写更换 10kV 跌落式熔断器的施工组织方案。

四、工作规范及要求

请按以下要求完成更换 10kV 跌落式熔断器的施工组织方案。

（1）人员配置分工合理。

（2）工器具及材料清楚。

（3）主要作业程序正确。

（4）关键工序工艺质量标准清楚。

（5）考核时间结束终止考试。

（6）触碰红线得 0 分。

（7）本考核总成绩满分为 100 分。

五、考核及时间要求

考核时间共 40 分钟，每超过 1 分钟扣 2 分，到 45 分钟终止考核。

技能等级评价专业技能考核操作评分标准

工种	配电线路工					评价等级	中级工
项目模块	运行管理知识—运行设备检修				编号	Jc0010463187	
单位			准考证号			姓名	
考试时限	40 分钟		题型	综合操作		题分	100 分
成绩		考评员		考评组长		日期	
试题正文	更换 10kV 跌落式熔断器的检修方案						
需要说明的问题和要求	（1）考生在 30 分钟内完成组织方案编写。 （2）方案中施工班组、作业人员不指定。 （3）所用工具、材料由考生根据施工需要进行安排。 （4）本模块总成绩满分为 100 分						

序号	项目名称	质量要求	满分	扣分标准	扣分原因	得分
1	准备工作					
1.1	办理工作票	根据实际情况填写工作票，并审票合格	5	工器具每漏、错选一项扣 1 分； 不按规定穿着一项扣 1 分； 不办理操作票扣 5 分		
1.2	准备工器具	根据工作需要选择工器具及安全用具	5			
1.3	着装、穿戴	按规定穿工作服、工作鞋，戴绝缘手套、安全帽等	5			
2	工作过程					
2.1	杆上工作位置确定	站位合适，安全带系绑正确	10	少一项扣 5 分		
2.2	跌落式熔断器拆除	（1）选择合适的吊点，将传递小物件的吊绳准备好。 （2）将熔丝管拉开并取下。 （3）将跌落式熔断器的上下引线分别拆除。 （4）用吊绳将一相跌落式熔断器的瓷柱绑扎牢固，松开与横担连接处并缓慢放置地面	20	少一项扣 5 分		
2.3	跌落式熔断器安装	（1）地面人员用循环绳绑牢跌落式熔断器并缓缓拉上杆，在向上拉的过程中防止跌落式熔断器与电杆相碰而损坏绝缘子。 （2）安装跌落式熔断器并固定牢靠。 （3）连接跌落式熔断器引线。铜铝连接应有可靠的过渡措施。 （4）安装跌落式熔断器连接端子绝缘防护罩	20	少一项扣 5 分		
3	工作竣工验收					
3.1	按规范进行验收	对现场进行全面检查验收，无异常后，通知人员拆除接地线，所有人员撤离现场	10	缺一项扣 5 分； 未拆除接地线扣总分值 50%； 违章一次扣 5 分； 不符合要求扣 1～3 分； 未作清理扣 5 分； 不交还工器具扣 5 分； 未在规定时间内完成，每延时 1 分钟扣 2 分		
3.2	工作终结及送电	交回工作票，汇报工作结束，恢复送电	10			
3.3	安全文明生产	（1）现场材料、工器具堆放合理。 （2）工作结束后清理现场，将带入现场的施工器械、设备及材料撤出现场运回。 （3）现场施工无违章	15			
合计			100			

Jc0010463188 配电线路一般事故抢修组织方案。（100 分）

考核知识点： 运行管理知识

难易度： 难

技能等级评价专业技能考核操作工作任务书

一、任务名称

配电线路一般事故抢修组织方案。

二、适用工种

配电线路工中级工。

三、具体任务

针对此项工作，可根据常见事故设置事故类型，要求考生编写配电线路一般事故抢修组织方案。

四、工作规范及要求

请按以下要求完成配电线路一般事故抢修组织方案的编写，方案编写在教室内完成。

（1）人员配置分工合理（方案中不得出现真实单位名称及个人姓名）。

（2）工器具及材料清楚。

（3）主要作业程序正确。

（4）关键工序工艺质量标准清楚。

（5）组织、安全、技术措施齐全。

（6）考核时间结束终止考试。

（7）本考核总成绩满分为100分。

五、考核及时间要求

考核时间共40分钟，每超过1分钟扣2分，到45分钟终止考核。

技能等级评价专业技能考核操作评分标准

工种	配电线路工					评价等级	中级工
项目模块	运行管理知识—运行设备检修				编号	Jc0010463188	
单位			准考证号			姓名	
考试时限	40分钟		题型	综合操作		题分	100分
成绩		考评员		考评组长		日期	
试题正文	编写一份配电线路一般事故抢修组织方案						
需要说明的问题和要求	（1）学员集中于教室在40分钟内完成方案编写。 （2）方案中施工班组、作业人员不指定，由考生自行填写，但不得出现真实单位名称和个人姓名。 （3）所用工具、材料由考生根据施工需要进行安排。 （4）本模块总成绩满分为100分。 （5）可根据常见事故设置事故类型						

序号	项目名称	质量要求	满分	扣分标准	扣分原因	得分
1	整体要求					
1.1	标题	要写清楚线路名称、杆号及作业内容	5	少一项扣2分		
1.2	工程概况介绍	对该工作的背景进行简单描述	5	没有工程概况介绍扣5分		
2	组织措施					
2.1	工作内容	应写清楚工作的线路、杆号、工作内容、工作范围	10	少一项内容扣3分		

续表

序号	项目名称	质量要求	满分	扣分标准	扣分原因	得分
2.2	工作人员及分工	（1）应写清楚工作班组和人数；或者逐一填写工作人员名字。 （2）单位名称和个人姓名不得使用真实名称。 （3）应有明确分工	5	一项不正确扣2分		
2.3	工作时间	抢修单应写清楚计划工作时间，计划工作开始及工作结束时间均应以年、月、日、时、分填写清楚	5	没有填写时间扣5分；时间填写不清楚扣3分		
3	作业程序					
3.1	停电申请	向调度部门办理线路停电申请	5	少一项扣2分		
3.2	办理事故应急抢修单	填写电力线路事故应急抢修单	5	少一项扣1分		
3.3	工作许可	按规定办理许可手续	5	少一步扣2分		
3.4	站班会	工作前对工作班成员进行危险点告知，交代安全措施和技术措施，并确定每一个工作班成员都已知晓	5	少一项扣2分		
3.5	施工作业	按规定组织施工	10	少一项扣2分		
4	安全措施	（1）危险点分析及预防。 （2）执行标准作业卡。 （3）执行电力安全工作规程中保证安全的组织措施。 （4）执行电力安全工作规程中保证安全的技术措施。 （5）执行有关高空作业的规定。 （6）工器具检查和试验要求。 （7）大型操作项目的指挥，信号及工作人员的互相配合。 （8）出现异常情况时的处理程序	10	少一项扣2分		
5	技术措施					
5.1	工器具的使用要求	（1）选择主要施工工器具的规格型号。 （2）主要施工机器的强度校核	10	少一项扣5分		
5.2	质量要求	（1）依据项目要求选择合理的施工方案。 （2）按照设置的故障类型写清质量要求	10	少一项扣5分		
6	工具材料					
6.1	工具	（1）应有工具清单。 （2）应包含施工工具。 （3）应含有验电器、接地线、安全带、延长绳、脚扣等安全工器具和个人工具	5	少一项扣2分；没有型号要求扣2分		
6.2	材料	（1）应有材料清单。 （2）应有故障抢修需要的主要材料	5	少一项扣3分；没有型号要求扣2分		
合计			100			

Jc0010463189 更换配电线路拉线的抢修方案。（100分）

考核知识点：运行管理知识

难易度：难

技能等级评价专业技能考核操作工作任务书

一、任务名称

更换配电线路拉线的抢修方案。

二、适用工种

配电线路工中级工。

三、具体任务

针对此项工作，事故类型为拉线损坏，要求考生完成配电线路抢修的施工组织方案。

四、工作规范及要求

请按以下要求完成配电线路拉线的抢修方案的编写，方案编写在教室内完成。

（1）人员配置分工合理（方案中不得出现真实单位名称及个人姓名）。

（2）工器具及材料清楚。

（3）主要作业程序正确。

（4）关键工序工艺质量标准清楚。

（5）到考核规定时间终止考试。

（6）本考核总成绩满分为 100 分。

五、考核及时间要求

考核时间共 40 分钟，每超过 1 分钟扣 2 分，到 45 分钟终止考核。

技能等级评价专业技能考核操作评分标准

<table>
<tr><td>工种</td><td colspan="6">配电线路工</td><td>评价等级</td><td>中级工</td></tr>
<tr><td>项目模块</td><td colspan="5">运行管理知识—运行设备检修</td><td>编号</td><td colspan="2">Jc0010463189</td></tr>
<tr><td>单位</td><td colspan="2"></td><td>准考证号</td><td colspan="3"></td><td>姓名</td><td></td></tr>
<tr><td>考试时限</td><td colspan="2">40 分钟</td><td>题型</td><td colspan="3">综合操作</td><td>题分</td><td>100 分</td></tr>
<tr><td>成绩</td><td></td><td>考评员</td><td colspan="2"></td><td>考评组长</td><td></td><td>日期</td><td></td></tr>
<tr><td>试题正文</td><td colspan="8">编写一份更换配电线路拉线的抢修方案</td></tr>
<tr><td>需要说明的问题和要求</td><td colspan="8">（1）学员集中于教室在 40 分钟内完成方案编写。
（2）方案中施工班组、作业人员不指定，由考生自行填写，但不得出现真实单位名称和个人姓名。
（3）更换一条耐张杆拉线。
（4）所用工具、材料由考生根据施工需要进行安排。
（5）本模块总成绩满分为 100 分</td></tr>
</table>

<table>
<tr><td>序号</td><td>项目名称</td><td>质量要求</td><td>满分</td><td>扣分标准</td><td>扣分原因</td><td>得分</td></tr>
<tr><td>1</td><td>准备工作</td><td></td><td></td><td></td><td></td><td></td></tr>
<tr><td>1.1</td><td>办理抢修单</td><td>填写抢修单</td><td>5</td><td rowspan="3">工器具每漏、错选一项扣 1 分；
不按规定穿着一项扣 1 分；
不办理操作票扣 5 分</td><td></td><td></td></tr>
<tr><td>1.2</td><td>准备工器具</td><td>根据工作需要选择工器具及安全用具</td><td>5</td><td></td><td></td></tr>
<tr><td>1.3</td><td>着装、穿戴</td><td>按规定穿工作服、工作鞋，戴绝缘手套、安全帽等</td><td>5</td><td></td><td></td></tr>
<tr><td>2</td><td>工作过程</td><td></td><td></td><td></td><td></td><td></td></tr>
<tr><td>2.1</td><td>临时拉线设置</td><td>钢丝绳缠绕电杆 2 圈后用卸扣或 U 形环锚固，杆下人员用紧线器将临时拉线收紧，在拉线棒上装 1 只 U 形环锚固临时拉线，要求不影响正式拉线的安装</td><td>10</td><td>少一项扣 5 分</td><td></td><td></td></tr>
<tr><td>2.2</td><td>拆除旧拉线</td><td>先拆 UT 线夹的螺母，松去拉线，将上把拆除、吊下</td><td>10</td><td>少一步扣 5 分</td><td></td><td></td></tr>
<tr><td>2.3</td><td>制作新拉线</td><td>按要求做好上把固定，用紧线器收紧钢绞线画印，制作下把装上并调整 UT 线夹的螺母使之受力正常</td><td>20</td><td>少一项扣 5 分</td><td></td><td></td></tr>
<tr><td>2.4</td><td>拆除临时拉线</td><td>（1）按规定将钢绞线回头尾线绑扎。
（2）拆除临时拉线不可伤及正式拉线</td><td>15</td><td>少一项扣 5 分</td><td></td><td></td></tr>
</table>

续表

序号	项目名称	质量要求	满分	扣分标准	扣分原因	得分
3	工作竣工验收					
3.1	按规范进行验收	（1）拉线尾线出线，尾线从凸肚处穿出。 （2）尾线回头长度为300～500mm。 （3）拉线受力均匀。 （4）螺杆应露扣，并应有不少于1/2螺杆丝扣长度	20	少一项扣5分		
3.2	工作终结	交回工作票，汇报工作结束	5	少一项扣2分		
3.3	安全文明生产	工器具材料摆放有序，工器具、设备无损伤，杆上无遗留物及跌落物等失误，清理现场，交还工器具及剩余材料	5	工具损坏一次扣1分； 未清理扣3分； 不交还工器具扣3分； 未在规定时间完成，每延时1分钟扣2分		
合计			100			

Jc0005463190　配电线路直线杆更换绝缘子（2个）。（100分）

考核知识点：配电线路知识

难易度：难

技能等级评价专业技能考核操作工作任务书

一、任务名称

配电线路直线杆更换绝缘子（2个）。

二、适用工种

配电线路工中级工。

三、具体任务

完成配电线路直线杆更换绝缘子（2个）的操作。

四、工作规范及要求

（1）工作时设专人监护。

（2）天气良好。

（3）在培训专用线路上进行，线下无电力线及弱电线。

（4）已做好安全措施。

（5）触碰红线得0分。

（6）本考核总成绩满分为100分。

五、考核及时间要求

考核时间共40分钟，每超过1分钟扣2分，到45分钟终止考核。

技能等级评价专业技能考核操作评分标准

工种	配电线路工					评价等级	中级工
项目模块	配电线路知识—架空线路的组成				编号	Jc0005463190	
单位		准考证号				姓名	
考试时限	40分钟		题型	综合操作		题分	100分
成绩		考评员		考评组长		日期	

续表

试题正文	配电线路直线杆更换绝缘子（2个）
需要说明的问题和要求	（1）工作时设专人监护。 （2）天气良好。 （3）在培训专用线路上进行，线下无电力线及弱电线。 （4）已做好安全措施

序号	项目名称	质量要求	满分	扣分标准	扣分原因	得分
1	准备工作					
1.1	选择工器具、材料	选择工器具及材料满足工作需要	5	工器具每漏、错选一项扣1分； 不按规定穿着一项扣1分； 不办理操作票扣5分		
1.2	着装、穿戴	工作服、工作鞋、安全帽等穿戴正确无误	5			
1.3	对即将使用的绝缘子进行测试	绝缘电阻表选择正确，测试方法正确，单片绝缘子绝缘电阻大于500MΩ	5			
2	工作过程					
2.1	登杆前检查	登杆前检查杆根及拉线	5	少一项扣5分		
2.2	登杆工具检查	对登杆工具进行冲击试验	5	少一步扣5分		
2.3	登杆	登杆动作规范、熟练	5	少一项扣5分		
2.4	工作位置确定	站位合适，安全带系绑正确	5	少一项扣5分		
2.5	绝缘子更换	工具使用方法正确	5	未检查扣5分； 未作试验扣5分； 不熟练扣2～6分； 过高、过矮均扣2分； 方法或顺序不正确扣2～5分； 绑结不正确扣2～5分； 操作不熟练扣2～6分； 发生一次落物扣5分		
		操作顺序正确	5			
		操作方法正确	5			
		旧绝缘子吊下、新绝缘子吊上，绳结绑扎正确	5			
		安装新绝缘子	10			
		更换操作熟练、顺利	5			
3	工作竣工验收					
3.1	绝缘子安装	扎线绑扎正确	10	少一项扣5分		
		螺栓拧紧	5			
3.2	安全文明生产	操作过程中无跌落物	10	发生一次落物扣5分； 未清理现场扣5分		
		工作完毕后清理现场，交还工器具	5			
合计			100			

Jc0010463191　配电线路单相接地的抢修方案。（100分）

考核知识点：运行管理知识

难易度：难

技能等级评价专业技能考核操作工作任务书

一、任务名称

配电线路单相接地的抢修方案。

二、适用工种

配电线路工中级工。

三、具体任务

针对此项工作，事故类型为10kV线路单相接地，要求考生完成配电线路单相接地的抢修方案。

四、工作规范及要求

请按以下要求完成配电线路单相接地的抢修方案的编写，方案编写在教室内完成。

（1）人员配置分工合理（方案中不得出现真实单位名称及个人姓名）。

（2）工器具及材料清楚。

（3）主要作业程序正确。

（4）关键工序工艺质量标准清楚。

（5）考核时间结束终止考试。

（6）本考核总成绩满分为100分。

五、考核及时间要求

考核时间共45分钟，每超过1分钟扣2分，到55分钟终止考核。

技能等级评价专业技能考核操作评分标准

工种	配电线路工				评价等级	中级工
项目模块	运行管理知识—运行设备检修			编号	Jc0010463191	
单位		准考证号			姓名	
考试时限	45分钟	题型	综合操作		题分	100分
成绩		考评员		考评组长		日期	
试题正文	配电线路单相接地的抢修方案					
需要说明的问题和要求	（1）考生在45分钟内完成抢修方案编制。 （2）方案中施工班组、作业人员不指定，由考生自行填写，但不得出现真实单位名称和个人姓名。 （3）所用工具、材料由考生根据施工需要进行安排。 （4）本考核总成绩满分为100分					

序号	项目名称	质量要求	满分	扣分标准	扣分原因	得分
1	整体要求					
1.1	标题	要写清楚线路名称、杆号及抢修内容	5	少一项扣2分		
1.2	工程概况介绍	应对抢修内容或该工作的背景进行简单描述。应写清楚工作的线路、杆号、工作内容、工作范围	10	没有工作内容介绍扣5分		
2	作业程序					
2.1	准备工作	（1）安全措施宣讲及落实（作业人员着装正确，戴安全帽，系安全带）。 （2）人员分工（指挥、安全监护、登杆各岗位人员分配）。 （3）了解故障线路名称、故障状态、接地相位，并明确线路运行方式，初步分析线路故障发生范围。 （4）根据本线路故障巡线预案，制订故障巡线和线路分段隔离方案，明确线路分段巡视和开关拉合顺序，明确人员分工	10	少一项扣2分		
2.2	判断隔离故障点	按照故障巡线和线路分段拉闸方案，结合线路故障指示仪指示信息，由工作人员负责人下令隔离线路故障多发段或主线后段	5	少一项扣1分		

续表

序号	项目名称	质量要求	满分	扣分标准	扣分原因	得分
2.3	抢修过程	（1）工作负责人向调度确定该线路在冷备用状态。 （2）验电确定无电压后，立即测量隔离点前段线路的绝缘电阻。摇测时应先接接地端，后用绝缘操作杆将绝缘电阻与线路逐相连接，测试绝缘电阻。用相同的方法测量隔离点后段的线路的绝缘电阻。 （3）如果隔离点前段线路正常，则由工作负责人向调度汇报，要求送主线；然后对后段线路选择合适的分段点，再次测量线路前、后绝缘电阻，并及时恢复可以送电的线路。 （4）如果是隔离点前段线路故障，应对前段线路选择合适的分段点，再次测量线路前、后段绝缘电阻，并及时恢复可以送电的线路	40	少一步扣 10 分		
2.4	巡视查找故障点	（1）在隔离出最后的故障线路区段后，工作负责人安排对故障短线路进行分组巡视。 （2）各分组巡线人员对负责巡视的线路按照先主干线后分支线、先首端后末端、先故障多发段后其他线路的原则进行巡视，直到发现故障点	10	少一步扣 5 分		
3	工作终结验收					
3.1	恢复送电	（1）发现故障点后，分段巡视小组负责人应迅速与工作负责人联系。 （2）工作负责人下令隔离故障点，并向调度汇报，恢复对非故障线路送电	10	少一步扣 5 分		
3.2	安全文明生产	操作过程中无工具损伤，柜内无遗留物，工作完毕应清理现场，交还工器具	10	不到位或不牢靠扣 1～5 分； 未清理现场或未交还工器具扣 3 分； 未在规定时间完成，每延时 1 分钟扣 2 分		
合计			100			

第三部分
高级工

第五章　配电线路工高级工技能笔答

Jb0004331192　什么是电压损耗？什么是电压降落？两者的区别是什么？（5 分）

考核知识点：配电网络基本知识

难易度：易

标准答案：

（1）电压降落是指电网中两点电压相量差。

（2）电压损耗是两点电压的大小差。

（3）电压降落通常以电压值表示；电压损耗通常以额定电压的百分数表示。

Jb0004331193　配电台区节电有哪些措施？（5 分）

考核知识点：配电网络基本知识

难易度：易

标准答案：

（1）配电变压器选用低损耗节能型，有条件的选用非晶铁芯低损耗节能型配电变压器。

（2）配电变压器三相负荷不平衡电流不应超过变压器额定电流的 25%。

（3）配电变压器布置在负荷中心，当负荷密度高、供电范围大时通过经济技术比较可采用两点或多点布置。

（4）对于山区根据负荷分散情况选用单相配电变压器。

（5）排灌专用等季节性配电变压器应按季节及时投切。

（6）对于用电季节性变化大的综合配电台区宜采用调容配电变压器。

Jb0006331194　架空配电线路上的变压器运行中，通常需做哪些工作？周期是多少？（5 分）

考核知识点：配电变压器知识

难易度：易

标准答案：

（1）定期巡视，与线路巡视周期相同。

（2）清扫套管检查熔丝等维护工作，一般一年一次。

（3）绝缘电阻测量，一年一次。

（4）负荷测量，每年至少一次。

（5）油耐压、水分试验，5 年至少一次。

Jb0008332195　采用什么措施可使接地电阻降低？（5 分）

考核知识点：防雷与接地

难易度：中

标准答案：

（1）增加接地极的埋深和数量。

（2）外引接地线到附近的池塘河流中，装设水下接地网。

（3）换用电阻率较低的土壤。

（4）在接地极周围施加降阻剂。

Jb0005331196　配电线路常见的故障有哪些？（5分）

考核知识点：配电线路知识

难易度：易

标准答案：

（1）外力破坏的事故，如风筝、机动车辆碰撞电杆等。

（2）自然危害事故，如大风、大雨、山洪、雷击、鸟害、冰冻等。

（3）人为事故，如误操作、误调度等。

Jb0004331197　节能降损的技术措施重点有哪些？（5分）

考核知识点：配电网络基本知识

难易度：易

标准答案：

（1）简化电压等级。

（2）缩短供电半径，减少迂回供电。

（3）合理选择导线截面和变压器规格、容量。

（4）制订防窃电措施。

（5）淘汰高能耗变压器。

Jb0010332198　为保证线路的安全运行，防污闪的措施有哪些？（5分）

考核知识点：运行管理知识

难易度：中

标准答案：

（1）确定线路污秽区的污秽等级。

（2）定期清扫绝缘子。

（3）更换不良和零值绝缘子。

（4）增加绝缘子串的单位爬电比距。

（5）采用憎水性涂料。

（6）采用合成绝缘子。

Jb0005332199　电力生产中，一旦发生事故，事故调查组应按什么程序进行事故调查？（5分）

考核知识点：配电线路知识

难易度：中

标准答案：

（1）保护事故现场。

（2）收集原始资料。

（3）调查事故情况。

（4）分析原因责任。
（5）提出防范措施。
（6）提出人员处理意见。

Jb0005333200　复合绝缘子安装时有哪些注意事项？（5分）
考核知识点： 配电线路知识
难易度： 难
标准答案：
（1）轻拿轻放，不应投掷，并避免与尖硬物碰撞、摩擦。
（2）起吊时绳结要打在金属附件上，禁止直接在伞套上绑扎，绳子触及伞套部分应用软布包裹保护。
（3）禁止踩踏绝缘子伞套。
（4）正确安装均压装置，注意安装到位，不得装反，并仔细调整环面与绝缘子轴线垂直，对于开口型均压装置，注意两端开口方向一致。

Jb0005333201　使用滑车组时，对不同的牵引力，滑车组两滑车轴心间距离有什么要求？（5分）
考核知识点： 配电线路知识
难易度： 难
标准答案：
（1）1t的滑车组之间的距离为0.7m。
（2）5t的滑车组之间的距离为0.9m。
（3）10～20t的滑车组之间的距离为1.0m。
（4）32～50t的滑车组之间的距离为1.2m。

Jb0005332202　事故处理的主要任务是什么？（5分）
考核知识点： 配电线路知识
难易度： 中
标准答案：
（1）尽快查出事故地点和原因，消除事故根源，防止扩大事故。
（2）采取措施防止行人接近故障导线和设备，避免发生人身事故。
（3）尽量缩小事故停电范围和减少事故损失。
（4）对已停电的用户尽快恢复供电。

Jb0004332203　电压质量标准规定用户受电端供电电压允许偏差值是多少？（5分）
考核知识点： 配电网络基本知识
难易度： 中
标准答案：
（1）35kV及以上用户供电电压正、负偏差绝对值之和不超过额定电压的10%。
（2）10kV及以下三相供电电压允许偏差为额定电压的±7%。
（3）220V单相供电电压允许偏差为额定电压的+7%、－10%。

Jb0006332204　变压器运行电压有什么要求？过高有什么危害？（5分）

考核知识点：配电变压器知识

难易度：中

标准答案：

（1）运行变压器中的电压不得超过分接头电压的5%。

（2）电压过高的危害：

1）造成铁芯饱和、励磁电流增大。

2）造成铁损增加。

3）使铁芯发热，使绝缘老化。

4）影响变压器的正常运行和使用寿命。

Jb0006332205　配电变压器的无功补偿装置容量如何配置？（5分）

考核知识点：配电变压器知识

难易度：中

标准答案：

配电变压器的无功补偿装置容量可按如下两种方法配置：

（1）配电变压器的无功补偿装置容量可按变压器最大负载率为75%，负荷自然功率因数为0.85考虑，补偿到变压器最大负荷时其高压侧功率因数不低于0.95。

（2）按照变压器容量的20%～40%进行配置。

Jb0006333206　干式电力变压器在什么情况下应立即停运？（5分）

考核知识点：配电变压器知识

难易度：难

标准答案：

（1）响声明显异常增大。

（2）存在局部放电响声。

（3）发生异常过热。

（4）冒烟或着火。

（5）发生危及安全的故障而有关保护装置拒动。

（6）附近的设备着火、爆炸或发生其他情况，对干式电力变压器构成严重威胁。

Jb0011332207　户内交流高压开关柜应具有哪五项防误功能措施？（5分）

考核知识点：开关站、配电室和箱式变电站

难易度：中

标准答案：

（1）防止误分、合断路器。

（2）防止带负荷分、合隔离开关或隔离插头。

（3）防止接地开关合上时（或带接地线）送电。

（4）防止带电合接地开关（或挂接地线）。

（5）防止误入带电隔室等。

Jb0002333208　全密封绝缘封闭式 SF_6 环网柜悬挂接地线之前如何进行验电？（5 分）

考核知识点：安全防护知识

难易度：难

标准答案：

（1）对全密封绝缘封闭式 SF_6 环网柜无法进行直接验电，可以进行间接验电。

（2）检查隔离开关（刀闸）的机械指示位置、电气指示、仪表及带电显示装置指示的变化。

（3）应有两个及以上非同源的指示或信号已发生对应变化。

Jb0005331209　什么情况下线路断路器跳闸不得试送？（5 分）

考核知识点：配电线路知识

难易度：易

标准答案：

（1）全电缆线路。

（2）调度通知线路有带电检修工作时。

（3）断路器切断故障次数达到规定时。

（4）低频减载保护、系统稳定装置、联切装置及远动装置动作后跳闸的断路器。

Jb0005333210　试述怎样正确使用和保养台虎钳。（5 分）

考核知识点：配电线路知识

难易度：难

标准答案：

（1）台虎钳的正确使用方法：

1）夹紧工件时只能用手的力量扳紧手柄，而不允许用锤击手柄或套上长管扳紧手柄，以防止丝杠、螺母或钳身受到损坏；

2）在进行强力作业时，使用力量应朝向固定钳身，以防丝杠杆和螺母损坏。

（2）台虎钳的保养：丝杠、螺母和其他活动表面都要经常加油并保持清洁以利于润滑和防止生锈；在滑动钳身的光滑平面上不能进行敲击，以免降低它与固定钳身的配合性能。

Jb0002332211　阐述触电伤员脱离电源后应如何进行处理。（5 分）

考核知识点：安全防护知识

难易度：中

标准答案：

（1）触电伤员如神志清醒，应使其就地躺平，严密观察，暂时不要使其站立或走动。

（2）触电伤员如神志不清醒，应使其就地仰面躺平，且确保气道通畅，并用 5s 时间呼叫或轻拍其肩部，以判定伤员是否意识丧失。严禁摇动伤员头部呼叫伤员。

（3）需要抢救伤员时，应立即就地坚持正确抢救，并设法联系医务人员接替救治。

Jb0004333212　应用叠加原理进行电路计算时要注意什么？（5 分）

考核知识点：配电网络基本知识

难易度：难

标准答案：

（1）叠加原理只适用于线性电路。

（2）叠加原理只适用于电压和电流的计算，对功率计算不起作用。

（3）当每个电动势单独作用时，其他电动势不起作用。

Jb0005331213 材料受力后的变形有哪些形式？（5分）

考核知识点：配电线路知识

难易度：易

标准答案：

（1）撤力后能消失的变形称为弹性变形。

（2）永久保留的变形称为塑性变形。

Jb0008332214 阀型避雷器和金属氧化物避雷器的用途是什么？（5分）

考核知识点：防雷与接地

难易度：中

标准答案：

（1）阀型避雷器：常用于配电变压器、电缆终端头、柱上开关与设备的防雷保护，也可用作变电站电气设备的防雷保护和放置电机的防雷保护等。

（2）金属氧化物避雷器：具有良好通流容量和抑制过电压的能力，是一种性能优良的避雷器，适用于配电变压器侧电能表及通信部门作防雷保护。

Jb0004331215 产生内部过电压的原因是什么？（5分）

考核知识点：配电网络基本知识

难易度：易

标准答案：

（1）投切空载变压器或空载线路。

（2）小电流接地系统发生单相接地出现间隙电弧。

（3）铁磁谐波。

Jb0009331216 整体起吊电杆时需进行受力计算的有哪些？（5分）

考核知识点：起重机械在电力施工中的应用

难易度：易

标准答案：

（1）电杆的重心。

（2）电杆吊绳的受力。

（3）抱杆的受力。

（4）总牵引力。

（5）临时拉线的受力。

（6）制动绳的受力。

Jb0004332217 什么叫泄漏比距？污秽地区绝缘子泄漏比距最低要求是多少？（5分）

考核知识点：配电网络基本知识

难易度：中

标准答案：

（1）泄漏比距指的是单位电压的爬电距离，单位为 cm/kV。

（2）在污秽地区绝缘子泄漏比距最低要求为：不低于 3.8cm/kV。

Jb0004332218　为了正确选择重合器，必须考虑哪些因素？（5 分）

考核知识点：配电网络基本知识

难易度：中

标准答案：

（1）系统电压：重合器额定电压必须等于或大于系统电压。

（2）最大可能故障电流。

（3）最大负载电流。

（4）保护区内最小故障电流。

（5）重合器与其他保护装置的配合。

Jb0001331219　劳动定额的制定一般有哪些方法？电力建设施工的劳动定额一般采用哪几种方法制定？（5 分）

考核知识点：职业道德

难易度：易

标准答案：

（1）劳动定额制定方法有经验估计法、统计分析法、类推比较法、技术测定法。

（2）电力建设施工的劳动定额一般采用统计分析法确定。

Jb0004332220　电压损耗用什么来表示？它和电压降落的区别是什么？（5 分）

考核知识点：配电网络基本知识

难易度：中

标准答案：

（1）电压降落是指电网中两点电压相量差。

（2）电压损耗是两点电压的大小差。

（3）电压损耗通常以额定电压的百分数表示。

Jb0004333221　线损管理有哪些主要措施？（5 分）

考核知识点：配电网络基本知识

难易度：难

标准答案：

（1）计量完善。

（2）控制误差。

（3）零点抄表。

（4）分级考核。

（5）损失分析。

（6）理论计算。

（7）用电普查。

（8）专业竞赛。
（9）奖金分配等。

Jb0008333222　架空配电线路防雷设施巡视时有哪些巡视内容？（5分）
考核知识点：防雷与接地
难易度：难
标准答案：
（1）避雷器瓷套有无裂纹、损伤、闪络痕迹，表面是否脏污。
（2）避雷器的固定是否牢固。
（3）引线连接是否良好，与邻相和杆塔构件的距离是否符合规定。
（4）各部附件是否锈蚀，接地端焊接处有无开裂、脱落。
（5）保护间隙有无烧损，锈蚀或被外物短接，间隙距离是否符合规定。

Jb0008332223　架空配电线路接地装置巡视时有哪些巡视内容？（5分）
考核知识点：防雷与接地
难易度：中
标准答案：
（1）接地引下线有无丢失、断股、损伤。
（2）接头接触是否良好，线夹螺栓有无松动、锈蚀。
（3）接地引下线的保护管有无破损、丢失，固定是否牢靠。
（4）接地体有无外露、严重腐蚀，在埋设范围内有无土方工程。

Jb0008333224　杆上避雷器安装时有什么规定？（5分）
考核知识点：防雷与接地
难易度：难
标准答案：
（1）瓷套与抱箍之间应加垫层。
（2）排列整齐、高低一致，相间距离：1～10kV时不小于350mm；1kV以下时不小于150mm。
（3）引线短而直，连接紧密，采用绝缘线时，其截面应符合规程规定。
（4）与电气部分连接，不应使避雷器产生外加应力。
（5）接地线接地可靠，接地电阻值符合规定。

Jb0006332225　杆上变压器及变压器台架安装有什么要求？（5分）
考核知识点：配电变压器知识
难易度：中
标准答案：
（1）变压器台架水平倾斜不大于台架根开的1%。
（2）一、二次引线排列整齐、绑扎牢固。
（3）油枕、油位正常，外壳干净。
（4）接地可靠，接地电阻值符合规定。
（5）套管、螺栓等部件齐全。
（6）呼吸孔道通畅。

Jb0005331226　导线受损后，怎样进行缠绕处理？（5分）

考核知识点：配电线路知识

难易度：易

标准答案：

（1）将导线受损处的线股处理平整。

（2）选用与导线同金属的单股线作缠绕材料，其直径不应小于2mm。

（3）缠绕中心应位于损伤最严重处。

（4）缠绕应紧密，受损伤部分应全部覆盖。

（5）缠绕长度应不小于100mm。

Jb0005332227　悬式绝缘子安装时有什么要求？（5分）

考核知识点：配电线路知识

难易度：中

标准答案：

（1）安装应牢固、连接可靠、防止积水。

（2）安装时应清除表面的污垢、附着物及不应有的涂料。

（3）与电杆、导线金具连接处无卡压现象。

（4）悬垂串上的弹簧销子、螺栓及穿钉应向受电侧穿入，两边线应由内向外，中线应由左向右（面向受电侧）或统一方向穿入。

（5）耐张串上的弹簧销子、螺栓及穿钉应由上向下穿，当有特殊困难时，可由内向外或由左向右（面向受电侧）或统一方向穿入。

Jb0005331228　10kV及以下的配电线路安装时，对弧垂有什么要求？（5分）

考核知识点：配电线路知识

难易度：易

标准答案：

（1）弧垂的误差不应超过设计值的±5%。

（2）同档内各相导线弧垂宜一致。

（3）水平排列的导线弧垂相差不应大于50mm。

Jb0005331229　电杆上安装瓷横担绝缘子有哪些工艺要求？（5分）

考核知识点：配电线路知识

难易度：易

标准答案：

（1）当直立安装时，顶端顺线路安装倾斜不应大于10mm。

（2）当水平安装时，顶端宜向上翘起5°～10°，顶端顺线路歪斜不应大于20mm。

（3）当安装于转角杆时，顶端竖直安装的瓷横担支架装在转角的内角侧（瓷横担应装在支架的外角侧）。

（4）全瓷式瓷横担绝缘子的固定处应加软垫。

Jb0005331230　架空导线弧垂观测时观测档应如何选择？（5分）

考核知识点：配电线路知识

难易度：易

标准答案：

（1）当紧线段在5档及以下时，靠近中间选择1档。

（2）当紧线段在6～12档时，靠近两端各选择1档，但不宜选择在有耐张杆的地方。

（3）当紧线段在12档以上时，靠近两端及中间各选择1档，但不宜选择在有耐张杆的地方。

Jb0005332231 对于携带式接地线有哪些规定？（5分）

考核知识点：配电线路知识

难易度：中

标准答案：

（1）接地线应用有透明护套的多股软铜线组成。

（2）接地线截面积不得小于25mm²，同时应满足装设地点短路电流的要求。

（3）禁止使用其他导线作接地线或短路线。

（4）接地线应使用专用的线夹固定在导体上，严禁用缠绕的方法进行接地或短路。

Jb0002331232 同杆（塔）架设的多层电力线路应如何验电？（5分）

考核知识点：安全防护知识

难易度：易

标准答案：

（1）同杆（塔）架设的多层电力线路验电，应先验低压、后验高压，先验下层、后验上层，先验近侧、后验远侧。

（2）禁止作业人员越过未经验电、接地的线路对上层、远侧线路验电。

Jb0002331233 高处作业如何防止落物伤人？（5分）

考核知识点：安全防护知识

难易度：易

标准答案：

（1）在进行高处作业时，除有关人员外，他人不得在工作地点的下面通行或逗留，工作地点下面应有遮栏（围栏）或装设其他保护装置。

（2）若在格栅式的平台上工作，应采取有效隔离措施，如铺设木板等。

（3）高处作业应使用工具袋。

（4）上下传递材料、工器具应使用绳索。

Jb0003331234 倒闸操作票的填写有哪些要求？（5分）

考核知识点：配电线路工的基本知识

难易度：易

标准答案：

（1）操作票应用黑色或蓝色的钢（水）笔或圆珠笔逐项填写。

（2）操作票票面上的时间、地点、线路名称、杆号（位置）、设备双重名称、动词等关键字不得涂改。

（3）若有个别错、漏字需要修改、补充时，应使用规范的符号，字迹应清楚。

（4）用计算机生成或打印的操作票应使用统一的票面格式。

Jb0005332235　简述在开启电缆井井盖、电缆沟盖板及电缆隧道入孔盖时应采取的安全措施。（5分）

考核知识点：配电线路知识

难易度：中

标准答案：

（1）开启电缆井井盖、电缆沟盖板及电缆隧道入孔盖时应注意站立位置，以免坠落。

（2）开启电缆井井盖应使用专用工具。

（3）开启后应设置遮栏（围栏），并派专人看守。

（4）作业人员撤离后，应立即恢复。

Jb0003332236　动火工作完毕后，检查现场有哪些要求？工作如何终结？（5分）

考核知识点：配电线路工的基本知识

难易度：中

标准答案：

（1）动火工作完毕后，动火执行人、消防监护人、动火工作负责人和运维许可人应检查现场有无残留火种，是否清洁等。

（2）确认无问题后，在动火工作票上填明动火工作结束时间，经四方签名后（若动火工作与运维无关，则三方签名即可），盖上“已终结”印章，动火工作方告终结。

Jb0002332237　电力安全事故调查应坚持的原则是什么？调查事故原因时要坚持的“四不放过”的具体是指哪些内容？（5分）

考核知识点：安全防护知识

难易度：中

标准答案：

（1）安全事故调查应坚持实事求是、尊重科学的原则，及时、准确地查清事故经过、原因和损失，查明事故性质，认定事故责任，总结事故教训，提出整改措施，并对事故责任者提出处理意见。

（2）事故原因调查时要坚持的“四不放过”的具体内容是指：做到事故原因未查清不放过、责任人员未处理不放过、整改措施未落实不放过、有关人员未受到教育不放过。

Jb0002332238　电网事故即时报告的上报形式和具体要求有哪些？（5分）

考核知识点：安全防护知识

难易度：中

标准答案：

（1）即时报告可以电话、电传、电子邮件、短信等形式上报。五级以上的即时报告事故均应在24小时以内以书面形式上报，即时报告后事故出现新情况的，应当及时补报。

（2）其简况至少应包括以下内容。

1）事故发生的时间、地点、单位；

2）事故发生的简要经过、伤亡人数、直接经济损失的初步估计；

3）电网停电影响、设备损坏、应用系统故障和网络故障的初步情况；

4）事故发生原因的初步判断。

Jb0002332239　《国家电网公司电力事故调查规程》中所指的安全事故体系包含哪几类事故？

分为哪些级别？和国家相关法规中所定义的事故对应关系是什么？（5 分）

考核知识点：安全防护知识

难易度：中

标准答案：

（1）安全事故体系由人身、电网、设备和信息系统四类事故组成，分为一至八级事件。

（2）其中一至四级事件对应国家相关法规定义的特别重大事故、重大事故、较大事故和一般事故。

Jb0002331240 达到什么样标准的事故才算是特别重大人身事故、重大人身事故和较大人身事故？（5 分）

考核知识点：安全防护知识

难易度：易

标准答案：

（1）特别重大人身事故（一级人身事件）：一次事故造成 30 人以上死亡，或者 100 人以上重伤者。

（2）重大人身事故（二级人身事件）：一次事故造成 10 人以上 30 人以下死亡，或者 50 人以上 100 人以下重伤者。

（3）较大人身事故（三级人身事件）：一次事故造成 3 人以上 10 人以下死亡，或者 10 人以上 50 人以下重伤者。

Jb0002331241 事故的责任归类主要包括哪几类？（5 分）

考核知识点：安全防护知识

难易度：易

标准答案：

（1）主要责任，事故发生或扩大主要由一个主体承担责任者。

（2）同等责任，事故发生或扩大由多个主体共同承担责任者。

（3）次要责任，承担事故发生或扩大次要原因的责任者，包括一定责任和连带责任。

Jb0002331242 10kV 以上电气设备发生哪些恶性电气误操作将被定为五级设备事件？

考核知识点：安全防护知识

难易度：易

标准答案：

（1）带负荷误拉（合）隔离开关。

（2）带电挂（合）接地线（接地开关）。

（3）带接地线（接地开关）合断路器（隔离开关）。

Jb0007332243 手动操作机构故障及应对措施是什么？（5 分）

考核知识点：柱上开关设备知识

难易度：中

标准答案：

（1）首先核对设备编号及操作程序是否有误，检查断路器是否在开关位置。

（2）若无上述问题，应检查隔离开关是否完全拉开到位。将其完全拉开到位后，可继续操作。

（3）若无上述问题，应检查机械卡涩部位。如属于机构不灵，缺少润滑剂，可加注机油，多转动几次，然后再合闸。如果是传动部分的问题，一时无法进行处理，应调整运行方式先恢复供电，然后向上汇报，停电时由检修人员处理。

Jb0007332244　高压负荷开关在使用中要注意哪些事项？（5分）

考核知识点：柱上开关设备知识

难易度：中

标准答案：

（1）接线端子及载流部分应清扫，且接触紧密；绝缘子在安装前经耐压试验合格。

（2）传动机构的滚轮及传动轴等应检查清扫，并涂适当的润滑油。

（3）动接触的刀片与固定触点间的压力应符合规程规定，合闸刀片不应有回弹现象。

（4）负荷开关的各相刀片，与其主固定触点相接触时，其前后相差不得超过3mm。

（5）负荷开关合闸时，应使辅助刀闸先闭合，主刀闸后闭合；分闸时，应使主刀闸先断开，辅助刀闸后断开。

Jb0006332245　对变压器异常运行和常见故障进行简要分析。（5分）

考核知识点：配电变压器知识

难易度：中

标准答案：

（1）变压器声音异常的原因：① 当启动大容量动力设备时，负载电流变大，使变压器声音加大；② 当变压器过负载时，发出很高且沉重的“嗡嗡”声；③ 当系统短路或接地时，通过很大的短路电流，变压器会产生很大的噪声；④ 若变压器带有晶闸管整流器或电弧炉等设备时，由于有高次谐波产生，变压器声音也会变大。

（2）绝缘套管闪络和爆炸原因：① 套管密封不严进水而使绝缘受潮损坏；② 套管的电容芯子制造不良，使内部游离放电；③ 套管积垢严重或套管上有大的裂纹和碎片。

Jb0008332246　避雷器的运行与维护中注意事项有哪些？（5分）

考核知识点：防雷与接地

难易度：中

标准答案：

（1）受潮。受潮原因往往是密封不良，瓷套管上有裂纹，外部的潮气侵入内腔而使绝缘下降。

（2）火花间隙绝缘老化。这是在间隙内放电时从电极产生的金属蒸发物附在绝缘物上而导致逐渐老化。

（3）并联电阻的老化。

（4）瓷套表面污染，这将造成表面闪络和恶化串联间隙的电压分布。

（5）端子紧固不良，造成断线故障。

（6）固定不好，造成故障。

（7）阀片制造质量不良，造成特性变化。

Jb0004331247　简述分布式电源的特点。（5分）

考核知识点：配电网络基本知识

难易度：易

标准答案：

（1）大多利用可再生能源发电，并采用新型发电技术，清洁环保。

（2）电源容量小，电压等级低，不直接接入输电网，而是接入配电网。

（3）深入负荷中心，与用户供电系统共同组成局域配电网，公共连接点功率可双向流动。

（4）分布式电源既可以降低输配电线路损耗，也可以作为削峰填谷的调节电源，在实行峰谷电价的情况下，既保障电力供应的可靠性，又能减少电费支出。

（5）供电可靠性高，具有一定的抗击自然灾害和人为灾害的能力。在主网发生故障时，依靠分布式电源脱离大电网形成电力“孤岛”，由分布式电源独立为用户供电，保障用户的基本需要。

Jb0005332248　如何调整混凝土双杆起立中发现的迈步？（5分）

考核知识点：配电线路知识

难易度：中

标准答案：

（1）先检查迈步的原因，然后进行调整。

（2）因电杆已进入底盘移动而产生的迈步，可用千斤顶调整底盘的位置；如因杆根未入槽而产生的迈步，可用千斤顶将杆根顶入槽，或用双沟及支架将其吊入槽中。

（3）在调整迈步时，临时拉线应设人看守，并根据需要调整其松紧度。

Jb0005331249　简述基坑开挖的方法和注意事项。（5分）

考核知识点：配电线路知识

难易度：易

标准答案：

（1）对线路选线、定位后，要根据施工图进行基坑开挖。

（2）挖坑的位置要以定位时的中心桩为准，如果施工时要移去中心桩，之前应钉好相应的副桩，立杆时用副桩和细铅丝上的漆点找回中心桩的位置。

（3）基坑应根据施工条件确定坑口尺寸及坑深。一般混凝土电杆的埋深为电杆长度的1/5～1/6，坑的深度为电杆埋入深度加底盘厚度，双杆坑深以地势较低的坑深为准，两坑坑底抄平，误差不大于20mm；坑口尺寸应根据立杆方式、坑深及土质情况而定，土质不好时可采用挡板等特殊措施。

（4）如果采用人工立杆，基坑要有马道。马道的方向一般为顺路方向，方便立杆施工。

（5）一般情况下，主杆杆坑、拉线坑和接地槽应一同开挖，以提高工作效率。

Jb0005333250　线路施工放线前的准备工作有哪些？（5分）

考核知识点：配电线路知识

难易度：难

标准答案：

（1）检查杆塔是否倾斜，拉线是否牢靠。

（2）根据放线轴上的导地线长度、档距间的交叉跨越物、现场地形及线路方向，选择放线轴的放置位置。

（3）清除放线通道内可能损伤导地线的障碍物或采取可靠的防护措施。

（4）跨越电力线路、通信线、铁路、公路等应和有关单位联系，取得配合，并搭设安全牢固的跨越架。

（5）在居民区、道口、交叉跨越等合理布置护线人员。

（6）明确通信联络方式。

Jb0004331251　电力负荷分级的根据是什么？（5 分）

考核知识点：配电网络基本知识

难易度：易

标准答案：

（1）对供电可靠性的要求。

（2）中断供电在政治、经济上所造成损失或影响的程度。

Jb0008332252　有哪些自然接地体可以用作交流电气设备的接地体？（5 分）

考核知识点：防雷与接地

难易度：中

标准答案：

（1）埋设在地下的金属管道，但不包括有可燃或有爆炸物质的管道。

（2）金属井管。

（3）与大地有可靠连接的建筑物的金属结构。

（4）水工构筑物及其类似的构筑物的金属管、桩。

Jb0002331253　安全工器具使用前的外观检查应包括哪些内容？（5 分）

考核知识点：安全防护知识

难易度：易

标准答案：

（1）绝缘部分有无裂纹、老化、绝缘层脱落、严重伤痕。

（2）固定连接部分有无松动、锈蚀、断裂等现象。

（3）对绝缘部分的外观有疑问时应进行绝缘试验合格后方可使用。

Jb0002331254　应如何保管安全工器具？（5 分）

考核知识点：安全防护知识

难易度：易

标准答案：

（1）安全工器具宜存放在温度为－15～+35℃、相对湿度为 80%以下、干燥通风的安全工器具室内。

（2）安全工器具室内应配置适用的柜、架，并不得存放不合格的安全工器具及其他物品。

（3）携带型接地线宜存放在专用架上，架上的号码与接地线的号码应一致。

（4）绝缘隔板和绝缘罩应存放在室内干燥、离地面 200mm 以上的架上或专用的柜内，使用前应擦净灰尘，如果表面有轻度擦伤，应涂绝缘漆处理。

（5）绝缘工具在储存、运输时不得与酸、碱、油类和化学药品接触，并要防止阳光直射或雨淋，橡胶绝缘用具应放在避光的柜内，并撒上滑石粉。

Jb0003331255　工作结束后工作负责人应做哪些工作？（5 分）

考核知识点：配电线路工的基本知识

难易度：易

标准答案：

（1）检查线路检修地段的状况，确认在杆塔上、导线上、绝缘子串上及其他辅助设备上没有遗留的个人保安线、工具、材料等。

（2）查明全部工作人员确由杆塔上撤下。

（3）待上述两项工作完成后，命令拆除工作地段所挂的接地线。

（4）接地线拆除后，应即认为线路带电，不准任何人再登杆进行工作。

（5）多个小组工作，工作负责人应得到所有小组负责人工作结束的汇报。

（6）工作终结，及时报告工作许可人。

Jb0005311256 某一线路施工，采用异长法观察弧垂，已知导线的弧垂 f=5.29m，在A杆上绑弧垂板距悬挂点距离 a=3.72m，则在B杆上挂弧垂板距悬挂点距离应为多少？（5分）

考核知识点：配电线路知识

难易度：易

标准答案：

解：

$$b=(2\sqrt{f}-\sqrt{a})^2=(2\sqrt{5.29}-\sqrt{3.72})^2$$
$$=7.1357\text{（m）}$$

答：在B杆上挂弧垂板距悬挂点距离应为7.135 7m。

Jb0004311257 因工作需要安装一台笼型电动机，已知额定电压 U_N=380V，功率 P=10kW，启动电流倍数 N=7.5，满载时效率 η=0.87，功率因数 $\cos\varphi$=0.86，负载系数 K_L=0.9。试计算电动机实际负载电流是多少，以及选择什么规格的熔丝进行保护。（5分）

考核知识点：配电网络基本知识

难易度：易

标准答案：

解：

电动机的额定电流为

$$I_N=P/(\sqrt{3}U_N\eta\cos\varphi)=10/(\sqrt{3}\times0.38\times0.87\times0.86)=20\text{（A）}$$

电动机实际负载电流为

$$I_L=K_LI_N=0.9\times20=18\text{（A）}$$

熔断器熔体的计算电流为

$$I_{FU}=NI_N/2.5=7.5\times20/2.5=60\text{（A）}$$

答：电动机实际负载电流是18A；选择60A的熔丝进行保护。

Jb0004312258 某台单相变压器，额定容量 S_N=15kVA，额定电压为6600/220V，如并联接入额定电压为220V、功率为30W的若干电阻炉，使二次电流的负荷率 I_2为0.5，则需并联多少个电阻炉？（5分）

考核知识点：配电网络基本知识

难易度：中

标准答案：

解：

二次额定电流为

$$I_{N2}=S_N/U_{N2}=15\times10^3/220=68.18\text{（A）}$$

每个电阻炉的电流 I_1 为

$$I_1=P/U_{N2}=3/220\approx0.136\text{（A）}$$

电阻炉个数 n 为

$$n=(I_{N2}\times0.5)/I_1=68.18\times0.5/0.136\approx250\text{（个）}$$

答：需并联 250 个电阻炉。

Jb0003312259　某一根长为 $L=2.3$m，直径 $d=16$mm 的钢拉杆，当此杆受到拉力 $P=29\ 400$N 时，则其绝对伸长（单位为 cm）为多少，应变为多少？（材料弹性模量 $E=19.6\times10^6$N/cm^2）（5 分）

考核知识点：配电线路工的基本知识

难易度：中

标准答案：

解：

（1）拉杆的绝对伸长为

$$\Delta L=PL/(EF)=0.075L=0.172\ 5\text{（cm）}$$

（2）拉杆应变为

$$\varepsilon=\Delta L/L=0.172\ 5\times10^{-2}/2.3=0.000\ 75$$

答：其绝对伸长为 0.172 5cm，应变为 0.000 75。

Jb0003313260　一线路工程已进入放线施工阶段，已知导线的密度 $\rho=0.60$kg/m，导线拖放长度为 $L=673$m，放线始点与终点高差为 $h=6$m，上坡放线，摩擦系数 $\mu=0.5$，试计算放线牵引力为多少。（5 分）

考核知识点：配电线路工的基本知识

难易度：难

标准答案：

解：

放线牵引力为

$$P=(\mu\rho L+\rho h)\times9.8$$
$$=(0.5\times0.6\times673+0.6\times6)\times9.8=2014\text{（N）}=2.014\text{kN}$$

答：放线牵引力为 2.014kN。

Jb0004311261　有一无架空地线的单回配电线路，$U_N=10$kV，中性点不接地，线路全长 $L=26$km，则其单相接地时的电容电流为多少？（5 分）

考核知识点：配电网络基本知识

难易度：易

标准答案：

解：

$$I_C=2.7U_NL\times10^{-3}$$
$$=2.7\times10\times26\times10^{-3}$$
$$=0.702\text{（A）}$$

答：该线路单相接地时的电容电流为 0.702A。

Jb0004311262 一台容量 S=100kVA 的变压器，24h 的有功电量 P=1500kWh，功率因数为 $\cos\varphi=0.85$，则 24h 变压器的利用率是多少？（5 分）

考核知识点：配电网络基本知识

难易度：易

标准答案：

解：

$$\eta=\frac{P}{St\cos\varphi}\times100\%=\frac{1500}{100\times24\times0.85}$$

$$=73.53\%$$

答：24h 变压器的利用率是 73.53%。

Jb0005311263 15m 电杆埋深 $h_s=2.3$m，梢径为 190mm，则地面处电杆的直径为多少？（5 分）

考核知识点：配电线路知识

难易度：易

标准答案：

解：

地面距杆顶为

$$15-2.3=12.7\text{（m）}$$

地面处的直径为

$$D=190+12\,700/75=359.3\text{（mm）}$$

答：地面处电杆的直径为 359.3mm。

Jb0003313264 已知 LGJ－185 型导线的瞬时拉断力 $T_p=64$kN，计算截面积 $S=216.76\text{mm}^2$，导线的安全系数 $K=2.5$，试求导线的允许应力（单位 MPa）。（5 分）

考核知识点：配电线路工的基本知识

难易度：难

标准答案：

解：

$$[\sigma]=\frac{T_P}{KS}1000=\frac{64}{2.5\times216.76}\times1000=118.1\text{（MPa）}$$

答：导线的允许应力为 118.1MPa。

Jb0003313265 某线路采用 LGJ－70 型导线，其导线瞬时拉断力为 T_P=19 417N，导线的安全系数 K=2.5，导线截面积 $S=76\text{mm}^2$，计算导线的最大使用应力（单位 MPa）。（5 分）

考核知识点：配电线路工的基本知识

难易度：难

标准答案：

解：

$$\sigma_m = T_p/(KS) = 19\,417/(2.5\times76) = 102.2\ (\mathrm{MPa})$$

答：导线的最大使用应力为 102.2MPa。

Jb0005321266　画出三线紧线法示意图。（5 分）

考核知识点：配电线路知识

难易度：易

标准答案：

三线紧线法示意图如图 Jb0005321266 所示。

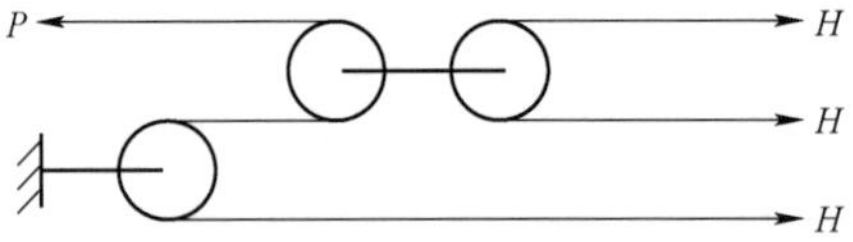

图 Jb0005321266

Jb0005321267　画出 10kV 终端双拉线示意图。（5 分）

考核知识点：配电线路知识

难易度：易

标准答案：

10kV 终端双拉线示意图如图 Jb0005321267 所示。

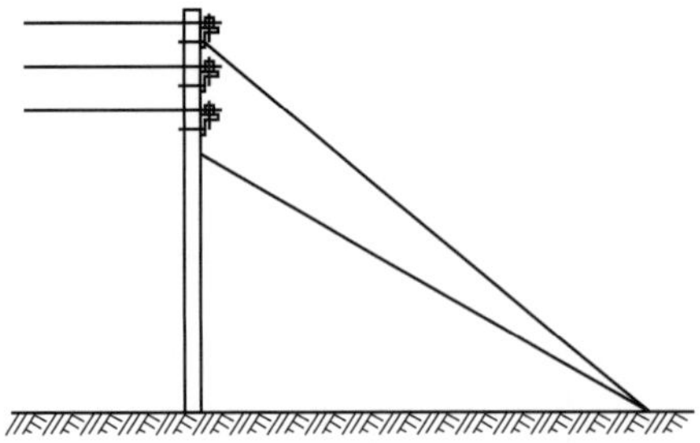

图 Jb0005321267

Jb0003321268　说出如图 Jb0003321268 所示绳结的名称及主要用途。（5 分）

考核知识点：配电线路工的基本知识

难易度：易

标准答案：

图 Jb0003321268 所示为展帆绳，用于钢丝绳或麻绳的绳环与细软绳索的连接。

图 Jb0003321268

Jb0005321269　说明图 Jb0005321269 是什么安装图。（5 分）

考核知识点：配电线路知识

难易度：易

标准答案：

图 Jb0005321269 所示为球窝形耐张绝缘子串的安装连接。

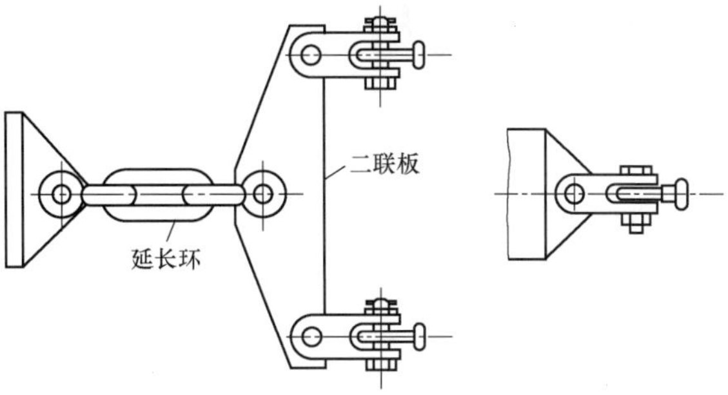

图 Jb0005321269

Jb0003322270 如图 Jb0003322270 所示长度为 *L* 的钢筋混凝土拔梢电杆在运输及堆放时的两支点位置图。其中靠梢端部分的长度 *AB* 应为多少。(5 分)

考核知识点：配电线路工的基本知识

难易度：易

标准答案：

$AB = 0.314L$

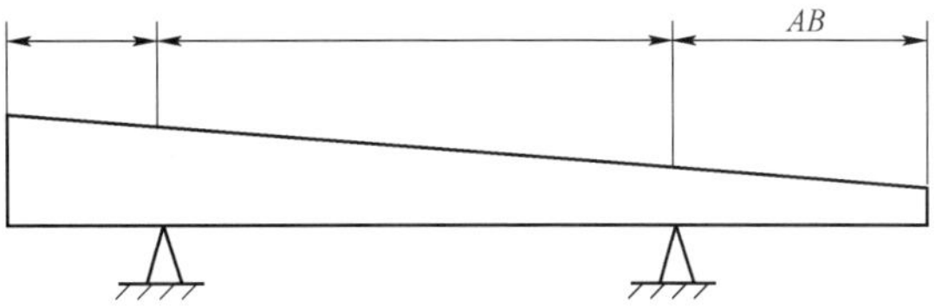

图 Jb0003322270

第六章　配电线路工高级工技能操作

Jc0009341271　整体起吊电杆时需进行受力计算的有哪些？（100 分）

考核知识点： 起重机械在电力施工中的应用

难易度： 易

技能等级评价专业技能考核操作工作任务书

一、任务名称

整体起吊电杆时需进行受力计算的有哪些？

二、适用工种

配电线路工高级工。

三、具体任务

口述：整体起吊电杆时需进行受力计算的有哪些？

四、工作规范及要求

（1）单独操作。

（2）所需材料。

（3）专用工具。

（4）本考核总成绩满分为 100 分。

五、考核及时间要求

考核时间共 5 分钟，每超过 1 分钟扣 20 分。

技能等级评价专业技能考核操作评分标准

工种	配电线路工					评价等级	高级工
项目模块	起重机械在电力施工中的应用—吊装和安装设备的受力分析				编号	Jc0009341271	
单位		准考证号				姓名	
考试时限	5 分钟	题型	单项操作			题分	100 分
成绩		考评员		考评组长		日期	
试题正文	整体起吊电杆时需进行受力计算的有哪些						
需要说明的问题和要求	口述：整体起吊电杆时需进行受力计算的有哪些？要求口述逻辑思维清楚，语音清晰，神态自如						

序号	项目名称	质量要求	满分	扣分标准	扣分原因	得分
1	着装要求	要求穿工作服、绝缘鞋	10	未按要求着装扣 10 分		
2	标准答案及评分标准	（1）电杆的重心	10	漏答该条扣 10 分		
		（2）电杆吊绳的受力	10	漏答该条扣 10 分		
		（3）抱杆的受力	10	漏答该条扣 10 分		
		（4）总牵引力	20	漏答该条扣 20 分		
		（5）临时拉线的受力	20	漏答该条扣 20 分		
		（6）制动绳的受力	10	漏答该条扣 10 分		

续表

序号	项目名称	质量要求	满分	扣分标准	扣分原因	得分
3	答题要求	口述要求：逻辑思维清楚，语音清晰，神态自如	10	慌张、语言表达不清扣5分		
合计			100			

Jc0005341272　什么叫爬电比距？大气污染特别严重的四类地区，架空线路爬电比距要求为多少？（100分）

考核知识点：起重机械在电力施工中的应用

难易度：易

技能等级评价专业技能考核操作工作任务书

一、任务名称

什么叫爬电比距？大气污染特别严重的四类地区，架空线路爬电比距要求为多少？

二、适用工种

配电线路工高级工。

三、具体任务

口述：什么叫爬电比距？大气污染特别严重的四类地区，架空线路爬电比距要求为多少？

四、工作规范及要求

（1）单独操作。

（2）所需材料。

（3）专用工具。

（4）本考核总成绩满分为100分。

五、考核及时间要求

考核时间共5分钟，每超过1分钟扣20分。

技能等级评价专业技能考核操作评分标准

工种	配电线路工					评价等级	高级工
项目模块	配电线路知识—架空线路的组成				编号	Jc0005341272	
单位			准考证号			姓名	
考试时限	5分钟		题型	单项操作		题分	100分
成绩		考评员		考评组长		日期	
试题正文	什么叫爬电比距？大气污染特别严重的四类地区，架空线路爬电比距要求为多少						
需要说明的问题和要求	口述：什么叫爬电比距？大气污染特别严重的四类地区，架空线路爬电比距要求为多少？要求口述逻辑思维清楚，语音清晰，神态自如						

序号	项目名称	质量要求	满分	扣分标准	扣分原因	得分
1	着装要求	要求穿工作服、绝缘鞋	10	未按要求着装扣5分		
2	标准答案及评分标准	（1）爬电比距指电力设备外绝缘的爬电距离与最高工作电压有效值之比	40	漏答该条扣40分		
		（2）中性点非直接接地系统，在大气特别严重污染的四类地区加空线路爬电比距为3.8至4.5厘米每千伏	40	漏答该条扣40分		

续表

序号	项目名称	质量要求	满分	扣分标准	扣分原因	得分
3	答题要求	口述要求：逻辑思维清楚，语音清晰，神态自如	10	慌张、语言表达不清扣3分		
合计			100			

Jc0004341273　为了正确选择重合器应考虑哪些因素？（100分）

考核知识点：配电网络基本知识

难易度：易

技能等级评价专业技能考核操作工作任务书

一、任务名称

为了正确选择重合器应考虑哪些因素？

二、适用工种

配电线路工高级工。

三、具体任务

口述：为了正确选择重合器应考虑哪些因素？

四、工作规范及要求

（1）单独操作。

（2）所需材料。

（3）专用工具。

（4）本考核总成绩满分为100分。

五、考核及时间要求

考核时间共5分钟，每超过1分钟扣20分。

技能等级评价专业技能考核操作评分标准

工种	配电线路工					评价等级	高级工
项目模块	配电网络基本知识—配电自动化常识				编号	Jc0004341273	
单位		准考证号				姓名	
考试时限	5分钟	题型	单项操作			题分	100分
成绩		考评员		考评组长		日期	
试题正文	为了正确选择重合器应考虑哪些因素						
需要说明的问题和要求	口述：为了正确选择重合器应考虑哪些因素？要求口述逻辑思维清楚，语音清晰，神态自如						

序号	项目名称	质量要求	满分	扣分标准	扣分原因	得分
1	着装要求	要求穿工作服、绝缘鞋	10	未按要求着装扣10分		
2	标准答案及评分标准	（1）系统电压，重合器额定电压必须不小于系统电压	10	漏答该条扣10分		
		（2）最大可能故障电流	20	漏答该条扣20分		
		（3）最大负载电流	20	漏答该条扣20分		
		（4）保护区内最小故障电流	20	漏答该条扣20分		
		（5）重合器与其他保护装置的配合	10	漏答该条扣10分		

续表

序号	项目名称	质量要求	满分	扣分标准	扣分原因	得分
3	答题要求	口述要求：逻辑思维清楚，语音清晰，神态自如	10	慌张、语言表达不清扣5分		
合计			100			

Jc0004341274 什么是电压损耗？什么是电压降落？两者的区别是什么？（100分）

考核知识点：配电网络基本知识

难易度：易

技能等级评价专业技能考核操作工作任务书

一、任务名称

什么是电压损耗？什么是电压降落？两者的区别是什么？

二、适用工种

配电线路工高级工。

三、具体任务

口述：什么是电压损耗？什么是电压降落？两者的区别是什么？

四、工作规范及要求

（1）单独操作。

（2）所需材料。

（3）专用工具。

（4）本考核总成绩满分为100分。

五、考核及时间要求

考核时间共5分钟，每超过1分钟扣20分。

技能等级评价专业技能考核操作评分标准

<table>
<tr><td>工种</td><td colspan="5">配电线路工</td><td>评价等级</td><td>高级工</td></tr>
<tr><td>项目模块</td><td colspan="4">配电网络基本知识—10kV配电网经济运行</td><td>编号</td><td colspan="2">Jc0004341274</td></tr>
<tr><td>单位</td><td colspan="2"></td><td>准考证号</td><td colspan="2"></td><td>姓名</td><td></td></tr>
<tr><td>考试时限</td><td colspan="2">5分钟</td><td>题型</td><td colspan="2">单项操作</td><td>题分</td><td>100分</td></tr>
<tr><td>成绩</td><td></td><td>考评员</td><td></td><td>考评组长</td><td></td><td>日期</td><td></td></tr>
<tr><td>试题正文</td><td colspan="7">什么是电压损耗？什么是电压降落？两者的区别是什么</td></tr>
<tr><td>需要说明的问题和要求</td><td colspan="7">口述：什么是电压损耗？什么是电压降落？两者的区别是什么？要求口述逻辑思维清楚，语音清晰，神态自如</td></tr>
</table>

<table>
<tr><td>序号</td><td>项目名称</td><td>质量要求</td><td>满分</td><td>扣分标准</td><td>扣分原因</td><td>得分</td></tr>
<tr><td>1</td><td>着装要求</td><td>要求穿工作服、绝缘鞋</td><td>5</td><td>未按要求着装扣5分</td><td></td><td></td></tr>
<tr><td rowspan="3">2</td><td rowspan="3">标准答案及评分标准</td><td>（1）电压降落是指电网中两点电压相量差</td><td>30</td><td>漏答该条扣30分</td><td rowspan="3"></td><td></td></tr>
<tr><td>（2）电压损耗是两点电压的大小差</td><td>30</td><td>漏答该条扣30分</td><td></td></tr>
<tr><td>（3）电压降落通常以电压值表示，电压损耗通常以额定电压的百分数表示</td><td>30</td><td>漏答该条扣30分</td><td></td></tr>
</table>

续表

序号	项目名称	质量要求	满分	扣分标准	扣分原因	得分
3	答题要求	口述要求：逻辑思维清楚，语音清晰，神态自如	5	慌张、语言表达不清扣3分		
合计			100			

Jc0006341275　架空配电线路上的变压器运行中，通常需做哪些工作？周期是多少？（100分）

考核知识点：配电变压器知识

难易度：易

技能等级评价专业技能考核操作工作任务书

一、任务名称

架空配电线路上的变压器运行中，通常需做哪些工作？周期是多少？

二、适用工种

配电线路工高级工。

三、具体任务

口述：架空配电线路上的变压器运行中，通常需做哪些工作？周期是多少？

四、工作规范及要求

（1）单独操作。

（2）所需材料。

（3）专用工具。

（4）本考核总成绩满分为100分。

五、考核及时间要求

考核时间共5分钟，每超过1分钟扣20分。

技能等级评价专业技能考核操作评分标准

工种	配电线路工					评价等级	高级工
项目模块	配电变压器知识—配电变压器的运行				编号	Jc0006341275	
单位		准考证号				姓名	
考试时限	5分钟	题型	单项操作			题分	100分
成绩		考评员		考评组长		日期	
试题正文	架空配电线路上的变压器运行中，通常需做哪些工作？周期是多少						
需要说明的问题和要求	口述：架空配电线路上的变压器运行中，通常需做哪些工作？周期是多少？要求口述逻辑思维清楚，语音清晰，神态自如						

序号	项目名称	质量要求	满分	扣分标准	扣分原因	得分
1	着装要求	要求穿工作服、绝缘鞋	5	未按要求着装扣5分		
2	标准答案及评分标准	（1）定期巡视，与线路巡视周期相同	15	漏答该条扣15分		
		（2）清扫套管检查熔丝等维护工作，一般一年一次	25	漏答该条扣25分		

续表

序号	项目名称	质量要求	满分	扣分标准	扣分原因	得分
2	标准答案及评分标准	（3）绝缘电阻测量，一年一次	20	漏答该条扣 20 分		
		（4）负荷测量，每年至少一次	20	漏答该条扣 20 分		
		（5）油耐压，水分试验 5 年至少一次	10	漏答该条扣 10 分		
3	答题要求	口述要求：逻辑思维清楚，语音清晰，神态自如	5	慌张、语言表达不清扣 3 分		
合计			100			

Jc0005341276　10kV 配电线路导线弧垂调整。（100 分）

考核知识点：配电线路知识

难易度：易

技能等级评价专业技能考核操作工作任务书

一、任务名称

10kV 配电线路导线弧垂调整。

二、适用工种

配电线路工高级工。

三、具体任务

完成 10kV 配电线路导线弧垂调整。

四、工作规范及要求

（1）工作室设专人监护。

（2）雷雨、大雾、大风天气不宜进行工作。

（3）在培训专用线路上进行，架空线下无交叉跨越弱电及电力线（考核以导线 LDJ－35 为例进行试验）。

（4）已做好安全措施。

（5）触碰红线得 0 分。

（6）本考核总成绩满分为 100 分。

五、考核及时间要求

考核时间共 40 分钟，每超过 1 分钟扣 2 分。

技能等级评价专业技能考核操作评分标准

工种	配电线路工					评价等级	高级工
项目模块	配电线路知识—架空线路的运行规程和规定				编号	Jc0005341276	
单位			准考证号			姓名	
考试时限	40 分钟		题型	单项操作		题分	100 分
成绩		考评员		考评组长		日期	
试题正文	10kV 配电线路导线弧垂调整						

续表

需要说明的问题和要求	（1）工作室设专人监护。 （2）雷雨、大雾、大风天气不宜进行工作。 （3）在培训专用线路上进行，架空线下无交叉跨越弱电及电力线（考核以导线 LDJ－35 为例进行试验）。 （4）已做好安全措施

序号	项目名称	质量要求	满分	扣分标准	扣分原因	得分
1	工作前准备					
1.1	准备安全防护工器具	准备安全防护工器具，并满足需要	5	漏、错一项扣 1 分； 未检查一项扣 1 分； 不按规定穿着一项扣 1 分		
1.2	准备工器具	选择个人及作业用工器具，满足工作需要，并做外观检查	5			
1.3	着装、穿戴	工作服、工作鞋、安全帽等穿戴正确	5			
2	工作过程					
2.1	登杆前检查	检查杆根及拉线	5	漏检一项扣 2 分； 不做试验扣 4 分； 动作不熟练扣 2～10 分； 过高、过矮均扣 2 分； 系绑错误扣 2～5 分； 错一处扣 1 分； 安装不正确扣 3 分； 过近、过远扣 2 分； 方法不正确扣 2～8 分； 高空跌落物一次扣 2 分； 绳结不正确扣 2 分		
2.2	对登杆工具的试验	登杆前对登杆工具进行冲击试验	5			
2.3	登杆	登杆动作规范、熟练	5			
2.4	工作位置确定	站位合适，安全带系绑正确	5			
2.5	打临时拉线	方法和顺序正确	5			
2.6	弧垂调整		10			
2.7	紧线器安装	紧线器安装在横担上	10			
2.8	卡线器安装	离耐张线夹外距离合适	10			
2.9	工作结束	吊下工具绳扣正确牢固	5			
3	撤除临时拉线					
3.1	耐张线夹检查	紧固、无松动	5	松动扣 5 分； 不符合要求扣 2～5 分； 损伤一处扣 2 分； 杆上遗留一物扣 2 分； 未作清理扣 3 分； 不交还工器具及剩余材料扣 3 分； 未在规定时间完成，每延时 1 分钟扣 2 分		
3.2	导线弧垂	调整符合 10kV 配电线路运行规范	5			
3.3	导线表观检查	无损伤	5			
3.4	安全文明生产	工器具材料摆放有序，工器具、设备无损伤，杆上无遗留物等，清理现场，交还工器具及剩余材料	10			
合计			100			

Jc0003341277　配电变压器绝缘电阻测量。（100 分）

考核知识点：配电线路工的基本知识

难易度：易

技能等级评价专业技能考核操作工作任务书

一、任务名称

配电变压器绝缘电阻测量。

二、适用工种

配电线路工高级工。

三、具体任务

完成配电变压器绝缘电阻测量。

四、工作规范及要求

（1）告知接地体形式。

（2）提供接地形式地图。

（3）触碰红线得 0 分。

（4）本考核总成绩满分为 100 分。

五、考核及时间要求

考核时间共 20 分钟，每超过 1 分钟扣 2 分。

技能等级评价专业技能考核操作评分标准

工种	配电线路工						评价等级	高级工
项目模块	配电线路工的基本知识—线路基本知识					编号	Jc0003341277	
单位			准考证号				姓名	
考试时限	20 分钟		题型	单项操作			题分	100 分
成绩		考评员			考评组长		日期	
试题正文	配电变压器绝缘电阻测量							
需要说明的问题和要求	（1）告知接地体形式。 （2）提供接地形式地图							

序号	项目名称	质量要求	满分	扣分标准	扣分原因	得分
1	工作前准备					
1.1	选择测量用仪器、工具	接地电阻测试仪、扳手、锤子等	5	漏、错选一项扣一分； 未检查一项扣 1～5 分； 不按规定穿着一项扣 1 分		
1.2	检查仪器	选用测量工具正确。指针度盘：检查静态调零，动态调零将表桩头短接，摇动摇把阻值应为零	5			
1.3	着装、穿戴	工作服、工作鞋、安全帽、绝缘手套等穿戴正确	5			
2	工作过程					
2.1	确定接地形式	查看有关图纸资料，了解接地形式及接地体长度	5	识别不准或不正确扣 5 分		
2.2	装设临时接地装置	装设临时接地引线及接地桩	5	未做临时接地装置扣 10 分； 方法不正确扣 5 分； 错误一项扣 5 分； 深度不够扣 2～5 分； 接触不好扣 2～5 分； 接线不正确扣 6 分； 每错一项扣 4 分； 方法错误一项扣 4 分； 读数错误扣 5 分； 少测一次扣 5 分； 恢复不合格扣 2～5 分； 动作不熟练扣 1～3 分		
2.3	断开接地装置	断开接地装置与变压器接地引线的连接	5			
2.4	布线和接线	电流极接线长度为接地长度的 4 倍左右，电压极接线长度为接地体长度的 2.5 倍左右，布线方向应与地下金属管道垂直，连线与接地棒接触良好，电压极与电流极引线应保持 1m 以上的距离	15			
2.5	接地棒装设	接地棒打入土中的深度不小于接地棒长的 3/4，并与土壤接触良好	5			

续表

序号	项目名称	质量要求	满分	扣分标准	扣分原因	得分
2.6	测量	表上接线干净，将接地极清理干净，将接线连接好，将表放于平坦处一手扶住转盘并压住使表平稳，另一手摇动摇把，转速为120r/min，适当选用倍率并转动转盘使指针指向零位，并平稳加速使指针稳定地指向零位	15	未做临时接地装置扣10分； 方法不正确扣5分； 错误一项扣5分； 深度不够扣2～5分； 接触不好扣2～5分； 接线不正确扣6分； 每错一项扣4分； 方法错误一项扣4分； 读数错误扣5分； 少测一次扣5分； 恢复不合格扣2～5分； 动作不熟练扣1～3分		
2.7	读数	读数正确并乘以倍率，并报出电阻值，再摇测一次，要求两次测量读数基本一致，相差较大要查明原因	10			
2.8	工作结束	恢复变压器与接地装置连接，拆除临时接地装置	5			
2.9	熟练程度	动作熟练、流畅	5			
3	终结验收					
3.1	测量	降低接地电阻的措施（口试）	5	措施不当扣2～5分； 错误一项扣2～5分； 未清理扣3分； 不交还器具及剩余材料扣3分； 未在规定时间完成，每延时1分钟扣2分		
3.2	安全文明生产	能按有关规定进行操作，工作完毕后交还工器具、仪表，并无损坏，清理场地	10			
合计			100			

Jc0005341278　10kV终端耐张杆的备料操作。（100分）

考核知识点：配电线路知识

难易度：易

技能等级评价专业技能考核操作工作任务书

一、任务名称

10kV终端耐张杆的备料操作。

二、适用工种

配电线路工高级工。

三、具体任务

完成10kV终端耐张杆的备料操作。

四、工作规范及要求

（1）由考生在库房任选，选用材料外观检查合格。

（2）如库房内没有或材料太笨重，只要说明其名称、规格及数量和质量要求。

（3）线路导线型号为LGD－50，电杆高度为10m。

（4）触碰红线得0分。

（5）本考核总成绩满分为100分。

五、考核及时间要求

考核时间共30分钟，每超过1分钟扣2分。

技能等级评价专业技能考核操作评分标准

工种	配电线路工			评价等级	高级工
项目模块	配电线路知识—架空线路的组成		编号	Jc0005341278	
单位		准考证号		姓名	
考试时限	30 分钟	题型	单项操作	题分	100 分
成绩	考评员		考评组长		日期	
试题正文	10kV 终端耐张杆的备料操作				
需要说明的问题和要求	（1）由考生在库房任选，选用材料外观检查合格。 （2）如库房内没有或材料太笨重，只要说明其名称、规格及数量和质量要求。 （3）线路导线型号为 LGD－50，电杆高度为 10m。 （4）触碰红线得 0 分				

序号	项目名称	质量要求	满分	扣分标准	扣分原因	得分
1	工作前准备					
1.1	列出材料计划	规格符合工作需要无遗漏	5	不符合规格或遗漏一种扣 1 分； 不满足要求扣 2～5 分； 着装不正确每项扣 1 分		
1.2	清理场地以便摆放	满足摆放要求	5			
1.3	着装	工作服、工作鞋等穿戴正确，戴手套	5			
2	材料摆放					
2.1	水泥拔梢杆	ϕ150×10×G×G，1 根	5	缺一项扣 3～6 分； 规格数量错一项扣 1～3 分		
2.2	铁脚横担	∠63×6×1500，2 套	6			
2.3	扁铁抱箍	R=75，2 副	4			
2.4	镀锌螺栓	M16×80，4 只	4			
2.5	镀锌螺栓	M16×240，2 只	4			
2.6	直角挂板	Z－7，3 只	3			
2.7	碗头挂板	W－7B，3 只	3			
2.8	悬式绝缘子	XP－70 或 FC－70P/146，6 片	6			
2.9	球头挂板	Q－7，3 只	3			
2.10	耐张线夹	NLD－1（与导线配套），3 只	3			
2.11	导线	LGD－50（或其他型号），若干	4			
2.12	钢绞线	GJ－35，15m	4			
2.13	延长环	YH－6，1 只	3			
2.14	UT 型线夹	UT－1，1 只	3			
2.15	楔形线夹	NX－1，1 只	3			
2.16	拉棒	ϕ16×1800，1 根	4	缺一项扣 3～6 分； 规格数量错一项扣 1～3 分		
2.17	U 形连板螺丝	ϕ20，1 副	4			
2.18	拉线盘	200×400×800，1 块	4			
3	工作终结验收					
3.1	材料摆放	摆放有序，便于查看	5	零乱扣 2～4 分； 出错一次扣 1 分； 未清理或不交还材料均扣 3 分； 未在规定时间完成，每延时 1 分钟扣 2 分		
3.2	安全文明生产	材料选择条理清晰无损坏，交还材料，归回原位，清理现场	10			
合计			100			

Jc0005341279　更换 GJ－35 拉线的操作。（100 分）

考核知识点：配电线路知识

难易度：易

技能等级评价专业技能考核操作工作任务书

一、任务名称

更换 GJ－35 拉线的操作。

二、适用工种

配电线路工高级工。

三、具体任务

完成更换 GJ－35 拉线的操作。

四、工作规范及要求

（1）要求装设临时拉线。

（2）杆上一人杆下一人均单独操作，设专人监护。

（3）或者两人一组，杆上杆下交叉考核。

（4）线路安全措施已经落实。

（5）触碰红线得 0 分。

（6）本考核总成绩满分为 100 分。

五、考核及时间要求

考核时间共 30 分钟，每超过 1 分钟扣 2 分。

技能等级评价专业技能考核操作评分标准

工种	配电线路工				评价等级	高级工
项目模块	配电线路知识—架空线路的组成			编号	Jc0005341279	
单位		准考证号			姓名	
考试时限	30 分钟	题型	单项操作		题分	100 分
成绩		考评员		考评组长		日期	
试题正文	更换 GJ－35 拉线的操作					
需要说明的问题和要求	（1）要求装设临时拉线。 （2）杆上一人杆下一人均单独操作，设专人监护。 （3）或者两人一组，杆上杆下交叉考核。 （4）线路安全措施已经落实					

序号	项目名称	质量要求	满分	扣分标准	扣分原因	得分
1	工作前准备					
1.1	工器具选择、检查	工器具选择满足工作要求	5	错、漏选一项扣 1 分； 工器具和材料未检查一项扣 1 分； 不按规定穿着一项扣 1 分		
1.2	拉线材料的选配	钢绞线与拉线金具配套无缺件	5			
1.3	着装、穿戴	工作服、工作鞋、安全帽等穿戴正确	5			
2	工作过程					

续表

序号	项目名称	质量要求	满分	扣分标准	扣分原因	得分
2.1	登杆前检查	检查杆根和拉线是否完好	5	未检查扣5分； 未作试验扣5分； 不熟练扣1～3分； 过高、过矮均扣2分； 少绕1圈扣2分； 锚固方法错误扣2分； 顺序错一次扣2分； 方法不正确一次扣2分； 拆除方法不正确扣1～3分； 绳结不正确扣2分； 制作方法有误每次扣2分； 不作绑扎扣5分； 伤及正式拉线扣1～3分； 高空落物一次扣2分		
2.2	登杆工具检查	对登杆工具进行冲击试验	5			
2.3	登杆	登杆动作规范、熟练	5			
2.4	工作位置确定	站位正确，能正确使用安全带	5			
2.5	临时拉线设置	钢丝绳缠绕电杆2圈后用卸扣或U形环锚固，杆下人员用紧线器将临时拉线收紧，在拉线棒上装1只U形环锚固临时拉线，要求不影响正式拉线的安装	10			
2.6	拆除旧拉线	先拆UT线夹的螺母，松去拉线，将上把拆除、吊下	5			
2.7	制作新拉线	按要求做好上把固定，用紧线器收紧钢绞线画印，制作下把装上并调整UT线夹的螺母使之受力正常	20			
2.8	拆除临时拉线	按规定将钢绞线回头尾线绑扎，拆除临时拉线不可伤及正式拉线	5			
3	工作终结验收					
3.1	拉线尾线出线	尾线从凸肚处穿出	3	穿出位置错误扣2分； 误差每超过10mm扣1分； 过紧或过松扣3分； 未清理现场长或未交还工器具扣3分； 未在规定时间完成，每延时1分钟扣2分		
3.2	拉线尾线长度	尾线回头长度为300～500mm	2			
3.3	拉线受力均匀	不得过紧、过松	5			
3.4	UT型线夹螺杆露丝扣长度	螺杆应露扣，并应有不少于1/2螺杆丝扣长度	5			
3.5	安全文明生产	操作过程中无器具损伤，杆上无遗留物，工作完毕清理现场，交还工器具及剩余材料	10			
合计			100			

Jc0005341280 钳压法导线接续的操作。（100分）

考核知识点：配电线路知识

难易度：易

技能等级评价专业技能考核操作工作任务书

一、任务名称

钳压法导线接续的操作。

二、适用工种

配电线路工高级工。

三、具体任务

用钳压法完成导线接续的操作。

四、工作规范及要求

（1）操作者独立完成。

（2）根据题意选择工作所需工器具及材料。

（3）结合实际情况选择导线截面。

（4）触碰红线得0分。

（5）本考核总成绩满分为100分。

五、考核及时间要求

考核时间共 40 分钟，每超过 1 分钟扣 2 分。

技能等级评价专业技能考核操作评分标准

工种	配电线路工				评价等级	高级工
项目模块	配电线路知识—架空线路的组成			编号	Jc0005341280	
单位		准考证号			姓名	
考试时限	40 分钟	题型	单项操作		题分	100 分
成绩		考评员		考评组长		日期
试题正文	钳压法导线接续的操作					
需要说明的问题和要求	（1）操作者独立完成。 （2）根据题意选择工作所需工器具及材料。 （3）结合实际情况选择导线截面					

序号	项目名称	质量要求	满分	扣分标准	扣分原因	得分
1	工作前准备					
1.1	工器具材料选择	满足功能工作要求，并做检查	5	漏、错选一项扣 1 分； 未检查一项扣 1 分； 不按规定穿着一项扣 1 分； 接续管选择错误扣 5 分		
1.2	接续管选择及检查	型号符合接续要求，外观符合规范要求	5			
1.3	着装、穿戴	工作服、工作鞋、安全帽等穿戴正确	5			
2	工作过程					
2.1	导线连接部分表面除污	导线及压接管内表面除污方法正确，除污后应涂电力复合脂	5	处理不正确扣 1～3 分； 绑扎不正确扣 2 分； 穿管长度不合格扣 3 分； 出错一次扣 2 分； 不作停留一次扣 2 分； 压接顺序错误扣本题的 50%		
2.2	导线端绑扎及穿管	绑扎符合工艺要求，穿管后露出长度为 20～50mm	5			
2.3	钢模选择、安装	规格符合接续导线的型号	5			
2.4	压接导线					
2.4.1	压接顺序	对压接管画印，从中间开始向一侧压，完后又从中间开始向另一侧压	10			
2.4.2	压接停留	每压接一模后应停留 30s 再进行下一模，最后在短头处压二模	5			
3	工作终结验收					
3.1	钳压部分尺寸合格	$a_1=54$mm	5	每±5mm 扣 1 分； 不合要求扣 4 分； 露出长度每少 1mm 扣 1 分； 绑扎线未保留扣 2 分； 弯曲大于管长的 2%扣 2 分；明显弯曲不校直扣 3 分； 压接后有裂纹扣 2 分； 有抽筋口 2 分，灯笼扣 3 分； 漏涂一处扣 1 分； 未作涂刷扣 4 分； 不合格扣 1～3 分； 未清理现场或未交还工器具扣 3 分； 未在规定时间完成，每延时 1 分钟扣 2 分		
		$a_2=61.5$mm	5			
		$a_3=142.5$mm	5			
		D 尺寸应达到 29mm	5			
3.2	压口数	压坑数应为 20 个	5			
3.3	外观检查	（1）钳压后导线露出长度不应小于 20mm，导线端部绑扎线应保留	5			
		（2）压接后接续管弯曲不应大于管长的 2%，有明显弯曲时应校直	5			
		（3）压接或校直后的接续管不应有裂纹				
		（4）压接后的接续管两端导线不应有抽筋、灯笼等现象	5			
		（5）压接后接续管两端出口处、缝合处及外部露出部分应涂刷电力复合脂	5			
3.4	安全文明生产	操作过程中无工具损伤，工作完毕清理现场，交还工器具及剩余材料	10			
合计			100			

Jc0005352281 低压电缆头制作。（100 分）

考核知识点：配电线路知识

难易度：中

技能等级评价专业技能考核操作工作任务书

一、任务名称

低压电缆头制作。

二、适用工种

配电线路工高级工。

三、具体任务

（1）完成1kV 四芯橡塑绝缘电缆头制作。

（2）电缆型号为 VLV22－3×95+50 型。

四、工作规范及要求

（1）独立进行 VLV22－3×95+50 电力电缆干包头制作。

（2）所需材料：电缆 VLV22－3×95+50 型若干、1kV 热缩型电缆终端附件一套。

（3）专用工具：塑料袋若干、钢锯、锯条、小锉刀、喷灯、万用表、绝缘电阻表、线鼻子 $50mm^2$、$95mm^2$ 若干、压接钳、电烙铁、接地引线等。

（4）触碰红线得 0 分。

（5）本考核总成绩满分为 100 分。

五、考核及时间要求

考核时间共 60 分钟，每超过 1 分钟扣 2 分。

技能等级评价专业技能考核操作评分标准

工种	配电线路工				评价等级	高级工
项目模块	配电线路知识—电力电缆的运行			编号	Jc0005352281	
单位		准考证号			姓名	
考试时限	60 分钟	题型	多项操作		题分	100 分
成绩	考评员		考评组长		日期	
试题正文	低压电缆头制作					
需要说明的问题和要求	电缆型号为 VLV22－4×50 型					

序号	项目名称	质量要求	满分	扣分标准	扣分原因	得分
1	工作前准备					
1.1	选择工器具	根据电缆规格，选择合适的工器具	5	漏、错选一项扣 1 分；未检查一项扣 1 分；不按规定穿着一项扣 1 分		
1.2	选择材料	根据操作内容，选择合适的材料	5			
1.3	着装、穿戴	工作服、工作鞋、安全帽等穿戴正确	5			
2	工作过程					

续表

序号	项目名称	质量要求	满分	扣分标准	扣分原因	得分
2.1	剖削外护层	根据需要剖削电缆外塑料护层	5	剖削长度不合适扣2分； 伤及内护层扣3分； 方法错误扣2分； 不作处理扣5分； 保留长度±5mm扣2分； 剥除方法有误扣3分； 引线长度不符合要扣分； 端部绝缘剥除长度每±2mm扣1分； 方法不正确扣2分； 压叠不合格扣2分； 层数不合格扣2分； 外观明显不协调扣3分； 失误一次扣1～3分		
		根据剖削长度绑好扎线，锯好钢铠	5			
2.2	钢铠除污	用小锉刀将钢铠表面的铁锈及氧化层除去	5			
2.3	焊接地线	接地线与钢铠焊接，牢固、平整、无毛刺，面积达到300mm²	5			
2.4	内护层处理	内护层保留长度60mm，余者剥除，分开线芯，除去填料	5			
2.5	导线绝缘层剖削	量好引线长度，剥去线芯端子绝缘层，长度比线鼻子内孔深度大5mm	5			
2.6	安装卡箍	钢铠安装卡箍，正确牢固	5			
2.7	电缆头制作	塑料袋每周包缠压叠1/2带宽，层数符合要求	5			
		电缆头包缠密实度及外形符合要求	5			
2.8	线鼻子安装	线鼻子连接处线头的除污符合要求	5			
		线鼻子型号与线芯匹配	5			
		压接钳压模型号选择正确	5			
3	工作终结验收					
3.1	线鼻子连接	压后尺寸符合要求	5	一处不合格扣2分； 绝缘电阻表选错扣2分； 绝缘不合格扣本题的50%； 工具损坏一次扣1分； 不交还器具及剩余材料扣3分； 未在规定时间完成，每延时1分钟扣2分		
3.2	绝缘恢复	外观检查要求接触良好，塑料袋包缠均匀、平整，相色标志正确	5			
		绝缘测试合格	5			
3.3	安全文明生产	工作中无违章出现，操作过程中无工器具损伤，工作完毕清理场地，交还工器具及剩余材料	10			
合计			100			

Jc0003352282　10kV 电缆绝缘电阻测量。（100 分）

考核知识点：配电线路工的基本知识

难易度：中

技能等级评价专业技能考核操作工作任务书

一、任务名称

10kV 电缆绝缘电阻测量。

二、适用工种

配电线路工高级工。

三、具体任务

完成 10kV 电缆绝缘电阻测量。

四、工作规范及要求

（1）采用手摇式绝缘电表阻表测量。

（2）电缆头已拆除引线及避雷器等各种电气设备。

（3）派一人与操作者配合，不得提示。

（4）安全文明生产，在规定时间内完成。

（5）触碰红线得 0 分。

（6）本考核总成绩满分为 100 分。

五、考核及时间要求

考核时间共 30 分钟，每超过 1 分钟扣 2 分。

技能等级评价专业技能考核操作评分标准

<table>
<tr><td>工种</td><td colspan="6">配电线路工</td><td>评价等级</td><td>高级工</td></tr>
<tr><td>项目模块</td><td colspan="5">配电线路工的基本知识—线路基本知识</td><td>编号</td><td colspan="2">Jc0003352282</td></tr>
<tr><td>单位</td><td colspan="2"></td><td>准考证号</td><td colspan="3"></td><td>姓名</td><td></td></tr>
<tr><td>考试时限</td><td colspan="2">30 分钟</td><td>题型</td><td colspan="3">多项操作</td><td>题分</td><td>100 分</td></tr>
<tr><td>成绩</td><td></td><td>考评员</td><td colspan="2"></td><td>考评组长</td><td></td><td>日期</td><td></td></tr>
<tr><td>试题正文</td><td colspan="8">10kV 电缆绝缘电阻测量</td></tr>
<tr><td>需要说明的问题和要求</td><td colspan="8">（1）采用绝缘电阻表测量。
（2）利用培训线路，断开线路与各种电气设备的引线，电压等级 10kV。
（3）派一人与操作者配合，不得提示。
（4）线路安全措施已做</td></tr>
</table>

<table>
<tr><th>序号</th><th>项目名称</th><th>质量要求</th><th>满分</th><th>扣分标准</th><th>扣分原因</th><th>得分</th></tr>
<tr><td>1</td><td>工作前准备</td><td></td><td></td><td></td><td></td><td></td></tr>
<tr><td>1.1</td><td>选择绝缘电阻表及配套引线</td><td>选择正确，符合工作需要</td><td>5</td><td rowspan="3">漏、错选一项扣 1 分；
未检查一项扣 1～5 分；
不按规定穿着一项扣 1 分</td><td></td><td></td></tr>
<tr><td>1.2</td><td>绝缘电阻表使用前检查</td><td>检查绝缘电阻表是否良好，检查时将绝缘电阻表两根引线相碰，慢慢摇动手柄，检查指针是不是指向“0”，如果指针不指“0”，应调整表上的调零装置；将两根引线分开，检查指针是否指向“∞”</td><td>10</td><td></td><td></td></tr>
<tr><td>1.3</td><td>着装、穿戴</td><td>工作服、工作鞋、安全帽等穿戴正确</td><td>5</td><td></td><td></td></tr>
<tr><td>2</td><td>工作过程</td><td></td><td></td><td></td><td></td><td></td></tr>
<tr><td>2.1</td><td>断开电气设备的电路</td><td>方法正确、安全</td><td>5</td><td rowspan="7">错误一项扣 5 分；
接线错误扣 10 分；
测量方法错误扣 5～10 分；
不符合要求扣 1～3 分</td><td></td><td></td></tr>
<tr><td>2.2</td><td>绝缘电阻表接线</td><td>绝缘电阻表“E”端钮接地，“L”端通过引线与电路连接</td><td>10</td><td></td><td></td></tr>
<tr><td rowspan="3">2.3</td><td rowspan="3">测量与读数</td><td>（1）确认线路上无人时，开始进行测量</td><td>5</td><td rowspan="3"></td><td rowspan="3"></td></tr>
<tr><td>（2）摇动手柄，转速从低速慢慢增高到 120r/min 左右，并维持 5min 后读数，该数即为该相导线的对地绝缘电阻</td><td>10</td></tr>
<tr><td>（3）用同样的方法，依次测量其余两相绝缘电阻</td><td>10</td></tr>
<tr><td>2.4</td><td>绝缘电阻表撤除</td><td>工作结束后，应先断开“L”端钮的引线，再停止摇动手柄，防止线路电容电流向绝缘电阻表放电</td><td>10</td><td></td><td></td></tr>
<tr><td>2.5</td><td>注意事项</td><td>测量时，绝缘电阻表两引线分开，手与其他部分不得触及导线和接线端钮</td><td>10</td><td></td><td></td></tr>
</table>

续表

序号	项目名称	质量要求	满分	扣分标准	扣分原因	得分
2.6	放电	利用引线将导线对地放电	10			
3	工作终结验收					
3.1	安全文明生产	文明操作，禁止违章操作，不损坏工器具，不发生安全生产事故	10	有不安全行为扣 5 分；损坏元件、工器具扣 5 分		
合计			100			

Jc0011352283　10kV 开关站（真空环网柜）出线由运行改检修的操作。（100 分）

考核知识点：开关站、配电室和箱式变电站

难易度：中

技能等级评价专业技能考核操作工作任务书

一、任务名称

10kV 开关站（真空环网柜）出线由运行改检修的操作。

二、适用工种

配电线路工高级工。

三、具体任务

完成 10kV 开关站（真空环网柜）出线由运行改检修的操作。

四、工作规范及要求

（1）当开关的供出线路需检修时，开关站相应间隔开关由运行改检修。

（2）倒闸操作应 2 人进行。

（3）安全文明生产，在规定时间内完成。

（4）触碰红线得 0 分。

（5）本考核总成绩满分为 100 分。

五、考核及时间要求

考核时间共 10 分钟，每超过 1 分钟扣 2 分。

技能等级评价专业技能考核操作评分标准

<table>
<tr><td>工种</td><td colspan="6">配电线路工</td><td>评价等级</td><td>高级工</td></tr>
<tr><td>项目模块</td><td colspan="5">开关站、配电室和箱式变电站—开关站、配电室和箱式变电站的运行</td><td>编号</td><td colspan="2">Jc0011352283</td></tr>
<tr><td>单位</td><td colspan="2"></td><td>准考证号</td><td colspan="3"></td><td>姓名</td><td></td></tr>
<tr><td>考试时限</td><td colspan="2">10 分钟</td><td>题型</td><td colspan="3">多项操作</td><td>题分</td><td>100 分</td></tr>
<tr><td>成绩</td><td></td><td>考评员</td><td colspan="2"></td><td>考评组长</td><td></td><td>日期</td><td></td></tr>
<tr><td>试题正文</td><td colspan="8">10kV 开关站（真空环网柜）出线由运行改检修的操作</td></tr>
<tr><td>需要说明的
问题和要求</td><td colspan="8">（1）当开关的供出线路需检修时，开关站相应间隔开关由运行改检修。
（2）开关站设备为真空环网柜。
（3）开关站出线对侧无电源。
（4）非调度设备。
（5）倒闸操作应 2 人进行。
（6）安全文明生产，在规定时间内完成</td></tr>
</table>

续表

序号	项目名称	质量要求	满分	扣分标准	扣分原因	得分
1	工作前准备					
1.1	办理操作票	根据实际情况填写操作票，并审票合格	5	工器具每漏、错选一项扣 1 分； 不按规定穿着一项扣 1 分； 不办理操作票扣 5 分		
1.2	准备工器具	根据工作需要选择工器具及安全用具	5			
1.3	着装、穿戴	按规定穿工作服、工作鞋，戴绝缘手套、安全帽等	5			
2	工作过程					
2.1	核对命名	核对开关站名称后进入，核对间隔双重命名及状态	5	不核对命名扣 5 分； 操作顺序错误扣 15～25 分； 不悬挂警告牌扣 5 分； 不验电就装设接地线扣 10 分； 不规范扣 1～3 分； 不熟练扣 1～3 分； 无唱票复诵扣 5 分		
2.2	操作开关设备	先拉开开关，检查线路侧带电显示器或指示仪表情况，再拉开线路侧刀闸，后拉开母线侧刀闸	25			
2.3	验电挂接地	（1）用验电器在线路刀闸侧验电、放电	10			
		（2）验明确无电后，立即在线路刀闸电路侧装设接地线	10			
2.4	悬挂警告牌	悬挂“禁止合闸，线路有人工作”警告牌	5			
2.5	唱票复诵	倒闸操作时，有唱票复诵	5			
2.6	熟练程度	操作熟练、顺利	5			
3	工作终结验收					
3.1	开关操作	开关、刀闸操作到位	5	不到位或不牢靠扣 1～5 分； 未清理现场或未交还工器具扣 3 分； 未在规定时间完成，每延时 1 分钟扣 2 分		
3.2	接地线装设	接地线装设牢靠，警示牌挂设正确	5			
3.3	安全文明生产	操作过程中无工具损伤，柜内无遗留物，工作完毕应清理现场，交还工器具	10			
合计			100			

Jc0005352284　紧线前耐张杆横担临时拉线的操作。（100 分）

考核知识点：配电线路知识

难易度：中

技能等级评价专业技能考核操作工作任务书

一、任务名称

紧线前耐张杆横担临时拉线的操作。

二、适用工种

配电线路工高级工。

三、具体任务

完成紧线前耐张杆横担临时拉线的操作。

四、工作规范及要求

（1）单独操作。

（2）桩锚以安装好或使用现有拉棒作为桩锚。

（3）安全文明生产，在规定时间内完成。

（4）触碰红线得 0 分。

（5）本考核总成绩满分为 100 分。

五、考核及时间要求

考核时间共 20 分钟，每超过 1 分钟扣 2 分。

技能等级评价专业技能考核操作评分标准

<table>
<tr><td>工种</td><td colspan="6">配电线路工</td><td>评价等级</td><td>高级工</td></tr>
<tr><td>项目模块</td><td colspan="5">配电线路知识—架空线路的组成</td><td>编号</td><td colspan="2">Jc0005352284</td></tr>
<tr><td>单位</td><td colspan="2"></td><td>准考证号</td><td colspan="3"></td><td>姓名</td><td></td></tr>
<tr><td>考试时限</td><td colspan="2">20 分钟</td><td>题型</td><td colspan="3">多项操作</td><td>题分</td><td>100 分</td></tr>
<tr><td>成绩</td><td></td><td>考评员</td><td colspan="2"></td><td>考评组长</td><td></td><td>日期</td><td></td></tr>
<tr><td>试题正文</td><td colspan="8">紧线前耐张杆横担临时拉线的操作</td></tr>
<tr><td>需要说明的问题和要求</td><td colspan="8">（1）单独操作。
（2）桩锚以安装好或使用现有拉棒作为桩锚。
（3）安全文明生产，在规定时间内完成。
（4）触碰红线得 0 分</td></tr>
</table>

序号	项目名称	质量要求	满分	扣分标准	扣分原因	得分
1	工作前准备					
1.1	选择材料工器具	检查并选择所需工器具及材料，带好个人工具，满足工作需要并做检查	10	工器具每漏、错选一项扣 1 分； 不按规定穿着一项扣 1 分； 不办理操作票扣 5 分		
1.2	着装、穿戴	工作服、工作鞋、安全帽等穿戴正确	5			
2	工作过程					
2.1	登杆前检查	登杆前检查杆根及拉线（必要时调整电杆）	5	错误扣 2～5 分； 不作试验扣 4 分； 不熟练扣 1～3 分； 错误一处扣 4 分； 不符合要求扣 1～3 分； 高空落物一次扣 2 分		
2.2	登杆前检查	对登杆工具进行冲击试验	5			
2.3	登杆	登杆动作熟练、规范，带吊绳上杆	5			
2.4	工作位置确定	工作位置选择合适，正确使用安全带，安全带扣好应检查扣环是否牢固	10			
2.5	临时拉线设置	吊钢丝绳动作熟练，吊绳与钢丝绳不缠绕	4			
		钢丝绳缠绕横担头正确	4			
		钢丝绳不妨碍紧线、挂线工作	4			
		临时拉线靠近挂线点用紧线夹头夹紧钢丝绳	4			
		用双钩紧线器或棘轮紧线器收紧钢丝绳使临时拉线比正常拉线紧一点	4			
		紧线器使用操作熟练正确	4			
		钢丝绳在锚桩上或拉线棒上绑扎正确，尾绳在钢丝绳上最少要插回 2 次	4			
		钢丝绳绑扎要拉紧，使临时拉线受力合适	4			
		钢丝绳用扎丝扎牢或使用钢丝卡子卡住	4			
		拆除紧线工具，使临时拉线受力	4			
		扎丝不得小于 10 号，要求长度不少于 50mm，钢丝卡子不少于 2 只	5			

续表

序号	项目名称	质量要求	满分	扣分标准	扣分原因	得分
3	工作终结验收					
3.1	临时拉线设置	符合工作需要且牢固，安全	5	违章一次扣5～10分；不符合要求扣1～3分；未清理扣3分；不交还工器具及剩余材料扣3分；未在规定时间完成，每延时1分钟扣2分		
3.2	安全文明生产	杆上无遗留物，工作时无违章操作，工作完毕交还工器具，清理现场	10			
合计			100			

Jc0010363285 使用吊车更换10m直线杆的施工组织方案。(100分)

考核知识点： 运行管理知识

难易度： 难

技能等级评价专业技能考核操作工作任务书

一、任务名称

使用吊车更换10m直线杆的施工组织方案。

二、适用工种

配电线路工高级工。

三、具体任务

更换一基10m直线杆，作业方法为吊车组立，钢筋混凝土杆已运输到位。针对此项工作，要求考生编写一份使用吊车更换10m直线杆的施工组织方案。

四、工作规范及要求

单杆已运输到位，请按以下要求完成使用吊车更换10m直线杆的施工组织方案的编写，方案编写在教室内完成。

（1）人员配置分工合理（方案中不得出现真实单位名称及个人姓名）。

（2）工器具及材料清楚。

（3）主要作业程序正确。

（4）关键工序工艺质量标准清楚。

（5）组织、安全、技术措施齐全。

（6）考核时间结束终止考试。

（7）触碰红线得0分。

（8）本考核总成绩满分为100分。

五、考核及时间要求

考核时间共60分钟，每超过1分钟扣2分，到65分钟终止考核。

技能等级评价专业技能考核操作评分标准

工种	配电线路工			评价等级	高级工
项目模块	运行管理知识—运行设备检修		编号	Jc0010363285	
单位		准考证号		姓名	

续表

考试时限	60 分钟		题型	综合操作		题分	100 分
成绩		考评员		考评组长		日期	
试题正文	编写一份使用吊车更换 10m 直线杆的施工组织方案						
需要说明的问题和要求	（1）考生在 60 分钟内完成方案编写。 （2）方案中施工班组、作业人员不指定，由考生自行填写，但不得出现真实单位名称和个人姓名。 （3）电杆为 10m 钢筋混凝土单杆，组立方式为使用吊车组立。 （4）所用工具、材料由考生根据施工需要进行安排。 （5）本考核总成绩满分为 100 分						

序号	项目名称	质量要求	满分	扣分标准	扣分原因	得分
1	整体要求					
1.1	标题	要写清楚线路名称、杆号及作业内容	5	少一项扣 2 分		
1.2	工程概况介绍	应对工程概况或该工作的背景进行简单描述	5	没有工程概况介绍扣 5 分		
2	组织措施					
2.1	工作内容	应写清楚工作的线路、杆号、工作内容、工作范围	5	少一项内容扣 3 分		
2.2	工作人员及分工	（1）应写清楚工作班组和人数，或者逐一填写工作人员名字。 （2）单位名称和个人姓名不得使用真实名称。 （3）应有明确分工	5	一项不正确扣 2 分		
2.3	工作时间	应写清楚计划工作时间，计划工作开始及工作结束时间均应以年、月、日、时、分填写清楚	5	没有填写时间扣 5 分；时间填写不清楚扣 3 分		
3	作业程序					
3.1	准备工作	（1）安全措施宣讲及落实（作业人员着装正确，戴安全帽，系安全带）。 （2）人员分工（指挥、安全监护、吊车操作、拆除扎线、临时拉线、制作拉线、登杆各岗位人员分配）。 （3）作业开始前的检查（导线受力情况的检查）	5	少一项扣 2 分		
3.2	拆除旧杆	（1）将钢丝绳套选择在合适的位置绑扎，并使钢丝绳受力。 （2）将要更换的直线杆导线三相扎线松开，导线用绳索拉向外侧不影响拆除旧杆。 （3）拔出电杆	3	少一项扣 1 分		
3.3	立杆	（1）在原处挖掘基坑。 （2）检查或放置底盘。 （3）选择合适位置绑扎起吊点，对各绑扎点及吊点情况进行检查。 （4）起吊电杆（电杆受力后应检查各绑扎点及吊点，横担离地 30～50cm 时停止牵引，检查各受力点，确无问题后再起吊）。 （5）调整电杆位置，落杆入基础坑内，并使电杆位于线路中心。 （6）杆根回填土并夯实。回填土每升高 500mm 夯实一次，回填土高出地面 300mm	7	少一项扣 2 分		
3.4	架设导线及附件安装	（1）安装直线杆横担和绝缘子。 （2）将导线绑扎在绝缘子上	5	少一项扣 2 分		
3.5	拆除工器具及清理现场	（1）登杆拆除吊点钢丝绳套。 （2）清理现场	5	少一项扣 2 分		

续表

序号	项目名称	质量要求	满分	扣分标准	扣分原因	得分
4	安全措施					
4.1	防触电措施	（1）核对线路名称。 （2）停电，在作业点两端验电、挂接地线	5	少一项扣2分		
4.2	防止高坠措施	（1）在杆根回填土夯实之前，不得登杆。 （2）安全带及延长绳外观检查及冲击试验。 （3）登杆过程中应全程使用安全带，杆上作业过程中不得失去保护	5	少一项扣2分		
4.3	防止高空落物伤人措施	（1）作业人员应正确佩戴安全帽。 （2）作业点正下方不得有人逗留或通过	5	少一项扣2分		
4.4	防止倒杆措施	（1）杆塔起立后及横担离地30～50cm时，应对各受力点处做一次全面检查并做冲击试验，确无问题再继续起立。 （2）起吊过程中，应注意检查各绑扎点钢丝绳套锁紧情况及位置是否正确。 （3）正式拉线做好，杆基回填土夯实后，方可登杆拆除所有牵引和临时拉线。 （4）距杆根1.2倍杆高范围内，除指挥人员外其他人员不得入内	5	少一项扣2分		
5	技术措施					
5.1	工器具的使用要求	（1）吊车吨位选择，统一指挥等。 （2）钢丝绳套绑扎位置及绑扎方法，使用过程进行安全检查等	10	少一项扣5分		
5.2	质量要求	（1）杆身不得有纵向裂纹，横向裂纹宽度不得超过0.1mm，长度不得超过周长的1/3，且1m内横向裂纹不得超过3处。 （2）电杆立好后，应垂直于地面，并与相邻电杆在一条直线上。 （3）电杆埋深符合要求（+100mm，－50mm）。 （4）横担安装平正，安装偏差：横担端部上下歪斜及左右扭斜均不应大于20mm	10	少一项扣5分		
6	工具材料					
6.1	工具	（1）应有工具清单。 （2）应含有吊车、钢丝绳套、绳索等立杆工具，并应根据情况选择适当的型号。 （3）应含有验电器、接地线、安全带、延长绳、脚扣等安全工器具	5	少一项扣2分；没有型号要求扣2分		
6.2	材料	（1）应有材料清单。 （2）应有横担、绝缘子、扎线等材料	5	少一项扣3分；没有型号要求扣2分		
合计			100			

Jc0010363286　使用人字抱杆更换10m直线杆的施工组织方案。（100分）

考核知识点：运行管理知识

难易度：难

技能等级评价专业技能考核操作工作任务书

一、任务名称

使用人字抱杆更换10m直线杆的施工组织方案。

二、适用工种

配电线路工高级工。

三、具体任务

更换一基 10m 直线杆，作业方法为抱杆组立，钢筋混凝土杆已运输到位。针对此项工作，要求考生编写一份使用人字抱杆更换 10m 直线杆的施工组织方案。

四、工作规范及要求

单杆已运输到位，请按以下要求完成使用人字抱杆更换 10m 直线杆的施工组织方案的编写，方案编写在教室内完成。

（1）人员配置分工合理（方案中不得出现真实单位名称及个人姓名）。

（2）工器具及材料清楚。

（3）主要作业程序正确。

（4）关键工序工艺质量标准清楚。

（5）组织、安全、技术措施齐全。

（6）考核时间结束终止考试。

（7）触碰红线得 0 分。

（8）本考核总成绩满分为 100 分。

五、考核及时间要求

考核时间共 50 分钟，每超过 1 分钟扣 2 分，到 60 分钟终止考核。

技能等级评价专业技能考核操作评分标准

<table>
<tr><td>工种</td><td colspan="6">配电线路工</td><td>评价等级</td><td>高级工</td></tr>
<tr><td>项目模块</td><td colspan="5">运行管理知识—运行设备检修</td><td>编号</td><td colspan="2">Jc0010363286</td></tr>
<tr><td>单位</td><td colspan="2"></td><td>准考证号</td><td colspan="3"></td><td>姓名</td><td></td></tr>
<tr><td>考试时限</td><td colspan="2">50 分钟</td><td>题型</td><td colspan="3">综合操作</td><td>题分</td><td>100 分</td></tr>
<tr><td>成绩</td><td></td><td>考评员</td><td colspan="2"></td><td>考评组长</td><td></td><td>日期</td><td></td></tr>
<tr><td>试题正文</td><td colspan="8">编写一份使用人字抱杆更换 10m 直线杆的施工组织方案</td></tr>
<tr><td>需要说明的问题和要求</td><td colspan="8">（1）考生在 60 分钟内完成方案编写。
（2）方案中施工班组、作业人员不指定，由考生自行填写，但不得出现真实单位名称和个人姓名。
（3）电杆为 10 米钢筋混凝土单杆，组立方式为使用抱杆组立。
（4）所用工具、材料由考生根据施工需要进行安排。
（5）本考核总成绩满分为 100 分</td></tr>
</table>

序号	项目名称	质量要求	满分	扣分标准	扣分原因	得分
1	整体要求					
1.1	标题	要写清楚线路名称、杆号及作业内容	5	少一项扣 2 分		
1.2	工程概况介绍	应对工程概况或该工作的背景进行简单描述	5	没有工程概况介绍扣 5 分		
2	组织措施					
2.1	工作内容	应写清楚工作的线路、杆号、工作内容、工作范围	5	少一项内容扣 1 分		

续表

序号	项目名称	质量要求	满分	扣分标准	扣分原因	得分
2.2	工作人员及分工	（1）应写清楚工作班组和人数，或者逐一填写工作人员名字。 （2）单位名称和个人姓名不得使用真实名称。 （3）应有明确分工	5	一项不正确扣1分		
2.3	工作时间	应写清楚计划工作时间，计划工作开始及工作结束时间均应以年、月、日、时、分填写清楚	5	没有填写时间扣2分；时间填写不清楚扣1分		
3	作业程序					
3.1	准备工作	（1）安全措施宣讲及落实（作业人员着装正确，戴安全帽，系安全带）。 （2）人员分工（指挥、安全监护、吊车操作、拆除扎线、临时拉线、制作拉线、登杆各岗位人员分配）。 （3）作业开始前的检查（导线受力情况的检查）	5	少一项扣2分		
3.2	拆除旧杆	（1）将钢丝绳套选择在合适的位置绑扎，并使钢丝绳受力。 （2）将要更换的直线杆导线三相扎线松开，导线用绳索拉向外侧不影响拆除旧杆。 （3）拔出电杆	5	少一项扣1分		
3.3	立杆准备	（1）主牵引地锚布置，检查或放置底盘。主牵引地锚中心、电杆中心线、制动地锚中心及人字抱杆的顶点在同一垂直面上，严禁偏移，以保证在起吊过程中受力均匀。主牵引地锚与电杆基坑的距离为杆高的1.3～1.5倍，依据具体地形而定，以远些为好。主牵引绳与地面夹角一般不大于30°。 （2）制动绳地锚布置。制动绳位置应与电杆中心平行，制动地锚坑应与基坑的距离为电杆高的1.2倍，制动绳与制动锚之间应装制动器，以调整制动绳。 （3）抱杆设定。抱杆有效高度的选择一般为电杆重心高度的1.1倍，抱杆根部距支点的距离一般为2～5m，抱杆顶部的脱帽环应能保证倒抱杆时顺利脱落。 （4）一般15m以下的杆塔可采用单点方式起吊，各吊点的合力作用点在电杆重心高度的1.1～1.5倍处（距离以杆根算起）	5	少一项扣2分		
3.4	立杆	（1）在电杆起立过程中要集中精力，注意整个过程的工作情况，及早发现异常情况，及时处理，使起吊工作顺利进行。 （2）当电杆起吊至杆顶离开地面0.8m时，应停止起吊，检查各部受力情况及做冲击试验。 （3）电杆起吊到40°～50°时，应检查杆根是否对准地盘，如有偏斜应及时调正。在抱杆退落前应使杆根进入底盘位置。 （4）抱杆脱落时，应预先发出信号，电杆起吊暂停，要使抱杆缓缓落下，并注意各部受力情况有无异常。 （5）电杆起立到约70°时应减慢牵引速度，约80°时应停止牵引，并收紧稳好四面拉线，特别是制动方向拉线	5	少一项扣1分		
3.5	架设导线及附件安装	（1）安装直线杆横担和绝缘子。 （2）将导线绑扎在绝缘子上	5	少一项扣2分		
3.6	拆除工器具及清理现场	（1）登杆拆除吊点钢丝绳套。 （2）清理现场	5	少一项扣2分		
4	安全措施					
4.1	防触电措施	（1）核对线路名称。 （2）停电，在作业点两端验电、挂接地线	5	少一项扣2分		
4.2	防止高坠措施	（1）在杆根回填土夯实之前，不得登杆。 （2）对安全带及延长绳进行外观检查，做冲击试验。 （3）登杆过程中应全程使用安全带，杆上作业过程中不得失去保护	5	少一项扣2分		
4.3	防止高空落物伤人措施	（1）作业人员应正确佩戴安全帽。 （2）作业点正下方不得有人逗留或通过	5	少一项扣2分		

续表

序号	项目名称	质量要求	满分	扣分标准	扣分原因	得分
4.4	防止倒杆措施	(1) 杆塔起立后及横担离地 30～50cm 时，应对各受力点处做一次全面检查并做冲击试验，确无问题再继续起立。 (2) 起吊过程中，应注意检查各绑扎点钢丝绳套锁紧情况及位置是否正确。 (3) 正式拉线做好，杆基回填土夯实后，方可登杆拆除所有牵引和临时拉线。 (4) 距杆根 1.2 倍杆高范围内，除指挥人员外其他人员不得入内	5	少一项扣 2 分		
5	技术措施					
5.1	工器具的使用要求	(1) 吊车吨位选择，统一指挥等。 (2) 钢丝绳套绑扎位置及绑扎方法，使用过程进行安全检查等	5	少一项扣 5 分		
5.2	质量要求	(1) 杆身不得有纵向裂纹，横向裂纹宽度不得超过 0.1mm，长度不得超过周长的 1/3，且 1m 内横向裂纹不得超过 3 处。 (2) 电杆立好后，应垂直于地面，并与相邻电杆在一条直线上。 (3) 电杆埋深符合要求（+100mm，－50mm）。 (4) 横担安装平正，安装偏差：横担端部上下歪斜及左右扭斜均不应大于 20mm	10	少一项扣 5 分		
6	工具材料					
6.1	工具	(1) 应有工具清单。 (2) 应含有机动绞磨、人字抱杆、钢丝绳套、滑车等立杆工具，并应根据情况选择适当的型号。 (3) 应含有验电器、接地线、安全带、延长绳、脚扣等安全工器具	5	少一项扣 2 分；没有型号要求扣 2 分		
6.2	材料	(1) 应有材料清单。 (2) 应有横担、绝缘子、扎线等材料	5	少一项扣 3 分，没有型号要求扣 2 分		
合计			100			

Jc0010363287　单抱杆更换 15m 直线杆的施工组织方案。（100 分）

考核知识点：运行管理知识

难易度：难

技能等级评价专业技能考核操作工作任务书

一、任务名称

单抱杆更换 15m 直线杆的施工组织方案。

二、适用工种

配电线路工高级工。

三、具体任务

指挥用单抱杆更换 15m 直线杆的操作。针对此项工作，考生须在 60 分钟内完成更换处理操作。

四、工作规范及要求

(1) 工具、材料已在现场，所有锚桩已经安装好。

(2) 指挥布置工作现场，指挥各道工序，设一安全员协助检查。

(3) 立电杆的单抱杆用小抱杆起立。

（4）工具：长度10m左右30kN以上抱杆1根，6m左右小抱杆1副，机动绞磨1台，直径11～12.5mm牵引钢丝绳约100m，角铁桩（12～14根）；直径11mm临时拉线，大于20m，4根；30kN滑轮组（两轮、三轮各1只），20kN滑轮1只，钢丝绳套3～4只，大锤3～5把，铁锹2把，夯1只，卸扣，登杆工具，个人工具，吊绳3～4根，花篮螺栓式联板扣5副，钢钎等，红、绿旗。如土质不行应增加角铁桩或地锚。

（5）触碰红线得0分。

（6）本考核总成绩满分为100分。

五、考核及时间要求

考核时间共50分钟。每超过1分钟扣2分，到60分钟终止考核。

技能等级评价专业技能考核操作评分标准

工种	配电线路工					评价等级	高级工
项目模块	运行管理知识—运行设备检修				编号	Jc0010363287	
单位			准考证号			姓名	
考试时限	50分钟		题型	综合操作		题分	100分
成绩		考评员		考评组长		日期	
试题正文	编写一份使用单抱杆更换15m直线杆的施工组织方案						
需要说明的问题和要求	（1）考生在60分钟内完成方案编写。 （2）方案中施工班组、作业人员不指定，由考生自行填写，但不得出现真实单位名称和个人姓名。 （3）电杆为15米钢筋混凝土单杆，组立方式为使用抱杆组立。 （4）所用工具、材料由考生根据施工需要进行安排。 （5）本考核总成绩满分为150分						

序号	项目名称	质量要求	满分	扣分标准	扣分原因	得分
1	整体要求					
1.1	标题	要写清楚线路名称、杆号及作业内容	5	少一项扣2分		
1.2	工程概况介绍	应对工程概况或该工作的背景进行简单描述	5	没有工程概况介绍扣5分		
2	组织措施					
2.1	工作内容	应写清楚工作的线路、杆号、工作内容、工作范围	5	少一项内容扣3分		
2.2	工作人员及分工	（1）应写清楚工作班组和人数；或者逐一填写工作人员名字。 （2）单位名称和个人姓名不得使用真实名称。 （3）应有明确分工	5	一项不正确扣2分		
2.3	工作时间	应写清楚计划工作时间，计划工作开始及工作结束时间均应以年、月、日、时、分填写清楚	5	没有填写时间扣5分；时间填写不清楚扣3分		
3	作业程序					
3.1	准备工作	（1）安全措施宣讲及落实（作业人员着装正确，戴安全帽，系安全带）。 （2）人员分工（指挥、安全监护、吊车操作、拆除扎线、临时拉线、制作拉线、登杆各岗位人员分配）。 （3）作业开始前的检查（导线受力情况的检查）	3	少一项扣2分		

续表

序号	项目名称	质量要求	满分	扣分标准	扣分原因	得分
3.2	拆除旧杆	（1）将钢丝绳套选择在合适的位置绑扎，并使钢丝绳受力。 （2）将要更换的直线杆导线三相扎线松开，导线用绳索拉向外侧不影响拆除旧杆。 （3）拔出电杆	2	少一项扣 1 分		
3.3	起立抱杆准备	（1）将四方的临时拉线锚桩安装好，安装距离为杆高 1.2～1.3 倍，方向为 90°，其中两根应与电杆和抱杆脚连线方向一致，并在一条直线上。 （2）将机动绞磨锚桩安装好，安装方向应与电杆摆设方向一致，距离为电杆高度 1.2 倍以上。 （3）单抱杆脚应设在离杆坑 1m 左右，视土质情况，距离近些为好。必要时采取防沉、防塌措施。 （4）单抱杆摆放应与电杆同一方向，根部朝机动绞磨方向。 （5）小抱杆双脚分开 1.8m 左右，双脚放在单抱杆根部，向头部方向前进约 1.5m，两脚连线与大抱杆垂直。 （6）将滑轮组及四方临时拉线挂在单抱杆头部，动滑轮挂在单抱杆根部。 （7）四方临时拉线分开拉至各自的锚桩。 （8）将牵引钢丝绳放在小抱杆顶部，并用一根吊绳中部绑紧小抱杆头，一端翻过牵引钢丝绳作为小抱杆反向拉绳，另一端作为木抱杆起立拉绳	5	少一步扣 1 分		
3.4	起立抱杆	（1）派两人各自稳住木抱杆根部，再派两人吊起小抱杆。两人拉起立拉绳的一端将木抱杆拉起至 60°左右，并将吊绳两端暂时固定。 （2）收紧牵引钢丝绳，使它受力，松开吊绳两端，开动绞磨并指挥临时拉线使单抱杆平稳立起。 （3）小抱杆快失效时要拉紧小抱杆反向拉绳，使小抱杆轻轻倒下并及时收走。 （4）松开动滑轮与抱杆根部的连接。将四方临时拉线调整好并扎紧	5	少一步扣 2 分		
3.5	立杆	（1）计算出抱杆有效高度并留 0.5m 左右余量，确定电杆吊点位置，一定要在重心以上。 （2）用大于 12.5mm 的钢丝绳套在吊点位置上，并用卸扣与动滑轮连接好，杆梢绑两根棕绳。 （3）用大于 12.5mm 的钢丝扣在抱杆根部，上连接 10～20kN 的导向滑轮，牵引绳从滑轮穿出。 （4）开动绞磨，待电杆离地后认真检查各受力点及各锚桩并冲击检查，确无问题，继续起吊。密切注意电杆重心变化，必要时用钢钎移动电杆，将电杆重心对准杆坑。 （5）电杆根部快离地时，派两人用绳子套住电杆根部，控制电杆摆动，继续起吊，并将电杆对准杆坑，及时停止牵引。 （6）绞磨倒车将电杆慢慢放杆坑，到位后拉动杆梢绳子，调整电杆铅直，并及时回土分层夯实。 （7）杆根牢固后，登杆拆除吊绳及吊点	5	少一步扣 2 分		
3.6	架设导线及附件安装	（1）安装直线杆横担和绝缘子。 （2）将导线绑扎在绝缘子上	5	少一项扣 2 分		
3.7	拆除工器具及清理现场	（1）登杆拆除吊点钢丝绳套。 （2）清理现场	5	少一项扣 2 分		
4	安全措施					

续表

序号	项目名称	质量要求	满分	扣分标准	扣分原因	得分
4.1	防触电措施	（1）核对线路名称。 （2）停电，在作业点两端验电、挂接地线	5	少一项扣2分		
4.2	防止高坠措施	（1）在杆根回填土夯实之前，不得登杆。 （2）对安全带及延长绳进行外观检查，做冲击试验。 （3）登杆过程中应全程使用安全带，杆上作业过程中不得失去保护	5	少一项扣2分		
4.3	防止高空落物伤人措施	（1）作业人员应正确佩戴安全帽。 （2）作业点正下方不得有人逗留或通过	5	少一项扣2分		
4.4	防止倒杆措施	（1）杆塔起立后及横担离地30～50cm时，应对各受力点处做一次全面检查并做冲击试验，确无问题再继续起立。 （2）起吊过程中，应注意检查各绑扎点钢丝绳套锁紧情况及位置是否正确。 （3）正式拉线做好，杆基回填土夯实后，方可登杆拆除所有牵引和临时拉线	5	少一项扣2分		
5	技术措施					
5.1	工器具的使用要求	（1）机动绞磨吨位选择，统一指挥等。 （2）钢丝绳套绑扎位置及绑扎方法，使用过程进行安全检查等	5	少一项扣5分		
5.2	质量要求	（1）杆身不得有纵向裂纹，横向裂纹宽度不得超过0.1mm，长度不得超过周长的1/3，且1m内横向裂纹不得超过3处。 （2）电杆立好后，应垂直于地面，并与相邻电杆在一条直线上。 （3）电杆埋深符合要求（+100mm，－50mm）。 （4）横担安装平正，安装偏差：横担端部上下歪斜及左右扭斜均不应大于20mm	10	少一项扣5分		
6	工具材料					
6.1	工具	（1）应有工具清单。 （2）应含有吊车、钢丝绳套、绳索等立杆工具，并应根据情况选择适当的型号。 （3）应含有验电器、接地线、安全带、延长绳、脚扣等安全工器具	5	少一项扣2分；没有型号要求扣2分		
6.2	材料	（1）应有材料清单。 （2）应有横担、绝缘子、扎线等材料	5	少一项扣3分；没有型号要求扣2分		
合计			100			

Jc0010363288　使用吊车更换配电双杆变压器的检修方案。（100分）

考核知识点：运行管理知识

难易度：难

技能等级评价专业技能考核操作工作任务书

一、任务名称

编写一份使用吊车更换配电双杆变压器的检修方案。

二、适用工种

配电线路工高级工。

三、具体任务

更换一台变压器，作业方法为吊车起立，变压器已运输到位。针对此项工作，要求考生编写一份使用吊车更换配电双杆变压器的施工组织方案。

四、工作规范及要求

单杆已运输到位，请按以下要求完成使用吊车更换配电双杆变压器的施工组织方案的编写；方案编写在教室内完成。

（1）人员配置分工合理（方案中不得出现真实单位名称及个人姓名）。

（2）工器具及材料清楚。

（3）主要作业程序正确。

（4）关键工序工艺质量标准清楚。

（5）组织、安全、技术措施齐全。

（6）考核时间结束终止考试。

（7）触碰红线得 0 分。

（8）本考核总成绩满分为 100 分。

五、考核及时间要求

考核时间共 60 分钟，每超过 1 分钟扣 2 分，到 65 分钟终止考核。

技能等级评价专业技能考核操作评分标准

工种	配电线路工					评价等级	高级工
项目模块	运行管理知识—运行设备检修				编号	Jc0010363288	
单位			准考证号			姓名	
考试时限	60 分钟		题型	综合操作		题分	100 分
成绩		考评员		考评组长		日期	.
试题正文	编写使用吊车更换配电双杆变压器的检修方案						
需要说明的问题和要求	（1）考生在 60 分钟内完成方案编写。 （2）方案中施工班组、作业人员不指定，由考生自行填写，但不得出现真实单位名称和个人姓名。 （3）更换方式为使用吊车。 （4）其他所用工具、材料由考生根据检修需要进行安排。 （5）本考核总成绩满分为 100 分						

序号	项目名称	质量要求	满分	扣分标准	扣分原因	得分
1	工作前准备					
1.1	办理工作票	根据实际情况填写工作票，并审票合格	5	工器具每漏、错选一项扣 1 分； 不按规定穿着一项扣 1 分； 不办理操作票扣 5 分		
1.2	准备工器具	根据工作需要选择工器具及安全用具	5			
1.3	着装、穿戴	按规定穿工作服、工作鞋，戴绝缘手套、安全帽等	5			
2	工作过程					
2.1	拆除变压器	（1）拆除变压器高、低压端子的防护罩，高、低压引线，表计接线及外壳接地线，并做好相色识别标记。 （2）将变压器使用吊车缓慢吊至平整结实的地面	10	少一步扣 2 分		

续表

序号	项目名称	质量要求	满分	扣分标准	扣分原因	得分
2.2	安装变压器	（1）起吊新变压器并就位。吊车司机在工作负责人的指挥下操纵吊车，将钢丝绳下套分别套入变压器吊点上。起吊时，当钢丝绳全部吃力后应停止起吊，检查各吊点无异常后，再缓慢吊起变压器并放置在台架上。 （2）缓慢调整变压器到合适位置，并用螺栓或专用钢缆将变压器固定牢固。 （3）连接变压器高、低压引线，表计接线及外壳接地线，铜铝连接应有可靠的过渡措施。 （4）安装变压器高、低压桩头绝缘防护罩	20	少一步扣 5 分		
2.3	运行前检查与试验	（1）确定分接头开关位置与要求符合并测量无误。 （2）每相之间直流电阻差值不得大于三相平均值的 4%。 （3）瓷套管干净无裂纹，顶盖干净无工具杂物，无渗漏油。 （4）引线、接地的接头连接要可靠。 （5）全电压合闸，第一次送电运行时间不小于 10min，无异常声或放电声，合格后再进行第二次试验	20	少一步扣 5 分		
3	工作竣工验收					
3.1	按规范进行验收	对现场进行全面检查验收，无异常后，通知人员拆除接地线，所有人员撤离现场	10	缺一项扣 4 分； 未拆除接地线扣总分值 50%； 违章一次扣 3 分； 不符合要求扣 1～3 分； 未清理扣 3 分； 不交还工器具扣 3 分； 未在规定时间内完成，每延时 1 分钟扣 2 分		
3.2	工作终结及送电	交回工作票，汇报工作结束，恢复送电	10			
3.3	安全文明生产	（1）现场材料、工器具堆放合理。 （2）工作结束后清理现场，将带入现场的施工器械、设备、材料撤出现场运回。 （3）现场施工无违章	15			
合计			100			

Jc0010363289　使用倒链更换配电双杆变压器的检修方案。（100 分）

考核知识点：运行管理知识

难易度：难

技能等级评价专业技能考核操作工作任务书

一、任务名称

使用倒链更换配电双杆变压器的检修方案。

二、适用工种

配电线路工高级工。

三、具体任务

更换一台配电双杆变压器，作业方法为倒链起吊，变压器已运输到位。针对此项工作，要求考生编写一份更换配电双杆变压器的施工组织方案。

四、工作规范及要求

单杆已运输到位，请按以下要求完成使用倒链更换 1 台变压器的施工组织方案的编写；方案编写在教室内完成。

（1）人员配置分工合理（方案中不得出现真实单位名称及个人姓名）。

（2）工器具及材料清楚。

（3）主要作业程序正确。

（4）关键工序工艺质量标准清楚。
（5）组织、安全、技术措施齐全。
（6）考核时间结束终止考试。
（7）触碰红线得 0 分。
（8）本考核总成绩满分为 100 分。

五、考核及时间要求

考核时间共 60 分钟，每超过 1 分钟扣 2 分，到 65 分钟终止考核。

技能等级评价专业技能考核操作评分标准

工种	配电线路工					评价等级	高级工
项目模块	运行管理知识—运行设备检修				编号	Jc0010363289	
单位			准考证号			姓名	
考试时限	60 分钟		题型	综合操作		题分	100 分
成绩		考评员		考评组长		日期	
试题正文	编写使用倒链更换配电双杆变压器的检修方案						
需要说明的问题和要求	（1）考生集中于教室在 60 分钟内完成方案编写。 （2）方案中施工班组、作业人员不指定，由考生自行填写，但不得出现真实单位名称和个人姓名。 （3）更换方式为使用倒链。 （4）其他所用工具、材料由考生根据检修需要进行安排。 （5）本考核总成绩满分为 100 分						

序号	项目名称	质量要求	满分	扣分标准	扣分原因	得分
1	准备工作					
1.1	办理工作票	根据实际情况填写工作票，并审票合格	5	工器具每漏、错选一项扣 1 分； 不按规定穿着一项扣 1 分； 不办理操作票扣 5 分		
1.2	准备工器具	根据工作需要选择工器具及安全用具	5			
1.3	着装、穿戴	按规定穿工作服、工作鞋，戴绝缘手套、安全帽等	5			
2	工作过程					
2.1	拆除变压器	（1）拆除高压、低压桩头连接设备线夹，并做好相色识别标记。 （2）在避雷器担下方在双杆之间制作一个绳套，选择合适的位置安装倒链。 （3）缓慢收紧倒链，时刻注意变压器受力情况，将变压器放置牢固平稳的地方	15	少一项扣 5 分		
2.2	安装变压器	（1）型号符合安装设计要求，瓷套管无损伤，各部位连接螺栓牢靠，各接口处无渗漏油，外表无机械损伤和锈蚀，油漆完好。 （2）就位推进要平稳，调整水平，不碰伤或撞坏器件，水平调整方法正确且满足要求。 （3）拆除倒链和临时绳套	15	少一项扣 5 分		
2.3	运行前检查与试验	（1）确定分接头开关位置与要求符合并测量无误。 （2）每相之间直流电阻差值不得大于三相平均值的 4%。 （3）瓷套管干净无裂纹，顶盖干净无工具杂物，无渗漏油。 （4）引线、接地的接头连接要可靠。 （5）全电压合闸，第一次送电运行时间不小于 10min，无异常声或放电声，合格后再进行第二次试验	25	少一项扣 5 分		

续表

序号	项目名称	质量要求	满分	扣分标准	扣分原因	得分
3	工作竣工验收					
3.1	按规范进行验收	对现场进行全面检查验收，无异常后，通知人员拆除接地线，所有人员撤离现场	10	缺一项扣5分； 未拆除接地线扣总分值50%； 违章一次扣5分； 不符合要求扣1～3分； 未清理扣5分； 不交还工器具扣5分； 未在规定时间内完成，每延时1分钟扣2分		
3.2	工作终结及送电	交回工作票，汇报工作结束，恢复送电	10			
3.3	安全文明生产	（1）现场材料、工器具堆放合理。 （2）工作结束后清理现场，将带入现场的施工器械、设备、材料撤出现场运回。 （3）现场施工无违章	10			
合计			100			

Jc0010363290　更换10kV跌落式熔断器的检修方案。（100分）

考核知识点：运行管理知识

难易度：难

技能等级评价专业技能考核操作工作任务书

一、任务名称

更换10kV跌落式熔断器的检修方案。

二、适用工种

配电线路工高级工。

三、具体任务

更换10kV跌落式熔断器，作业方法停电检修。针对此项工作，要求考生编写一份更换10kV跌落式熔断器的施工组织方案。

四、工作规范及要求

请按以下要求完成10kV跌落式熔断器的施工组织方案的编写；方案编写在教室内完成。

（1）人员配置分工合理（方案中不得出现真实单位名称及个人姓名）。

（2）工器具及材料清楚。

（3）主要作业程序正确。

（4）关键工序工艺质量标准清楚。

（5）考核时间结束终止考试。

（6）触碰红线得0分。

（7）本考核总成绩满分为100分。

五、考核及时间要求

考核时间共30分钟，每超过1分钟扣2分，到35分钟终止考核。

技能等级评价专业技能考核操作评分标准

工种	配电线路工			评价等级	高级工
项目模块	运行管理知识—运行设备检修		编号	Jc0010363290	
单位		准考证号		姓名	
考试时限	30分钟	题型	综合操作	题分	100分

续表

成绩		考评员		考评组长		日期	
试题正文	编写一份更换 10kV 跌落式熔断器的检修方案						
需要说明的问题和要求	（1）考生在 30 分钟内完成方案编写。 （2）方案中施工班组、作业人员不指定，由考生自行填写，但不得出现真实单位名称和个人姓名。 （3）所用工具、材料由考生根据施工需要进行安排。 （4）本模块总成绩满分为 100 分						

序号	项目名称	质量要求	满分	扣分标准	扣分原因	得分
1	准备工作					
1.1	办理工作票	根据实际情况填写工作票，并审票合格	5	工器具每漏、错选一项扣 1 分； 不按规定穿着一项扣 1 分； 不办理操作票扣 5 分		
1.2	准备工器具	根据工作需要选择工器具及安全用具	5			
1.3	着装、穿戴	按规定穿工作服、工作鞋，戴绝缘手套、安全帽等	5			
2	工作过程					
2.1	杆上工作位置确定	站位合适，安全带系绑正确	10	少一项扣 5 分		
2.2	跌落式熔断器拆除	（1）选择合适的吊点，将传递小物件的吊绳准备好。 （2）将熔丝管拉开并取下。 （3）将跌落式熔断器的上下引线分别拆除。 （4）用吊绳将一相跌落式熔断器的瓷柱绑扎牢固，松开与横担连接处并缓慢放置地面	20	少一项扣 5 分		
2.3	跌落式熔断器安装	（1）地面人员用循环绳绑牢跌落式熔断器并缓缓拉上杆，在向上拉的过程中防止跌落式熔断器与电杆相碰而损坏绝缘子。 （2）安装跌落式熔断器并固定牢靠。 （3）连接跌落式熔断器引线。铜铝连接应有可靠的过渡措施。 （4）安装跌落式熔断器连接端子绝缘防护罩	20	少一项扣 5 分		
3	工作竣工验收					
3.1	按规范进行验收	对现场进行全面检查验收，无异常后，通知人员拆除接地线，所有人员撤离现场	10	缺一项扣 5 分； 未拆除接地线扣总分值 50%。 违章一次扣 5 分； 不符合要求扣 1～3 分； 未清理扣 5 分； 不交还工器具扣 5 分； 未在规定时间内完成，每延时 1 分钟扣 2 分		
3.2	工作终结及送电	交回工作票，汇报工作结束，恢复送电	10			
3.3	安全文明生产	（1）现场材料、工器具堆放合理。 （2）工作结束后清理现场，将带入现场的施工器械、设备及材料撤出现场运回。 （3）现场施工无违章	15			
合计			100			

Jc0010363291　配电线路一般事故抢修组织方案。（100 分）

考核知识点：运行管理知识

难易度：难

技能等级评价专业技能考核操作工作任务书

一、任务名称

配电线路一般事故抢修组织方案。

二、适用工种

配电线路工高级工。

三、具体任务

针对此项工作，可根据常见事故进行设置事故类型，要求考生编写配电线路一般事故抢修组织方案。

四、工作规范及要求

请按以下要求完成配电线路一般事故抢修组织方案的编写；方案编写在教室内完成。

（1）人员配置分工合理（方案中不得出现真实单位名称及个人姓名）。

（2）工器具及材料清楚。

（3）主要作业程序正确。

（4）关键工序工艺质量标准清楚。

（5）组织、安全、技术措施齐全。

（6）考核时间结束终止考试。

（7）触碰红线得 0 分。

（8）本考核总成绩满分为 100 分。

五、考核及时间要求

考核时间共 30 分钟，每超过 1 分钟扣 2 分，到 35 分钟终止考核。

技能等级评价专业技能考核操作评分标准

<table>
<tr><td>工种</td><td colspan="5">配电线路工</td><td>评价等级</td><td>高级工</td></tr>
<tr><td>项目模块</td><td colspan="4">运行管理知识—运行设备检修</td><td>编号</td><td colspan="2">Jc0010363291</td></tr>
<tr><td>单位</td><td colspan="2"></td><td>准考证号</td><td colspan="2"></td><td>姓名</td><td></td></tr>
<tr><td>考试时限</td><td colspan="2">30 分钟</td><td>题型</td><td colspan="2">综合操作</td><td>题分</td><td>100 分</td></tr>
<tr><td>成绩</td><td></td><td>考评员</td><td colspan="2"></td><td>考评组长</td><td></td><td>日期</td></tr>
<tr><td>试题正文</td><td colspan="7">编写一份配电线路一般事故抢修组织方案</td></tr>
<tr><td>需要说明的问题和要求</td><td colspan="7">（1）考生在 30 分钟内完成方案编写。
（2）方案中施工班组、作业人员不指定，由考生自行填写，但不得出现真实单位名称和个人姓名。
（3）所用工具、材料由考生根据施工需要进行安排。
（4）本考核总成绩满分为 100 分。
（5）可根据常见事故设置事故类型</td></tr>
</table>

序号	项目名称	质量要求	满分	扣分标准	扣分原因	得分
1	整体要求					
1.1	标题	要写清楚线路名称、杆号及作业内容	5	少一项扣 2 分		
1.2	工程概况介绍	应对工程概况或该工作的背景进行简单描述	5	没有工程概况介绍扣 5 分		
2	组织措施					
2.1	工作内容	应写清楚工作的线路、杆号、工作内容、工作范围	10	少一项内容扣 3 分		
2.2	工作人员及分工	（1）应写清楚工作班组和人数；或者逐一填写工作人员名字。 （2）单位名称和个人姓名不得使用真实名称。 （3）应有明确分工	5	一项不正确扣 2 分		

续表

序号	项目名称	质量要求	满分	扣分标准	扣分原因	得分
2.3	工作时间	应写清楚计划工作时间，计划工作开始及工作结束时间均应以年、月、日、时、分填写清楚	5	没有填写时间扣 5 分；时间填写不清楚扣 3 分		
3	作业程序					
3.1	停电申请	向调度部门办理线路停电申请	5	少一项扣 2 分		
3.2	办理事故应急抢修单	填写电力线路事故应急抢修单	5	少一项扣 1 分		
3.3	工作许可	按规定办理许可手续	5	少一步扣 2 分		
3.4	站班会	工作前对工作班成员进行危险点告知，交代安全措施和技术措施，并确定每一个工作班成员都已知晓	5	少一项扣 2 分		
3.5	施工作业	按规定组织施工	10	少一项扣 2 分		
4	安全措施	（1）危险点分析及其预防。 （2）执行标准作业卡。 （3）执行电力安全工作规程中保证安全的组织措施。 （4）执行电力安全工作规程中保证安全的技术措施。 （5）执行有关高空作业的规定。 （6）工器具检查和试验要求。 （7）大型操作项目的指挥，信号及工作人员的互相配合。 （8）出现异常情况时的处理程序	10	少一项扣 2 分		
5	技术措施					
5.1	工器具的使用要求	（1）选择主要施工工器具的规格型号。 （2）主要施工机器的强度校核	10	少一项扣 5 分		
5.2	质量要求	（1）依据项目要求选择合理的施工方案。 （2）按照设置的故障类型写清质量要求	10	少一项扣 5 分		
6	工具材料					
6.1	工具	（1）应有工具清单。 （2）应包含施工工具。 （3）应含有验电器、接地线、安全带、延长绳、脚扣等安全工器具和个人工具	5	少一项扣 2 分；没有型号要求扣 2 分		
6.2	材料	（1）应有材料清单。 （2）应有故障抢修需要的主要材料	5	少一项扣 3 分；没有型号要求扣 2 分		
合计			100			

Jc0010363292　更换配电线路拉线的抢修方案。(100 分)

考核知识点：运行管理知识

难易度：难

技能等级评价专业技能考核操作工作任务书

一、任务名称

更换配电线路拉线的抢修方案。

二、适用工种

配电线路工高级工。

三、具体任务

针对此项工作，事故类型为拉线损坏，要求考生编写一份配电线路抢修的施工组织方案。

四、工作规范及要求

请按以下要求完成配电线路拉线的抢修方案的编写；方案编写在教室内完成。

（1）人员配置分工合理（方案中不得出现真实单位名称及个人姓名）。

（2）工器具及材料清楚。

（3）主要作业程序正确。

（4）关键工序工艺质量标准清楚。

（5）考核时间结束终止考试。

（6）触碰红线得 0 分。

（7）本考核总成绩满分为 100 分。

五、考核及时间要求

考核时间共 30 分钟，每超过 1 分钟扣 2 分，到 35 分钟终止考核。

技能等级评价专业技能考核操作评分标准

工种	配电线路工					评价等级	高级工
项目模块	运行管理知识—运行设备检修				编号	Jc0010363292	
单位			准考证号			姓名	
考试时限	30 分钟		题型	综合操作		题分	100 分
成绩		考评员		考评组长		日期	
试题正文	编写一份更换配电线路拉线的抢修方案						
需要说明的问题和要求	（1）学员集中于教室在 30 分钟内完成方案编写。 （2）方案中施工班组、作业人员不指定，由考生自行填写，但不得出现真实单位名称和个人姓名。 （3）更换一条耐张杆拉线。 （4）所用工具、材料由考生根据施工需要进行安排。 （5）本考核总成绩满分为 100 分						

序号	项目名称	质量要求	满分	扣分标准	扣分原因	得分
1	准备工作					
1.1	办理工作票	根据实际情况填写工作票，并审票合格	5	工器具每漏、错选一项扣 1 分； 不按规定穿着一项扣 1 分； 不办理操作票扣 5 分		
1.2	准备工器具	根据工作需要选择工器具及安全用具	5			
1.3	着装、穿戴	按规定穿工作服、工作鞋，戴绝缘手套、安全帽等	5			
2	工作过程					
2.1	临时拉线设置	钢丝绳缠绕电杆 2 圈后用卸扣或 U 形环锚固，杆下人员用紧线器将临时拉线收紧，在拉线棒上装 1 只 U 形环锚固临时拉线，要求不影响正式拉线的安装	15	少一项扣 5 分		
2.2	拆除旧拉线	先拆 UT 线夹的螺母，松去拉线，将上把拆除、吊下	15	少一步扣 5 分		
2.3	制作新拉线	按要求做好上把固定，用紧线器收紧钢绞线画印，制作下把装上并调整 UT 线夹的螺母使之受力正常	15	少一项扣 5 分		
2.4	拆除临时拉线	（1）按规定将钢绞线回头尾线绑扎。 （2）拆除临时拉线不可伤及正式拉线	10	少一项扣 5 分		
3	工作竣工验收					

续表

序号	项目名称	质量要求	满分	扣分标准	扣分原因	得分
3.1	按规范进行验收	（1）拉线尾线出线，尾线从凸肚处穿出。 （2）尾线回头长度为300～500mm。 （3）拉线受力均匀。 （4）螺杆应露扣，并应有不少于1/2螺杆丝扣长度	20	少一项扣5分		
3.2	工作终结	交回工作票，汇报工作结束	5	少一项扣5分		
3.3	安全文明生产	工器具材料摆放有序，工器具、设备无损伤，杆上无遗留物及跌落物等失误，清理现场，交还工器具及剩余材料	5	工具损坏一次扣1分； 不作清理扣3分； 不交还工器具扣3分； 未在规定时间完成，每延时1分钟扣2分		
合计			100			

Jc0010363293　配电线路单相接地的抢修方案。（100分）

考核知识点：运行管理知识

难易度：难

技能等级评价专业技能考核操作工作任务书

一、任务名称

配电线路单相接地的抢修方案。

二、适用工种

配电线路工高级工。

三、具体任务

针对此项工作，事故类型为10kV线路单相接地，要求考生编写一份配电线路单相接地的抢修方案。

四、工作规范及要求

请按以下要求完成配电线路单相接地的抢修方案的编写；方案编写在教室内完成。

（1）人员配置分工合理（方案中不得出现真实单位名称及个人姓名）。

（2）工器具及材料清楚。

（3）主要作业程序正确。

（4）关键工序工艺质量标准清楚。

（5）考核时间结束终止考试。

（6）触碰红线得0分。

（7）本考核总成绩满分为100分。

五、考核及时间要求

考核时间共30分钟，每超过1分钟扣2分，到55分钟终止考核。

技能等级评价专业技能考核操作评分标准

工种	配电线路工				评价等级	高级工
项目模块	运行管理知识—运行设备检修			编号	Jc0010363293	
单位		准考证号			姓名	
考试时限	30分钟	题型	综合操作		题分	100分

续表

成绩		考评员		考评组长		日期	
试题正文	编写一份配电线路单相接地的抢修方案						
需要说明的问题和要求	（1）考生在 30 分钟内完成方案编写。 （2）方案中施工班组、作业人员不指定，由考生自行填写，但不得出现真实单位名称和个人姓名。 （3）所用工具、材料由考生根据施工需要进行安排。 （4）本考核总成绩满分为 100 分						

序号	项目名称	质量要求	满分	扣分标准	扣分原因	得分
1	整体要求					
1.1	标题	要写清楚线路名称、杆号及抢修内容	5	少一项扣 2 分		
1.2	工程概况介绍	应对抢修内容或该工作的背景进行简单描述。应写清楚工作的线路、杆号、工作内容、工作范围	10	没有工作内容介绍扣 5 分		
2	作业程序					
2.1	准备工作	（1）安全措施宣讲及落实（作业人员着装正确，戴安全帽，系安全带）。 （2）人员分工（指挥、安全监护、登杆各岗位人员分配）。 （3）了解故障线路名称、故障状态、接地相位，并明确线路运行方式，初步分析线路故障发生范围。 （4）根据本线路故障巡线预案，制订故障巡线和线路分段隔离方案，明确线路分段巡视和开关拉合顺序，明确人员分工	10	少一项扣 2 分		
2.2	判断隔离故障点	按照故障巡线和线路分段拉闸方案，结合线路故障指示仪指示信息，由工作人员负责人下令隔离线路故障多发段或主线后段	5	少一项扣 1 分		
2.3	抢修过程	（1）工作负责人向调度确定该线路在冷备用状态。 （2）验电确定无电压后，立即测量隔离点前段线路的绝缘电阻。摇测时应先接接地端，后用绝缘操作杆将绝缘电阻与线路逐相连接，测试绝缘电阻。用相同的方法测量隔离点后段的线路的绝缘电阻。 （3）如果隔离点前段线路正常，则由工作负责人向调度汇报，要求送主线；然后对后段线路选择合适的分段点，再次测量线路前、后绝缘电阻，并及时恢复可以送电的线路。 （4）如果是隔离点前段线路故障，应对前段线路选择合适的分段点，再次测量线路前、后段绝缘电阻，并及时恢复可以送电的线路	40	少一步扣 10 分		
2.4	巡视查找故障点	（1）在隔离出最后的故障线路区段后，工作负责人安排对故障短线路进行分组巡视。 （2）各分组巡线人员对负责巡视的线路按照先主干线后分支线、先首端后末端、先故障多发段后其他线路的原则进行巡视，直到发现故障点	10	少一步扣 5 分		
3	工作终结验收					
3.1	恢复送电	（1）发现故障点后，分段巡视小组负责人应迅速与工作负责人联系。 （2）工作负责人下令隔离故障点，并向调度汇报，恢复对非故障线路送电	10	少一步扣 5 分		
3.2	安全文明生产	操作过程中无工具损伤，柜内无遗留物，工作完毕应清理现场，交还工器具	10	不到位或不牢靠扣 1～5 分； 未清理现场或未交还工器具扣 3 分； 未在规定时间完成，每延时 1 分钟扣 2 分		
合计			100			

Jc0010363294　配电线路跳闸重合不成功的抢修方案。（100 分）

考核知识点： 运行管理知识

难易度： 难

技能等级评价专业技能考核操作工作任务书

一、任务名称

配电线路跳闸重合不成功的抢修方案。

二、适用工种

配电线路工高级工。

三、具体任务

针对此项工作，事故类型为 10kV 线路跳闸不重合故障，要求考生编写配电线路跳闸重合不成功的抢修方案。

四、工作规范及要求

请按以下要求完成配电线路跳闸重合不成功的抢修方案；方案编写在教室内完成。

（1）人员配置分工合理（方案中不得出现真实单位名称及个人姓名）。

（2）工器具及材料清楚。

（3）主要作业程序正确。

（4）关键工序工艺质量标准清楚。

（5）考核时间结束终止考试。

（6）本考核总成绩满分为 100 分。

五、考核及时间要求

考核时间共 30 分钟，每超过 1 分钟扣 2 分，到 35 分钟终止考核。

技能等级评价专业技能考核操作评分标准

工种	配电线路工					评价等级	高级工
项目模块	运行管理知识—运行设备检修				编号	Jc0010363294	
单位			准考证号			姓名	
考试时限	30 分钟		题型	综合操作		题分	100 分
成绩		考评员		考评组长		日期	
试题正文	编写一份配电线路跳闸重合不成功的抢修方案						
需要说明的问题和要求	（1）考生在 30 分钟内完成方案编写。 （2）方案中施工班组、作业人员不指定，由考生自行填写，但不得出现真实单位名称和个人姓名。 （3）所用工具、材料由考生根据施工需要进行安排。 （4）本考核总成绩满分为 100 分						

序号	项目名称	质量要求	满分	扣分标准	扣分原因	得分
1	整体要求					
1.1	标题	要写清楚线路名称、杆号及作业内容	5	少一项扣 2 分		
1.2	抢修工作介绍	应对工程概况或该工作的背景进行简单描述	5	没有工程概况介绍扣 5 分		

续表

序号	项目名称	质量要求	满分	扣分标准	扣分原因	得分
2	准备工作					
2.1	工作内容	应写清楚工作的线路、杆号、工作内容、工作范围	10	少一项内容扣 3 分		
2.2	工作人员及分工	（1）应写清楚工作班组和人数；或者逐一填写工作人员名字。 （2）单位名称和个人姓名不得使用真实名称。 （3）应有明确分工	5	一项不正确扣 2 分		
2.3	工作时间	应写清楚计划工作时间，计划工作开始及工作结束时间均应以年、月、日、时、分填写清楚	5	没有填写时间扣 5 分；时间填写不清楚扣 3 分		
3	作业程序					
3.1	准备工作	（1）安全措施宣讲及落实（作业人员着装正确，戴安全帽，系安全带）。 （2）人员分工（指挥、安全监护、登杆各岗位人员分配）。 （3）了解故障线路名称、故障状态、接地相位，并明确线路运行方式，初步分析线路故障发生范围。 （4）根据本线路故障巡线预案，制订故障巡线和线路分段隔离方案，明确线路分段巡视和开关拉合顺序，明确人员分工	10	少一项扣 2 分		
3.2	判断隔离故障点	按照故障巡线和线路分段拉闸方案，结合线路故障指示仪指示信息，由工作人员负责人下令隔离线路故障多发段或主线后段	10	少一项扣 1 分		
3.3	巡视查找故障点	（1）按照故障巡线和线路分段隔离方案，结合线路故障指示仪指示信息进行巡线。 （2）如发现故障，分段巡视负责人应立即向工作负责人汇报，迅速隔离故障点。工作负责人向调度和班组负责人汇报，由班组负责人安排事故抢修。 （3）如未发现故障，则拉开第一个分段开关和前段主线的主分支线路。由工作负责人向调度报告已对故障线路区域进行隔离，恢复前段主线供电。 （4）按照线路故障分段巡视隔离方案，重复上述程序巡视隔离线路，直到隔离出最后的故障线路区段。 （5）工作负责人安排对隔离线路进行分组巡视，直到发现故障点	30	少一步扣 5 分		
4	工作终结验收					
4.1	恢复送电	（1）发现故障点后，分段巡视小组负责人应迅速与工作负责人联系。 （2）工作负责人下令隔离故障点，并向调度汇报，恢复非故障线路送电	10	少一步扣 5 分		
4.2	安全文明生产	操作过程中无工具损伤，柜内无遗留物，工作完毕应清理现场，交还工器具	10	不到位或不牢靠扣 1～5 分； 未清理现场或未交还工器具扣 3 分； 未在规定时间完成，每延时 1 分钟扣 2 分		
合计			100			

Jc0010363295　配电线路直线杆断杆事故的组织措施。(100 分)

考核知识点：运行管理知识

难易度：难

技能等级评价专业技能考核操作工作任务书

一、任务名称

配电线路直线杆断杆事故的组织措施。

二、适用工种

配电线路工高级工。

三、具体任务

针对此项工作，事故类型为直线杆被撞需要更换的处理，要求考生编写一份配电线路直线杆断杆事故的组织措施。

四、工作规范及要求

请按以下要求完成配电线路直线杆断杆事故的组织措施编写；方案编写在教室内完成。

（1）人员配置分工合理（方案中不得出现真实单位名称及个人姓名）。

（2）工器具及材料清楚。

（3）主要作业程序正确。

（4）关键工序工艺质量标准清楚。

（5）组织、安全、技术措施齐全。

（6）考核时间结束终止考试。

（7）触碰红线得0分。

（8）本考核总成绩满分为100分。

五、考核及时间要求

考核时间共30分钟，每超过1分钟扣2分，到35分钟终止考核。

技能等级评价专业技能考核操作评分标准

工种	配电线路工					评价等级	高级工
项目模块	运行管理知识—运行管理				编号	Jc0010363295	
单位		准考证号				姓名	
考试时限	30分钟	题型	综合操作			题分	100分
成绩		考评员		考评组长		日期	
试题正文	编写一份配电线路直线杆断杆事故的组织措施						
需要说明的问题和要求	（1）学员集中于教室在30分钟内完成方案编写。 （2）方案中施工班组、作业人员不指定，由考生自行填写，但不得出现真实单位名称和个人姓名。 （3）电杆为10m钢筋混凝土单杆，组立方式为使用吊车组立。 （4）所用工具、材料由考生根据施工需要进行安排。 （5）本考核总成绩满分为100分						

序号	项目名称	质量要求	满分	扣分标准	扣分原因	得分
1	工作前准备					
1.1	办理工作票	根据实际情况填写工作票，并审票合格	5	工器具每漏、错选一项扣1分； 不按规定穿着一项扣1分； 不办理操作票扣5分		
1.2	准备工器具	根据工作需要选择工器具及安全用具	5			
1.3	着装、穿戴	按规定穿工作服、工作鞋，戴绝缘手套、安全帽等	5			

续表

序号	项目名称	质量要求	满分	扣分标准	扣分原因	得分
2	作业过程					
2.1	工作前准备	（1）安全措施宣讲及落实（作业人员着装正确，戴安全帽，系安全带）。 （2）人员分工（指挥、安全监护、吊车操作、拆除扎线、临时拉线、制作拉线、登杆各岗位人员分配）。 （3）作业开始前的检查（导线受力情况的检查）	15	少一项扣 2 分		
2.2	拆除旧杆	（1）将钢丝绳套选择在合适的位置绑扎，并使钢丝绳受力。 （2）将要更换的直线杆导线三相扎线松开，导线用绳索拉向外侧不影响拆除旧杆。 （3）拔出电杆	15	少一项扣 5 分		
2.3	立杆	（1）在原处挖掘基坑。 （2）检查或放置底盘。 （3）选择合适位置绑扎起吊点，对各绑扎点及吊点情况进行检查。 （4）起吊电杆，电杆受力后应检查各绑扎点及吊点，横担离地 30～50cm 时停止牵引，检查各受力点，确无问题后再起吊。 （5）调整电杆位置，落杆入基础坑内，并使电杆位于线路中心	20	少一步扣 4 分		
2.4	架设导线及附件安装	（1）安装直线杆横担和绝缘子。 （2）将导线绑扎在绝缘子上	10	少一项扣 5 分		
2.5	拆除工器具及清理现场	（1）登杆拆除吊点钢丝绳套。 （2）清理现场	10	少一项扣 5 分		
3	工作终结验收					
3.1	按规范进行验收	对现场进行全面检查验收，无异常后，通知人员拆除接地线，所有人员撤离现场	5	不到位或不牢靠扣 1～5 分； 未清理现场或未交还工器具扣 3 分； 未在规定时间完成，每延时 1 分钟扣 2 分		
3.2	工作终结及送电	交回工作票，汇报工作结束，恢复送电	5			
3.3	安全文明生产	操作过程中无工具损伤，柜内无遗留物，工作完毕应清理现场，交还工器具	5			
合计			100			

第四部分
技　师

第七章 配电线路工技师技能笔答

Jb0011231296 10kV 箱式变电站有何特点？（5 分）

考核知识点：开关站、配电室和箱式变电站

难易度：易

标准答案：

（1）技术先进安全可靠。

（2）自动化程度高。

（3）工厂预制化。

（4）组合方式灵活。

（5）投资省见效快。

（6）占地面积小。

（7）外形美观，易与环境协调。

Jb0005233297 安装隔离开关后验收质量标准是什么？（5 分）

考核知识点：配电线路知识

难易度：难

标准答案：

（1）隔离开关应安装牢固；本体应与安装横担垂直，不得歪斜；动、静触头在一条直线上。

（2）隔离开关和引线排列整齐。相间距离不小于 500mm。

（3）隔离开关动触头连接负荷侧，静触头连接电源侧。

（4）操动机构、传动部分应灵活无卡涩现象，分、合闸操作灵活可靠，动触头与静触头压力正常，接触良好。

（5）引线连接宜采用双孔设备线夹或双孔接线端子，引线型号不小于主导线型号。

（6）动触头与静触头处应涂导电膏。

Jb0004232298 配网抢修管控模块提供故障研判功能，请简述研判目的及业务逻辑。（5 分）

考核知识点：配电网络基本知识

难易度：中

标准答案：

（1）研判目的：合并抢修单。

（2）业务逻辑：通过图形拓扑，分析非电网故障抢修单对应用户供电路径上的关键设备，查看各关键设备对应的抢修单对象及数量，根据下级设备对应的抢修单情况同上级设备对应的抢修单情况进行对比，根据初步研判故障设备为下级设备的原则，结合设备运行、运行记录、雷电分布信息，预确认故障设备，并合并抢修单。

Jb0006231299 变压器的绝缘试验主要包括哪些内容？（5 分）

考核知识点：配电变压器知识

难易度：易

标准答案：

绝缘电阻、吸收比、泄漏电流、介质损失角的正切值、交流耐压试验。

Jb0006232300　变压器的主要技术参数有哪些？（5分）

考核知识点：配电变压器知识

难易度：中

标准答案：

（1）变压器型号。

（2）额定容量。

（3）额定电压。

（4）额定电流。

（5）阻抗电压。

（6）空载电流。

（7）空载损耗。

（8）短路损耗。

（9）温升。

（10）接线组别等。

Jb0006232301　变压器更换前应进行哪些检查？（5分）

考核知识点：配电变压器知识

难易度：中

标准答案：

（1）检查新变压器出厂产品说明书、试验报告及合格证书齐全有效。

（2）对新配电变压器进行外观检查，确认型号无误。检查高、低压套管表面无硬伤、裂纹，清除表面灰垢、附着物及不应有的涂料。

（3）各部位连接螺栓牢固，各接口无渗油，外壳无机械损伤和锈蚀，油漆完好。

（4）检查变压器分接开关在中间档位置。特殊规格按设计要求检查。

（5）使用2500V绝缘电阻表测绝缘电阻，在气温5℃以上的干燥天气（相对湿度不超过75%）进行试验。

Jb0006233302　变压器绕组检修时，其绝缘按受热折旧，可分哪几级类型？（5分）

考核知识点：配电变压器知识

难易度：难

标准答案：

（1）第一级：有弹性，用手按后，没有残余变形，可评为良好。

（2）第二级：坚硬、无弹性，但用手按时不裂缝，可评为合格。

（3）第三级：脆弱，用手按时产生微小裂纹或变形，可评为可用。

（4）第四级：酥脆，用手按时显著地变形或裂坏，可评为绝缘不合格，必须更换。

Jb0005232303　产生零值绝缘子的原因是什么？（5分）

考核知识点：配电线路知识

难易度：中

标准答案：

（1）制造质量不良。

（2）运输安装不当产生裂纹。

（3）年久老化，长期承受较大张力而劣化。

（4）雷击闪络，击穿绝缘子。

Jb0005232304 利用移动箱变车更换柱上变压器关键点有哪些？（5分）

考核知识点：配电线路知识

难易度：中

标准答案：

（1）作业人员在安装或拆除工作接地时应戴绝缘手套。

（2）作业人员在接触带电导线和进行换相作业转移前，应得到监护人的许可。

（3）绝缘斗臂车在作业时，发动机不能熄火（电能驱动型除外），以保证液压系统处于工作状态；绝缘斗臂车、发电车、移动箱变车应接地，接地电阻符合要求。

（4）带电、停电配合作业的项目，当带电、停电作业工序转换时，应指定现场协调人统一协调带电、停电作业，确认无误后，方可开始工作。

（5）负荷导出和恢复原运行方式前应在低压开关处核对相序。

Jb0004232305 电源质量对电气安全的影响，主要表现在哪些方面？（5分）

考核知识点：配电网络基本知识

难易度：中

标准答案：

（1）供电中断引起设备损坏或人身伤亡。

（2）电压偏移过大对电气设备的损害。

（3）波形畸变、三相电压不平衡等对电气设备的损害等。

Jb0005232306 导线接头过热的原因是什么？（5分）

考核知识点：配电线路知识

难易度：中

标准答案：

导线接头在运行过程中，常因氧化、腐蚀原因而产生接触不良，使接头处的电阻远远大于同长度导线的电阻，这样当电流通过时，由于电流的热效应使接头处导线的温度升高，造成接头过热。

Jb0007233307 断路器验收包含哪些内容？（5分）

考核知识点：柱上开关设备知识

难易度：难

标准答案：

（1）柱上断路器应安装牢固可靠，水平倾斜不大于托架长度的1%。

（2）进行手动分、合闸及储能检查，动作应正确、灵活，分、合闸指示应正确可靠。

（3）三相引线连接可靠，排列规范整齐，相间距离不小于300mm。

（4）断路器本体接地可靠，接地电阻不大于10Ω。

（5）断路器保护定值整定，符合原设计要求。

Jb0005233308　杆塔及拉线中间验收检查项目包括哪些？（5 分）

考核知识点：配电线路知识

难易度：难

标准答案：

（1）混凝土电杆焊接后焊接弯曲及焊口焊接质量。

（2）混凝土电杆的根开偏差、迈步及整基对中心桩的位移。

（3）结构倾斜。

（4）双立柱杆塔横担与主柱连接处的高差及立柱弯曲。

（5）各部件规格及组装质量。

（6）螺栓紧固程度、穿入方向及打冲等。

（7）拉线方位、安装质量及初应力情况。

（8）NUT 线夹螺栓、花篮螺栓的可调范围。

（9）防盗帽安装情况。

（10）回填土情况。

Jb0005233309　钢管杆基础怎样进行养护？养护期限有什么规定？（5 分）

考核知识点：配电线路知识

难易度：难

标准答案：

（1）浇制好的钢管杆基础须进行养护，养护时间必须在浇制后 12h 开始（在炎热有风的夏天，浇制到 3h 开始养护）。

（2）养护方法：将湿的草袋、席子或稻草覆盖在基础上，经常浇水，保持湿度，当气温低于 5℃时不得浇水养护。

（3）养护期限不得少于 5 昼夜，在特别炎热、干燥的地区还应加长养护期（水泥标号一般以 425 号及以上为准）；如保养期短可提高水泥标号或者增加水泥量。

Jb0011232310　高压开关柜有哪些技术参数？（5 分）

考核知识点：开关站、配电室和箱式变电站

难易度：中

标准答案：

（1）额定电压、额定电流、额定频率、额定工频耐受电压、额定雷电冲击耐受电压。

（2）断路器额定短路开断电流、额定关合峰值电流、额定短时耐受电流、额定峰值耐受电流。

（3）接地开关额定关合峰值电流、额定短时耐受电流、额定峰值耐受电流。

（4）操动机构分合闸绕组额定电压、直流电阻、功率，储能电机额定电压、功率。

（5）柜体防护等级符合的国家标准编号。

Jb0011233311　环网柜更换前的检查主要有哪些？（5 分）

考核知识点：开关站、配电室和箱式变电站

难易度：难

标准答案：

（1）检查环网柜出厂安装说明书、检验报表、产品说明书及附件是否齐全有效。

（2）检查环网柜内、外箱体是否有损坏。

（3）检查环网柜柜内设备、母线室、开关室、电缆室、联络机构是否灵活、牢固。

（4）检查环网柜开关和接地开关拉、合位置是否正确、到位。

（5）有气体压力表的开关，应检查压力是否在正常范围。

（6）进行交流耐压试验。

Jb0005232312 架空配电线路的防护区确定原则是什么？（5 分）

考核知识点：配电线路知识

难易度：中

标准答案：

（1）架空配电线路的防护区，是由线路边线各向外延伸 5m 所形成的两平行线内的区域。

（2）架空配电线路经过工厂、矿山、港口、码头、车站、城镇等人口密集的地区，不规定防护区，但线路边线与建筑物的最凸出部位的距离，在最大风偏情况下，不应小于下列数值：1～10kV 为 1.5m，1kV 及以下为 1.0m。

Jb0005233313 架空线路常用的导线有哪几种？各有什么优缺点？（5 分）

考核知识点：配电线路知识

难易度：难

标准答案：

（1）常用的架空导线有铜导线、铝导线、钢芯铝绞线、钢导线。

（2）铜导线电导率高，机械强度大而且有较高的抗腐蚀性，但铜的资源缺乏，价格较高。

（3）铝导线电导率比铜差，约为铜的 66%，所以要得到和铜线相等的导电性能，铝线的截面就要比铜线大 1.66 倍，铝线机械强度较低，抗腐蚀性差，但价格低于铜线且资源丰富。

（4）钢芯铝绞线是由铝线和钢线组合而成。铝线用来传送电能，钢线用来承受机械拉力弥补铝导线机械强度低的缺点。

（5）钢导线导电能力最低，电导率仅为铜的 15%，但有很高的机械强度，常用于架空线路的避雷线。主要缺点是电阻大，易生锈。

Jb0005233314 绝缘导线的剪断重接需要注意的事项有哪些？（5 分）

考核知识点：配电线路知识

难易度：难

标准答案：

（1）绝缘线连接不许缠绕，应采用专用的线夹、接续管连接。

（2）不同金属、不同规格、不同绞向的绝缘线，无承力线的集束线严禁在档内做承力连接。

（3）在一个档距内，分相架设的绝缘线每根只允许有一个承力接头，接头距导线固定点不应小于 0.5m，低压集束绝缘线非承力接头应相互错开，各接头端距不小于 0.2m。

（4）铜芯绝缘线与铝芯或铝合金芯绝缘线连接时，应采取铜铝过渡连接。

（5）剥离绝缘层、半导体层应使用专门的切削工具，不得损伤导线，切口处绝缘层与线芯有 45°倒角。

（6）中压绝缘线接头必须进行屏蔽处理。

Jb0005232315　绝缘导线绝缘层的损伤如何处理？（5分）

考核知识点：配电线路知识

难易度：中

标准答案：

（1）绝缘层损伤深度在绝缘层厚度的10%及以上时，应进行绝缘修补。

（2）可用绝缘自粘带缠绕，每圈绝缘粘带间搭压带宽的1/2，补修后绝缘自粘带的厚度应大于绝缘层损伤深度，且不应少于两层。

（3）也可用绝缘护罩将绝缘损伤部位罩好，并将开口部位用绝缘自粘带缠绕封住。

Jb0005232316　常用的绝缘导线是如何分类的？（5分）

考核知识点：配电线路知识

难易度：中

标准答案：

（1）按电压等级可分为高、低压绝缘导线。

（2）按结构形式可分为分相式、集束型绝缘导线。

（3）按屏蔽方式可分为半屏蔽、全屏蔽绝缘导线。

（4）按导体的材料可分为硬铜芯线、软铜芯线、铝芯线。

（5）按密封程度可分为普通型和水密型。

Jb0011231317　开关站的作用是什么？（5分）

考核知识点：开关站、配电室和箱式变电站

难易度：易

标准答案：

（1）为解决高压变电站中压出线间隔不足，出线通道受限制的矛盾。

（2）减少相同路径的电缆条数。

（3）加强电网联络，提高供电可靠性。

Jb0006232318　配电电器装置的接地有何要求？（5分）

考核知识点：配电变压器知识

难易度：中

标准答案：

（1）户外配电变压器等电气装置的接地装置，宜在地下敷设成围绕变压器台的闭合环形。

（2）配电变压器等电气装置安装在由其供电的建筑物内的配电装置室时，其接地装置应与建筑物基础钢筋等相连。

（3）引入配电室的每条架空线路安装的避雷器的接地线，应与配电装置室的接地装置连接，但在入地处应敷设集中接地装置。

（4）配电电器装置的接地电阻值应符合设计要求。

Jb0005233319　配电线路跨越哪些工程设施不允许有接头？（5分）

考核知识点：配电线路知识

难易度：难

标准答案：

（1）电气化铁路。
（2）一级公路及城市道路。
（3）通航河流。
（4）一、二级弱电线路。
（5）特殊管道（指架设在地面上的易燃、易爆管道）。

Jb0003231320 使用经纬仪的基本操作步骤有哪些？（5分）

考核知识点：配电线路工的基本知识

难易度：易

标准答案：

利用经纬仪进行测量工作时，其操作方法大体可分为整平、对中和瞄准三个步骤。

（1）整平：整平的目的是使经纬仪处在水平位置上。

（2）对中：经纬仪的对中工作必须在仪器整平以后进行，其目的是使经纬仪的中心轴线和标桩上的中心点（圆钉头）在同一铅垂线上，经纬仪对中工作可分为粗对中和精对中两种方法。

（3）瞄准：在经纬仪整平、对中后，就可以瞄准被测物体进行测量工作。

Jb0005231321 为防止电缆火灾，可采取哪些安全措施？（5分）

考核知识点：配电线路知识

难易度：易

标准答案：

（1）实施阻燃防护或阻止延燃。
（2）选用具有难燃性的电缆。
（3）实施耐火防护。
（4）用具有耐火性的电缆。
（5）实施防火构造。

Jb0005232322 为防止洪灾事故应做到哪些工作？（5分）

考核知识点：配电线路知识

难易度：中

标准答案：

为防止洪水对架空线路的危害，在汛前做好以下各项防洪措施：

（1）对处于河床中、海滩、山谷中、山坡、洪水流泻通道以及可能受到洪水冲刷的杆塔基础、拉线基础，护坝必须提前全面检查并制订防护措施，汛期到来之前实施完毕。

（2）对处于山坡、悬崖边的杆塔，要防止山体滑坡造成泥石撞击杆塔，应提前修整或加固，使其有足够的安全角度；位于不稳定河岸的杆塔，应采取桩式基础。

（3）杆塔和拉线周围土壤下沉、松动，应及时回填并夯实。

Jb0005231323 为什么高压电气设备带电部分表面要尽可能不带棱角？（5分）

考核知识点：配电线路知识

难易度：易

标准答案：

在大气中，在靠近电位很高、曲率半径很小的带电体周围，呈现不均匀电场，局部区域内的电场强度很大，可发生局部放电。局部放电时对电气设备和导线有腐蚀作用，增加电能损耗，干扰无线电通信。若在设备内部发生局部放电，将促使液体或固体绝缘材料劣化，故高压电气设备带电部分，应尽可能不带棱角。

Jb0004232324　为什么铜线和铝线不能直接连接？（5分）

考核知识点：配电网络基本知识

难易度：中

标准答案：

（1）铜和铝是两种活泼性不同的金属。

（2）若将铜线铝线之间连接，当遇到空气中的水分、二氧化碳和其他杂质所形成的电解液时，就形成一种化学电池。

（3）铝容易失去电子成为负极，铜不易失去电子成为正极，于是在正负极间就产生了一个很小的电动势。

（4）在这个电动势的作用下，有很小的电流通过铜铝两极，使铝线逐渐腐蚀，这种现象叫作电化腐蚀。

（5）铝线腐蚀后，造成接触不良，接触电阻增大，负荷电流通过时温度增高，而高温又会加快铝线腐蚀，形成恶性循环，最后烧断导线。

所以铜线和铝线不能直接连接。

Jb0011231325　箱式变电站主要由哪几部分组成？（5分）

考核知识点：开关站、配电室和箱式变电站

难易度：易

标准答案：

（1）箱式变电站由高压配电装置、电力变压器、低压配电装置等组成。

（2）它们安装于一个金属箱体内，三部分设备各占一个空间，相互隔离。

Jb0005231326　悬式绝缘子劣化的原因和缺陷的表现形式是哪些？（5分）

考核知识点：配电线路知识

难易度：易

标准答案：

（1）悬式绝缘子劣化的主要原因：元件间的内部机械应力，运行中的机电负荷，夏天气温的骤然变化及瓷质的自然老化。

（2）缺陷的表现形式：电击穿、瓷盘裂纹及沿面被电弧烧伤。

Jb0004232327　选择导线的截面应满足哪些条件？（5分）

考核知识点：配电网络基本知识

难易度：中

标准答案：

（1）导线长期运行的发热条件。

（2）线路的电压损失。

（3）经济电流密度。

（4）导线的机械强度。

Jb0006232328 运行中变压器温升过高由哪些原因引起？（5分）

考核知识点：配电变压器知识

难易度：中

标准答案：

（1）分接开关接触不良。

（2）线圈匝间短路。

（3）铁芯硅钢片间短路。

Jb0004232329 在中性点不接地的10kV系统中发生一相接地时，试分析电压的变化。（5分）

考核知识点：配电网络基本知识

难易度：中

标准答案：

（1）在中性点不接地的10kV系统中，中性点的电位是不固定的，它随着系统对地电容、负荷性质等因素的改变而改变。

（2）系统在正常运行，并且三相负荷平衡时，中性点的电位为零，这时三相导线对地的电压是相等的，等于额定相电压。

（3）当某相导线接地时，接地相导线的对地电容值等于零，中性点电位不再是零。

（4）此时未接地相的电压升高，最大可达线电压值，接地相电压降低，严重时可达到零值。

Jb0005233330 怎样确定架空电力线路的档距、导线排列方式和导线间距？（5分）

考核知识点：配电线路知识

难易度：难

标准答案：

（1）架空电力线路的档距的确定方法为：

1）10kV架空电力线路，城区和居民区为40～50m，农村为50～80m；

2）380/220V低压架空电力线路档距，城市和居民区为40～50m，农村为40～60m；

3）高低压同杆架设的农村10kV与380/220V线路档距应选择50～60m。

（2）导线的排列方式为：

1）高压线路在上方，低压线路在下方；

2）高压线路一般采用三角形排列，低压线路采用水平排列；

3）水平排列时三相导线的顺序是面向负荷侧，从左到右相序依次为A（黄）、B（绿）、C（红）。

（3）导线间距应按以下方法确定：10kV以下架空电力线路的耐张段不宜大于2km；10kV线路线间距离为0.6～1.5m，380/220V线路线间距离为0.4～0.6m。

Jb0004232331 为什么要进行无功补偿？（5分）

考核知识点：配电网络基本知识

难易度：中

标准答案：

（1）无功电源和有功电源一样，是保证系统电能质量和安全供电必不可少的条件。

（2）无功电源不足将使系统电压下降，影响用电设备，严重时会造成电压崩溃，使系统瓦解造成大面积停电。

（3）电容性无功电源不足造成功率因数下降，使电气设备的容量不能得到充分发挥。

（4）进行适当的无功补偿，对提高功率因数，提高设备使用率和降低线损，提高经济效益有着重大的意义，并且也是系统安全经济运行的重要保障之一。

Jb0004233332　系统电压过高对变压器和用户设备有什么影响？（5分）

考核知识点：配电网络基本知识

难易度：难

标准答案：

（1）系统电压过高时将使变压器的励磁电流增大，从而使变压器铁芯损耗增大而过热，并使变压器的有功功率降低。

（2）由于电压过高，变压器和用户设备绝缘受到损害，甚至被击穿。

（3）由于电压过高，变压器磁通增大，会使铁芯饱和，从而使电压和磁通的波形发生畸变，高次谐波分量也随之增大，进而引起用户电流波形畸变，增加电机和线路的附加损耗。

（4）系统电压过高会引发系统产生谐波共振，导致电气设备的绝缘损坏，产生的高次谐波会干扰附近的通信线路。

Jb0004232333　系统中发生短路会产生什么后果？（5分）

考核知识点：配电网络基本知识

难易度：中

标准答案：

（1）短路时的电弧、短路电流和巨大的电动力都会缩短电气设备的使用寿命，甚至使电气设备遭到严重破坏。

（2）系统中部分地区的电压降低，给用户造成经济损失。

（3）破坏系统运行的稳定性，甚至引起系统振荡，造成大面积停电或使系统瓦解。

Jb0004233334　并联电容器补偿的基本要求有哪些？（5分）

考核知识点：配电网络基本知识

难易度：中

标准答案：

（1）为减少由于无功功率的传送而引起电网的有功损耗，原则上无功功率宜就地平衡补偿。补偿基本无功功率的电容器组，宜在变配电所内集中补偿。在环境正常的车间内，低压电容器宜分散补偿。容量较大、负荷平稳且经常使用的用电设备，无功功率宜单独就地补偿。与电动机直接并联的电容器的额定电流不应超过电动机励磁电流的0.9倍。

（2）容量较大的电容器宜分组，根据电压波动、负荷变化、谐波含量等因素确定，且分组电容器在各种容量组合运行时不得发生谐振。

（3）为抑制谐波和限制涌流，电容器组宜串联适当参数的电抗器。

（4）为提高补偿效果，降低损耗，阻止用户向电网倒送无功，在高压侧无高压负荷时，不得在高压侧装设并联电容器装置。

Jb0006232335　配电变压器（含配电室、箱式变电站、柱上变压器）安装无功自动补偿装置时应满足哪些规定？（5分）

考核知识点：配电变压器知识

难易度：中

标准答案：

（1）在低压侧母线上装设，容量按配电变压器容量的 20%～40%考虑。

（2）以电压为约束条件，根据无功需量进行分组自动投切。

（3）宜采用交流接触器—晶闸管负荷投切方式。

（4）合理选择配电变压器分接头，避免电压过高电容器无法投入运行。

Jb0004232336 阐述并联电容器补偿方式的分类及主要特点。（5 分）

考核知识点：配电网络基本知识

难易度：中

标准答案：

并联电容器补偿方式一般分为高压集中补偿、低压集中补偿（分散补偿方式）和就地补偿三类。

（1）高压集中补偿：初期投资少，运行维护方便，但只能补偿高压母线以前的无功功率。

（2）低压集中补偿：能补偿低压母线以前的无功功率，可使变压器的无功功率得到补偿，且运行维护较方便。

（3）就地补偿方式：补偿范围大、补偿效果好，可缩小配电线路的导线截面，减少有色金属的消耗量，但电容器的利用率不高，且初期投资和维护费用较大，在某些场合维护较困难。

Jb0004233337 导线的振幅与应力有何关系？引起导线振动的关键因素是什么应力？（5 分）

考核知识点：配电网络基本知识

难易度：难

标准答案：

（1）导线的振幅与导线应力有关。当导线的应力为破坏力的 8%时，振幅接近于零，在这种应力下，可以认为导线是不发生振动的。

（2）当导线的应力增加到破坏应力的 10%～15%时，振幅迅速增大；当导线应力增加到破坏应力的 20%以后，振幅变化趋于饱和而变化很小。

（3）引起导线振动的关键因素是导线年平均运行应力。导线年平均运行应力是指导线在年平均气温及无外荷载条件下的静态应力。

（4）若此应力增加，就会增大导线的振动的幅值，同时提高了振动的频率，所以在不同的防振措施下，应有相应的年平均运行应力的限值。若超过此限值导线就会很快疲劳而导致破坏。

Jb0005233338 简要阐述杆塔的荷载分类。（5 分）

考核知识点：配电线路知识

难易度：难

标准答案：

杆塔在运行中要承受拉、压、弯、剪等各种外力的作用，常将这些作用力称为杆塔的荷载。根据荷载在杆塔的作用方向可分为：

（1）垂直荷载（G）。

1）导线、避雷线（包括绝缘子、金具、横担与附属设备）的质量；

2）杆塔本身和基础的质量；

3）安装、检修时的垂直荷载（包括作业人员、工具及附件质量）等。

（2）横向水平荷载（W）。

1）导线、避雷线上的风压（包括绝缘子、金具及附属设备风压）；

2）杆塔风压；

3）转角杆塔上导线、避雷线的角度力；

4）杆塔两侧垂直荷载的差异对杆塔产生弯矩的水平折合力等。

（3）纵向荷载（T）。

1）导线、避雷线的不平衡张力（对耐张杆、直线杆该张力方向为顺线路方向；对转角杆该张力方向为线路内角二等分线方向）；

2）导线、避雷线的断线张力，以及断导线时避雷线对杆塔的支持力；

3）安装时的紧线张力等。

Jb0006233339　为什么变压器绝缘受潮后电容值随温度升高而增大？（5分）

考核知识点：配电变压器知识

难易度：难

标准答案：

（1）水分子是一种极强的偶极子它能改变变压器中吸收电容电流的大小。

（2）在一定频率下，温度较低时，水分子呈现出悬浮状或乳脂状存在于油中或纸中，此时水分子偶极子不易充分极化，变压器吸收电容电流较小，则变压器电容值较小。

（3）温度升高时，分子热运动使黏度降低，水分扩散并显溶解状态分布在油中，油中的水分子被充分极化，使电容电流增大，故变压器电容值增大。

Jb0004232340　工频交流耐压试验的意义是什么？（5分）

考核知识点：配电网络基本知识

难易度：中

标准答案：

（1）工频交流耐压试验是考核被试品绝缘承受工频过电压能力的有效方法，对保证设备安全运行具有重要意义。

（2）交流耐压试验时的电压、波形、频率和被试品绝缘内部中的电压的分布，均符合实际运行情况，因此能有效地发现绝缘缺陷。

Jb0004231341　影响绝缘电阻测量的因素有哪些？各产生什么影响？（5分）

考核知识点：配电网络基本知识

难易度：易

标准答案：

（1）温度。温度升高，绝缘介质中的极化加剧，电导增加，绝缘电阻降低。

（2）湿度。湿度增大，绝缘表面易吸附潮气形成水膜，表面泄漏电流增大，影响测量准确性。

（3）放电时间。每次测量绝缘电阻后应充分放电，放电时间应大于充电时间，以免被试品中的残余电荷流经绝缘电阻表中流比计的电流线圈，影响测量的准确性。

Jb0004232342　过电压是怎样形成的？它有哪些危害？（5分）

考核知识点：配电网络基本知识

难易度：中

标准答案：

（1）一般来说，过电压的产生都是由于电力系统的能量发生瞬间突变所引起的。

（2）如果是由外部直击雷或雷电感应突然加到系统里所引起的，叫作大气过电压或叫作外部过电压。

（3）如果是在系统运行中，由于操作故障或其他原因所引起的系统内部电磁能量的振荡、积聚和传播从而产生的电压，叫作内部过电压。

（4）不论是大气过电压还是内部过电压，都是很危险的，均可能使输、配电线路及电气设备的绝缘弱点发生击穿或闪络，从而破坏电气系统的正常运行。

Jb0004233343 固体电介质的电击穿和热击穿有什么区别？（5 分）

考核知识点：配电网络基本知识

难易度：难

标准答案：

（1）固体电介质的电击穿过程与气体放电中的汤逊理论及液体的电击穿理论相似，是以考虑在固体电介质中发生碰撞电离为基础的，不考虑由边缘效应、介质劣化等原因引起的击穿。电击穿的特点是电压作用时间短，击穿电压高，击穿电压与环境温度无关，与电场均匀程度有密切关系，与电压作用时间关系很小。

（2）电介质的热击穿是由介质内部的热不平衡过程所造成的。热击穿的特点是击穿电压随环境温度的升高按指数规律降低；击穿电压与散热条件有关，如介质厚度大，散热困难，击穿电压并不随介质厚度成正比增加；当电压频率增大时，击穿电压将下降；击穿电压与电压作用时间有关。

Jb0004232344 FTU 的功能有哪些？（5 分）

考核知识点：配电网络基本知识

难易度：中

标准答案：

（1）遥信功能。

（2）遥测功能。

（3）统计功能。

（4）遥控功能。

（5）对时功能。

（6）事件顺序记录功能。

（7）事故记录功能。

（8）遥调功能。

（9）自检和自恢复功能。

（10）远方控制闭锁与手动操作功能。

（11）通信功能。

Jb0004231345 FTU 的技术核心主要有哪些？（5 分）

考核知识点：配电网络基本知识

难易度：易

标准答案：

（1）快速故障定位、事故隔离和恢复供电。

（2）网络通信。

（3）配电网单相接地选段。

（4）开关状态在线监视。

Jb0004232346　配电子站基本功能是什么？（5分）

考核知识点：配电网络基本知识

难易度：中

标准答案：

（1）通信汇集型子站。

1）终端数据的汇集、处理与转发；

2）远程通信；

3）终端的通信异常监视与上报；

4）远程维护和自诊断。

（2）监控功能型子站。

1）具备通信汇集子站的基本功能；

2）在所辖区域内的配电线路发生故障时，子站应具备故障区域自动判断、隔离及非故障区域恢复供电的能力，并将处理情况上传至配电主站；

3）信息存储；

4）人机交互。

Jb0007233347　安装断路器前应检查哪些项目？（5分）

考核知识点：柱上开关设备知识

难易度：难

标准答案：

（1）检查新断路器出厂产品说明书、试验报告及合格证应齐全有效。

（2）对新断路器进行外观检查，确认型号无误。检查套管表面无硬伤、裂纹、导电杆应完好，清除表面灰垢、附着物及不应有的涂料。

（3）各部位连接螺栓牢固，外壳无机械损伤和锈蚀，油漆完好。

（4）分合闸及储能机构灵活可靠，分、合闸指示正确。

（5）断路器铭牌所列内容清楚、齐全。

（6）检查断路器保护定值无误。

（7）直流电阻的测量。用电桥测量断路器三相回路直流电阻，均应不大于50μΩ。

（8）绝缘电阻的测量。用2500V绝缘电阻表分别测量断路器三相对地及相间绝缘电阻，并应不小于2500MΩ。

（9）交流耐压试验。分别进行断路器合闸和分闸时的耐压试验。合闸时，开关相间、相对地间的耐压不小于42kV/min；分闸时，断口耐压不小于38kV/min。

Jb0005232348　漏电保护器安装后应进行哪些投运试验？（5分）

考核知识点：配电线路知识

难易度：中

标准答案：

（1）必须按产品说明书的接线图认真查线，确认安装接线正确，方可通电试验。

（2）用试验按钮试跳3次，应正确动作。

（3）各相用试验电阻（一般为 1～2kΩ）接地试验 3 次，应正确动作。

（4）带负荷分合 3 次，不得有误动作。

Jb0003232349 为什么导线落在室外地面后要防止行人靠近落地点 8m 以内？（5 分）

考核知识点：配电线路工的基本知识

难易度：中

标准答案：

（1）线路发生断线事故时，导线断落地面产生接地短路电流并向四周扩散，在地面各处形成不同的电位分布。

（2）行人在有分布电位的地面上行走时，在两脚间，由于分布电位不同而有跨步电压。跨步电压距接地点越近，电压越高，在相距接地点 20m 处，该处的分布电位已接近于零。

（3）一般在 8m 以外产生的跨步电压即无危险，离接地点越远，分布的电位梯度越小。所以，当导线落地后要防止行人靠近落地点 8m 以内。

Jb0006233350 变压器验收质量标准主要有哪些？（5 分）

考核知识点：配电变压器知识

难易度：难

标准答案：

（1）检查所有连接螺栓应紧固。

（2）变压器外壳及中性点接地良好。容量大于 100kVA 时，接地电阻 $R_b \leq 4\Omega$；容量不超过 100kVA 时，$R_b \leq 10\Omega$。

（3）变压器分接开关位置到位、正确。

（4）高、低压引线排列整齐、美观，连接良好，相位正确。

（5）高、低压引线与变压器连接后，变压器桩头不应受到引线的拉力。

（6）变压器上无遗留物，瓷件清洁，外壳无渗漏现象。

（7）送电后，变压器声音正常，测量二次电压在允许范围内。否则，应停电调整变压器分接开关。调整变压器分接开关时，应使用电桥测试一次侧绕组直流电阻。

Jb0004233351 对自动重合闸有什么基本要求？（5 分）

考核知识点：配电网络基本知识

难易度：难

标准答案：

（1）自动重合闸动作应迅速。

（2）运行人员手动或通过遥控装置将断路器断开时，自动重合闸装置不应动作。

（3）手动合闸于故障线路时，继电保护跳开后，自动重合闸装置不应动作。

（4）对于双侧电源，应考虑合闸时两侧电源间的同步问题。

（5）动作的次数应符合预先的规定，不允许任意多次重合。如一次重合闸就只能重合一次；当重合于永久性故障而断路器再次跳闸后，就不应再重合。

（6）动作后应能自动复归，为下一次动作做好准备。

（7）重合闸时间应能整定，并有可能在重合闸以前或重合闸以后加速继电保护的动作，以便更好地与继电保护相配合，加速故障的切除。

（8）当断路器处于不正常状态时（如操动机构中使用的气压、液压异常等），应将自动重合闸装置闭锁。

Jb0006232352　干式电力变压器在什么情况下应立即停运？（5分）

考核知识点：配电变压器知识

难易度：中

标准答案：

（1）响声明显异常增大。

（2）存在局部放电响声。

（3）发生异常过热。

（4）冒烟或着火。

（5）当发生危及安全的故障而有关保护装置拒动。

（6）当附近的设备着火、爆炸或发生其他情况，对干式电力变压器构成严重威胁。

Jb0006233353　干式电力变压器的安装环境应符合哪些规定？（5分）

考核知识点：配电变压器知识

难易度：难

标准答案：

（1）干式电力变压器安装的场所符合制造厂对环境的要求，室内清洁，无其他非建筑结构的贯穿设施，顶板不渗漏。

（2）基础设施满足载荷、防震、底部通风等要求。

（3）室内通风和消防设施符合有关规定，通风管道密封良好，通风孔洞不与其他通风系统相通。

（4）温控、温显装置设在明显位置，以便于观察。

（5）室内照明布置符合有关规定。

（6）室门采用不燃或难燃材料，门向外开，门上标有设备名称和安全警告标志，保护性网门、栏杆等安全设施完善。

Jb0004231354　供电系统用户供电可靠性主要指标有哪些？（5分）

考核知识点：配电网络基本知识

难易度：易

标准答案：

（1）用户平均停电时间。

（2）供电可靠率。

（3）用户平均停电次数。

（4）用户平均故障停电次数。

（5）用户平均预安排停电次数。

（6）系统停电等效小时数。

Jb0004232355　供电系统用户供电可靠性主要指标中的RS－1、RS－2和RS－3各代表什么？（5分）

考核知识点：配电网络基本知识

难易度：中

标准答案：

（1）RS－1 为在统计期间内，对用户有效供电时间总小时数与统计期间小时数的比值，即计及全部停电时间的供电可靠性。

（2）RS－2 为不计受外部影响停电时间的供电可靠性。

（3）RS－3 为不计系统电源不足限电时间的供电可靠性。

Jb0011233356 环网柜安装完毕后，主要验收哪些项目？（5 分）

考核知识点：开关站、配电室和箱式变电站

难易度：难

标准答案：

（1）环网柜安装好后，各部螺栓应紧固，校正、测量水平度并满足要求。

（2）与环网柜连接的电缆终端头应固定，与环网柜连接应紧固，且不应使环网柜连接端子受力。

（3）电缆进出环网柜后，孔洞应两端封堵良好。

（4）电缆弯曲半径应满足要求。

（5）相位正确。

（6）各部接地连接良好。

（7）各回路开关分、合闸灵活可靠，指示正确。

（8）设备名称编号正确齐全。

（9）环网柜各柜门开闭良好。

Jb0005232357 架空线弧垂观测档选择的原则是什么？（5 分）

考核知识点：配电线路知识

难易度：中

标准答案：

（1）紧线段在 5 档及以下时靠近中间选择一档。

（2）紧线段在 6～12 档时靠近两端各选择一档。

（3）紧线段在 12 档以上时靠近两端及中间各选择一档。

（4）观测档宜选择档距较大、悬点高差较小及接近代表档距的线档。

（5）含有耐张串的两档不宜选为观测档。

Jb0004232358 降低线损有哪些主要措施？（5 分）

考核知识点：配电网络基本知识

难易度：中

标准答案：

（1）选用铁损低的变压器。

（2）减少变压层次，提高供电电压等级。

（3）提高电力网的功率因数，在电网上装设并联电容器或调相机。

（4）合理确定供电中心。采用合理的电网开、闭环运行方式。

（5）合理规划，增大导线截面，如采用分裂导线。

（6）合理布局电源点，如在负荷较大的点处设置电源点。

（7）远距离输电，由交流输电改为直流输电。

（8）调整电力网的日负荷曲线，尽量拉平负荷曲线（即削峰补谷）。

Jb0006233359　如何根据声音判断配电压器的异常运行？（5分）

考核知识点：配电变压器知识

难易度：难

标准答案：

（1）当变压器发出的“嗡嗡”声有变化，但无杂音，这时负荷可能有较大变化。

（2）由于大的动力设备启动，变压器内部发生“哇哇”的声音。

（3）由于过负荷，变压器发出很高且沉重的“嗡嗡”声。

（4）由于系统短路或接地，因通过大的短路电流，变压器内发出很大的噪声。

（5）由于变压器内个别零件松动，如铁芯的穿心螺栓夹得不紧，造成变压器内有较强噪声。

（6）由于内部接触不良，或有击穿的地方，变压器发出放电声。

（7）由于铁磁谐振，变压器发出粗、细不均的噪声。

Jb0007231360　什么情况下线路断路器跳闸不得试送？（5分）

考核知识点：柱上开关设备知识

难易度：易

标准答案：

（1）全电缆线路。

（2）调度通知线路有带电检修工作时。

（3）断路器切断故障次数达到规定时。

（4）低频减载保护、系统稳定装置、联切装置及远动装置动作后跳闸的断路器。

Jb0004232361　为降低线损，在新建电力设施时的措施有哪些？（5分）

考核知识点：配电网络基本知识

难易度：中

标准答案：

（1）完善电网结构，简化电压等级，减少重复容量。

（2）引入高压到大城市、大负荷中心。

（3）增加或新装无功补偿装置，提高设备的功率因数。

（4）改进变压器结构，降低变压器损耗，采用有载调压变压器。

（5）按经济电流密度选取导线截面。

Jb0004232362　为什么导线截面积要按机械强度的要求校验其截面？（5分）

考核知识点：配电网络基本知识

难易度：中

标准答案：

（1）由于架空线路架设在大气中，导线要经受各种外界不利条件的影响，如果选用导线截面小，机械和电气的过载能力小，易发生事故。

（2）为保证安全运行，因此导线应有一定的机械强度，也就是导线截面不宜过小。

（3）在高压线路上不许使用单股导线。

（4）铝及铝合金、钢芯铝绞线的最小截面为35mm^{2}以上。

（5）其他材料导线的最小允许截面为16mm^2。

Jb0005233363 污闪的危害有哪些？（5分）

考核知识点：配电线路知识

难易度：难

标准答案：

污闪往往造成大面积停电，停电时间长，损失大，给工农业生产和人民生活带来严重影响。运行经验表明，电网面临两大威胁是系统稳定破坏和发生大面积污闪。解决系统稳定问题，并不能防止大面积污闪发生。电网失去稳定往往是偶发因素引起的连锁反应所致，污闪是其中的偶发因素之一。大面积污闪会使局部电网解列甚至崩溃，造成电网的大面积停电。

Jb0006233364 选择配电变压器有哪些规定？（5分）

考核知识点：配电变压器知识

难易度：难

标准答案：

（1）变压器台数应根据负荷特点和经济运行进行选择，当符合下列条件之一时，宜装设两台及以上变压器：① 有大量一级或二级负荷；② 季节性负荷变化较大；③ 集中负荷较大。

（2）装有两台及以上变压器的变电站，当其中任一台变压器断开时，其余变压器的容量应满足一级负荷及二级负荷的用电。

（3）变电站中单台变压器（低压为0.4kV）的容量不宜大于1250kVA，当用电设备容量较大、负荷集中且运行合理时，可选用较大容量的变压器。

（4）在一般情况下，动力和照明宜共用变压器，当属下列情况之一时，可设专用变压器：① 当照明负荷较大或动力和照明采用共用变压器严重影响照明质量及灯泡寿命时，可设照明专用变压器；② 单台单相负荷较大时，宜设单相变压器；③ 冲击性负荷较大，严重影响电能质量时，可设冲击负荷专用变压器；④ 在电源系统不接地或经阻抗接地，电气装置外露导电体就地接地系统（IT 系统）的低压电网中，照明负荷应设专用变压器。

（5）多层或高层主体建筑内变电站，宜选用不燃或难燃型变压器。

（6）在多尘或有腐蚀性气体严重影响变压器安全运行的场所，应选用防尘型或防腐型变压器。

Jb0005233365 一般防污技术措施有哪些？（5分）

考核知识点：配电线路知识

难易度：难

标准答案：

（1）做好绝缘子的定期清扫工作，绝缘子清扫周期一般是每年一次，但还应根据绝缘子的脏污情况及对污样分析的结果适当确定清扫次数。清扫的方法有停电清扫、不停电清扫、不停电水冲洗三种。

（2）定期测试和及时更换不良绝缘子，线路上如果存在不良绝缘子，线路绝缘水平就要相应地降低，再加上线路周围环境污秽的影响，就更容易发生污秽事故。因此，必须对绝缘子进行定期测试，发现不合格的绝缘子就应及时更换，使线路保持正常的绝缘水平。一般1～2年就要进行一次绝缘子测试工作。

（3）提高绝缘水平以增加泄漏距离，具体办法是：增加悬垂式绝缘子串的片数；对针式绝缘子，提高一级电压等级。

（4）采用特制的防污绝缘子或将一般悬式绝缘子表面涂上一层涂料或半导体釉，以达到抗污闪的能力。

Jb0004233366　在供电系统可靠性统计中，停电性质如何分类？（5分）

考核知识点：配电网络基本知识

难易度：难

标准答案：

（1）按停电性质分为故障停电和预安排停电两类。

（2）故障停电分内部故障停电和外部故障停电两类。

（3）预安排停电分计划停电、临时停电和限电三类。

（4）计划停电分检修停电、施工停电和用户申请停电三类。

（5）临时停电分临时检修停电、临时施工停电和用户临时申请停电三类。

（6）限电分系统电源不足限电和供电网限电两类。

Jb0007233367　柱上断路器和负荷开关的安装应符合哪些规定？（5分）

考核知识点：柱上开关设备知识

难易度：难

标准答案：

（1）水平倾斜不大于托架长度的1/100。

（2）引线连接紧密，当采用绑扎连接时，长度不小于150mm。

（3）外壳干净，充油设备不应有漏油现象，充气设备气压不低于规定值。

（4）操作灵活，分、合位置指示正确可靠。

（5）外壳接地可靠，接地电阻符合规定。

Jb0004232368　自动重合闸有什么作用？（5分）

考核知识点：配电网络基本知识

难易度：中

标准答案：

（1）对瞬时性故障，可迅速恢复供电，提高供电可靠性。

（2）加快事故后电力系统电压恢复速度。

（3）弥补配电线路耐雷水平降低的影响。

Jb0004232369　简述配网10kV配电网继电保护配置总原则。（5分）

考核知识点：配电网络基本知识

难易度：中

标准答案：

（1）系统侧变电站10kV出线断路器配置三段或两段式电流保护：瞬时电流速断保护、限时电流速断保护（时限0.3s）、过电流保护。

（2）配网线路主干线首级断路器配置两段式电流保护：限时电流速断保护（时限0.2s）、过电流保护。

（3）配网线路主干线分段（联络）断路器配置一段式电流保护：（限时）电流速断保护（时限0.1s或0s）。

（4）供电至用户的分支断路器、电缆分支箱出线断路器配置两段式电流保护：电流速断保护（时限0s）、过电流保护。

Jb0005231370 电缆着火或电缆终端爆炸应如何处理？（5 分）

考核知识点：配电线路知识

难易度：易

标准答案：

（1）立即切断电源。

（2）用干式灭火器进行灭火。

（3）室内电缆故障，应立即启动事故排风扇。

（4）进入发生事故的电缆仓（室）应使用空气呼吸器。

Jb0005231371 电力电缆有哪几种常用敷设方式？（5 分）

考核知识点：配电线路知识

难易度：易

标准答案：

（1）直埋敷设。

（2）排管敷设。

（3）隧道敷设。

（4）电缆沟敷设。

（5）架空及桥梁构架敷设。

（6）水下敷设。

Jb0005231372 直埋电缆在哪些地段应设置明显的方位标志或标桩？（5 分）

考核知识点：配电线路知识

难易度：易

标准答案：

（1）在直线段每隔 50～100m 处。

（2）电缆接头处。

（3）电缆转弯处。

（4）进入建筑物等处。

Jb0005231373 城市电网哪些地区宜采用电缆线路？（5 分）

考核知识点：配电线路知识

难易度：易

标准答案：

（1）依据城市规划，繁华地区、住宅小区和市容环境有特殊要求的地区。

（2）街道狭窄，架空线路走廊难以解决的地区。

（3）供电可靠性要求较高的地区。

（4）电网结构需要采用电缆的地区。

Jb0005231374 对电缆井井盖、电缆沟盖板及电缆隧道入孔盖的使用应注意什么？（5 分）

考核知识点：配电线路知识

难易度：易

标准答案：

（1）开启电缆井井盖、电缆沟盖板及电缆隧道入孔盖时应使用专用工具，同时注意所立位置，以免滑脱后伤人。

（2）开启后应设置标准路栏围起，并有人看守。

（3）工作人员撤离电缆井或隧道后，应立即将井盖盖好，以免行人碰盖后摔跌或不慎跌入井内。

Jb0005231375　配电网电缆线路应在哪些部位装设电缆标志牌？（5分）

考核知识点：配电线路知识

难易度：易

标准答案：

（1）电缆终端及电缆接头处。

（2）电缆管两端、入孔及工作井处。

（3）电缆隧道内转弯处、电缆分支处，直线段每隔50～100m。

Jb0005231376　敷设在哪些部位的电力电缆选用阻燃电缆？（5分）

考核知识点：配电线路知识

难易度：易

标准答案：

（1）敷设在防火重要部位的电力电缆，应选用阻燃电缆。

（2）敷设在变、配电站及发电厂电缆通道或电缆夹层内，自终端起到站外第一只接头的一段电缆，宜选用阻燃电缆。

Jb0005231377　电缆线路为何不设置重合闸？（5分）

考核知识点：配电线路知识

难易度：易

标准答案：

（1）由于电缆大都敷设于地下，不会发生鸟害、异物搭挂等瞬时故障，故不设重合闸。

（2）电缆故障一般属于永久性故障，所以不设重合闸。

（3）电缆为电容性设备，停电后电荷不会马上释放，设置重合闸将可能导致电缆过压，造成故障。

Jb0005232378　电缆穿管敷设方式的选择，应符合哪些规定？（5分）

考核知识点：配电线路知识

难易度：中

标准答案：

（1）在有爆炸危险场所明敷的电缆，露出地坪以上需加以保护的电缆，地下电缆与公路、铁道交叉时，应采用穿管。

（2）地下电缆通过房屋、广场的区段，电缆敷设在规划将作为道路的地段，宜穿管。

（3）在地下管网较密的工厂区、城市道路狭窄且交通繁忙或道路挖掘困难的通道等电缆数量较多的情况下，可用穿管敷设。

Jb0005232379　电缆隧道敷设方式的选择，应符合哪些规定？（5分）

考核知识点：配电线路知识

难易度：中

标准答案：

（1）同一通道的地下电缆数量众多，电缆沟不足以容纳时应采用隧道。

（2）同一通道的地下电缆数量较多，且位于有腐蚀性液体或经常有地面水流溢的场所，或含有35kV以上高压电缆，或穿越公路、铁道等地段，宜用隧道。

（3）受城镇地下通道条件限制或交通流量较大的道路下，与较多电缆沿同一路径有非高温的水、气和通信电缆管线共同配置时，可在公用性隧道中敷设电缆。

Jb0005232380 使用排管时，应符合哪些规定？（5分）

考核知识点：配电线路知识

难易度：中

标准答案：

（1）管孔数宜按发展预留适当备用。

（2）缆芯工作温度相差大的电缆，宜分别配置适当间距的不同排管组。

（3）管路顶部土壤覆盖厚度不宜小于0.5m。

（4）管路应置于经整平夯实土层且有足以保持连续平直的垫块上，纵向排水坡度不宜小于0.2%。

（5）管路纵向连接处的弯曲度，应符合牵引电缆时不致损伤的要求。

（6）管孔端口应有防止损伤电缆的处理。

（7）增设自动报警与专用消防装置。

Jb0005232381 电缆本体及三头的检查项目有哪些？（5分）

考核知识点：配电线路知识

难易度：中

标准答案：

（1）裸露电缆的外护套、裸钢带、中间头、户外头有无损伤或锈蚀。

（2）户外头密封性能是否良好。

（3）户外头的接线端子、地线的连接是否牢固。

（4）终端头的引线有无爬电痕迹，对地距离是否充分。

（5）变电站、用户的电缆出、入口密度是否合格。

（6）对并列运行的电缆，应分别进行温度测试，当差别较大时，应测量电流分布情况。

（7）风暴、雷雨或线路自动开关跳闸时，应做特殊检查。

Jb0005233382 交联电力电缆敷设前应按哪些要求进行检查？（5分）

考核知识点：配电线路知识

难易度：难

标准答案：

（1）电缆沟、电缆隧道、排管、交叉跨越管道及直埋电缆沟深度、宽度、弯曲半径等符合设计和规程要求，电缆通道畅通，排水良好，金属部分的防腐层完整，隧道内照明、通风符合设计要求。

（2）电缆型号、电压、规格应符合设计要求。

（3）电缆外观应无损伤，当对电缆的外观和密封状态有怀疑时，应进行潮湿判断；直埋电缆与水底电缆应试验并合格；外护套有导电层的电缆，应进行外护套绝缘电阻试验并合格。

（4）电缆放线架应放置稳妥，钢轴的强度和长度应与电缆盘质量和宽度相配合，敷设电缆的机具应检查并调试正常，电缆盘应有可靠的制动措施。

（5）敷设前应按设计和实际路径计算每根电缆的长度，合理安排每盘电缆，减少电缆接头，中间接头位置应避免设置在交叉路口、建筑物门口、与其他管线交叉处或通道狭窄处。

（6）在带电区域内敷设电缆，应有可靠的安全措施。

（7）采用机械敷设电缆时，牵引机和导向机构应调试完好。

Jb0005233383　阐述在制作热收缩电缆头时的注意事项。（5分）

考核知识点：配电线路知识

难易度：难

标准答案：

（1）正确使用喷灯，对收缩管加热一般使用汽油喷灯，有条件时，最好使用丙烷或丁烷喷灯。使用前，要调节好喷嘴火头，使火焰呈现出柔和的淡黄色和蓝色，尽量避免呈现笔状的蓝色火焰。使用时，要把喷灯对准要收缩的方向，以利于预热材料，火焰要不断地晃动，以免烧焦材料。

（2）正确剥削电缆。电缆各保护层、屏蔽层和绝缘层切割时要用锋利的专用工具操作，切割处应光滑、均匀，避免有齿状口和毛刺出现。锯钢铠或铜带时，要在标出锯断位置用扎丝或 PVC 自粘带扎牢，然后再锯，以防钢铠或铜带松散。

（3）正确清洗电缆。每一道工序开始之前，都要对电缆做一遍清洗，对密封部位要注意清除油脂和污秽。

（4）绝缘管和应力控制管一般不应切割，而应尽其所长安装在电缆头上。

（5）热收缩管加热收缩要均匀，电缆头成型后表面应光滑无皱褶，内在部件界限清楚。

Jb0005233384　如何选择电力电缆线路的路径？（5分）

考核知识点：配电线路知识

难易度：难

标准答案：

（1）电力电缆线路路径应与城市总体规划相结合，应与各种管线和其他市政设施统一安排，且应征得城市规划部门认可。

（2）电缆敷设路径应综合考虑路径长度、施工、运行和维修方便等因素，统筹兼顾，做到经济合理、安全适用。

（3）供敷设电缆用的土建设施宜按电网远景规划并预留适当裕度一次建成。

（4）供敷设电缆用的地下设施或直埋敷设的电缆不应平行设于其他管线的正上方或正下方。

（5）电力电缆相互之间允许最小间距以及电力电缆与其他管线、构筑物基础等最小允许间距应符合规定，如局部地段不符合规定者，应采取必要的保护措施。

（6）电缆跨越河流宜优先考虑利用城市交通桥梁或交通隧道敷设，此时应在不影响桥梁结构或隧道结构前提下，征得桥梁或隧道设计和管理部门认可。

（7）在电缆敷设路径附近如无交通桥梁或交通隧道可利用者，则宜考虑采用非开挖技术敷设或建设电缆专用桥、专用隧道等。

Jb0005233385　在电缆线路工程验收时，应提交哪些资料和技术文件？（5分）

考核知识点：配电线路知识

难易度：难

标准答案：

（1）电缆线路路径的协议文件。

（2）设计变更的证明文件和竣工图资料。

（3）直埋电缆线路的敷设位置图比例宜为 1:500，地下管线密集的地段不应小于 1:100，在管线稀少、地形简单的地段可为 1:1000。平行敷设的电缆线路宜合用一张图纸，图上必须标明各线路的相对位置，并有标明地下管线的剖面图。

（4）制造厂提供的产品说明书、试验记录、合格证件及安装图纸等技术文件。

（5）电缆线路的原始记录：

1）电缆的型号、规格及其实际敷设总长度及分段长度，电缆终端和接头的型式及安装日期；

2）电缆终端和接头中填充的绝缘材料名称、型号。

（6）电缆线路的施工记录：

1）隐蔽工程隐蔽前检查记录或签证；

2）电缆敷设记录；

3）质量检验及评定记录。

（7）试验记录。

Jb0005232386　简述对电缆进行剥切的工艺要求。（5 分）

考核知识点：配电线路知识

难易度：中

标准答案：

剥切是电缆终端和接头安装中非常重要的第一操作。剥切顺序应由表及里，逐层进行，剥切工艺应符合以下要求：

（1）严格按照工艺尺寸剥切，正确使用剥切工具，操作要小心。

（2）剥切过程要层次分明，在剥切外层时，不得切伤内层结构，尤其是在剥切绝缘层时，不得切伤内半导体层和导体。

（3）剥铠装、金属护套或金属屏蔽层，应先清除油污，必要时进行加热。在剥切起点用铜丝扎 2 圈，再沿圆周划一道深痕，切不可划穿。

（4）使用切削刀要先根据电缆绝缘层厚度和导体外径对刀片进行调节，切削绝缘层应使刀片旋转直径略大于电缆导体外径，为防止损伤导体，切削时应套入内衬管。切削外半导电层，刀片旋转直径应略大于电缆绝缘外径，切削后用玻璃片小心地刮清残留外半导电层，注意不要刮伤绝缘层。

（5）使用切削反应力锥卷刀时，必须根据电缆绝缘厚度和导体外径对刀片进行调节，并套入内衬管。切削后用玻璃片对锥面进行修整，并用细砂皮打光处理。

Jb0005232387　直埋方式敷设电缆有哪些准备工作？（5 分）

考核知识点：配电线路知识

难易度：中

标准答案：

（1）敷设电缆前，应先对电缆沟槽进行清理，将沟内石子或其他粗糙不平的硬物清除。

（2）然后在沟槽中放置滑轮，其间距与电缆单位长度的质量等有关，一般每隔 3～5m 放置一个，以不使电缆下垂碰地为原则，电缆敷设时碰地不但会增加摩擦力，而且会损坏电缆外护层。

（3）在电缆沟槽转弯处须加放转角滑轮。

（4）将电缆盘沿着盘上指示的滚动方向（使电缆不松散的方向）推滚到所需要的位置。

（5）滚动电缆盘前，应检查盘是否牢固，并将内外出线头扣牢。

（6）将钢轴穿于电缆盘轴孔中（两边均伸出），放置于放线架上，然后用千斤顶移动。

（7）对于较重的电缆盘，应考虑加装施放电缆的刹车装置。

（8）直埋敷设电缆应加装电缆保护盖板，盖板应事先分放于电缆沟槽旁。

Jb0005232388　阐述电力电缆运输的一般要求。（5 分）

考核知识点：配电线路知识

难易度：中

标准答案：

（1）电力电缆一般是缠绕在电缆盘上进行运输、保管和敷设施放的，30m 以下的短段电缆可按不小于电缆允许的最小弯曲半径盘放，并至少在 4 处捆紧后搬运。

（2）电缆运输前必须进行检查，电缆盘应牢固，电缆应严密，并牢靠地固定和保护好。电缆盘在车上运输时，应将电缆盘牢靠地固定，装卸电缆盘一般用吊车进行。

（3）电缆盘在地面上滚动必须控制在小距离范围内，滚动的方向必须按照电缆盘侧面上所示箭头方向（顺着电缆的缠紧方向），严禁将电缆盘平卧运输。

Jb0010231389　配电线路运行班应具备哪些制度？（5 分）

考核知识点：运行管理知识

难易度：易

标准答案：

（1）备品备件管理办法。

（2）线路运行人员岗位责任制。

（3）线路运行管理制度。

（4）线路检修管理制度。

（5）线路巡视检查制度。

（6）线路缺陷管理制度。

（7）设备评级管理制度。

（8）技术资料、图纸管理制度。

（9）双电源管理制度。

（10）工作票、操作票管理制度。

（11）安全活动管理制度。

（12）班组培训制度。

Jb0001231390　如何创新技能培训工作？（5 分）

考核知识点：职业道德

难易度：易

标准答案：

（1）开展职业生涯规划，健全激励约束机制，加强班组培训资源建设。

（2）严格按照职业能力培训规范要求，规范岗前培训，提高职工岗位任职能力。

（3）拓展班组培训途径和载体，推广应用“班组大讲堂”、交叉轮岗、“师带徒”、网络教学等手段，促进员工互学互助，共同成长。

（4）定期开展技能竞赛、业务比拼，鼓励开展岗位创新、科技应用。

Jb0001231391　班组技能建设的关键？（5 分）

考核知识点：职业道德

难易度：易

标准答案：

（1）完善员工现场、岗位、交流、脱产等培训机构。

（2）加强班组内训师队伍建设。

（3）以职业能力培训规范为标准。

（4）充分利用现场和远程培训资源。

（5）建立学习培训激励约束制度。开展技能比武和岗位能力评价，提高员工学习的积极性。

Jb0001231392　什么是电力应用文？简述其特点。（5分）

考核知识点：职业道德

难易度：易

标准答案：

电力应用文是指电力行业职工和管理者在工作和生活中办理公私事务所使用的具有实用价值和某种固定或惯用格式的一大类文体的总称。

电力应用文的特点：内容的实用性、功用时效性、格式的规范性、使用的专业性。

Jb0001232393　团队协作的重要性有哪些？怎样做到团队协作？（5分）

考核知识点：职业道德

难易度：中

标准答案：

（1）团队协作有利于提高企业的整体效能；团队协作有助于企业目标的实现；团队协作是企业创新的巨大动力。

（2）建立和谐关系，创设良好的人际氛围；个体积极参与集体活动，增强团结协作精神。

（3）营造你追我赶、力争上游的工作氛围；充分信任同事；充分发挥企业的主导作用。

Jb0001232394　简述沟通在协调中的作用。（5分）

考核知识点：职业道德

难易度：中

标准答案：

（1）沟通可以提高人的思想觉悟，培养人们良好的道德品质，为实现协调创造基本前提。

（2）沟通可以实现对管理目标、管理政策及管理方式方法上的共识，为协调创造直接前提。

（3）沟通可以克服阻力，实现协调。

（4）沟通是管理组织与外部环境相互联系，实现内外协调的前提之一。

Jb0004232395　稀土高铁铝合金电缆与铜缆比较有何优点？（5分）

考核知识点：配电网络基本知识

难易度：中

标准答案：

简单地说，稀土高铁铝合金电缆比铜缆具有明显优势：

（1）价格节省近30%。

（2）质量是铜缆的一半。

（3）机械性能强，安装成本减少 20%～50%。

（4）抗蠕变性及耐腐蚀性强，使用寿命超铜缆 10 年以上。

（5）相同载流量下，铝合金电缆外径在铜缆外径基础上增加 11%以内，就能实现与铜缆相同的电气性能。

（6）在现行设计图纸预留 150%空间的下，不影响敷设。

Jb0004232396　稀土高铁铝合金电缆与铝缆比较有何优点？（5 分）

考核知识点：配电网络基本知识

难易度：中

标准答案：

（1）抗拉强度增大 53%。

（2）抗蠕变性与压紧性提高了 300%。

（3）屈服强度增加 121%；延伸率提高 20%；合金更柔软；具有基本相同的电导率。

（4）回弹量减小 40%，无记忆效应。

（5）更强的热稳定性。

Jb0005232397　常用配网不停电作业项目分为哪几类？（5 分）

考核知识点：配电线路知识

难易度：中

标准答案：

常用配网不停电作业项目按照作业难易程度，可分为四类。

（1）第一类为简单绝缘杆作业法项目，包括普通消缺及装拆附件、带电更换避雷器等。

（2）第二类为简单绝缘手套作业法项目，包括带电断接引流线、更换直线杆绝缘子及横担、更换柱上开关或隔离开关等。

（3）第三类为复杂绝缘杆作业法和复杂绝缘手套作业法项目。复杂绝缘杆作业法项目包括更换直线杆绝缘子及横担、带电断接空载电缆线路与架空线路连接引线等；复杂绝缘手套作业法项目包括带负荷更换柱上开关或隔离开关、直线杆改耐张杆等。

（4）第四类为综合不停电作业项目，包括不停电更换柱上变压器、旁路作业检修架空线路、从环网箱（架空线路）等设备临时取电给环网箱（移动箱变）供电等。

Jb0003232398　工作期间，专责监护人要临时离开时，应办理哪些手续？（5 分）

考核知识点：配电线路工的基本知识

难易度：中

标准答案：

（1）专责监护人临时离开时，应通知被监护人员停止工作或离开工作现场，待专责监护人回来后方可恢复工作。

（2）专责监护人需长时间离开工作现场时，应由工作负责人变更专责监护人，履行变更手续，并告知全体被监护人员。

Jb0002231399　同杆（塔）架设的多层电力线路应如何验电？（5 分）

考核知识点：安全防护知识

难易度：易

标准答案：

（1）应先验低压、后验高压，先验下层、后验上层，先验近侧、后验远侧。

（2）禁止作业人员越过未经验电、接地的线路对上层、远侧线路验电。

Jb0002232400 带电断、接低压导线有哪些安全要求？（5分）

考核知识点：安全防护知识

难易度：中

标准答案：

（1）带电断、接低压导线应有人监护。

（2）断、接导线前应核对相线（火线）、中性线。

（3）断开导线时，应先断开相线（火线），后断开中性线。搭接导线时，顺序应相反。

（4）禁止人体同时接触两根线头。

（5）禁止带负荷断、接导线。

Jb0002231401 高处作业如何防止落物伤人？（5分）

考核知识点：安全防护知识

难易度：易

标准答案：

（1）在进行高处作业时，除有关人员外，他人不得在工作地点的下面通行或逗留，工作地点下面应有遮栏（围栏）或装设其他保护装置。

（2）若在格栅式的平台上工作，应采取有效隔离措施，如铺设木板等。

（3）高处作业应使用工具袋。

（4）上下传递材料、工器具应使用绳索。

Jb0003232402 倒闸操作票的填写有哪些要求？（5分）

考核知识点：配电线路工的基本知识

难易度：中

标准答案：

（1）操作票应用黑色或蓝色的钢（水）笔或圆珠笔逐项填写。

（2）操作票票面上的时间、地点、线路名称、杆号（位置）、设备双重名称、动词等关键字不得涂改。

（3）若有个别错、漏字需要修改、补充时，应使用规范的符号，字迹应清楚。

（4）用计算机生成或打印的操作票应使用统一的票面格式。

Jb0005232403 高压架空绝缘导线作业有哪些安全注意事项？（5分）

考核知识点：配电线路知识

难易度：中

标准答案：

（1）架空绝缘导线不得视为绝缘设备，作业人员或非绝缘工器具、材料不得直接接触或接近。

（2）架空绝缘导线与裸导线线路的作业安全要求相同。

（3）在停电检修作业中，开断或接入绝缘导线前，应做好防感应电的安全措施。

Jb0005231404　与带电线路平行、邻近或交叉跨越的线路停电检修，应采取哪些措施防止误登杆塔？（5分）

考核知识点：配电线路知识

难易度：易

标准答案：

（1）每基杆塔上都应有线路名称、杆号。经核对停电检修线路的名称、杆号无误，验明线路确已停电并挂好地线后，工作负责人方可宣布开始工作。

（2）在该段线路上工作，作业人员登杆塔前应核对停电检修线路的名称、杆号无误，并设专人监护，方可攀登。

Jb0005231405　简述在开启电缆井井盖、电缆沟盖板及电缆隧道入孔盖时应采取的安全措施。（5分）

考核知识点：配电线路知识

难易度：易

标准答案：

（1）开启电缆井井盖、电缆沟盖板及电缆隧道入孔盖时应注意站立位置，以免坠落。

（2）开启电缆井井盖应使用专用工具。

（3）开启后应设置遮栏（围栏），并派专人看守。

（4）作业人员撤离后，应立即恢复。

Jb0005232406　简述在作业现场开断电缆前作业人员应采取的安全措施。（5分）

考核知识点：配电线路知识

难易度：中

标准答案：

（1）开断电缆前，应与电缆走向图核对相符，并使用仪器确认电缆无电压后，用接地的带绝缘柄的铁钎钉入电缆芯后，方可工作。

（2）扶绝缘柄的人应戴绝缘手套并站在绝缘垫上，并采取防灼伤措施。

（3）使用远控电缆割刀开断电缆时，刀头应可靠接地，周边其他施工人员应临时撤离，远控操作人员应与刀头保持足够的安全距离，防止弧光和跨步电压伤人。

Jb0003231407　动火工作完毕后，检查现场有哪些要求？工作如何终结？（5分）

考核知识点：配电线路工的基本知识

难易度：易

标准答案：

（1）动火工作完毕后，动火执行人、消防监护人、动火工作负责人和运维许可人应检查现场有无残留火种，是否清洁等。

（2）确认无问题后，在动火工作票上填明动火工作结束时间，经四方签名后（若动火工作与运维无关，则三方签名即可），盖上“已终结”印章，动火工作方告终结。

Jb0002232408　电力安全事故调查应坚持的原则是什么？调查事故原因时要坚持的“四不放过”具体是指哪些内容？（5分）

考核知识点：安全防护知识

难易度：中

标准答案：

（1）安全事故调查应坚持实事求是、尊重科学的原则，及时、准确地查清事故经过、原因和损失，查明事故性质，认定事故责任，总结事故教训，提出整改措施，并对事故责任者提出处理意见。

（2）事故原因调查时要坚持的“四不放过”的具体内容是指：做到事故原因未查清不放过、责任人员未处理不放过、整改措施未落实不放过、有关人员未受到教育不放过。

Jb0002233409 电网事故即时报告的上报形式和具体要求有哪些？（5分）

考核知识点：安全防护知识

难易度：难

标准答案：

即时报告可以电话、电传、电子邮件、短信等形式上报。五级以上的即时报告事故均应在24小时以内以书面形式上报，即时报告后事故出现新情况的，应当及时补报。

其简况至少应包括以下内容：

（1）事故发生的时间、地点、单位。

（2）事故发生的简要经过、伤亡人数、直接经济损失的初步估计。

（3）电网停电影响、设备损坏、应用系统故障和网络故障的初步情况。

（4）事故发生原因的初步判断。

Jb0002231410 《国家电网公司电力事故调查规程》中所指的安全事故体系包含哪几类事故？分为哪些级别？和国家相关法规中所定义的事故对应关系是什么？（5分）

考核知识点：安全防护知识

难易度：易

标准答案：

（1）安全事故体系由人身、电网、设备和信息系统四类事故组成，分为一至八级事件。

（2）其中一至四级事件对应国家相关法规定义的特别重大事故、重大事故、较大事故和一般事故。

Jb0002231411 人身事故等级包括哪些等级？（5分）

考核知识点：安全防护知识

难易度：易

标准答案：

（1）特别重大人身事故（一级人身事件）。

（2）重大人身事故（二级人身事件）。

（3）较大人身事故（三级人身事件）。

（4）一般人身事故（四级人身事件）。

（5）五级人身事件。

（6）六级人身事件。

（7）七级人身事件。

（8）八级人身事件。

Jb0002231412 达到什么样标准的事故才算是特别重大人身事故、重大人身事故和较大人身事故？（5分）

考核知识点：安全防护知识

难易度：易

标准答案：

（1）特别重大人身事故（一级人身事件）：一次事故造成30人以上死亡，或者100人以上重伤者。

（2）重大人身事故（二级人身事件）：一次事故造成10人以上30人以下死亡，或者50人以上100人以下重伤者。

（3）较大人身事故（三级人身事件）：一次事故造成3人以上10人以下死亡，或者10人以上50人以下重伤者。

Jb0002232413　制定《国家电网公司电力事故调查规程》（2011年修订版）的目的和依据分别是什么？（5分）

考核知识点：安全防护知识

难易度：中

标准答案：

（1）为了规范国家电网公司系统（以下简称公司系统）安全事故报告和调查处理，落实安全事故责任追究制度，通过对事故的调查分析和统计，总结经验教训，研究事故规律，采取预防措施，防止和减少安全事故。

（2）根据《生产安全事故报告和调查处理条例》（国务院令第493号）、《电力安全事故应急处置和调查处理条例》（国务院令第599号）等法规，制定本规程。

Jb0002231414　事故的责任归类主要包括哪几类？（5分）

考核知识点：安全防护知识

难易度：易

标准答案：

（1）主要责任，事故发生或扩大主要由一个主体承担责任者。

（2）同等责任，事故发生或扩大由多个主体共同承担责任者。

（3）次要责任，承担事故发生或扩大次要原因的责任者，包括一定责任和连带责任。

Jb0002231415　在事故组织过程中，对哪些情况应当从严处理？（5分）

考核知识点：安全防护知识

难易度：易

标准答案：

（1）违章指挥、违章作业、违反劳动纪律造成事故发生的。

（2）事故发生后迟报、漏报、瞒报、谎报或在调查中弄虚作假、隐瞒真相的。

（3）阻挠或无正当理由拒绝事故调查或提供有关情况和资料的。

Jb0005232416　导线的运行标准是什么？（5分）

考核知识点：配电线路知识

难易度：中

标准答案：

（1）导线最大电流不应超过允许电流。

（2）导线接头无变色和腐蚀，连接螺栓应紧固。

（3）导线无断股。

（4）导线的过引线及引下线，对电杆、铁件等净空距离不应小于：10kV，0.2～0.3m；1kV 级以下，0.1～0.15m。

（5）三相导线弧垂误差不应超过 –5%或 10%，一般档距导线弧垂相差不应超过 50mm。

Jb0002231417 所有事故均应分别填写哪些报告（表）？（5 分）

考核知识点： 安全防护知识

难易度： 易

标准答案：

（1）人身事故报告。

（2）电网事故报告。

（3）设备事故报告。

（4）信息系统事件报告。

（5）月（年）综合统计表。

Jb0007232418 手动操作机构故障有哪些？应采取什么措施？（5 分）

考核知识点： 柱上开关设备知识

难易度： 中

标准答案：

（1）首先核对设备编号及操作程序是否有误，检查断路器是否在开关位置。

（2）若无上述问题，应检查隔离开关是否完全拉开到位。将其完全拉开到位后，可继续操作。

（3）若无上述问题，应检查机械卡涩部位。如属于机构不灵，缺少润滑剂，可加注机油，多转动几次，然后再合闸。如果是传动部分的问题，一时无法进行处理，应调整运行方式先恢复供电，然后向上汇报，停电时由检修人员处理。

Jb0007232419 高压负荷开关在使用中要注意的事项有哪些？（5 分）

考核知识点： 柱上开关设备知识

难易度： 中

标准答案：

（1）接线端子及载流部分应清扫，且接触紧密；绝缘子在安装前经耐压试验合格。

（2）传动机构的滚轮及传动轴等应检查清扫，并涂适当的润滑油。

（3）动接触的刀片与固定触点间的压力应符合规程规定，合闸刀片不应有回弹现象。

（4）负荷开关的各相刀片，与其主固定触点相接触时，前后相差不得超过 3mm。

（5）负荷开关合闸时，应使辅助刀闸先闭合，主刀闸后闭合；分闸时，应使主刀闸先断开，辅助刀闸后断开。

Jb0006232420 对变压器异常运行和常见故障进行简要分析。（5 分）

考核知识点： 配电变压器知识

难易度： 中

标准答案：

（1）变压器声音异常的原因：① 当启动大容量动力设备时，负载电流变大，使变压器声音加大；② 当变压器过负载时，发出很高且沉重的“嗡嗡”声；③ 当系统短路或接地时，通过很大的短路电流，变压器会产生很大的噪声；④ 若变压器带有晶闸管整流器或电弧炉等设备时，由于有高次谐波产生，变压器声音也会变大。

（2）绝缘套管闪络和爆炸原因：① 套管密封不严进水而使绝缘受潮损坏；② 套管的电容芯子制造不良，使内部游离放电；③ 套管积垢严重或套管上有大的裂纹和碎片。

Jb0006232421　变压器运行中补油需注意哪些事项？（5分）

考核知识点：配电变压器知识

难易度：中

标准答案：

（1）10kV及以下变压器可补入不同牌号的油，但应做混油的耐压试验。

（2）补油后要检查变压器油枕油位和气体继电器，及时放出气体。若24h后无问题，可重新将气体保护接入掉闸回路。

（3）对在运行中已经变质的油位及时进行处理，使其恢复到标准值，具有良好的性能。

Jb0006232422　电压互感器在使用中的注意事项有哪些？（5分）

考核知识点：配电变压器知识

难易度：中

标准答案：

电压互感器在使用中一定要注意严防二次侧短路，因为电压互感器是一个内阻极小的电压源，正常运行时负载阻抗很大，相当于开路状态，二次侧仅有很小的负载电流。当二次侧短路时，负载阻抗为零，将产生很大的短路电流，会将电压互感器烧坏。

为此在带电的电压互感器二次回路上工作要注意以下两点：

1）严格防止二次回路短路或接地，工作时应使用绝缘工具，戴手套；

2）二次侧接临时负载时，必须装有专用的刀闸或熔断器。

Jb0008233423　避雷器的运行与维护中注意事项有哪些？（5分）

考核知识点：防雷与接地

难易度：难

标准答案：

（1）受潮。受潮原因往往是密封不良，瓷套管上有裂纹，外部的潮气侵入内腔而使绝缘下降。

（2）火花间隙绝缘老化。这是在间隙内放电时从电极产生的金属蒸发物附在绝缘物上而导致逐渐老化。

（3）并联电阻的老化。

（4）瓷套表面污染。这将造成表面闪络和恶化串联间隙的电压分布。

（5）端子紧固不良，造成断线故障。

（6）固定不好，造成故障。

（7）阀片制造质量不良，造成特性变化。

Jb0005233424　简述剩余电流保护装置的作用。（5分）

考核知识点：配电线路知识

难易度：难

标准答案：

（1）低压配电系统中装设剩余电流动作保护装置是防止直接接触电击事故和间接接触电击事故的有效措施之一，也是防止电气线路或电气设备接地故障引起电气火灾和电气设备损坏事故的发生的技术措施。

（2）安装剩余电流动作保护装置后，仍应以预防为主，并应同时采取其他各项防止电击事故和电气设备损坏事故的技术措施。

Jb0004232425　简述分布式电源的特点。（5 分）

考核知识点：配电网络基本知识

难易度：中

标准答案：

（1）大多利用可再生能源发电，并采用新型发电技术，清洁环保。

（2）电源容量小，电压等级低，不直接接入输电网，而是接入配电网。

（3）深入负荷中心，与用户供电系统共同组成局域配电网，公共连接点功率可双向流动。

（4）分布式电源既可以降低输配电线路损耗，也可以作为削峰填谷的调节电源，在实行峰谷电价的情况下，既保障了电力供应的可靠性，又能减少电费支出。

（5）供电可靠性高，具有一定的抗击自然灾害和人为灾害的能力。在主网发生故障时，依靠分布式电源脱离大电网形成电力“孤岛”，由分布式电源独立为用户供电，保障用户的基本需要。

Jb0005232426　简述电力电缆线路的优缺点。（5 分）

考核知识点：配电线路知识

难易度：中

标准答案：

（1）电力电缆线路的优点：

1）不占用地上空间。地下敷设电缆不占用地上空间，一般不受地上建筑物的影响。

2）供电可靠性高。直埋电缆及沟、隧道敷设电缆，不受雷电、风害、鸟害、挂冰、人为故障等外界因素影响，供电可靠性高。

3）电击可能性小。若电缆线路发生任何故障，由于带电部分在接地屏蔽部分内，只会造成跳闸，不会伤害人畜，比较安全。

4）分布电容较大。电缆的结构相当于一个电容，无功输出非常大。维护工作量少，电缆线路在地下，一般情况下只需定期进行路面观察防止外损。

（2）电力电缆线路区别于架空线路的缺点：

1）投资费用大。同样的导线截面积，电缆的输送容量比架空线路小；但其综合投资费用为相同输送容量架空线路的几倍。

2）引出分支线路比较空难。电缆线路如需分支供电，则需要添加一点的设备才能达到分支的目的，如分支箱或 T 型接头等。

3）故障测寻比较困难。电缆线路在地下，故障点无法看到，必须使用专用仪器进行测量。

4）电缆头制作工艺要求较高。为保证电缆线路的绝缘强度和密封保护，需要由受过专门训练的技工操作。

Jb0005232427　电力电缆绝缘老化如何形成？引起绝缘过早老化的主要原因有哪些？（5 分）

考核知识点：配电线路知识

难易度：中

标准答案：

电力电缆绝缘长期在电和热的作用下运行，其物理性能会发生变化，从而导致其绝缘强度降低或介质损耗增大，最终引起绝缘崩溃者为绝缘老化。

引起绝缘过早老化的主要原因有：

（1）电缆选型不当，致使电缆长期在过电压下工作。

（2）电缆线路周围靠近热源，电缆局部或整个电缆线路长期受热而过早老化。

（3）电缆工作在具有可与电缆绝缘起不良化学反应的环境中过早老化。

Jb0005233428　配电架空线路竣工验收，应提交的资料和文件有哪些？（5分）

考核知识点：配电线路知识

难易度：难

标准答案：

（1）竣工图。

（2）变更设计的证明文件。

（3）安装技术记录（包括隐蔽工程记录）。

（4）交叉跨越高度记录及有关文件。

（5）调整试验记录。

（6）接地电阻实测值记录。

（7）有关的批准文件。

Jb0005233429　架空绝缘线路承力接头钳压法时，如何进行？（5分）

考核知识点：配电线路知识

难易度：难

标准答案：

（1）将钳压管的喇叭口锯掉并处理平滑。

（2）剥去接头处的绝缘层、半导体层，剥离长度比钳压接续管长60～80mm。

（3）线芯端头用绑线扎紧，锯齐导线。

（4）将接续管、线芯进行清洗，并涂导电膏。

（5）按规定的压口数和压接顺序压接，压接后按钳压标准矫直钳压接续管。

（6）将需进行绝缘处理的部位清洗干净，在钳压管两端口至绝缘层倒角间用绝缘自粘带缠绕成均匀弧形，然后进行绝缘处理。

Jb0005232430　如何调整混凝土双杆起立中发现的迈步？（5分）

考核知识点：配电线路知识

难易度：中

标准答案：

（1）先检查迈步的原因，然后进行调整。

（2）因电杆已进入底盘移动而产生的迈步，可用千斤顶调整底盘的位置；如因杆根未入槽而产生的迈步，可用千斤顶将杆根顶入槽，或用双沟及支架将其吊入槽中。

（3）在调整迈步时，临时拉线应设人看守，并根据需要调整其松紧度。

Jb0005233431　简述基坑开挖的方法和注意事项。（5分）

考核知识点：配电线路知识

难易度：难

标准答案：

（1）对线路选线、定位后，要根据施工图进行基坑开挖。

（2）挖坑的位置要以定位时的中心桩为准，如果施工时要移去中心桩，之前应钉好相应的副桩，立杆时用副桩和细铅丝上的漆点找回中心桩的位置。

（3）基坑应根据施工条件确定坑口尺寸及坑深。一般混凝土电杆的埋深为电杆长度的 1/5～1/6，坑的深度为电杆埋入深度加底盘厚度，双杆坑深以地势较低的坑深为准，两坑坑底抄平，误差不大于 20mm；坑口尺寸应根据立杆方式、坑深及土质情况而定，土质不好时可采用挡板等特殊措施。

（4）如果采用人工立杆，基坑要有马道。马道的方向一般为顺路方向，方便立杆施工。

（5）一般情况下，主杆杆坑、拉线坑和接地槽应一同开挖，以提高工作效率。

Jb0009233432 起吊电杆时应注意哪些要求？（5 分）

考核知识点：起重机械在电力施工中的应用

难易度：难

标准答案：

（1）起重工作应由有经验的人统一指挥，指挥信号应简明、统一、畅通，分工应明确。

（2）工作前，工作负责人应对起重工作和工器具进行全面的检查。

（3）吊车应安置平稳牢固，并应设有制动和逆止装置。制动装置失灵或不灵敏的起重机械禁止使用。

（4）起重机械和起重工具的工作负荷应符合铭牌规定，使用时不得超出。

（5）当电杆吊离地面后，工作负责人应再检查各受力部位，无异常情况方可正式起吊。

（6）在起吊过程中，受力钢丝绳的周围、上下方、内角侧和起吊物的下面，严禁有人逗留和通过。吊运重物不得从人头顶通过，吊臂下严禁站人。

Jb0005233433 对架空线应力有直接影响的设计气象条件的三要素是什么？设计中应考虑的组合气象条件有哪些？（5 分）

考核知识点：配电线路知识

难易度：难

标准答案：

（1）设计气象条件三要素：风速、覆冰厚度和气温。

（2）组合气象条件：① 最高气温；② 最低气温；③ 年平均气温；④ 最大风速；⑤ 最大覆冰。⑥ 外过电压；⑦ 内过电压；⑧ 事故断线；⑨ 施工安装。

Jb0005233434 钢管杆组立要求有哪些？（5 分）

考核知识点：配电线路知识

难易度：难

标准答案：

（1）钢管杆采用整体起吊方式组立时，必须在地面校直，并应保证插接深度且拉紧装置不得拆除；法兰连接式螺栓必须使用双螺母且全部紧固。

（2）钢管杆吊点处必须采取防护措施，防止吊装时锌层被破坏。

（3）线路架线时应充分考虑耐张钢管杆挠度对导地线弧垂的影响，调整好临时拉线的平衡张力，严禁不采取临时拉线进行紧线。

（4）转角钢管杆架线后杆顶不应超过铅垂线而偏向受力侧。预偏值应结合制造厂提供的设计挠度合理选取，架线后应复核挠度，并与设计值进行比较分析，以验证制造厂的设计、制造水平。

（5）钢管杆的接地装置及引下线不得浇制在混凝土中。

Jb0005233435　弧垂观测档如何进行选择？（5分）

考核知识点：配电线路知识

难易度：难

标准答案：

选择弧垂观测档时应符合下列规定：

（1）紧线段在5档及以下时，靠近中间一档。

（2）紧线段在6～12档时，靠近两端各选择一档。

（3）紧线段在12档以上时，靠近两端及中间各选择一档。

（4）观测档宜选择档距较大和悬挂点高差较小及接近代表档距的线档。

（5）弧垂观测档的数量可以根据现场情况适当增加，但不得减少。

（6）观测档位置应分布比较均匀，相邻观测档间距不宜超过4个线档。

（7）观测档应具有代表性。如连续倾斜档的高处和低处，较高悬挂点的前后两侧，相邻紧线段的结合处，重要被跨越物附近应设观测档。

（8）宜选择对邻近线档监测范围较大的塔号作观测点。

（9）不宜选邻近转角塔的线档作观测档。

Jb0005232436　导线损伤补修处理标准，符合哪些规定？（5分）

考核知识点：配电线路知识

难易度：中

标准答案：

（1）多股绞线损伤小于总截面的7%，采用0号砂纸抛光处理或不处理。

（2）多股绞线损伤占总截面的7%～17%时，采用缠绕法补修。

（3）多股绞线损伤占总截面的17%～25%时，采用修补管修补。

（4）多股绞线损伤占总截面的25%以上时，须锯断重接。

Jb0005233437　线路施工放线前的准备工作有哪些？（5分）

考核知识点：配电线路知识

难易度：难

标准答案：

（1）检查杆塔是否倾斜，拉线是否牢靠。

（2）根据放线轴上的导地线长度、档距间的交叉跨越物、现场地形及线路方向，选择放线轴的放置位置。

（3）清除放线通道内可能损伤导地线的障碍物或采取可靠的防护措施。

（4）跨越电力线路、通信线、铁路、公路等应和有关单位联系，取得配合，并搭设安全牢固的跨越架。

（5）在居民区、道口、交叉跨越等合理布置护线人员。

（6）明确通信联络方式。

Jb0004231438 电力负荷分级的根据是什么？（5分）

考核知识点：配电网络基本知识

难易度：易

标准答案：

（1）对供电可靠性的要求。

（2）中断供电在政治、经济上所造成损失或影响的程度。

Jb0008233439 有哪些自然接地体可以用作交流电气设备的接地体？（5分）

考核知识点：防雷与接地

难易度：难

标准答案：

（1）埋设在地下的金属管道，但不包括有可燃或有爆炸物质的管道。

（2）金属井管。

（3）与大地有可靠连接的建筑物的金属结构。

（4）水工构筑物及类似的构筑物的金属管、桩。

Jb0004231440 电网的调度机构分为哪几级？（5分）

考核知识点：配电网络基本知识

难易度：易

标准答案：

（1）国家调度机构。

（2）跨省、自治区、直辖市调度机构。

（3）省、自治区、直辖市调度机构。

（4）地市级调度机构。

（5）县级调度机构。

Jb0011233441 盘、柜装置基础型钢的安装应符合哪些要求？（5分）

考核知识点：开关站、配电室和箱式变电站

难易度：难

标准答案：

（1）不直度允许偏差每米为1mm，全长5mm。

（2）水平度允许偏差每米为1mm，全长5mm。

（3）位置误差及不平行度为全长5mm。

（4）基础型钢安装后，其顶部宜高出抹平地面10mm。

（5）手车式成套柜按产品技术要求执行。

（6）基础型钢应有明显的可靠接地。

Jb0005233442 剩余电流动作保护器选择保护装置的原则是什么？（5分）

考核知识点：配电线路知识

难易度：难

标准答案：

（1）剩余电流总保护宜采用组合式保护器，且电源的控制开关宜采用带分励脱扣器的低压断路器。

（2）剩余电流中级保护及三相动力电源的剩余电流末级保护，宜采用具有剩余电流、短路及过负荷保护功能的剩余电流断路器。

（3）单相剩余电流末级保护，宜选用剩余电流保护和短路保护为主的剩余电流断路器。

（4）剩余电流断路器、组合式剩余电流动作保护器的电源控制开关，其通断能力应能可靠地分断安装处可能发生的最大短路电流。

Jb0005231443　剩余电流动作保护器运行管理单位应对其定期进行哪些动作特性试验？（5分）

考核知识点：配电线路知识

难易度：易

标准答案：

（1）测试剩余动作电流值。

（2）测试分断时间。

（3）测试极限不驱动时间。

Jb0005232444　剩余电流动作保护器选择总保护额定剩余动作电流原则是什么？（5分）

考核知识点：配电线路知识

难易度：中

标准答案：

（1）额定剩余动作电流选择应以实现间接接触保护为主。

（2）在躲过低压电网正常泄漏电流情况下，额定剩余动作电流应尽量选小，以兼顾人身和设备安全的要求。

Jb0002231445　安全工器具使用前的外观检查应包括哪些内容？（5分）

考核知识点：安全防护知识

难易度：易

标准答案：

（1）绝缘部分有无裂纹、老化、绝缘层脱落、严重伤痕。

（2）固定连接部分有无松动、锈蚀、断裂等现象。

（3）对绝缘部分的外观有疑问时，应进行绝缘试验合格后方可使用。

Jb0002231446　应如何保管安全工器具？（5分）

考核知识点：安全防护知识

难易度：易

标准答案：

（1）安全工器具宜存放在温度为−15～35℃、相对湿度为80%以下、干燥通风的安全工器具室内。

（2）安全工器具室内应配置适用的柜、架，并不得存放不合格的安全工器具及其他物品。

（3）携带型接地线宜存放在专用架上，架上的号码与接地线的号码应一致。

（4）绝缘隔板和绝缘罩应存放在室内干燥、离地面200mm以上的架上或专用的柜内，使用前应擦净灰尘，如果表面有轻度擦伤，应涂绝缘漆处理。

（5）绝缘工具在储存、运输时不得与酸、碱、油类和化学药品接触，并要防止阳光直射或雨淋，橡胶绝缘用具应放在避光的柜内，并撒上滑石粉。

Jb0003231447 工作班成员的安全责任是什么？（5分）

考核知识点： 配电线路工的基本知识

难易度： 易

标准答案：

（1）明确工作内容、工作流程、安全措施、工作中的危险点，并履行确认手续。

（2）严格遵守安全规章制度、技术规程和劳动纪律，正确使用安全工器具和劳动防护用品。

（3）相互关心工作安全，并监督电力安全工作规程的执行和现场安全措施的实施。

Jb0003231448 工作结束后工作负责人应做哪些工作？（5分）

考核知识点： 配电线路工的基本知识

难易度： 易

标准答案：

（1）检查线路检修地段的状况，确认在杆塔上、导线上、绝缘子串上及其他辅助设备上没有遗留的个人保安线、工具、材料等。

（2）查明全部工作人员确由杆塔上撤下。

（3）待上述两项工作完成后，命令拆除工作地段所挂的接地线。

（4）接地线拆除后，应即认为线路带电，不准任何人再登杆进行工作。

（5）多个小组工作，工作负责人应得到所有小组负责人工作结束的汇报。

（6）工作终结，及时报告工作许可人。

Jb0011231449 新建开关站高压开关设备在投运前应做哪些准备工作？（5分）

考核知识点： 开关站、配电室和箱式变电站

难易度： 易

标准答案：

（1）运行人员应经过培训，熟练掌握高压开关设备的工作原理、结构、性能、操作注意事项和使用环境等。

（2）配置操作所需的专用工具、安全工器具、常用备品备件等。

（3）根据系统运行方式编制设备事故预案。

Jb0011231450 新建开关站高压开关设备投运的必备条件是什么？（5分）

考核知识点： 开关站、配电室和箱式变电站

难易度： 易

标准答案：

（1）验收合格并办理移交手续。

（2）设备名称、运行编号、标志牌齐全。

（3）运行规程齐全、人员培训合格、操作工具及安全工器具完备。

Jb0004212451 某变电站至10kV开关站采用LGJ－240架空线路输送电能，架空线长度为3km，

单位长度电阻为 $R_0=0.15\Omega/km$，单位长度电抗 $X_0=0.34\Omega/km$，变电站母线电压为 10.5kV，要求开关站母线电压不低于 10kV，试求 $\cos\varphi=0.95$ 时，该开关站最大能送出多少容量的负载。(LGJ－240 导线在 40℃室外温度时载流量为 494A)(5 分)

考核知识点：配电网络基本知识

难易度：中

标准答案：

解：(1) $\Delta U=10.5-10=0.5$ (kV)

(2) 设最大容量为 S，则

$$P=S\cos\varphi=0.95S$$
$$Q=S\sin\varphi=0.31S$$

(3) $R=R_0L=0.15\times3=0.45$ (Ω)，$X=X_0L=0.34\times3=1.02$ (Ω)

(4) 因为 $$\Delta U=(PR+QX)/10>0.5$$

所以 $$(0.95S\times0.45+0.31S\times1.02)/10>0.5$$

则 $$S>6.72\text{MVA}$$

(5) 校验载流量。

因为 $$S=\sqrt{3}UI\cos\varphi$$

则 $$I=S/(\sqrt{3}U\cos\varphi)=6.72\times10^3/(\sqrt{3}\times10\times0.95)=408\text{ (A)}$$

答：LGJ－240 导线在 40℃室外温度时载流量为 494A＞408A，所以最大能送出 6.72MVA 的负载。

Jb0005212452　已知某线路耐张段，导线型号为 LGJ－185，悬挂点等高，代表档距为 $L_0=50m$。计算弧垂为 $f_0=0.8m$，采用减少弧垂法补偿导线的塑性伸长。现在档距为 $L=60m$ 的距内进行弧垂观测。问弧垂为多少应停止紧线？（5 分）

考核知识点：配电线路知识

难易度：中

标准答案：

解： $$f_1=(L/L_0)^2f_0=(60/50)^2\times0.8=1.15\text{ (m)}$$

因为钢芯铝绞线弧垂减少百分数为 12%，则

$$f=f_1(1-12\%)=1.15\times0.88=1.01\text{ (m)}$$

答：弧垂为 1.01m 时应停止紧线。

Jb0009213453　用钢丝绳起吊电杆，安全系数 $K=4.5$，动荷系数 $K_1=1.3$，不均衡系数 $K_2=1.0$，电杆的质量为 $Q=1500kg$，试算可否用破断拉力 $T_d=68kN$ 的钢丝绳起吊。(5 分)

考核知识点：起重机械在电力施工中的应用

难易度：难

标准答案：

解：钢丝绳所受拉力为

$$\begin{aligned}T&=K_1K_2(9.8Q/m)(1/\cos\alpha)\\&=1.3\times1.2\times1/\cos30^\circ\times(9.8\times1500/2)\\&=13\ 240\text{ (N)}\end{aligned}$$

钢丝绳的安全拉力为

$$T_{rel}=T_d/K=68/4.5=15.1\text{ (kN)}=15\ 100\text{N}$$

$$T=13\ 240\text{N}<T_{rel}=15\ 111\text{N}$$

答：可以用破断拉力等于 68kN 钢丝绳起吊。

Jb0003212454 如图 Jb0003212454 所示，已知用经纬仪从 O 点测得一条 10kV 线路与一条公路交跨在路面投影点 C 塔尺上的读数上丝为 1.85m，中丝为 1.50m，下丝为 1.15m，垂直角为 $\alpha=0°$；又测得 10kV 线路下导线垂直角 $\alpha'=5°$，试问导线到公路路面的净空高度 P 是否满足要求？（5 分）

考核知识点：配电线路工的基本知识

难易度：中

标准答案：

解：

（1）平距 $D=k$（上丝−下丝）$\cos^2\alpha$

$=100\times(1.85-1.15)\times\cos^2 0°$

$=100\times0.7\times1=70$（m）

（2）净空高度 $P=D\tan\alpha'$+中丝

$=70\times\tan5°+1.50$

$=70\times0.087\ 5+1.50$

$=7.625$（m）>7m（最小安全距离）

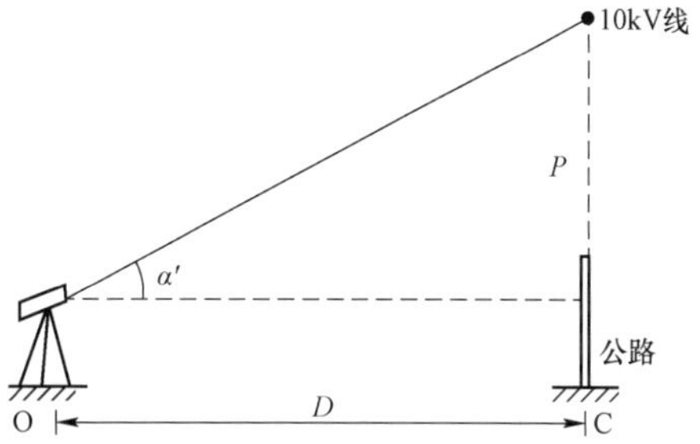

图 Jb0003212454

答：导线到公路路面的净空高度满足交跨要求。

Jb0004211455 某 10kV 专线线路长 15km，最大负载为 3000kVA，最大负载利用小时数 $T_{max}=4400$h，导线单位长度的电阻为 $R_0=0.16\Omega$/km，求每年消耗在导线上的电能。（5 分）

考核知识点：配电网络基本知识

难易度：易

标准答案：

解：因为 $S=\sqrt{3}UI$，则

$I=S/(\sqrt{3}U)=3000/(\sqrt{3}\times10)=173.2$（A）

$R=R_0L=0.16\times15=2.4$（Ω）

$\Delta W=3I^2RT_{max}=3\times173.2^2\times2.4\times4400\times10^{-3}=950\ 344$（kWh）

答：一年消耗在导线上的电能为 950 344kWh。

Jb0003212456 一台容量 S=100kVA 的变压器，24h 的有功电量 P=1700kWh，运行功率因数 $\cos\varphi$=0.85，则 24h 变压器的利用率为多少？（5 分）

考核知识点：配电线路工的基本知识

难易度：中

标准答案：

解：变压器的利用率为

$$K=\frac{P}{24\cos\varphi S}\times 100\%$$

$$=\frac{1700}{24\times 0.85\times 100}\times 100\%$$

$$=83.3\%$$

答：24h 变压器的利用率为 83.3%。

Jb0005212457　某额定电压 U_N = 10kV 线路采用 P－15T 型绝缘子，其泄漏距离 λ 不小于 301mm，则计算其最大泄漏比距 S（单位 cm/kV）。（5 分）

考核知识点：配电线路知识

难易度：中等

标准答案：

解：

$$S=\lambda/U_N=301/10=30.1\text{（mm/kV）}=3.01\text{（cm/kV）}$$

答：最大泄漏比距为 3.01cm/kV。

Jb0003213458　如图 Jb0003213458 所示为一基 10kV 电杆，每相导线质量 P= 555kg，水平排列，相间距离均为 500mm，计算撑铁受力情况。（5 分）

考核知识点：配电线路工的基本知识

难易度：难

标准答案：

解：

撑铁受力 T_{BC} 大小为

$$T_{BC}=\frac{1.5P+P+0.5P}{\sin 30°}\times 9.8$$

$$=\frac{3\times 555}{\sin 30°}\times 9.8$$

$$=32\ 634\text{（N）}$$

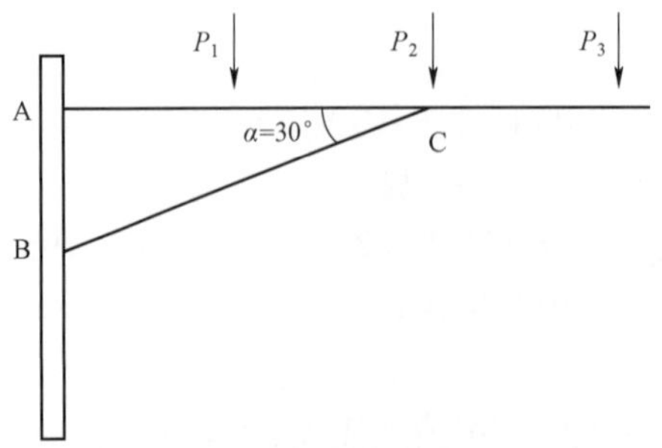

图 Jb0003213458

答：撑铁受力 32 634N。

Jb0003212459 某用户的一条专用线路全长 $L=10km$，负荷电流 $I=100A$，功率因数 $\cos\varphi_1=0.7$，当客户投入并联电容器后，功率因数提高到 $\cos\varphi_2=0.95$，试计算每月降低线路损耗。(已知线路电阻 $R_0=0.27\Omega/km$，电抗 $X_0=0.4\Omega/km$)(5 分)

考核知识点：配电线路工的基本知识

难易度：中

标准答案：

解：

$$I_{w0.7}=I\sin\varphi_1=100\times0.714=71.4\text{（A）}$$

$$I_{w0.95}=I\cos\varphi_1\tan\varphi_2=100\times0.7\times0.328\ 7=23\text{（A）}$$

每月降低线路损耗为

$$\Delta W=3(I^2_{w0.7}-I^2_{w0.95})R_0Lt$$

$$=3(71.4^2-23^2)0.27\times10\times30\times24\times10^{-3}=26\ 646\text{（kWh）}$$

答：每月降低线路损耗为 26 646kWh。

Jb0003211460 某 10kV 专线线路长 5km，最大负荷为 3000kVA，最大负荷利用小时数 $T_{max}=4400h$，导线单位长度的电阻为 $R_0=0.15\Omega$，求每年消耗在导线上的电能。(5 分)

考核知识点：配电线路工的基本知识

难易度：易

标准答案：

解：

$$I=S/(\sqrt{3}U)=3000/(\sqrt{3}\times10)=173.2\text{（A）}$$

$$R=R_0L=0.15\times5=0.75\text{（}\Omega\text{）}$$

每年消耗在导线上的电能为

$$\Delta W=3I^2RT=3\times173.2^2\times0.75\times4400\times10^{-3}=296\ 982\text{（kWh）}$$

答：每年消耗在导线上的电能为 296 982.45kWh。

Jb0011223461 如图 Jb0011223461 为某箱式变电站主接线图，按图示内容回答下列问题。(5 分)

（1）该箱式变电站由哪三部分组成？共有几路供出出线？

（2）指出 QFA、QS、FU、QFU、C、F 的名称及作用。

考核知识点：开关站、配电室和箱式变电站

难易度：难

标准答案：

（1）该箱式变电站由高压室、变压器室和低压室三部分组成，共有 7 路供出出线。

（2）QFA—真空断路器，起过电流、短路保护作用；

QS—隔离开关，起隔离电源保障安全作用；

FU—熔断器，起过电流保护作用；

QFU—熔断器式开关，起过电流保护和隔离电源作用；

C—电容器组，起无功补偿作用；

F—避雷器，起过电压保护作用。

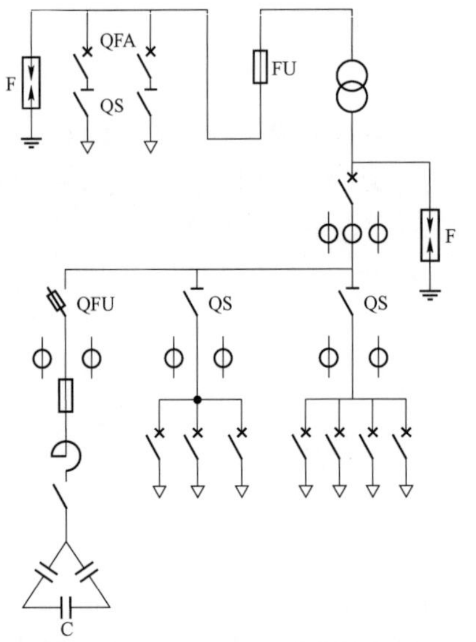

图 Jb0011223461

Jb0005222462　指出图 Jb0005222462 所示为何物，说出标号名称。（5 分）

考核知识点：配电线路知识

难易度：中

标准答案：

图 Jb0005222462 所示为导线压接钳的手动油泵部分。1—挂钩；2—油标尺；3—操纵杆；4—放油螺杆；5—泵体；6—高压力软管。

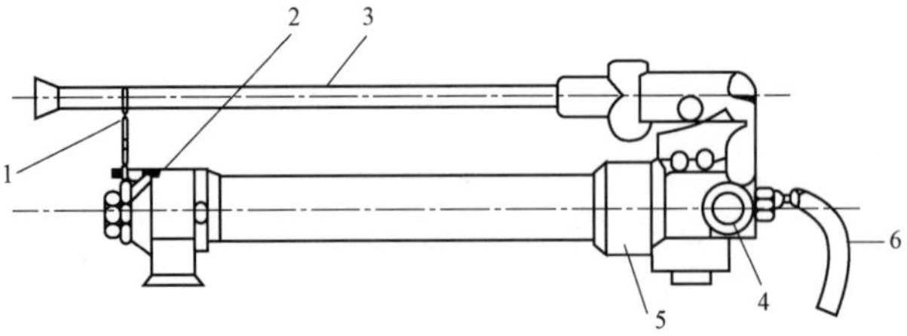

图 Jb0005222462

Jb0006222463　画出变压器短路试验接线图。（5 分）

考核知识点：配电变压器知识

难易度：中

标准答案：

变压器短路试验接线图如图 Jb0006222463 所示。

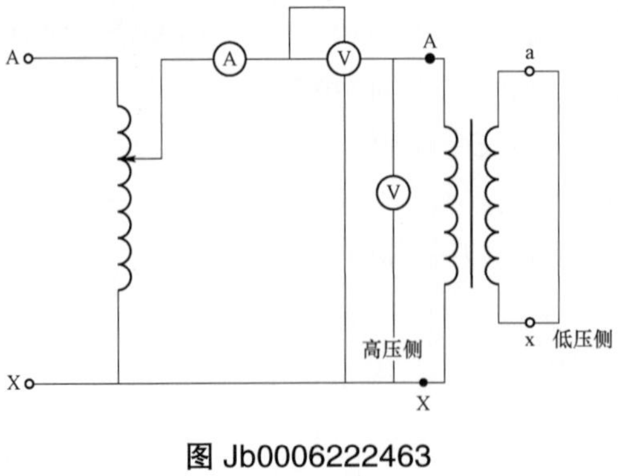

图 Jb0006222463

Jb0005223464 说明图 Jb0005223464 绘制了哪些内容。(5 分)

考核知识点：配电线路知识

难易度：难

标准答案：

根据图 Jb0005223464 可知，导线安装曲线图通常绘制了张力和弧垂两种曲线。其横坐标为代表档距，单位为 m；左边的纵坐标为张力，单位 kN；右边纵坐标为弧垂，单位为 m。图中每一条曲线对应一种安装气象条件。

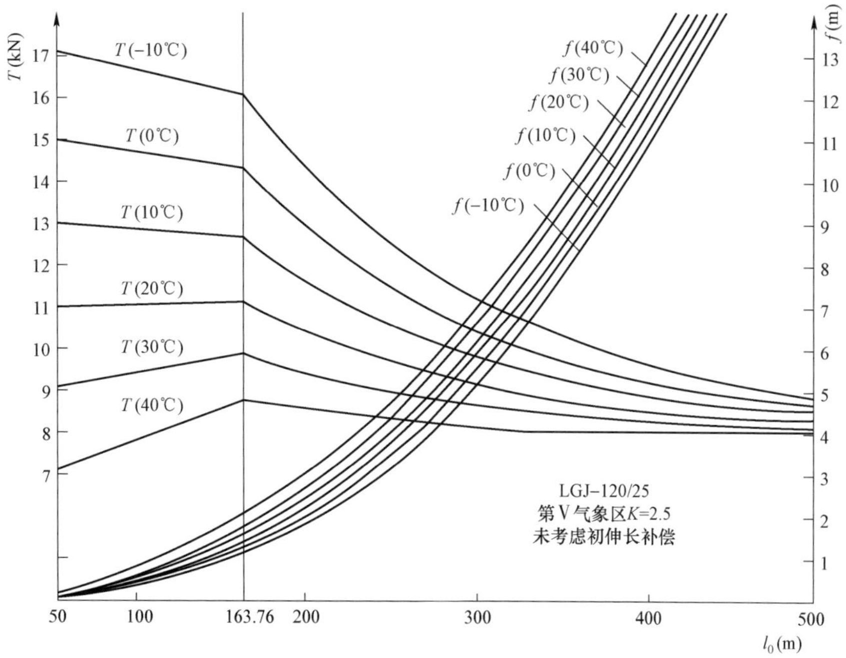

图 Jb0005223464

Jb0003221465 一客户有 4 台不并网自备发电机需接入低压网，试画出电气接线图。(5 分)

考核知识点：配电线路工的基本知识

难易度：易

标准答案：

电气接线图如图 Jb0003221465 所示。

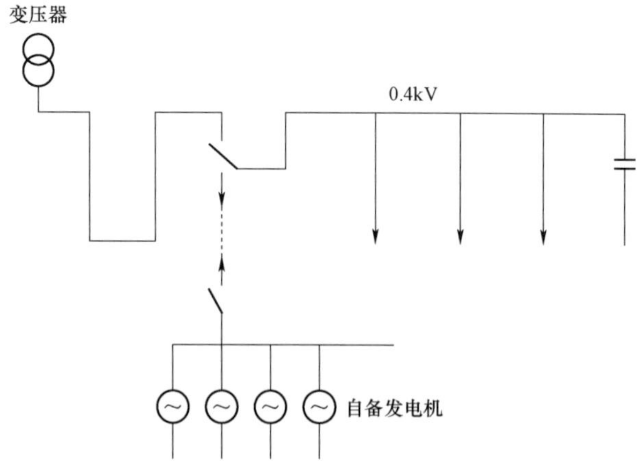

图 Jb0003221465

第八章　配电线路工技师技能操作

Jc0005241466　低压电缆热缩终端头制作。（100 分）

考核知识点：配电线路知识

难易度：易

技能等级评价专业技能考核操作工作任务书

一、任务名称

低压电缆热缩终端头制作。

二、适用工种

配电线路工技师。

三、具体任务

（1）完成 1kV 四芯橡塑绝缘电缆热缩型终端头制作。

（2）电缆型号为 VLV22－4×50 型。

四、工作规范及要求

（1）单独操作。

（2）所需材料：电缆 VLV22－4×50 型若干、1kV 热缩型电缆终端附件一套。

（3）专用工具：钢锯、锯条、锉刀、喷灯、万用表、绝缘电阻表、线鼻子 $50mm^2$ 若干、铜线、电烙铁、压接钳等。

（4）本考核总成绩满分为 100 分。

五、考核及时间要求

考核时间共 60 分钟，每超过 1 分钟扣 2 分。

技能等级评价专业技能考核操作评分标准

工种	配电线路工					评价等级	技师
项目模块	配电线路知识—电力电缆的运行				编号	Jc0005241466	
单位		准考证号				姓名	
考试时限	60 分钟	题型	单项操作			题分	100 分
成绩		考评员		考评组长		日期	
试题正文	低压电缆热缩终端头制作						
需要说明的问题和要求	电缆型号为 VLV22－4×50 型						

序号	项目名称	质量要求	满分	扣分标准	扣分原因	得分
1	工作前准备					
1.1	选择工器具	根据电缆规格，选择合适的工器具	5	工具、材料错、漏选一项扣 1 分； 未检查一项扣 1 分； 不按规定穿着一项扣 1 分		

续表

序号	项目名称	质量要求	满分	扣分标准	扣分原因	得分
1.2	选择材料	根据操作内容，选择合适的材料	5			
1.3	着装、穿戴	工作服、工作鞋、安全帽等穿戴正确	5			
2	工作过程					
2.1	剖削外护层	量好长度，剖削电缆外护层，根据剖削长度绑好铜扎线，锯好钢铠	5	剖削长度不合适扣2分； 伤及内护层扣3分； 不作处理扣5分； 一处不合格扣2分； 剥除方法有误扣3分； 端部绝缘剥除长度每±2mm扣1分； 方法不正确扣2分； 外观明显不平整扣3分； 失误一次扣1～3分		
2.2	焊接地线	用锉刀或锯条将钢铠表面的氧化层除去，把接地线焊接在钢铠上，面积达到300mm²	5			
2.3	内护层处理	内护层保留长度60mm，余者剥除，分开线芯，除去填料	5			
2.4	安装四芯指套	分开线芯，将四芯指套套至根部，然后用喷灯从中间向两端加热，使其完全收缩	10			
2.5	导线绝缘层剖削	剥去线芯端子绝缘层，长度比线鼻子内孔深度大5mm	5			
2.6	安装端子	选择正确的压模型号压接端子，压好后用锉刀或砂纸抛光端子表面，并擦拭干净	10			
2.7	安装绝缘管	清洁线芯绝缘表面和四芯指套，套入绝缘管，使绝缘管的下端搭接四指套根部，上端包住端子的压痕，然后用喷灯由下向上加热，直至绝缘管完全收缩	15			
2.8	安装相色管	在端子脚部套入相色管，用喷灯加热至完全收缩	5			
3	工作终结验收					
3.1	端子连接	压后尺寸符合要求	5	一处不合格扣2分； 绝缘电阻表选用出错扣2分； 绝缘不合格扣本题的50%； 工具损坏一次扣1分； 不清理扣3分； 不交还工器具及剩余材料扣3分； 未在规定时间完成，每延时1分钟扣2分		
3.2	绝缘	外观检查要求接触良好，绝缘管平整，相色标志正确	5			
		绝缘测试合格	5			
3.3	安全文明生产	工作中无违章出现，操作过程中工器具损伤，无绝缘皮损伤，工作完毕清理场地，交还工器具及剩余材料	10			
合计			100			

Jc0005241467 低压电缆热缩中间头制作。（100分）

考核知识点：配电线路知识

难易度：易

技能等级评价专业技能考核操作工作任务书

一、任务名称

低压电缆热缩中间头制作。

二、适用工种

配电线路工技师。

三、具体任务

（1）完成1kV四芯橡塑绝缘电缆热缩型中间头制作。

（2）电缆型号为VLV22－4×50型。

四、工作规范及要求

（1）单独操作。

（2）所需材料：电缆VLV22－4×50型若干、1kV热缩型电缆中间接头附件一套。

（3）专用工具：钢锯、锯条、锉刀、喷灯、万用表、绝缘电阻表、线鼻子 $50mm^2$ 若干、铜线、电烙铁、压接钳、填充胶、PVC 带等。

（4）本考核总成绩满分为 100 分。

五、考核及时间要求

考核时间共 90 分钟，每超过 1 分钟扣 2 分。

技能等级评价专业技能考核操作评分标准

工种	配电线路工			评价等级	技师
项目模块	配电线路知识—电力电缆的运行		编号	Jc0005241467	
单位		准考证号		姓名	
考试时限	90 分钟	题型	单项操作	题分	100 分
成绩	考评员		考评组长		日期
试题正文	低压电缆热缩中间头制作				
需要说明的问题和要求	电缆型号为 VLV22－4×50 型				

序号	项目名称	质量要求	满分	扣分标准	扣分原因	得分
1	工作前准备					
1.1	选择工器具	根据电缆规格，选择合适的工器具	5	工具、材料错、漏选一项扣 1 分； 未检查一项扣 1 分； 不按规定穿着一项扣 1 分		
1.2	选择材料	根据操作内容，选择合适的材料	5			
1.3	着装、穿戴	工作服、工作鞋、安全帽等穿戴正确	5			
2	工作过程					
2.1	剥切电缆外护层和线芯绝缘	将电缆两端重叠 120mm，在重叠部分的中心做一标记，并锯断，分别取 500mm 和 300mm 剥除外护层	5	剖削长度不合适扣 2 分； 伤及内护层扣 3 分； 不作处理扣 5 分； 一处不合格扣 2 分； 剥除方法有误扣 3 分； 端部绝缘剥除长度每±2mm 扣 1 分； 方法不正确扣 2 分； 外观明显不平整扣 3 分； 失误一次扣 1～3 分		
		保留 50mm 的铠装和 10mm 的内垫层，依次除去其余部分的铠装、内垫层和线芯绝缘	5			
		量取 1/2 连接管长加 5mm，除去线芯绝缘	5			
2.2	压接连接管	在较长电缆端分别套入外护套管和四根绝缘管，清洁电缆的四根线芯导体和连接管，用砂纸擦去连接管内部的氧化层	5			
		将两端电缆的线芯按线芯绝缘的颜色对应套入连接管的两端，然后压接，用锉刀或砂纸将连接管表面的棱角和毛刺打光，矫直电缆	10			
2.3	安装绝缘管	用填充胶或 PVC 带将压痕及连接管两端与线芯绝缘的连接部分填平	5			
		将绝缘管从长端拉至中间，盖住连接管，从中间向两端依次加热绝缘管，火焰要适中，四周均匀加热，直至完全收缩	10			
2.4	安装地线和外护套管	将地线的两端分别焊接在两端的铠装层上	5			
		矫直电缆，将四根线芯拢在一起，用塑料带绑牢	5			
		将外护套拉至中间，从中部向两端加热，直至收缩完全	5			
3	工作终结验收					
3.1	端子连接	压后尺寸符合要求	5	一处不合格扣 2 分； 绝缘电阻表选用出错扣 2 分； 绝缘不合格扣本题的 50%； 工具损坏一次扣 1 分； 不清理扣 3 分； 不交还工器具及剩余材料扣 3 分； 未在规定时间完成，每延时 1 分钟扣 2 分		
3.2	绝缘	外观检查要求接触良好，绝缘管平整，相色标志正确	5			
		绝缘测试合格	5			
3.3	安全文明生产	工作中无违章出现，操作过程中工器具损伤，无绝缘皮损伤，工作完毕清理场地，交还工器具及剩余材料	10			
合计			100			

Jc0005241468　10kV 交联电缆硅橡胶预制式热缩户内终端头制作。（100 分）

考核知识点：配电线路知识

难易度：易

技能等级评价专业技能考核操作工作任务书

一、任务名称

10kV 交联电缆硅橡胶预制式热缩户内终端头制作。

二、适用工种

配电线路工技师。

三、具体任务

完成 10kV 交联电缆硅橡胶预制式热缩户内终端头制作。

四、工作规范及要求

（1）工作环境：现场操作场地及设备材料已完备。

（2）剥切尺寸正确，剥切绝缘不得损伤缆芯。

（3）绝缘表面处理应干净、光滑。

（4）剥除铜屏蔽层及半导电层不得伤及下一层。

（5）戴安全帽、穿工作服、穿绝缘鞋、带个人工器具。

（6）易燃用具单独放置，摆放整齐；会正确使用。

（7）规定时间内完成。

（8）本考核总成绩满分为 100 分。

五、考核及时间要求

考核时间共 50 分钟，每超过 1 分钟扣 2 分。

技能等级评价专业技能考核操作评分标准

工种	配电线路工						评价等级	技师
项目模块	配电线路知识—电力电缆的运行					编号	Jc0005241468	
单位			准考证号				姓名	
考试时限	50 分钟		题型	单项操作			题分	100 分
成绩		考评员			考评组长		日期	
试题正文	10kV 交联电缆硅橡胶预制式热缩户内终端头制作							
需要说明的问题和要求	（1）工作环境：现场操作场地及设备材料已完备。 （2）剥切尺寸正确，剥切绝缘不得损伤缆芯。 （3）绝缘表面处理应干净、光滑。 （4）剥除铜屏蔽层及半导电层不得伤及下一层。 （5）戴安全帽、穿工作服、穿绝缘鞋、带个人工器具。 （6）易燃用具单独放置，摆放整齐；会正确使用。 （7）规定时间内完成							

序号	项目名称	质量要求	满分	扣分标准	扣分原因	得分
1	工作前准备					
1.1	材料及工器具准备	按要求准备好工器具及材料，并进行检查	3	错、漏选一项扣 1 分； 工器具和材料未检查一项扣 1 分； 不按规定穿着一项扣 1 分		
1.2	着装、穿戴	工作服、工作鞋、安全帽等穿戴正确	2			
2	工作过程					

续表

序号	项目名称	质量要求	满分	扣分标准	扣分原因	得分
2.1	支撑、矫直、外护套擦拭	为了便于操作，选好位置，将要进行施工的部分支架好，同时矫直，擦去外护套上的污迹	2	一项工作未做扣1分		
2.2	将电缆断切面锯平	如果电缆三相线芯锯口不在同一平面上或导体切面不平，应锯平	3	未按要求做扣3分		
2.3	校对施工尺寸	根据附件供应商提供的图纸，确定施工尺寸	5	尺寸与图纸不符合扣2～5分		
2.4	操作程序控制	操作程序应按图纸进行	5	程序错误扣5分； 遗漏工序扣5分		
2.5	剥除外护套、铠装、内护层、内衬、铜屏蔽及外半导电层等	剥切时切口不平，金属切口有毛刺或伤及其下一层结构，应视为缺陷；绝缘表面干净、光滑、无残质，均匀涂上硅脂	25	尺寸不对扣5分； 剥时伤及绝缘扣5分； 剥口没处理成小斜坡、有毛刺扣5分； 绝缘表面没处理干净扣5分； 未均匀涂上硅脂扣5分		
2.6	绑扎和焊接	绑扎铠装及接地线；固定铜屏蔽要平整，不能松带；焊点应平滑、牢固，焊点厚度不大于4mm	5	焊点不牢固扣2分； 焊点厚度不大于4mm扣1分； 铜屏蔽不平整、松带扣1分； 接地线绑扎不紧扣1分		
2.7	铠装接地与铜屏蔽接地	两个接地应分开制作，相互之间有绝缘要求	5	未分开制作扣5分		
2.8	包绕填充胶和热缩三叉套管、绝缘管	填充胶包绕应成形（橄榄状或苹果状）；三叉套管、绝缘套管入皆应到位，收缩紧密；管外表无烧伤痕迹，三叉套管由根部向两端加热，绝缘管由三叉根部向上加热	15	填充胶包绕不成形扣5分； 内外次序错误扣5分； 管外表有灼伤痕迹扣5分		
2.9	剥削绝缘和导体压接端子	绝缘切口处应平整；压接端子既不可过度也不能不紧，以阴阳模接触为宜；压接后端子表面应打磨光滑	10	绝缘切口处不平整扣5分； 压接点不少于4点扣5分； 连接管表面未打磨扣5分		
2.10	绕包半导体带做好安装记号	用半导体带将铜屏蔽口包住，并向下覆盖热缩管；在热缩管上用自粘胶带做好应力锥安装记号	5	绕包半导体带不连续、不光滑扣2分； 未做应力锥安装记号扣3分		
2.11	安装预制式终端	将硅脂涂在绝缘表面和预制式终端内，把预制式终端套进电缆并将其推至所做记号处	5	预制式终端推不到位扣5分； 未涂硅脂扣3分		
3	工作终结验收					
3.1	绝缘	外观检查要求接触良好，相色标志正确，应力锥安装正确，绝缘测试合格	5	验收不符合要求每项扣1～2分； 未清理扣3分； 不交还工器具及剩余材料扣3分； 未在规定时间完成，每延时1分钟扣2分		
3.2	安全文明生产	工作中无违章出现，工作结束，清理现场，交还工器具及剩余材料	5			
合计			100			

Jc0005241469　10kV交联电缆硅橡胶预制式户外终端头制作。（100分）

考核知识点：配电线路知识

难易度：易

技能等级评价专业技能考核操作工作任务书

一、任务名称

10kV 交联电缆硅橡胶预制式热缩户外终端头制作。

二、适用工种

配电线路工技师。

三、具体任务

完成 10kV 交联电缆硅橡胶预制式热缩户外终端头制作。

四、工作规范及要求

（1）工作环境：现场操作场地及设备材料已完备。
（2）剥切尺寸正确，剥切绝缘不得损伤缆芯。
（3）绝缘表面处理应干净、光滑。
（4）剥除铜屏蔽层及半导电层不得伤及下一层。
（5）戴安全帽、穿工作服、穿绝缘鞋、带个人工器具。
（6）易燃用具单独放置，摆放整齐；会正确使用。
（7）规定时间内完成。
（8）本考核总成绩满分为 100 分。

五、考核及时间要求

考核时间共 50 分钟，每超过 1 分钟扣 2 分。

技能等级评价专业技能考核操作评分标准

工种	配电线路工				评价等级	技师
项目模块	配电线路知识—电力电缆的运行			编号	Jc0005241469	
单位		准考证号			姓名	
考试时限	50 分钟	题型	单项操作		题分	100 分
成绩	考评员		考评组长		日期	
试题正文	10kV 交联电缆硅橡胶预制式热缩户外终端头制作					
需要说明的问题和要求	（1）工作环境：现场操作场地及设备材料已完备。 （2）剥切尺寸正确，剥切绝缘不得损伤缆芯。 （3）绝缘表面处理应干净、光滑。 （4）剥除铜屏蔽层及半导电层不得伤及下一层。 （5）戴安全帽、穿工作服、穿绝缘鞋、带个人工器具。 （6）易燃用具单独放置，摆放整齐；会正确使用。 （7）规定时间内完成					

序号	项目名称	质量要求	满分	扣分标准	扣分原因	得分
1	工作前准备					
1.1	材料及工器具准备	按要求准备好工器具及材料，并进行检查	3	错、漏选一项扣 1 分； 工器具和材料未检查一项扣 1 分； 不按规定穿着一项扣 1 分		
1.2	着装、穿戴	工作服、工作鞋、安全帽等穿戴正确	2			
2	工作过程					
2.1	支撑、矫直、外护套擦拭	为了便于操作，选好位置，将要进行施工的部分支架好，同时矫直，擦去外护套上的污迹	5	一项工作未做扣 2 分		

续表

序号	项目名称	质量要求	满分	扣分标准	扣分原因	得分
2.2	将电缆断切面锯平	如果电缆三相线芯锯口不在同一平面上或导体切面不平，应锯平	5	未按要求做扣5分		
2.3	校对施工尺寸	根据附件供应商提供的图纸，确定施工尺寸	5	尺寸与图纸不符合扣2～5分		
2.4	操作程序控制	操作程序应按图纸进行	5	程序错误扣5分； 遗漏工序扣5分		
2.5	剥除外护套、铠装、内护层、内衬、铜屏蔽及外半导电层等	剥切时切口不平，金属切口有毛刺或伤及其下一层结构，应视为缺陷；绝缘表面干净、光滑、无残质，均匀涂上硅脂	30	尺寸不对扣6分； 剥时伤及绝缘扣6分； 剥口没处理成小斜坡、有毛刺扣6分； 绝缘表面没处理干净扣6分； 未均匀涂上硅脂扣6分		
2.6	绑扎和焊接	绑扎铠装及接地线；固定铜屏蔽要平整，不能松带；焊点应平滑、牢固，焊点厚度不大于4mm	15	焊点不牢固扣5分； 焊点厚度不大于4mm扣3分； 铜屏蔽不平整、松带扣3分； 接地线绑扎不紧扣3分		
2.7	剥削绝缘和导体压接端子	剥去绝缘，切口平整	10	一处未达标扣5分		
2.8	绕包半导体带做好安装记号	用半导体带将铜屏蔽口包住，并向下覆盖热缩管，在热缩上用自粘带做好应力锥安装记号	5	未达到要求扣5分		
2.9	安装应力锥	将硅脂涂在绝缘表面和应力锥内，把应力锥套进电缆并把其推至所做的记号处，端子外包两层硅橡胶带	5			
3	工作终结验收					
3.1	绝缘	外观检查要求接触良好，相色标志正确，应力锥安装正确，绝缘测试合格	5	验收不符合要求每项扣1～2分； 未清理扣3分； 不交还工器具及剩余材料扣3分； 未在规定时间完成，每延时1分钟扣2分		
3.2	安全文明生产	工作中无违章出现，工作结束，清理现场，交还工器具及剩余材料	5			
合计			100			

Jc0005241470　电缆敷设牵引头安装。(100分)

考核知识点： 配电线路知识

难易度： 易

技能等级评价专业技能考核操作工作任务书

一、任务名称

电缆敷设牵引头安装。

二、适用工种

配电线路工技师。

三、具体任务

完成电缆敷设牵引头安装。

四、工作规范及要求

（1）电缆牵引头型号选择。

（2）电缆牵引头安装。

（3）防捻器安装。

（4）规定时间内完成。

（5）本考核总成绩满分为100分。

五、考核及时间要求

考核时间共45分钟，每超过1分钟扣2分。

技能等级评价专业技能考核操作评分标准

工种	配电线路工					评价等级	技师
项目模块	配电线路知识—电力电缆的运行				编号	Jc0005241470	
单位		准考证号				姓名	
考试时限	45分钟	题型	单项操作			题分	100分
成绩		考评员		考评组长		日期	
试题正文	电缆敷设牵引头安装						
需要说明的问题和要求	（1）电缆牵引头型号选择。 （2）电缆牵引头安装。 （3）防捻器安装。 （4）规定时间内完成						

序号	项目名称	质量要求	满分	扣分标准	扣分原因	得分
1	工作前准备					
1.1	着装、穿戴	工作服、工作鞋、安全帽等穿戴正确	5	未着装扣5分； 着装不规范扣3分		
1.2	材料及工器具准备	按要求准备好工器具及材料，并进行检查	10	电缆牵引头选择错误扣5分； 未进行工器具检查扣5分； 工器具、材料漏选或有缺陷扣5分		
2	工作过程					
2.1	三芯交联电缆头安装	（1）电缆端外护套剖塑150mm。 （2）电缆端剖铅60mm。 （3）导体绝缘处理，向电缆末端加防水填料50mm。 （4）电缆牵引头夹紧。 （5）电缆牵引头安装检查	30	电缆端外护套剖塑误差超过±8mm扣6分； 电缆端剖铅误差超过±5mm扣6分； 向电缆末端未加注防水填料扣6分，不合要求扣3分； 电缆牵引头未夹紧封铅扣6分； 电缆牵引头安装未检查扣6分； 电缆牵引头安装不合格本项不得分		
2.2	网套安装	（1）电缆端头铜（铅）扎线捆绑扎线。 （2）电缆牵引网套安装	20	电缆端头铜（铅）扎线未绑扎线扣5分； 电缆牵引网套安装未检查扣5分； 电缆牵引网套安装不合格扣10分		
2.3	防捻器安装	（1）回答防捻器的作用。 （2）安装防捻器	20	回答错误扣10分，不完整扣5分； 安装防捻器不合格扣10分		

续表

序号	项目名称	质量要求	满分	扣分标准	扣分原因	得分
3	工作终结验收					
3.1	安全文明生产	文明操作，禁止违章操作，不损坏工器具，不发生安全生产事故	15	有不安全行为扣5分； 损坏工器具扣5分； 安装拆卸还原不完整扣5分； 发生安全生产事故本项考核不及格		
合计			100			

Jc0005241471　脉冲信号法进行电缆鉴别。(100分)

考核知识点：配电线路知识

难易度：易

技能等级评价专业技能考核操作工作任务书

一、任务名称

脉冲信号法进行电缆鉴别。

二、适用工种

配电线路工技师。

三、具体任务

用脉冲信号法进行电缆鉴别。

四、工作规范及要求

（1）操作一人完成。

（2）了解电缆鉴别仪的工作原理，能熟练操作，并能准确在多条电缆中识别目标电缆。

（3）安全文明生产，规定时间内完成。

（4）本考核总成绩满分为100分。

五、考核及时间要求

考核时间共30分钟，每超过1分钟扣2分。

技能等级评价专业技能考核操作评分标准

工种	配电线路工				评价等级	技师
项目模块	配电线路知识—电力电缆的运行			编号	Jc0005241471	
单位		准考证号			姓名	
考试时限	30分钟	题型	单项操作		题分	100分
成绩	考评员		考评组长		日期	
试题正文	用脉冲信号法进行电缆鉴别					
需要说明的问题和要求	（1）操作一人完成。 （2）了解电缆鉴别仪的工作原理，能熟练操作，并能准确在多条电缆中识别目标电缆。 （3）安全文明生产，规定时间内完成					

序号	项目名称	质量要求	满分	扣分标准	扣分原因	得分
1	工作前准备					

续表

序号	项目名称	质量要求	满分	扣分标准	扣分原因	得分
1.1	着装、穿戴	工作服、工作鞋、安全帽等穿戴正确	5	未着装扣 3 分； 着装不规范扣 1 分		
1.2	材料及工器具准备	工器具、材料选用准确、齐全，导体连接管的选择正确	5	工器具、材料漏选或有缺陷扣 3 分； 未正确进行导体连接管的选择扣 5 分		
2	工作过程					
2.1	电缆对端接地	在准备识别的一回电缆对端，用接地线可靠接地	10	没接地扣 10 分		
2.2	发射脉冲信号	在测试端对准备识别的目标相电缆加入脉冲信号，将信号线接在目标相电缆线芯上，同时接好脉冲电流法电缆鉴别仪的工作接地，打开信号发生器，调节脉冲电流不超过 100A，脉冲信号发生正常	35	接线不正确扣 15 分； 脉冲信号调节不正确扣 5 分； 操作不熟练扣 5 分		
2.3	接收识别	感应夹钳和识别信号接收器配合使用，将感应夹钳分别夹在三相电缆上，其中夹在加入脉冲信号的目标相电缆上时，接收器的电流指针会按周期摆动，频率和信号发生器的频率相同，其他两相没有显示，则电缆即为目标相位电缆	35	接线不正确扣 15 分； 脉冲信号接收不正确扣 15 分； 操作不熟练扣 5 分		
2.4	电缆标记	在识别出来的目标相电缆上用 PVC 胶带做好标记	5	未作标记扣 5 分		
3	工作终结验收					
3.1	安全文明生产	文明操作，禁止违章操作，不损坏工器具，不发生安全生产事故。清理现场，清点工器具	5	有不安全行为扣 3 分； 清理不完全扣 2 分		
合计			100			

Jc0005241472 电桥法测量电力电缆单相低阻接地故障。(100 分)

考核知识点：配电线路知识

难易度：易

技能等级评价专业技能考核操作工作任务书

一、任务名称

电桥法测量电力电缆单相低阻接地故障。

二、适用工种

配电线路工技师。

三、具体任务

用电桥法测量电力电缆单相低阻接地故障。

四、工作规范及要求

（1）已知某电缆三相中的一相绝缘损坏，并且对地电阻稳定在一个低值上，而且其他两相绝缘完好。

（2）电缆全长应事先告知清楚。

（3）在规定时间内完成。

（4）本考核总成绩满分为 100 分。

五、考核及时间要求

考核时间共 25 分钟，每超过 1 分钟扣 2 分。

技能等级评价专业技能考核操作评分标准

工种	配电线路工					评价等级	技师
项目模块	配电线路知识—电力电缆的运行				编号	Jc0005241472	
单位		准考证号				姓名	
考试时限	25 分钟	题型	单项操作			题分	100 分
成绩		考评员		考评组长		日期	
试题正文	电桥法测量电力电缆单相低阻接地故障						
需要说明的问题和要求	（1）已知某电缆三相中的一相绝缘损坏，并且对地电阻稳定在一个低值上，而且其他两相绝缘完好。 （2）电缆全长应事先告知清楚。 （3）在规定时间内完成						

序号	项目名称	质量要求	满分	扣分标准	扣分原因	得分
1	工作前准备					
1.1	着装、穿戴	工作服、工作鞋、安全帽等穿戴正确	5	未着装扣 3 分； 着装不规范扣 1 分		
1.2	工器具、材料准备	工器具、仪表、材料选用准确、齐全	5	未进行检查扣 5 分； 工器具、材料漏选或有缺陷扣 3 分		
2	工作过程					
2.1	简述原理	简述电桥法测量故障的原理和注意事项	10	未正确说明扣 10 分		
2.2	判断电缆是否断线	题中只说明低阻接地，并未说明是否断线，故需事先判断故障电缆线芯完好性（一般用万用表即可）	5	未判断线芯完好性扣 3 分； 判断方法不正确扣 2 分		
2.3	测量	正确判断无断线情况后，可开始测量				
2.3.1	电缆对端相间短接的要求	将故障相和完好相的其中一相在另一端用导线或其他方法短接	15	跨接线截面积小于被测电缆导体截面积扣 10 分； 跨接线接触不好扣 5 分		
2.3.2	接线	仪器所用测量线应尽可能短而粗，以减少测量误差	10	接线不正确扣 7 分； 接触不好扣 3 分		
2.3.3	故障测试	测试前应先打开检流计的锁，调零	5	未调零扣 1 分		
		测试时应先按下电源按钮对电缆充电，再转动桥臂	10	未先充电扣 5 分； 不会调节比率臂和测量臂扣 5 分		
		在电桥未平衡前只能轻按检流计按钮，不得使检流计猛烈撞针	5	3 次以上猛烈撞针扣 5 分		
2.4	反接法再测一次	符合以上规定，用反接法再测一次	10	未进行反接法测量扣 3 分		
2.5	计算	记下反接法所得数据，取两次测得的平均值进行计算	10	计算结果不正确扣 4 分		
3	工作终结验收					
3.1	安全文明生产	文明操作，禁止违章操作，不损坏工器具，不发生安全生产事故	10	发生安全生产事故扣 5 分； 有不安全行为扣 3 分； 损坏仪表、工器具扣 2 分		
合计			100			

Jc0005241473 电缆路径及埋设深度探测。（100 分）

考核知识点：配电线路知识

难易度：易

技能等级评价专业技能考核操作工作任务书

一、任务名称

电缆路径及埋设深度探测。

二、适用工种

配电线路工技师。

三、具体任务

进行电缆路径及埋设深度探测。

四、工作规范及要求

（1）用电缆路径探测仪进行电缆路径探测及埋深探测，电缆敷设路径至少有 2 个弯道，电缆深度探测 3 个点。

（2）必须正确、规范地使用仪器仪表。

（3）路径、埋深探测正确。

（4）安全文明生产，在规定时间内完成。

（5）本考核总成绩满分为 100 分。

五、考核及时间要求

考核时间共 30 分钟，每超过 1 分钟扣 2 分。

技能等级评价专业技能考核操作评分标准

工种	配电线路工					评价等级	技师
项目模块	配电线路知识—电力电缆的运行				编号	Jc0005241473	
单位			准考证号			姓名	
考试时限	30 分钟		题型	单项操作		题分	100 分
成绩		考评员		考评组长		日期	
试题正文	电缆路径及埋设深度探测						
需要说明的问题和要求	（1）用电缆路径探测仪进行电缆路径探测及埋深探测，电缆敷设路径至少有 2 个弯道，电缆深度探测 3 个点。 （2）必须正确、规范地使用仪器仪表。 （3）路径、埋深探测正确。 （4）安全文明生产，在规定时间内完成						

序号	项目名称	质量要求	满分	扣分标准	扣分原因	得分
1	工作前准备					
1.1	着装、穿戴	工作服、工作鞋、安全帽等穿戴正确	5	未着装扣 5 分； 着装不规范扣 3 分		
2	工作过程					
2.1	仪器连接	发射机与电缆接线方法正确，接收机与传感器接线方法正确	5	接线方法错误扣 5 分		
2.2	通信联络	工作前确定操作人员间的联络方式，确保通信畅通，提高工作效率	5	未能保持正常通信扣 5 分		
2.3	仪器使用	正确开关机，会使用仪器菜单选项	10	仪器使用不熟练扣 5 分； 不会使用扣 10 分		

续表

序号	项目名称	质量要求	满分	扣分标准	扣分原因	得分
2.4	路径探测	路径探测正确；电缆路径图绘制正确	25	探测错误扣 5 分； 绘图不明确，未标定参照物扣 5 分； 绘图错误扣 5 分		
2.5	埋深探测	对设定的 3 个点埋深探测正确；电缆埋深断面图绘制正确	35	探测错误扣 10～25 分； 绘图不明确，未标定参照物扣 5 分； 绘图错误扣 5 分		
2.6	工作终结	仪器仪表归位和整理各种临时用线；工作现场清理干净，报告工作全部完成	5	仪器未归位，连接线未整理扣 3 分； 现场清理不干净，未报告完工扣 2 分		
3	工作终结验收					
3.1	安全文明生产	文明操作，禁止违章操作，不损坏工器具，不发生安全生产事故	10	有不安全行为扣 5 分； 损坏元件、工器具扣 5 分		
合计			100			

Jc0010241474　编制电缆线路施工方案的主要内容。(100 分)

考核知识点：运行管理知识

难易度：易

技能等级评价专业技能考核操作工作任务书

一、任务名称

编制电缆线路施工方案的主要内容。

二、适用工种

配电线路工技师。

三、具体任务

编制电缆线路施工方案的主要内容。

四、工作规范及要求

（1）口试或笔答。

（2）假设一个项目，并提出具体要求。

（3）在规定时间内完成。

（4）本考核总成绩满分为 100 分。

五、考核及时间要求

考核时间共 30 分钟，每超过 1 分钟扣 2 分。

技能等级评价专业技能考核操作评分标准

工种	配电线路工					评价等级	技师
项目模块	运行管理知识—运行设备检修				编号	Jc0010241474	
单位		准考证号				姓名	
考试时限	30 分钟	题型	单项操作			题分	100 分
成绩	考评员		考评组长			日期	
试题正文	编制电缆线路施工方案的主要内容						

续表

需要说明的问题和要求	（1）口试或笔答。 （2）假设一个项目，并提出具体要求。 （3）在规定时间内完成					
序号	项目名称	质量要求	满分	扣分标准	扣分原因	得分
1	工作前准备					
1.1	编制说明	（1）编制依据。 （2）本方案适用范围。 （3）应遵守的规章制度。 （4）明确工日、工期	20	错一项扣4～5分		
2	工作过程					
2.1	组织措施	（1）成立工作组，明确负责人。 （2）明确各级机构、负责人的职权和职责。 （3）本项目的主要工作量及工作范围。 （4）工作分工、进度，应停电的范围、时间	20	错一项扣4～5分		
2.2	技术措施	（1）依据项目要求选择合理的施工方案。 （2）施工的质量标准。 （3）选择主要施工器具的规格型号。 （4）主要施工机器的强度校核	20	错一项扣4～5分		
2.3	安全措施	（1）危险点分析及预防执行标准作业卡。 （2）执行《电力安全工作规程》中保证安全的组织措施。 （3）执行有关高空作业的规定。 （4）工器具检查和试验要求。 （5）大型操作项目的指挥，信号及工作人员的相互配合。 （6）出现异常情况的处理程序	30	错一项扣4～5分		
3	工作终结验收					
3.1	竣工验收标准	参照有关条文执行	10	漏、错一项扣1分； 未在规定时间完成，每延时1分钟扣2分		
合计			100			

Jc0003241475　10kV 电缆绝缘电阻测量。（100 分）

考核知识点：配电线路工的基本知识

难易度：易

技能等级评价专业技能考核操作工作任务书

一、任务名称

10kV 电缆绝缘电阻测量。

二、适用工种

配电线路工技师。

三、具体任务

完成 10kV 电缆绝缘电阻测量。

四、工作规范及要求

（1）采用手摇式绝缘电阻表测量。

（2）电缆头已拆除引线及避雷器等各种电气设备。

（3）派一人与操作者配合，不得提示。

（4）安全文明生产，在规定时间内完成。

（5）本考核总成绩满分为 100 分。

五、考核及时间要求

考核时间共30分钟，每超过1分钟扣2分。

技能等级评价专业技能考核操作评分标准

工种	配电线路工					评价等级	技师
项目模块	配电线路工的基本知识—线路基本知识				编号	Jc0003241475	
单位		准考证号				姓名	
考试时限	30分钟	题型	单项操作			题分	100分
成绩		考评员		考评组长		日期	
试题正文	10kV电缆绝缘电阻测量						
需要说明的问题和要求	（1）采用手摇式绝缘电阻表测量。 （2）电缆头已拆除引线及避雷器等各种电气设备。 （3）派一人与操作者配合，不得提示。 （4）安全文明生产，在规定时间内完成						

序号	项目名称	质量要求	满分	扣分标准	扣分原因	得分
1	工作前准备					
1.1	选择绝缘电阻表及配套引线	选择正确，符合工作需要	5	错、漏选一项扣1分		
1.2	绝缘电阻表使用前检查	检查绝缘电阻表是否良好，检查时将绝缘电阻表两根引线相碰，慢慢摇动手柄，检查指针是不是指向“0”，如果指针不指“0”，应调整表上的调零装置；将两根引线分开，检查指针是否指向“∞”	10	不检查扣10分； 检查不完整或方法不正确扣2～5分		
1.3	着装、穿戴	工作服、工作鞋、安全帽等穿戴正确	5	未着装扣5分； 着装不规范扣3分		
2	工作过程					
2.1	清理电缆	充分放电后将电缆终端头与其他设备的连接处拆下，将电缆终端头擦拭干净，并与设备保持一定的安全距离	5	接线方法错误扣5分		
2.2	测量三相对地绝缘电阻	（1）电缆另一端安排专人看守，防止电缆相间接触或者接地。 （2）用测试引线“接地”端接地。 （3）将测试引线“电路”端分别于三相电缆连接。 （4）手摇测试仪转速由低到高，保持120r/min左右，记录读数。 （5）测量完逐项充分放电	25	未能保持正常通信扣5分		
2.3	测量三相相间绝缘电阻	（1）电缆另一端安排专人看守，防止电缆相间接触或者接地。 （2）用测试引线“接地”端接于一相。 （3）将测试引线“电路”端分接于另外两相，依次进行。 （4）手摇测试仪转速由低到高，保持120r/min左右，记录读数。 （5）测量完逐项充分放电	30	仪器使用不熟练扣5分； 不会使用扣10分		
2.4	工作终结	仪器仪表归位和整理各种临时用线；工作现场清理干净，报告工作全部完成	10	仪器未归位，连接线未整理扣3分； 现场清理不干净，未报告完工扣2分		
3	工作终结验收					
3.1	安全文明生产	文明操作，禁止违章操作，不损坏工器具，不发生安全生产事故	10	有不安全行为扣5分； 损坏元件、工器具扣5分		
合计			100			

Jc0003241476 经纬仪视距测量的操作。(100分)

考核知识点：配电线路工的基本知识

难易度：易

技能等级评价专业技能考核操作工作任务书

一、任务名称

经纬仪视距测量的操作。

二、适用工种

配电线路工技师。

三、具体任务

经纬仪视距测量的操作。针对此项工作，考生须在45分钟内完成测量计算操作。

四、工作规范及要求

(1) 要求单独操作，一人配合记录，写出计算过程。

(2) 工具：选用光学经纬仪，J2、J6型均可，塔尺、钢卷尺、计算器。

(3) 在培训线路上操作。

(4) 本考核总成绩满分为100分。

五、考核及时间要求

考核时间共45分钟，每超过1分钟扣2分，到50分钟终止考核。

技能等级评价专业技能考核操作评分标准

工种	配电线路工					评价等级	技师
项目模块	配电线路工的基本知识—线路基本知识				编号	Jc0003241476	
单位			准考证号			姓名	
考试时限	45分钟		题型	单项操作		题分	100分
成绩		考评员		考评组长		日期	
试题正文	经纬仪视距测量的操作						
需要说明的问题和要求	要求单独操作，两人配合						

序号	项目名称	质量要求	满分	扣分标准	扣分原因	得分
1	准备工作					
1.1	工器具	经纬仪、塔尺、计算器	5	差一项不得分		
1.2	选定仪器的测量点	将仪器置于指定观测点位置，将塔尺置于指定被观测点位置	5	不正确扣5分		
1.3	着装、穿戴	工作服、工作鞋等穿戴正确	5	不正确扣5分		
2	操作过程					
2.1	仪器对中、整平、对光	在观测点位置将仪器对中、整平、对光	10	不正确扣5分		
2.2	测高	量取仪高	10	不正确扣1～10分		
2.3	转动反光镜	将仪器竖盘照明反光镜转动使显微镜中的读数最明亮、清晰	10	不正确扣1～10分		

续表

序号	项目名称	质量要求	满分	扣分标准	扣分原因	得分
2.4	锁紧制动手轮	转动镜筒瞄准塔尺方向锁紧望远镜制动手轮	10	不正确扣 1～10 分		
2.5	微调	转动望远镜微动手轮使上、下横丝对准塔尺上数值	10	不正确扣 1～10 分		
2.6	读数	精确读出上、下横丝在塔尺上的数值（利用上丝－下丝）求出视距间隔值	10	不正确扣 1～10 分		
2.7	计算	根据视距公式 $D=K$（上丝－下丝）计算出水平距离。 高差＝（仪高－中横丝在塔尺上的读数）	10	不正确扣 1～10 分		
3	工作终结验收					
3.1	测量操作	动作顺利流畅、顺序正确、数据精确	10	错误一次扣 1～2 分		
3.2	安全及文明生产	（1）操作动作熟练。 （2）将仪器一次性装箱成功。 （3）清理工作现场符合文明生产要求。 （4）在规定的时间内完成	5	每项酌情扣 1～2 分		
合计			100			

Jc0003241477　测量导线对地距离的操作。(100 分)

考核知识点：配电线路工的基本知识

难易度：易

技能等级评价专业技能考核操作工作任务书

一、任务名称

测量导线对地距离的操作。

二、适用工种

配电线路工技师。

三、具体任务

测量导线对地距离的操作。针对此项工作，考生须在 45 分钟内完成更换处理操作。

四、工作规范及要求

（1）要求单独操作，一人配合。

（2）由考评员随机指定测量点，写出计算过程。

（3）工具：选用光学经纬仪，J2、J6 型均可，塔尺、钢卷尺、计算器。

（4）在培训线路上操作。

（5）本考核总成绩满分为 100 分。

五、考核及时间要求

考核时间共 45 分钟。每超过 1 分钟扣 2 分，到 50 分钟终止考核。

技能等级评价专业技能考核操作评分标准

<table>
<tr><td>工种</td><td colspan="5">配电线路工</td><td>评价等级</td><td>技师</td></tr>
<tr><td>项目模块</td><td colspan="4">配电线路工的基本知识—线路基本知识</td><td>编号</td><td colspan="2">Jc0003241477</td></tr>
<tr><td>单位</td><td colspan="2"></td><td>准考证号</td><td colspan="2"></td><td>姓名</td><td></td></tr>
<tr><td>考试时限</td><td colspan="2">45 分钟</td><td>题型</td><td colspan="2">单项操作</td><td>题分</td><td>100 分</td></tr>
<tr><td>成绩</td><td></td><td>考评员</td><td></td><td>考评组长</td><td></td><td>日期</td><td></td></tr>
</table>

续表

试题正文	测量导线对地距离的操作
需要说明的问题和要求	(1)要求单独操作，一人配合。 (2)由考评员随机指定测量点

序号	项目名称	质量要求	满分	扣分标准	扣分原因	得分
1	准备工作					
1.1	工器具	经纬仪、塔尺、计算器	5	差一项不得分		
1.2	选定仪器的测量点	观测点位置，在线路与地面垂直位置任选一点，观测点位置距离线路被测点距离20～40m，量好仪高	5	不正确每项扣5分		
1.3	着装、穿戴	工作服、工作鞋等穿戴正确	5	不正确扣5分		
2	工作过程					
2.1	仪器对中	指挥配合人员将塔尺立在线路交叉点正下方	5	不正确扣5分		
2.2	整平、对光	在观测点位置将仪器整平、对光	5	不正确扣5分		
2.3	瞄准	将望远镜视线调至垂直90°，瞄准塔尺，调焦，转动照准部及望远镜锁紧螺旋将其锁紧	10	不正确扣5分		
2.4	精平	转动望远镜微调螺旋使十字丝上下丝与塔尺某一刻度重合	10	不正确扣5分		
2.5	读数、水平测距	读出上丝及下丝所夹塔尺刻度，利用L=（上丝－下丝）×100得出水平距离	10	计算不正确扣1～10分		
2.6	松螺旋	松开望远镜锁紧螺旋	5	不正确扣5分		
2.7	调亮	将仪器竖盘照明反光镜转动使显微镜中的读数最明亮、清晰	10	不正确扣5分		
2.8	读数	转动镜筒瞄准导线下边缘锁紧望远镜制动手轮读出读数	10	不正确扣1～10分		
2.9	计算	精确读出度、分、秒。 计算：利用公式计算出交叉跨越间的距离$=L[(\tan\beta-\tan 90°)]+I$	10	不正确扣1～10分		
3	工作终结验收					
3.1	测量操作	动作顺利流畅、顺序正确、数据精确	5	错误一次扣1～2分		
3.2	安全及文明生产	(1)操作动作熟练。 (2)将仪器一次性装箱成功。 (3)清理工作现场符合文明生产要求。 (4)在规定的时间内完成	5	每项酌情扣1～2分		
合计			100			

Jc0003241478 采用等长法观测导线弧垂的操作。(100分)

考核知识点：配电线路工的基本知识

难易度：易

技能等级评价专业技能考核操作工作任务书

一、任务名称

采用等长法观测导线弧垂的操作。

二、适用工种

配电线路工技师。

三、具体任务

采用等长法观测导线弧垂的操作。考生须在30分钟内完成测量计算操作。

四、工作规范及要求

（1）要求单独操作，一人配合记录，写计算过程。

（2）给出档距、前后杆塔呼称高。

（3）工具：选用光学经纬仪，J2、J6型均可，塔尺、钢卷尺、计算器。

（4）在培训线路上操作。

（5）本模块总成绩满分为100分。

五、考核及时间要求

考核时间共45分钟，每超过1分钟扣2分，到50分钟终止考核。

技能等级评价专业技能考核操作评分标准

工种	配电线路工					评价等级	技师
项目模块	配电线路工的基本知识—线路基本知识				编号	Jc0003241478	
单位			准考证号			姓名	
考试时限	45分钟		题型	单项操作		题分	100分
成绩		考评员		考评组长		日期	
试题正文	等长法观测导线弧垂的操作						
需要说明的问题和要求	（1）要求单独操作，一人配合记录。 （2）给出档距、前后杆塔呼称高						

序号	项目名称	质量要求	满分	扣分标准	扣分原因	得分
1	工具材料准备、检查					
1.1	工器具	经纬仪、塔尺、计算器	5	差一项不得分		
1.2	选定仪器的测量点	观测点位置，在该杆塔所测导线挂线点正投影至地面上的点	5	不正确每项扣5分		
1.3	着装、穿戴	工作服、工作鞋等穿戴正确	5	不正确每项扣5分		
2	工作过程					
2.1	对中、整平、对光	在观测点位置将仪器对中、整平、对光	10	不正确扣5分		
2.2	采集观测点处杆塔呼称高	量出经纬仪仪高（望远镜转轴中心至杆塔基面的高度），并用观测点导线挂点至杆塔高度减去仪高	10	不正确扣8分		
2.3	核对	核对该档档距、观测点、导线挂点高度是否准确	10	不正确扣5分		
2.4	粗调	将仪器竖盘照明反光镜转动使显微镜中的读数最明亮、清晰	5	不正确扣5分		
2.5	旋紧制动	转动镜筒瞄准导线方向锁紧望远镜制动手轮	5	不正确扣5分		
2.6	弧垂最低点微调	转动望远镜微动手轮使十字丝中横丝与导线弧垂最低点精确相切，精确读出垂直角α	10	不正确扣1～10分		
2.7	导线挂线微调	转动望远镜微动手轮使十字丝中横丝与导线挂线点精确相切，精确读出垂直角β	10	不正确扣1～10分		

续表

序号	项目名称	质量要求	满分	扣分标准	扣分原因	得分
2.8	计算	B=档距$(\tan\beta-\tan\alpha)$ 再按照异长法公式 $f=\frac{1}{4}(\sqrt{a}+\sqrt{b})^2$ 计算	10	不正确扣1～10分		
3	工作终结验收					
3.1	测量操作	动作顺利流畅、顺序正确、数据精确	10	错误一次扣2分		
3.2	安全及文明生产	（1）操作动作熟练。 （2）将仪器一次性装箱成功。 （3）清理工作现场符合文明生产要求。 （4）在规定的时间内完成	5	错误一次扣1～2分		
合计			100			

Jc0010252479 组织一般电缆事故抢修。（100分）

考核知识点： 运行管理知识

难易度： 中

技能等级评价专业技能考核操作工作任务书

一、任务名称

组织一般电缆事故抢修。

二、适用工种

配电线路工技师。

三、具体任务

模拟完成组织一般电缆事故抢修。

四、工作规范及要求

（1）模拟操作采用口头答辩。

（2）要求思路清晰、条理清楚。

（3）可根据常见事故设置事故类型。

（4）安全文明生产，在规定时间内完成。

（5）本考核总成绩满分为100分。

五、考核及时间要求

考核时间共20分钟，每超过1分钟扣2分。

技能等级评价专业技能考核操作评分标准

工种	配电线路工					评价等级	技师
项目模块	运行管理知识—运行设备检修				编号	Jc0010252479	
单位		准考证号				姓名	
考试时限	20分钟	题型		多项操作		题分	100分
成绩		考评员		考评组长		日期	
试题正文	组织一般电缆事故抢修						
需要说明的问题和要求	（1）模拟操作采用口头答辩。 （2）要求思路清晰、条理清楚。 （3）可根据常见事故设置事故类型。 （4）安全文明生产，在规定时间内完成						

续表

序号	项目名称	质量要求	满分	扣分标准	扣分原因	得分
1	工作前准备					
1.1	现场勘查	明确停电范围、施工方法、危险点和应采取措施、配合工作等	5	缺一项扣5分； 工器具错、漏选一项扣1分； 不完整扣1～3分； 不按规定穿着一项扣1分； 不进行现场勘查扣10分； 不办理工作票扣10分		
1.2	制定抢修方案	根据现场勘查情况，制订抢修方案	5			
1.3	工器具、材料准备	选择施工工器具、安全工器具、材料，满足施工要求	5			
1.4	停电申请	向调度部门办理线路停电申请	5			
1.5	办理事故应急抢修单	填写电力线路事故应急抢修单	5			
1.6	着装、穿戴	工作服、工作鞋、安全帽等穿戴正确	5			
2	工作过程					
2.1	工作许可	按规定办理许可手续	5	缺一项扣5分； 不完整扣1～3分； 不办许可手续扣10分； 不按工作票实施补充安全措施扣10分		
2.2	站班会	工作前对工作班成员进行危险点告知，交代安全措施和技术措施，并确定每一个工作班成员都已知晓	5			
2.3	补充安全措施	按抢修单要求实施补充安全措施	5			
2.4	施工作业	按规定组织施工	30			
3	工作终结验收					
3.1	质量检查	按验收规范及运行规程进行验收	5	质量检查内容不符一项扣1～2分； 不办理工作终结手续扣10分； 不作清理扣3分； 未在规定时间完成，每延时1分钟扣2分		
3.2	工作终结	拆除接地线，所有人员撤离，办理工作终结	10			
3.3	安全文明生产	工作时无违章，工作结束，清理现场，交还工器具	10			
合计			100			

Jc0011252480　10kV 开关站（真空环网柜）出线由运行改检修的操作。（100 分）

考核知识点：开关站、配电室和箱式变电站

难易度：中

技能等级评价专业技能考核操作工作任务书

一、任务名称

10kV 开关站（真空环网柜）出线由运行改检修的操作。

二、适用工种

配电线路工技师。

三、具体任务

完成 10kV 开关站（真空环网柜）出线由运行改检修的操作。

四、工作规范及要求

（1）当开关的供出线路需检修时，开关站相应间隔开关由运行改检修。

（2）倒闸操作应 2 人进行。

（3）安全文明生产，在规定时间内完成。

（4）本考核总成绩满分为 100 分。

五、考核及时间要求

考核时间共 15 分钟，每超过 1 分钟扣 2 分。

技能等级评价专业技能考核操作评分标准

工种	配电线路工				评价等级	技师
项目模块	开关站、配电室和箱式变电站—开关站、配电室和箱式变电站的运行			编号	Jc0011252480	
单位		准考证号			姓名	
考试时限	15 分钟	题型	多项操作		题分	100 分
成绩		考评员		考评组长	日期	
试题正文	10kV 开关站（真空环网柜）出线由运行改检修的操作					
需要说明的问题和要求	（1）当开关的供出线路需检修时，开关站相应间隔开关由运行改检修。 （2）开关站设备为真空环网柜。 （3）开关站出线对侧无电源。 （4）非调度设备。 （5）倒闸操作应 2 人进行。 （6）安全文明生产，在规定时间内完成					

序号	项目名称	质量要求	满分	扣分标准	扣分原因	得分
1	工作前准备					
1.1	办理操作票	根据实际情况填写操作票，并审票合格	5	工器具每漏、错选一项扣 1 分； 不按规定穿着一项扣 1 分； 不办理操作票扣 5 分		
1.2	准备工器具	根据工作需要选择工器具及安全用具	5			
1.3	着装、穿戴	按规定穿工作服、工作鞋，戴绝缘手套、安全帽等	5			
2	工作过程					
2.1	核对命名	核对开关站名称后进入，核对间隔双重命名及状态	5	不核对命名扣 5 分； 操作顺序错误扣 15～25 分； 不悬挂警告牌扣 5 分； 不验电就装设接地线扣 10 分； 不规范扣 1～3 分； 不熟练扣 1～3 分； 无唱票复诵扣 5 分		
2.2	操作开关设备	先拉开开关，检查线路侧带电显示器或指示仪表情况，再拉开线路侧刀闸，后拉开母线侧刀闸	25			
2.3	验电挂接地	用验电器在线路刀闸侧验电、放电	10			
		验明确无电后，立即在线路刀闸电路侧装设接地线	10			
2.4	悬挂警告牌	悬挂“禁止合闸，线路有人工作”警告牌	5			
2.5	唱票复诵	倒闸操作时，有唱票复诵	5			
2.6	熟练程度	操作熟练、顺利	5			
3	工作终结验收					
3.1	开关操作	开关、刀闸操作到位	5	不到位或不牢靠扣 1～5 分； 未清理现场或未交还工器具扣 3 分； 未在规定时间完成，每延时 1 分钟扣 2 分		
3.2	接地线装设	接地线装设牢靠，警示牌挂设正确	5			
3.3	安全文明生产	操作过程中无工具损伤，柜内无遗留物，工作完毕应清理现场，交还工器具	10			
合计			100			

Jc0011252481　10kV 开关站（全密封 SF_6 环网柜）出线由运行改检修的操作。（100 分）

考核知识点：开关站、配电室和箱式变电站

难易度：中

技能等级评价专业技能考核操作工作任务书

一、任务名称

10kV 开关站（全密封 SF_6 环网柜）出线由运行改检修的操作。

二、适用工种

配电线路工技师。

三、具体任务

完成10kV开关站（全密封SF_6环网柜）出线由运行改检修的操作。

四、工作规范及要求

（1）当开关站的供出线路需检修时，开关站相应间隔开关由运行改检修。

（2）倒闸操作应由2人进行。

（3）安全文明生产，在规定时间内完成。

（4）本考核总成绩满分为100分。

五、考核及时间要求

考核时间共15分钟，每超过1分钟扣2分。

技能等级评价专业技能考核操作评分标准

工种	配电线路工				评价等级	技师
项目模块	开关站、配电室和箱式变电站—开关站、配电室和箱式变电站的运行			编号	Jc0011252481	
单位		准考证号			姓名	
考试时限	15分钟	题型	多项操作		题分	100分
成绩		考评员		考评组长		日期
试题正文	10kV开关站（全密封SF_6环网柜）出线由运行改检修的操作					
需要说明的问题和要求	（1）当开关站的供出线路需检修时，开关站相应间隔开关由运行改检修。 （2）开关站设备为全密封SF_6环网柜。 （3）开关站出线对侧无电源。 （4）非调度设备。 （5）倒闸操作应由2人进行。 （6）安全文明生产，在规定时间内完成					

序号	项目名称	质量要求	满分	扣分标准	扣分原因	得分
1	工作前准备					
1.1	办理操作票	根据实际情况填写操作票，并审票合格	5	工器具每漏、错选一项扣1分； 不按规定穿着一项扣1分； 不办理操作票扣5分		
1.2	准备工器具	根据工作需要选择工器具及安全用具	5			
1.3	着装、穿戴	按规定穿工作服、工作鞋，戴绝缘手套、安全帽等	5			
2	工作过程					
2.1	核对命名	核对开关站名称后进入，打开换气扇，排风15min后进入，核对间隔双重命名及状态	15	不排风扣5分； 不核对命名扣5分； 不检查SF_6气压扣5分； 操作顺序错误扣15～25分； 不悬挂警告牌扣5分； 不验电就装设接地线扣10分； 不规范扣1～3分； 不熟练扣1～3分； 无唱票复诵扣5分		
2.2	检查气压	检查SF_6气压正常	5			
2.3	操作开关设备	拉开开关至分闸位置	10			
2.4	验电	检查线路侧带电显示器或指示仪表、开关位置指示等，进行间接验电	10			
2.5	挂接地线	验明无电后立即合上线路侧接地刀闸	10			
2.6	悬挂警告牌	悬挂“禁止合闸，线路有人工作”警告牌	5			
2.7	唱票复诵	倒闸操作时，有唱票复诵	5			
2.8	熟练程度	操作熟练、顺利	5			

续表

序号	项目名称	质量要求	满分	扣分标准	扣分原因	得分
3	工作终结验收					
3.1	开关操作	开关、刀闸操作到位	5	不到位或不牢靠扣1～5分； 未清理现场或未交还工器具扣3分； 接地线装设不牢靠扣1分； 警告牌挂设不正确扣1分； 未在规定时间完成，每延时1分钟扣2分		
3.2	接地线装设	接地线装设牢靠，警告牌挂设正确	5			
3.3	安全文明生产	操作过程中无器具损伤，柜内无遗留物，工作完毕应清理现场，交还工器具	10			
合计			100			

Jc0005252482　停电电缆的判别和裁截的操作。（100分）

考核知识点：配电线路知识

难易度：中

技能等级评价专业技能考核操作工作任务书

一、任务名称

停电电缆的判别和裁截的操作。

二、适用工种

配电线路工技师。

三、具体任务

完成停电电缆的判别和裁截。

四、工作规范及要求

（1）在众多同型号电缆共处一处的场合，判断出其中一根需检修且已退出运行的电缆（其他电缆在运用中）。

（2）注意不得伤及其他带电电缆。

（3）安全文明生产，在规定时间内完成。

（4）本考核总成绩满分为100分。

五、考核及时间要求

考核时间共45分钟，每超过1分钟扣2分。

技能等级评价专业技能考核操作评分标准

工种	配电线路工					评价等级	技师
项目模块	配电线路知识—电力电缆的运行				编号	Jc0005252482	
单位		准考证号				姓名	
考试时限	45分钟		题型	多项操作		题分	100分
成绩		考评员		考评组长		日期	
试题正文	停电电缆的判别和裁截的操作						
需要说明的问题和要求	（1）在众多同型号电缆共处一处的场合，判断出其中一根需检修且已退出运行的电缆（其他电缆在运用中）。 （2）注意不得伤及其他带电电缆。 （3）安全文明生产，在规定时间内完成						

续表

序号	项目名称	质量要求	满分	扣分标准	扣分原因	得分
1	工作前准备					
1.1	着装、穿戴	按规定穿工作服、工作鞋，戴绝缘手套、安全帽等	5	未按规定着装扣3分		
2	工作过程					
2.1	排除其他型号电缆	通过观察和电缆外径测量，排除其他电缆缩小鉴定范围	5	识别不准或不正确扣5分		
2.2	信号发送					
2.2.1	拆连线	在终端处拆除被识别电缆与电气设备的连线	5	未拆连线扣5分		
2.2.2	电缆信号发生器接地线拆接	电缆接地线和信号发生器接地的拆接，因不同厂家产品使用方法各异	10	接线不对扣10分		
2.2.3	发送信号	以仪器说明为根据，将信号源接至电缆芯线发送信号	10	操作不正确扣10分		
2.3	通信联络	与发收端保持通信联络	5	无通信联络准备扣5分		
2.4	信号处理					
2.4.1	信号比较	用接收器检测所有同型号电缆，进行信号比较	10	比较不出区别扣5分；不进行比较扣10分		
2.4.2	精确鉴别和判断	根据仪器本身特点，在较长的路径上进行检测、判断	20	不会识别扣10分；判断不正确扣20分		
2.5	电缆裁截					
2.5.1	电缆的裁截	将已识别出的电缆做好记号，并把它放在比较好操作的位置上，并将信号源撤去，用刺扎枪进行刺扎，确信被检测电缆无电压后方可进行剪切	20	未对已鉴别的电缆做记号扣5分；未进行刺扎扣10分		
2.5.2	封端处理	将被锯断电缆进行封端处理	5	未进行封端扣5分		
3	工作终结验收					
3.1	安全文明生产	操作过程中无工器具损伤，柜内无遗留物，工作完毕应清理现场，交还工器具	5	未清理现场或未交还工器具扣1分； 工器具损伤扣1分； 未在规定时间完成，每延时1分钟扣2分，扣完为止		
合计			100			

Jc0003252483　配电变压器绝缘电阻测量。(100分)

考核知识点：配电线路工的基本知识

难易度：中

技能等级评价专业技能考核操作工作任务书

一、任务名称

配电变压器绝缘电阻测量。

二、适用工种

配电线路工技师。

三、具体任务

完成配电变压器绝缘电阻测量。

四、工作规范及要求

（1）采用手摇式绝缘电阻表测量。

（2）利用培训配电变压器，拆除配电变压器高低压引线及避雷器等各种电气设备。

（3）派一人与操作者配合，所派人员听从操作者指挥。

（4）安全文明生产，在规定时间内完成。

（5）本考核总成绩满分为 100 分。

五、考核及时间要求

考核时间共 45 分钟，每超过 1 分钟扣 2 分。

技能等级评价专业技能考核操作评分标准

<table>
<tr><td>工种</td><td colspan="6">配电线路工</td><td>评价等级</td><td>技师</td></tr>
<tr><td>项目模块</td><td colspan="5">配电线路工的基本知识—线路基本知识</td><td>编号</td><td colspan="2">Jc0003252483</td></tr>
<tr><td>单位</td><td colspan="2"></td><td>准考证号</td><td colspan="3"></td><td>姓名</td><td></td></tr>
<tr><td>考试时限</td><td colspan="2">45 分钟</td><td>题型</td><td colspan="3">多项操作</td><td>题分</td><td>100 分</td></tr>
<tr><td>成绩</td><td></td><td>考评员</td><td colspan="2"></td><td>考评组长</td><td></td><td>日期</td><td></td></tr>
<tr><td>试题正文</td><td colspan="8">配电变压器绝缘电阻测量</td></tr>
<tr><td>需要说明的问题和要求</td><td colspan="8">（1）采用手摇式绝缘电阻表测量。
（2）利用培训配电变压器，拆除配电变压器高低压引线及避雷器等各种电气设备。
（3）派一人与操作者配合，所派人员听从操作者指挥。
（4）安全文明生产，在规定时间内完成</td></tr>
</table>

<table>
<tr><td>序号</td><td>项目名称</td><td>质量要求</td><td>满分</td><td>扣分标准</td><td>扣分原因</td><td>得分</td></tr>
<tr><td>1</td><td>工作前准备</td><td></td><td></td><td></td><td></td><td></td></tr>
<tr><td>1.1</td><td>着装、穿戴</td><td>按规定穿工作服、工作鞋，戴绝缘手套、安全帽等</td><td>5</td><td rowspan="3">未按规定着装一项扣 1 分；
错、漏选一项扣 1 分；
每错一项扣 1 分；
绝缘电阻表不检查扣 10 分；
检查不完整或方法不正确扣 2～5 分</td><td></td><td></td></tr>
<tr><td>1.2</td><td>选择绝缘电阻表及配套引线</td><td>选择正确符合工作需要</td><td>5</td><td></td><td></td></tr>
<tr><td>1.3</td><td>绝缘电阻表使用前检查</td><td>检查绝缘电阻表是否良好。检查时将绝缘电阻表两根引线相碰，慢慢摇动手柄，检查指针是不是指向“0”，如果指针不指“0”，应调整表上的调零装置；将两根引线分开，检查指针是否指向“∞”</td><td>10</td><td></td><td></td></tr>
<tr><td>2</td><td>工作过程</td><td></td><td></td><td></td><td></td><td></td></tr>
<tr><td>2.1</td><td>清理配电变压器</td><td>将配电变压器表面擦拭干净。确保停电后配电变压器内部设备与环境温度相同，湿度不大于 75%，以免造成测量误差</td><td>5</td><td>识别不准或不正确扣 5 分</td><td></td><td></td></tr>
<tr><td>2.2</td><td>测试高压侧对低压侧及地绝缘电阻</td><td>（1）把高压侧的三个桩头用短接线相连接，低压侧的四个桩头用短接线相连接并接地。
（2）用测试引线将测试仪“接地”端和低压桩头连接。
（3）将“电路”端测试引线接于测试桩头，手摇测试仪转速由低到高，保持 120r/min 左右，记录读数。
（4）记录读数后，先将“电路”端测试引线与测试桩头分开后，再降低手摇测试仪转速至零。
（5）对配电变压器测试桩头放电</td><td>25</td><td rowspan="3">错误一项扣 5 分；
接线错误扣 10 分；
测量方法错误扣 5～10 分；
不符合要求扣 1～3 分</td><td></td><td></td></tr>
<tr><td>2.3</td><td>测试低压侧对地绝缘电阻</td><td>（1）把高压侧的三个桩头用短接线相连接并接地，低压侧的四个桩头用短接线相连接。
（2）用测试引线将测试仪“接地”端和接地连接重复上述步骤，记录读数</td><td>20</td><td></td><td></td></tr>
<tr><td>2.4</td><td>注意事项</td><td>（1）测试导线不得使用双股绝缘线或绞线，应用单股线分开连接，接地线必须采用裸导线。
（2）测试过程中，为避免电击，不得碰触测试导线和配电变压器，测试后同样不得碰触。
（3）“电路”端测试引线接于测试桩头应用挂钩钩住，不能绕死。
（4）测试过程中，如果绝缘电阻迅速下降（到零），应停止测试</td><td>20</td><td></td><td></td></tr>
</table>

续表

序号	项目名称	质量要求	满分	扣分标准	扣分原因	得分
3	工作终结验收					
3.1	结果分析	应根据配电变压器状况及测量时天气情况，综合分析、判断得出结论	5	判断错误扣 5 分； 未清理扣 3 分； 不交还工器具扣 3 分； 未在规定时间内完成，每延时 1 分钟扣 2 分		
3.2	安全文明生产	工作时无违章，工作结束，清理现场，交还工器具	5			
合计			100			

Jc0003252484　10kV 电力电缆直流耐压及泄漏电流试验。(100 分)

考核知识点：配电线路工的基本知识

难易度：中

技能等级评价专业技能考核操作工作任务书

一、任务名称

10kV 电力电缆直流耐压及泄漏电流试验。

二、适用工种

配电线路工技师。

三、具体任务

完成 10kV 电力电缆直流耐压及泄漏电流试验。

四、工作规范及要求

（1）试验接线正确。

（2）根据充电电流的大小，调整升压速度。

（3）加压过程应呼唱。

（4）放电及换试验线动作规范。

（5）给定电缆线路上安全措施已完成，配有一定区域的安全围栏及标识。

（6）电缆对端需派人看守。

（7）安全文明生产，在规定时间内完成。

（8）本考核总成绩满分为 100 分。

五、考核及时间要求

考核时间共 30 分钟，每超过 1 分钟扣 2 分。

技能等级评价专业技能考核操作评分标准

工种	配电线路工					评价等级	技师
项目模块	配电线路知识—电力电缆的运行				编号	Jc0003252484	
单位		准考证号				姓名	
考试时限	30 分钟	题型	多项操作			题分	100 分
成绩		考评员		考评组长		日期	
试题正文	10kV 电力电缆直流耐压及泄漏电流试验						
需要说明的问题和要求	（1）试验接线正确。 （2）根据充电电流的大小，调整升压速度。 （3）加压过程应呼唱。 （4）放电及换试验线动作规范。 （5）给定电缆线路上安全措施已完成，配有一定区域的安全围栏及标识。 （6）电缆对端需派人看守。 （7）安全文明生产，在规定时间内完成						

续表

序号	项目名称	质量要求	满分	扣分标准	扣分原因	得分
1	工作前准备					
1.1	着装、穿戴	按规定穿工作服、工作鞋，戴绝缘手套、安全帽等	5	没穿戴工作服（鞋）、安全帽扣5分； 帽带松弛及衣、袖没扣，鞋带不系扣3分		
1.2	现场准备	试验场地围好围栏	2	未做扣2分		
1.3	挂标示牌	电缆另一端挂好标示牌或派人看守	3	未做扣3分		
2	工作过程					
2.1	试验电压确定	正确确定试验电压（预试或交接）	5	不正确扣5分		
2.2	试验前后摇测绝缘电阻	不考评，但必须完成这一过程	5	未做扣5分		
2.3	检查电源	检查电源电压	2	未做扣2分		
2.4	试验接线	试验接线是否正确	10	不正确扣2～10分		
2.5	高压引线对地的绝缘距离	高压引线对地的绝缘距离足够	3	不正确扣3分		
2.6	接地线	连接牢靠	5	接地不牢靠扣2～5分		
2.7	试验接地	试验一相时，其他两相接地正确	5	不正确扣5分		
2.8	合闸升压	接到监护人指令并大声复诵后方可合闸	10	未接到监护人指令合闸扣10分； 未大声复诵扣5分		
2.9	试验电压的呼唱	加压过程应呼唱	5	未呼唱扣5分		
2.10	升压速度控制	根据充电电流的大小，调整升压速度	5	操作不正确扣2～5分		
2.11	读数、记录	试验电压以0.25、0.5、0.75、1.0倍分段上升，每点停留1min读取泄漏电流值，最后升至试验电压	5	操作不正确扣1分/次		
2.12	试验完毕时放电	试验完毕时对电缆充分放电，直至电缆无残留电荷	10	操作不正确扣2～10分		
3	工作终结验收					
3.1	试验结果分析	（1）在试验电压作用下5min不击穿。 （2）耐压5min的泄漏电流不应大于1min的泄漏电流	10	不正确扣2～10分；		
3.2	安全文明生产	文明操作，禁止违章操作，不损坏工器具，清理现场，不发生安全生产事故	10	有不安全行为扣3分； 没清理现场扣4分； 损坏元件、工器具扣3分		
合计			100			

Jc0010252485 中级工技能培训方案的编写。（100分）

考核知识点： 职业道德

难易度： 中

技能等级评价专业技能考核操作工作任务书

一、任务名称

中级工技能培训方案的编写。

二、适用工种

配电线路工技师。

三、具体任务

某单位有 15 名配电线路中级工需进行技能培训。针对此项工作，考生编写一份中级工技能培训方案。

四、工作规范及要求

（1）培训项目为实操项目。

（2）培训相关内容由考生自行组织。

（3）本考核总成绩满分为 100 分。

五、考核及时间要求

考核时间共 40 分钟，每超过 1 分钟扣 2 分，到 45 分钟终止考核。

技能等级评价专业技能考核操作评分标准

工种	配电线路工				评价等级	技师
项目模块	运行管理知识—运行设备检修			编号	Jc0010252485	
单位		准考证号			姓名	
考试时限	40 分钟	题型	多项操作		题分	100 分
成绩		考评员		考评组长		日期	
试题正文	中级工技能培训方案的编写					
需要说明的问题和要求	（1）培训内容应为技能实操项目。 （2）内容不作限制，由考生自行组织					

序号	项目名称	质量要求	满分	扣分标准	扣分原因	得分
1	培训目标	应有明确的培训目标	10	缺少一项扣 10 分		
2	培训人	应有明确的授课人	10	缺少一项扣 10 分		
3	培训对象	应明确培训对象	10	缺少一项扣 10 分		
4	培训内容	应有具体的培训项目名称；应有项目的具体内容	20	缺少一项扣 10 分		
5	培训方式	应有明确的培训方式，培训方式为实操	10	缺少一项扣 10 分		
6	培训时间与地点	应明确培训时间，培训地点	20	缺少一项扣 10 分		
7	培训考核方式	应明确培训的考核方式，考核方式为实操	10	缺少一项扣 10 分		
8	其他相关事宜	其他相关的培训事宜，如奖惩方式、劳动纪律等要求	10	缺少一项扣 10 分		
合计			100			

Jc0010263486　使用吊车更换 10m 直线杆的施工组织方案。（100 分）

考核知识点：运行管理知识

难易度：难

技能等级评价专业技能考核操作工作任务书

一、任务名称

使用吊车更换 10m 直线杆的施工组织方案。

二、适用工种

配电线路工技师。

三、具体任务

更换一基 10m 直线杆，作业方法为吊车组立，钢筋混凝土杆已运输到位。针对此项工作，要求考生编写一份使用吊车更换 10m 直线杆的施工组织方案。

四、工作规范及要求

单杆已运输到位，请按以下要求完成使用吊车更换 10m 直线杆的施工组织方案的编写；方案编写在教室内完成。

（1）人员配置分工合理（方案中不得出现真实单位名称及个人姓名）。

（2）工器具及材料清楚。

（3）主要作业程序正确。

（4）关键工序工艺质量标准清楚。

（5）组织、安全、技术措施齐全。

（6）考核时间结束终止考试。

（7）本考核总成绩满分为 100 分。

五、考核及时间要求

考核时间共 60 分钟，每超过 1 分钟扣 2 分，到 65 分钟终止考核。

技能等级评价专业技能考核操作评分标准

<table>
<tr><td>工种</td><td colspan="6">配电线路工</td><td>评价等级</td><td>技师</td></tr>
<tr><td>项目模块</td><td colspan="5">运行管理知识—运行设备检修</td><td>编号</td><td colspan="2">Jc0010263486</td></tr>
<tr><td>单位</td><td colspan="2"></td><td>准考证号</td><td colspan="3"></td><td>姓名</td><td></td></tr>
<tr><td>考试时限</td><td colspan="2">60 分钟</td><td>题型</td><td colspan="3">综合操作</td><td>题分</td><td>100 分</td></tr>
<tr><td>成绩</td><td></td><td>考评员</td><td colspan="2"></td><td>考评组长</td><td></td><td>日期</td><td></td></tr>
<tr><td>试题正文</td><td colspan="8">编写一份使用吊车更换 10m 直线杆的施工组织方案</td></tr>
<tr><td>需要说明的问题和要求</td><td colspan="8">（1）学员集中于教室在 60 分钟内完成方案编写。
（2）方案中施工班组、作业人员不指定，由考生自行填写，但不得出现真实单位名称和个人姓名。
（3）电杆为 10m 钢筋混凝土单杆，组立方式为使用吊车组立。
（4）所用工具、材料由考生根据施工需要进行安排。
（5）本考核总成绩满分为 100 分</td></tr>
</table>

序号	项目名称	质量要求	满分	扣分标准	扣分原因	得分
1	整体要求					
1.1	标题	要写清楚线路名称、杆号及作业内容	5	少一项扣 2 分		
1.2	工程概况介绍	应对工程概况或该工作的背景进行简单描述	5	没有工程概况介绍扣 5 分		
2	组织措施					
2.1	工作内容	应写清楚工作的线路、杆号、工作内容、工作范围	5	少一项内容扣 3 分		

续表

序号	项目名称	质量要求	满分	扣分标准	扣分原因	得分
2.2	工作人员及分工	（1）应写清楚工作班组和人数；或者逐一填写工作人员名字。 （2）单位名称和个人姓名不得使用真实名称。 （3）应有明确分工	5	一项不正确扣 2 分		
2.3	工作时间	应写清楚计划工作时间，计划工作开始及工作结束时间均应以年、月、日、时、分填写清楚	5	没有填写时间扣 5 分；时间填写不清楚扣 3 分		
3	作业程序					
3.1	准备工作	（1）安全措施宣讲及落实（作业人员着装正确，戴安全帽，系安全带）。 （2）人员分工（指挥、安全监护、吊车操作、拆除扎线、临时拉线、制作拉线、登杆各岗位人员分配）。 （3）作业开始前的检查（导线受力情况的检查）	5	少一项扣 2 分		
3.2	拆除旧杆	（1）将钢丝绳套选择在合适的位置绑扎，并使钢丝绳受力。 （2）将要更换的直线杆导线三相扎线松开，导线用绳索拉向外侧不影响拆除旧杆。 （3）拔出电杆	3	少一项扣 1 分		
3.3	立杆	（1）在原处挖掘基坑。 （2）检查或放置底盘。 （3）选择合适位置绑扎起吊点，对各绑扎点及吊点情况进行检查。 （4）起吊电杆，电杆受力后应检查各绑扎点及吊点，横担离地 30～50cm 时停止牵引，检查各受力点，确无问题后再起吊。 （5）调整电杆位置，落杆入基础坑内，并使电杆位于线路中心。 （6）杆根回填土并夯实。回填土每升高 500mm 夯实一次，回填土高出地面 300mm	7	少一步扣 2 分		
3.4	架设导线及附件安装	（1）安装直线杆横担和绝缘子。 （2）将导线绑扎在绝缘子上	5			
3.5	拆除工器具及清理现场	（1）登杆拆除吊点钢丝绳套。 （2）清理现场	5	少一项扣 2 分		
4	安全措施					
4.1	防触电措施	（1）核对线路名称。 （2）停电，在作业点两端验电、挂接地线	5	少一项扣 2 分		
4.2	防止高坠措施	（1）在杆根回填土夯实之前，不得登杆。 （2）安全带及延长绳外观检查及冲击试验。 （3）登杆过程中应全程使用安全带，杆上作业过程中不得失去保护	5	少一项扣 2 分		
4.3	防止高空落物伤人措施	（1）作业人员应正确佩戴安全帽。 （2）作业点正下方不得有人逗留或通过	5	少一项扣 2 分		
4.4	防止倒杆措施	（1）杆塔起立后及横担离地 30～50cm 时，应对各受力点处做一次全面检查并进行冲击试验，确无问题再继续起立。 （2）起吊过程中，应注意检查各绑扎点钢丝绳套锁紧情况及位置是否正确。 （3）正式拉线做好，杆基回填土夯实后，方可登杆拆除所有牵引和临时拉线。 （4）距杆根 1.2 倍杆高范围内，除指挥人员外其他人员不得入内	5	少一项扣 2 分		
5	技术措施					
5.1	工器具的使用要求	（1）吊车吨位选择，统一指挥等。 （2）钢丝绳套绑扎位置及绑扎方法，使用过程进行安全检查等	10	少一项扣 5 分		
5.2	质量要求	（1）杆身不得有纵向裂纹，横向裂纹宽度不得超过 0.1mm，长度不得超过周长的 1/3，且 1m 内横向裂纹不得超过 3 处。 （2）电杆立好后，应垂直于地面，并与相邻电杆在一条直线上。 （3）电杆埋深符合要求（+100mm，－50mm）。 （4）横担安装平正，安装偏差：横担端部上下歪斜及左右扭斜均不应大于 20mm	10	少一项扣 5 分		

续表

序号	项目名称	质量要求	满分	扣分标准	扣分原因	得分
6	工具材料					
6.1	工具	（1）应有工具清单。 （2）应含有吊车、钢丝绳套、绳索等立杆工具，并应根据情况选择适当的型号。 （3）应含有验电器、接地线、安全带、延长绳、脚扣等安全工器具	5	少一项扣 2 分；没有型号要求扣 2 分		
6.2	材料	（1）应有材料清单。 （2）应有横担、绝缘子、扎线等材料	5	少一项扣 3 分；没有型号要求扣 2 分		
合计			100			

Jc0010263487 使用人字抱杆更换 10m 直线杆的施工组织方案。（100 分）

考核知识点：运行管理知识

难易度：难

技能等级评价专业技能考核操作工作任务书

一、任务名称

使用人字抱杆更换 10m 直线杆的施工组织方案。

二、适用工种

配电线路工技师。

三、具体任务

更换一基 10m 直线杆，作业方法为抱杆组立，钢筋混凝土杆已运输到位。针对此项工作，要求考生编写一份使用抱杆更换 10m 直线杆的施工组织方案。

四、工作规范及要求

单杆已运输到位，请按以下要求完成使用抱杆更换 10m 直线杆的施工组织方案的编写；方案编写在教室内完成。

（1）人员配置分工合理（方案中不得出现真实单位名称及个人姓名）。

（2）工器具及材料清楚。

（3）主要作业程序正确。

（4）关键工序工艺质量标准清楚。

（5）组织、安全、技术措施齐全。

（6）考核时间结束终止考试。

（7）本考核总成绩满分为 100 分。

五、考核及时间要求

考核时间共 50 分钟，每超过 1 分钟扣 2 分，到 60 分钟终止考核。

技能等级评价专业技能考核操作评分标准

<table>
<tr><td>工种</td><td colspan="5">配电线路工</td><td>评价等级</td><td>技师</td></tr>
<tr><td>项目模块</td><td colspan="4">运行管理知识—运行设备检修</td><td>编号</td><td colspan="2">Jc0010263487</td></tr>
<tr><td>单位</td><td colspan="2"></td><td>准考证号</td><td colspan="2"></td><td>姓名</td><td></td></tr>
<tr><td>考试时限</td><td colspan="2">50 分钟</td><td>题型</td><td colspan="2">综合操作</td><td>题分</td><td>100 分</td></tr>
<tr><td>成绩</td><td></td><td>考评员</td><td></td><td>考评组长</td><td></td><td>日期</td><td></td></tr>
<tr><td>试题正文</td><td colspan="7">编写一份使用抱杆更换 10m 直线杆的施工组织方案</td></tr>
</table>

续表

需要说明的问题和要求	（1）学员集中于教室在60分钟内完成方案编写。 （2）方案中施工班组、作业人员不指定，由考生自行填写，但不得出现真实单位名称和个人姓名。 （3）电杆为10m钢筋混凝土单杆，组立方式为使用抱杆组立。 （4）所用工具、材料由考生根据施工需要进行安排。 （5）本考核总成绩满分为100分

序号	项目名称	质量要求	满分	扣分标准	扣分原因	得分
1	整体要求					
1.1	标题	要写清楚线路名称、杆号及作业内容	5	少一项扣2分		
1.2	工程概况介绍	应对工程概况或该工作的背景进行简单描述	5	没有工程概况介绍扣5分		
2	组织措施					
2.1	工作内容	应写清楚工作的线路、杆号、工作内容、工作范围	5	少一项内容扣1分		
2.2	工作人员及分工	（1）应写清楚工作班组和人数；或者逐一填写工作人员名字。 （2）单位名称和个人姓名不得使用真实名称。 （3）应有明确分工	5	一项不正确扣1分		
2.3	工作时间	应写清楚计划工作时间，计划工作开始及工作结束时间均应以年、月、日、时、分填写清楚	5	没有填写时间扣2分；时间填写不清楚扣1分		
3	作业程序					
3.1	准备工作	（1）安全措施宣讲及落实（作业人员着装正确，戴安全帽，系安全带）。 （2）人员分工（指挥、安全监护、吊车操作、拆除扎线、临时拉线、制作拉线、登杆各岗位人员分配）。 （3）作业开始前的检查（导线受力情况的检查）	3	少一项扣2分		
3.2	拆除旧杆	（1）将钢丝绳套选择在合适的位置绑扎，并使钢丝绳受力。 （2）将要更换的直线杆导线三相扎线松开，导线用绳索拉向外侧不影响拆除旧杆。 （3）拔出电杆	2	少一项扣1分		
3.3	立杆准备	（1）主牵引地锚布置，检查或放置底盘。主牵引地锚中心、电杆中心线、制动地锚中心及人字抱杆的顶点在同一垂直面上，严禁偏移，以保证在起吊过程中受力均匀。主牵引地锚与电杆基坑的距离为杆高的1.3～1.5倍，依据具体地形而定，以远些为好。主牵引绳与地面夹角一般不大于30°。 （2）制动绳地锚布置。制动绳位置应与电杆中心平行，制动地锚坑应与基坑的距离为电杆高的1.2倍，制动绳与制动锚之间应装制动器，以调整制动绳。 （3）抱杆设定。抱杆有效高度的选择一般为电杆重心高度的1.1倍，抱杆根部距支点的距离一般为2～5m，抱杆顶部的脱帽环应能保证倒抱杆时顺利脱落。 （4）一般15m以下的杆塔可采用单点方式起吊，各吊点的合力作用点在电杆重心高度的1.1～1.5倍处（距离以杆根算起）	10	少一步扣2分		
3.4	立杆	（1）在电杆起立过程中要集中精力，注意整个过程的工作情况，及早发现异常情况，及时处理，使起吊工作顺利进行。 （2）当电杆起吊至杆顶离开地面0.8m时，应停止起吊，检查各部受力情况及做冲击试验。 （3）电杆起吊到40°～50°时，应检查杆根是否对准地盘，如有偏斜应及时调正。在抱杆退落前应使杆根进入底盘位置。 （4）抱杆脱落时，应预先发出信号，电杆起吊暂停，要使抱杆缓缓落下，并注意各部受力情况有无异常。 （5）电杆起立到约70°时应减慢牵引速度，约80°时应停止牵引，并收紧稳好四面拉线，特别是制动方向拉线	5	少一项扣1分		

续表

序号	项目名称	质量要求	满分	扣分标准	扣分原因	得分
3.5	架设导线及附件安装	（1）安装直线杆横担和绝缘子。 （2）将导线绑扎在绝缘子上	5	少一项扣 2 分		
3.6	拆除工器具及清理现场	（1）登杆拆除吊点钢丝绳套。 （2）清理现场	5	少一项扣 2 分		
4	安全措施					
4.1	防触电措施	（1）核对线路名称。 （2）停电，在作业点两端验电、挂接地线	5	少一项扣 2 分		
4.2	防止高坠措施	（1）在杆根回填土夯实之前，不得登杆。 （2）对安全带及延长绳进行外观检查，做冲击试验。 （3）登杆过程中应全程使用安全带，杆上作业过程中不得失去保护	5	少一项扣 2 分		
4.3	防止高空落物伤人措施	（1）作业人员应正确佩戴安全帽。 （2）作业点正下方不得有人逗留或通过	5	少一项扣 2 分		
4.4	防止倒杆措施	（1）杆塔起立后及横担离地 30～50cm 时，应对各受力点处做一次全面检查并进行冲击试验，确无问题再继续起立。 （2）起吊过程中，应注意检查各绑扎点钢丝绳套锁紧情况及位置是否正确。 （3）正式拉线做好，杆基回填土夯实后，方可登杆拆除所有牵引和临时拉线。 （4）距杆根 1.2 倍杆高范围内，除指挥人员外其他人员不得入内	5	少一项扣 2 分		
5	技术措施					
5.1	工器具的使用要求	（1）吊车吨位选择，统一指挥等。 （2）钢丝绳套绑扎位置及绑扎方法，使用过程进行安全检查等	5	少一项扣 5 分		
5.2	质量要求	（1）杆身不得有纵向裂纹，横向裂纹宽度不得超过 0.1mm，长度不得超过周长的 1/3，且 1m 内横向裂纹不得超过 3 处。 （2）电杆立好后，应垂直于地面，并与相邻电杆在一条直线上。 （3）电杆埋深符合要求（+100mm，－50mm）。 （4）横担安装平正，安装偏差：横担端部上下歪斜及左右扭斜均不应大于 20mm	10	少一项扣 5 分		
6	工具材料					
6.1	工具	（1）应有工具清单。 （2）应含有机动绞磨、人字抱杆、钢丝绳套、滑车等立杆工具，并应根据情况选择适当的型号。 （3）应含有验电器、接地线、安全带、延长绳、脚扣等安全工器具	5	少一项扣 2 分；没有型号要求扣 2 分		
6.2	材料	（1）应有材料清单。 （2）应有横担、绝缘子、扎线等材料	5	少一项扣 3 分；没有型号要求扣 2 分		
合计			100			

Jc0010263488 单抱杆更换 15m 直线杆的施工组织方案。（100 分）

考核知识点： 运行管理知识

难易度： 难

技能等级评价专业技能考核操作工作任务书

一、任务名称

单抱杆更换 15m 直线杆的施工组织方案。

二、适用工种

配电线路工技师。

三、具体任务

指挥用单抱杆更换 15m 直线杆的操作。针对此项工作，考生须在 60 分钟内完成更换处理操作。

四、工作规范及要求

（1）工具、材料已在现场，所有锚桩已经安装好。

（2）指挥布置工作现场，指挥各道工序，设一安全员协助检查。

（3）立电杆的单抱杆用小抱杆起立。

（4）工具：长度 10m 左右 30kN 以上抱杆 1 根，6m 左右小抱杆 1 副，机动绞磨一台，直径 11～12.5mm 牵引钢丝绳约 100m，角铁桩（12～14 根）；直径 11mm 临时拉线，大于 20m，4 根；30kN 滑轮组（两轮、三轮各 1 只），20kN 滑轮 1 只，钢丝绳套 3～4 只，大锤 3～5 把，铁锹 2 把，夯 1 只，卸扣，登杆工具，个人工具，吊绳 3～4 根，花篮螺栓式联板扣 5 副，钢钎等，红、绿旗。如土质不行应增加角铁桩或地锚。

（5）本考核总成绩满分为 100 分。

五、考核及时间要求

考核时间共 50 分钟。每超过 1 分钟扣 2 分，到 60 分钟终止考核。

技能等级评价专业技能考核操作评分标准

工种	配电线路工					评价等级	技师
项目模块	运行管理知识—运行设备检修				编号	Jc0010263488	
单位			准考证号			姓名	
考试时限	50 分钟		题型	综合操作		题分	100 分
成绩		考评员		考评组长		日期	
试题正文	编写一份使用单抱杆更换 15m 直线杆的施工组织方案						
需要说明的问题和要求	（1）学员集中于教室在 60 分钟内完成方案编写。 （2）方案中施工班组、作业人员不指定，由考生自行填写，但不得出现真实单位名称和个人姓名。 （3）电杆为 15m 钢筋混凝土单杆，组立方式为使用抱杆组立。 （4）所用工具、材料由考生根据施工需要进行安排。 （5）本考核总成绩满分为 150 分						

序号	项目名称	质量要求	满分	扣分标准	扣分原因	得分
1	整体要求					
1.1	标题	要写清楚线路名称、杆号及作业内容	5	少一项扣 2 分		
1.2	工程概况介绍	应对工程概况或该工作的背景进行简单描述	5	没有工程概况介绍扣 5 分		
2	组织措施					
2.1	工作内容	应写清楚工作的线路、杆号、工作内容、工作范围	5	少一项内容扣 3 分		
2.2	工作人员及分工	（1）应写清楚工作班组和人数；或者逐一填写工作人员名字。 （2）单位名称和个人姓名不得使用真实名称。 （3）应有明确分工	5	一项不正确扣 2 分		
2.3	工作时间	应写清楚计划工作时间，计划工作开始及工作结束时间均应以年、月、日、时、分填写清楚	5	没有填写时间扣 5 分；时间填写不清楚扣 3 分		

续表

序号	项目名称	质量要求	满分	扣分标准	扣分原因	得分
3	作业程序					
3.1	准备工作	（1）安全措施宣讲及落实（作业人员着装正确，戴安全帽，系安全带）。 （2）人员分工（指挥、安全监护、吊车操作、拆除扎线、临时拉线、制作拉线、登杆各岗位人员分配）。 （3）作业开始前的检查（导线受力情况的检查）	3	少一项扣2分		
3.2	拆除旧杆	（1）将钢丝绳套选择在合适的位置绑扎，并使钢丝绳受力。 （2）将要更换的直线杆导线三相扎线松开，导线用绳索拉向外侧不影响拆除旧杆。 （3）拔出电杆	2	少一项扣1分		
3.3	起立抱杆准备	（1）将四方的临时拉线锚桩安装好，安装距离为杆高1.2～1.3倍，方向为90°，其中两根应与电杆和抱杆脚连线方向一致，并在一条直线上。 （2）将机动绞磨锚桩安装好，安装方向应与电杆摆设方向一致，距离为电杆高度1.2倍以上。 （3）单抱杆脚应设在离杆坑1m左右，视土质情况，距离近些为好。必要时采取防沉、防塌措施。 （4）单抱杆摆放应与电杆同一方向，根部朝机动绞磨方向。 （5）小抱杆双脚分开1.8m左右，双脚放在单抱杆根部，向头部方向前进约1.5m，两脚连线与大抱杆垂直。 （6）将滑轮组及四方临时拉线挂在单抱杆头部，动滑轮挂在单抱杆根部。 （7）四方临时拉线分开拉至各自的锚桩。 （8）将牵引钢丝绳放在小抱杆顶部，并用一根吊绳中部绑紧小抱杆头，一端翻过牵引钢丝绳作为小抱杆反向拉绳，另一端作为木抱杆起立拉绳	5	少一步扣1分		
3.4	起立抱杆	（1）派两人各自稳住木抱杆根部，再派两人吊起小抱杆。两人拉起立拉绳的一端将木抱杆拉起至60°左右，并将吊绳两端暂时固定。 （2）收紧牵引钢丝绳，使它受力，松开吊绳两端，开动绞磨并指挥临时拉线使单抱杆平稳立起。 （3）小抱杆快失效时要拉紧小抱杆反向拉绳，使小抱杆轻轻倒下并及时收走。 （4）松开动滑轮与抱杆根部的连接。将四方临时拉线调整好并扎紧	5	少一步扣2分		
3.5	立杆	（1）计算出抱杆有效高度并留下0.5m左右余量，确定电杆吊点位置，一定要在重心以上。 （2）用大于12.5mm的钢丝绳套在吊点位置上，并用卸扣与动滑轮连接好，杆梢绑两根棕绳。 （3）用大于12.5mm的钢丝扣在抱杆根部，上连接10～20kN的导向滑轮，牵引绳从滑轮穿出。 （4）开动绞磨，待电杆离地后认真检查各受力点及各锚桩并冲击检查，确无问题，继续起吊。密切注意电杆重心变化，必要时用钢钎移动电杆，将电杆重心对准杆坑。 （5）电杆根部快离地时，派两人用绳子套住电杆根部，控制电杆摆动，继续起吊，并将电杆对准杆坑，及时停止牵引。 （6）绞磨倒车将电杆慢慢放杆坑，到位后拉动杆梢绳子，调整电杆铅直，并及时回土分层夯实。 （7）杆根牢固后，登杆拆除吊绳及吊点	5	少一步扣2分		
3.6	架设导线及附件安装	（1）安装直线杆横担和绝缘子。 （2）将导线绑扎在绝缘子上	5	少一项扣2分		
3.7	拆除工器具及清理现场	（1）登杆拆除吊点钢丝绳套。 （2）清理现场	5	少一项扣2分		
4	安全措施					
4.1	防触电措施	（1）核对线路名称。 （2）停电，在作业点两端验电、挂接地线	5	少一项扣2分		

续表

序号	项目名称	质量要求	满分	扣分标准	扣分原因	得分
4.2	防止高坠措施	（1）在杆根回填土夯实之前，不得登杆。 （2）对安全带及延长绳进行外观检查，并做冲击试验。 （3）登杆过程中应全程使用安全带，杆上作业过程中不得失去保护	5	少一项扣 2 分		
4.3	防止高空落物伤人措施	（1）作业人员应正确佩戴安全帽。 （2）作业点正下方不得有人逗留或通过	5	少一项扣 2 分		
4.4	防止倒杆措施	（1）杆塔起立后及横担离地 30～50cm 时，应对各受力点处做一次全面检查并冲击，确无问题再继续起立。 （2）起吊过程中，应注意检查各绑扎点钢丝绳套锁紧情况及位置是否正确。 （3）正式拉线做好，杆基回填土夯实后，方可登杆拆除所有牵引和临时拉线	5	少一项扣 2 分		
5	技术措施					
5.1	工器具的使用要求	（1）机动绞磨吨位选择，统一指挥等。 （2）钢丝绳套绑扎位置及绑扎方法，使用过程进行安全检查等	5	少一项扣 5 分		
5.2	质量要求	（1）杆身不得有纵向裂纹，横向裂纹宽度不得超过 0.1mm，长度不得超过周长的 1/3，且 1m 内横向裂纹不得超过 3 处。 （2）电杆立好后，应垂直于地面，并与相邻电杆在一条直线上。 （3）电杆埋深符合要求（+100mm，－50mm）。 （4）横担安装平正，安装偏差：横担端部上下歪斜及左右扭斜均不应大于 20mm	10	少一项扣 5 分		
6	工具材料					
6.1	工具	（1）应有工具清单。 （2）应含有吊车、钢丝绳套、绳索等立杆工具，并应根据情况选择适当的型号。 （3）应含有验电器、接地线、安全带、延长绳、脚扣等安全工器具	5	少一项扣 2 分；没有型号要求扣 2 分		
6.2	材料	（1）应有材料清单。 （2）应有横担、绝缘子、扎线等材料	5	少一项扣 3 分；没有型号要求扣 2 分		
合计			100			

Jc0010263489　使用吊车更换配电双杆变压器的检修方案。（100 分）

考核知识点：运行管理知识

难易度：难

技能等级评价专业技能考核操作工作任务书

一、任务名称

使用吊车更换配电双杆变压器的检修方案。

二、适用工种

配电线路工技师。

三、具体任务

更换一台变压器，作业方法为吊车起立，变压器已运输到位。针对此项工作，要求考生编写一份使用吊车更换配电双杆变压器的施工组织方案。

四、工作规范及要求

变压器已运输到位，请按以下要求完成使用吊车更换配电双杆变压器的施工组织方案的编写；方案编写在教室内完成。

（1）人员配置分工合理（方案中不得出现真实单位名称及个人姓名）。

（2）工器具及材料清楚。

（3）主要作业程序正确。

（4）关键工序工艺质量标准清楚。

（5）组织、安全、技术措施齐全。

（6）考核时间结束终止考试。

（7）本考核总成绩满分为100分。

五、考核及时间要求

考核时间共60分钟，每超过1分钟扣2分，到65分钟终止考核。

技能等级评价专业技能考核操作评分标准

<table>
<tr><td>工种</td><td colspan="5">配电线路工</td><td>评价等级</td><td>技师</td></tr>
<tr><td>项目模块</td><td colspan="4">运行管理知识—运行设备检修</td><td>编号</td><td colspan="2">Jc0010263489</td></tr>
<tr><td>单位</td><td colspan="2"></td><td>准考证号</td><td colspan="2"></td><td>姓名</td><td></td></tr>
<tr><td>考试时限</td><td colspan="2">60分钟</td><td>题型</td><td colspan="2">综合操作</td><td>题分</td><td>100分</td></tr>
<tr><td>成绩</td><td></td><td>考评员</td><td colspan="2"></td><td>考评组长</td><td></td><td>日期</td></tr>
<tr><td>试题正文</td><td colspan="7">编写一份使用吊车更换配电双杆变压器的检修方案</td></tr>
<tr><td>需要说明的问题和要求</td><td colspan="7">（1）考生集中于教室，在60分钟内完成方案编写。
（2）方案中施工班组、作业人员不指定，由考生自行填写，但不得出现真实单位名称和个人姓名。
（3）更换方式为使用吊车。
（4）其他所用工具、材料由考生根据检修需要进行安排。
（5）本考核总成绩满分为100分</td></tr>
</table>

<table>
<tr><td>序号</td><td>项目名称</td><td>质量要求</td><td>满分</td><td>扣分标准</td><td>扣分原因</td><td>得分</td></tr>
<tr><td>1</td><td>工作前准备</td><td></td><td></td><td></td><td></td><td></td></tr>
<tr><td>1.1</td><td>办理工作票</td><td>根据实际情况填写工作票，并审票合格</td><td>5</td><td rowspan="3">工器具每漏、错选一项扣1分；
不按规定穿着一项扣1分；
不办理操作票扣5分</td><td></td><td></td></tr>
<tr><td>1.2</td><td>准备工器具</td><td>根据工作需要选择工器具及安全用具</td><td>5</td><td></td><td></td></tr>
<tr><td>1.3</td><td>着装、穿戴</td><td>按规定穿工作服、工作鞋，戴绝缘手套、安全帽等</td><td>5</td><td></td><td></td></tr>
<tr><td>2</td><td>工作过程</td><td></td><td></td><td></td><td></td><td></td></tr>
<tr><td>2.1</td><td>拆除变压器</td><td>（1）拆除变压器高、低压端子的防护罩，高、低压引线，表计接线及外壳接地线，并做好相色识别标记。
（2）将变压器使用吊车缓慢吊至平整结实的地面</td><td>10</td><td>少一步扣2分</td><td></td><td></td></tr>
<tr><td>2.2</td><td>安装变压器</td><td>（1）起吊新变压器并就位。吊车司机在工作负责人的指挥下操纵吊车，将钢丝绳下套分别套入变压器吊点上。起吊时，当钢丝绳全部吃力后应停止起吊，检查各吊点无异常后，再缓慢吊起变压器并放置在台架上。
（2）缓慢调整变压器到合适位置，并用螺栓或专用钢缆将变压器固定牢固。
（3）连接变压器高、低压引线，表计接线及外壳接地线，铜铝连接应有可靠的过渡措施。
（4）安装变压器高、低压桩头绝缘防护罩</td><td>20</td><td>少一步扣5分</td><td></td><td></td></tr>
<tr><td>2.3</td><td>运行前检查与试验</td><td>（1）确定分接头开关位置与要求符合并测量无误。
（2）每相之间直流电阻差值不得大于三相平均值的4%。
（3）瓷套管干净无裂纹，顶盖干净无工具杂物，无渗漏油。
（4）引线、接地的接头连接要可靠。
（5）全电压合闸，第一次送电运行时间不小于10min，无异常声或放电声，合格后再进行第二次试验</td><td>20</td><td>少一步扣5分</td><td></td><td></td></tr>
</table>

续表

<table>
<tr><th>序号</th><th>项目名称</th><th>质量要求</th><th>满分</th><th>扣分标准</th><th>扣分原因</th><th>得分</th></tr>
<tr><td>3</td><td>工作竣工验收</td><td></td><td></td><td></td><td></td><td></td></tr>
<tr><td>3.1</td><td>按规范进行验收</td><td>对现场进行全面检查验收，无异常后，通知人员拆除接地线，所有人员撤离现场</td><td>10</td><td rowspan="3">缺一项扣 4 分；
未拆除接地线扣总分值 50%；
违章一次扣 3 分；
不符合要求扣 1～3 分；
未清理扣 3 分；
不交还工器具扣 3 分；
未在规定时间内完成，每延时 1 分钟扣 2 分</td><td></td><td></td></tr>
<tr><td>3.2</td><td>工作终结及送电</td><td>交回工作票，汇报工作结束，恢复送电</td><td>10</td><td></td><td></td></tr>
<tr><td>3.3</td><td>安全文明生产</td><td>（1）现场材料、工器具堆放合理。
（2）工作结束后清理现场，将带入现场的施工器械、设备、材料撤出现场运回。
（3）现场施工无违章</td><td>15</td><td></td><td></td></tr>
<tr><td colspan="2">合计</td><td></td><td>100</td><td></td><td></td><td></td></tr>
</table>

Jc0010263490　使用倒链更换配电双杆变压器的检修方案。（100 分）

考核知识点： 运行管理知识

难易度： 难

技能等级评价专业技能考核操作工作任务书

一、任务名称

使用倒链更换配电双杆变压器的检修方案。

二、适用工种

配电线路工技师。

三、具体任务

更换一台配电双杆变压器，作业方法为倒链起吊，变压器已运输到位。针对此项工作，要求考生编写一份更换配电双杆变压器的施工组织方案。

四、工作规范及要求

变压器已运输到位，请按以下要求完成使用倒链更换 1 台变压器的施工组织方案的编写；方案编写在教室内完成。

（1）人员配置分工合理（方案中不得出现真实单位名称及个人姓名）。

（2）工器具及材料清楚。

（3）主要作业程序正确。

（4）关键工序工艺质量标准清楚。

（5）组织、安全、技术措施齐全。

（6）考核时间结束终止考试。

（7）本考核总成绩满分为 100 分。

五、考核及时间要求

考核时间共 60 分钟，每超过 1 分钟扣 2 分，到 65 分钟终止考核。

技能等级评价专业技能考核操作评分标准

<table>
<tr><td>工种</td><td colspan="6">配电线路工</td><td>评价等级</td><td>技师</td></tr>
<tr><td>项目模块</td><td colspan="5">运行管理知识—运行设备检修</td><td>编号</td><td colspan="2">Jc0010263490</td></tr>
<tr><td>单位</td><td colspan="2"></td><td>准考证号</td><td colspan="3"></td><td>姓名</td><td></td></tr>
<tr><td>考试时限</td><td colspan="2">60 分钟</td><td>题型</td><td colspan="3">综合操作</td><td>题分</td><td>100 分</td></tr>
<tr><td>成绩</td><td></td><td>考评员</td><td colspan="2"></td><td>考评组长</td><td></td><td>日期</td><td></td></tr>
</table>

续表

试题正文	编写使用倒链更换配电双杆变压器的检修方案
需要说明的问题和要求	（1）考生集中于教室，在60分钟内完成方案编写。 （2）方案中施工班组、作业人员不指定，由考生自行填写，但不得出现真实单位名称和个人姓名。 （3）更换方式为使用倒链。 （4）其他所用工具、材料由考生根据检修需要进行安排。 （5）本考核总成绩满分为100分

序号	项目名称	质量要求	满分	扣分标准	扣分原因	得分
1	准备工作					
1.1	办理工作票	根据实际情况填写工作票，并审票合格	5	工器具每漏、错选一项扣1分； 不按规定穿着一项扣1分； 不办理操作票扣5分		
1.2	准备工器具	根据工作需要选择工器具及安全用具	5			
1.3	着装、穿戴	按规定穿工作服、工作鞋，戴绝缘手套、安全帽等	5			
2	工作过程					
2.1	拆除变压器	（1）拆除高压、低压桩头连接设备线夹，并做好相色识别标记。 （2）在避雷器担下方在双杆之间制作一个绳套，选择合适的位置安装倒链。 （3）缓慢收紧倒链，时刻注意变压器受力情况，将变压器放置牢固平稳的地方	15	少一项扣5分		
2.2	安装变压器	（1）型号符合安装设计要求，瓷套管无损伤，各部位连接螺栓牢靠，各接口处无渗漏油，外表无机械损伤和锈蚀，油漆完好。 （2）就位推进要平稳，调整水平，不碰伤或撞坏器件，水平调整方法正确且满足要求。 （3）拆除倒链和临时绳套	15	少一项扣5分		
2.3	运行前检查与试验	（1）确定分接头开关位置与要求符合并测量无误。 （2）每相之间直流电阻差值不得大于三相平均值的4%。 （3）瓷套管干净无裂纹，顶盖干净无工具杂物，无渗漏油。 （4）引线、接地的接头连接要可靠。 （5）全电压合闸，第一次送电运行时间不小于10min，无异常声或放电声，合格后再进行第二次试验	25	少一项扣5分		
3	工作竣工验收					
3.1	按规范进行验收	对现场进行全面检查验收，无异常后，通知人员拆除接地线，所有人员撤离现场	10	缺一项扣5分； 未拆除接地线扣总分值50%； 违章一次扣5分； 不符合要求扣1～3分； 未清理扣5分； 不交还工器具扣5分； 未在规定时间内完成，每延时1分钟扣2分		
3.2	工作终结及送电	交回工作票，汇报工作结束，恢复送电	10			
3.3	安全文明生产	（1）现场材料、工器具堆放合理。 （2）工作结束后清理现场，将带入现场的施工器械、设备及材料撤出现场运回。 （3）现场施工无违章	10			
合计			100			

Jc0010263491　更换10kV跌落式熔断器的检修方案。（100分）

考核知识点：运行管理知识

难易度：难

技能等级评价专业技能考核操作工作任务书

一、任务名称

更换10kV跌落式熔断器的检修方案。

二、适用工种

配电线路工技师。

三、具体任务

更换10kV跌落式熔断器，作业方法停电检修。针对此项工作，要求考生编写一份更换10kV跌落式熔断器的施工组织方案。

四、工作规范及要求

请按以下要求完成10kV跌落式熔断器的施工组织方案的编写；方案编写在教室内完成。

（1）人员配置分工合理（方案中不得出现真实单位名称及个人姓名）。

（2）工器具及材料清楚。

（3）主要作业程序正确。

（4）关键工序工艺质量标准清楚。

（5）考核时间结束终止考试。

（6）本考核总成绩满分为100分。

五、考核及时间要求

考核时间共30分钟，每超过1分钟扣2分，到35分钟终止考核。

技能等级评价专业技能考核操作评分标准

<table>
<tr><td>工种</td><td colspan="5">配电线路工</td><td>评价等级</td><td>技师</td></tr>
<tr><td>项目模块</td><td colspan="4">运行管理知识—运行设备检修</td><td>编号</td><td colspan="2">Jc0010263491</td></tr>
<tr><td>单位</td><td colspan="2"></td><td>准考证号</td><td colspan="2"></td><td>姓名</td><td></td></tr>
<tr><td>考试时限</td><td colspan="2">30分钟</td><td>题型</td><td colspan="2">综合操作</td><td>题分</td><td>100分</td></tr>
<tr><td>成绩</td><td></td><td>考评员</td><td colspan="2"></td><td>考评组长</td><td>日期</td><td></td></tr>
<tr><td>试题正文</td><td colspan="7">编写一份更换10kV跌落式熔断器的检修方案</td></tr>
<tr><td>需要说明的问题和要求</td><td colspan="7">（1）学员集中于教室在30分钟内完成方案编写。
（2）方案中施工班组、作业人员不指定，由考生自行填写，但不得出现真实单位名称和个人姓名。
（3）所用工具、材料由考生根据施工需要进行安排。
（4）本考核总成绩满分为100分</td></tr>
</table>

<table>
<tr><td>序号</td><td>项目名称</td><td>质量要求</td><td>满分</td><td>扣分标准</td><td>扣分原因</td><td>得分</td></tr>
<tr><td>1</td><td>准备工作</td><td></td><td></td><td></td><td></td><td></td></tr>
<tr><td>1.1</td><td>办理工作票</td><td>根据实际情况填写工作票，并审票合格</td><td>5</td><td rowspan="3">工器具每漏、错选一项扣1分；
不按规定穿着一项扣1分；
不办理操作票扣5分</td><td></td><td></td></tr>
<tr><td>1.2</td><td>准备工器具</td><td>根据工作需要选择工器具及安全用具</td><td>5</td><td></td><td></td></tr>
<tr><td>1.3</td><td>着装、穿戴</td><td>按规定穿工作服、工作鞋，戴绝缘手套、安全帽等</td><td>5</td><td></td><td></td></tr>
<tr><td>2</td><td>工作过程</td><td></td><td></td><td></td><td></td><td></td></tr>
<tr><td>2.1</td><td>杆上工作位置确定</td><td>站位合适，安全带系绑正确</td><td>10</td><td>少一项扣5分</td><td></td><td></td></tr>
</table>

续表

序号	项目名称	质量要求	满分	扣分标准	扣分原因	得分
2.2	跌落式熔断器拆除	（1）选择合适的吊点，将传递小物件的吊绳准备好。 （2）将熔丝管拉开并取下。 （3）将跌落式熔断器的上下引线分别拆除。 （4）用吊绳将一相跌落式熔断器的瓷柱绑扎牢固，松开与横担连接处并缓慢放置地面	20	少一项扣 5 分		
2.3	跌落式熔断器安装	（1）地面人员用循环绳绑牢跌落式熔断器并缓缓拉上杆，在向上拉的过程中防止跌落式熔断器与电杆相碰而损坏绝缘子。 （2）安装跌落式熔断器并固定牢靠。 （3）连接跌落式熔断器引线。铜铝连接应有可靠的过渡措施。 （4）安装跌落式熔断器连接端子绝缘防护罩	20	少一项扣 5 分		
3	工作竣工验收					
3.1	按规范进行验收	对现场进行全面检查验收，无异常后，通知人员拆除接地线，所有人员撤离现场	10	缺一项扣 5 分； 未拆除接地线扣总分值 50%； 违章一次扣 5 分； 不符合要求扣 1～3 分； 未清理扣 5 分； 不交还工器具扣 5 分； 未在规定时间内完成，每延时 1 分钟扣 2 分		
3.2	工作终结及送电	交回工作票，汇报工作结束，恢复送电	10			
3.3	安全文明生产	（1）现场材料、工器具堆放合理。 （2）工作结束后清理现场，将带入现场的施工器械、设备及材料撤出现场运回。 （3）现场施工无违章	15			
合计			100			

Jc0010263492 配电线路一般事故抢修组织方案。（100 分）

考核知识点：运行管理知识

难易度：难

技能等级评价专业技能考核操作工作任务书

一、任务名称

配电线路一般事故抢修组织方案。

二、适用工种

配电线路工技师。

三、具体任务

针对此项工作，可根据常见事故进行设置事故类型，要求考生编写配电线路一般事故抢修组织方案。

四、工作规范及要求

请按以下要求完成配电线路一般事故抢修组织方案的编写；方案编写在教室内完成。

（1）人员配置分工合理（方案中不得出现真实单位名称及个人姓名）。

（2）工器具及材料清楚。

（3）主要作业程序正确。

（4）关键工序工艺质量标准清楚。

（5）组织、安全、技术措施齐全。

（6）考核时间结束终止考试。

（7）本考核总成绩满分为 100 分。

五、考核及时间要求

考核时间共 30 分钟，每超过 1 分钟扣 2 分，到 35 分钟终止考核。

技能等级评价专业技能考核操作评分标准

工种	配电线路工					评价等级	技师
项目模块	运行管理知识—运行设备检修				编号	Jc0010263492	
单位			准考证号			姓名	
考试时限	30 分钟		题型	综合操作		题分	100 分
成绩		考评员		考评组长		日期	
试题正文	编写一份配电线路一般事故抢修组织方案						
需要说明的问题和要求	（1）学员集中于教室在 30 分钟内完成方案编写。 （2）方案中施工班组、作业人员不指定，由考生自行填写，但不得出现真实单位名称和个人姓名。 （3）所用工具、材料由考生根据施工需要进行安排。 （4）本模块总成绩满分为 100 分。 （5）可根据常见事故进行设置事故类型						

序号	项目名称	质量要求	满分	扣分标准	扣分原因	得分
1	整体要求					
1.1	标题	要写清楚线路名称、杆号及作业内容	5	少一项扣 2 分		
1.2	工程概况介绍	应对工程概况或该工作的背景进行简单描述	5	没有工程概况介绍扣 5 分		
2	组织措施					
2.1	工作内容	应写清楚工作的线路、杆号、工作内容、工作范围		少一项内容扣 3 分		
2.2	工作人员及分工	（1）应写清楚工作班组和人数；或者逐一填写工作人员名字。 （2）单位名称和个人姓名不得使用真实名称。 （3）应有明确分工	5	一项不正确扣 2 分		
2.3	工作时间	应写清楚计划工作时间，计划工作开始及工作结束时间均应以年、月、日、时、分填写清楚	5	没有填写时间扣 5 分；时间填写不清楚扣 3 分		
3	作业程序					
3.1	停电申请	向调度部门办理线路停电申请	5	少一项扣 2 分		
3.2	办理事故应急抢修单	填写电力线路事故应急抢修单	5	少一项扣 1 分		
3.3	工作许可	按规定办理许可手续	5	少一步扣 2 分		
3.4	站班会	工作前对工作班成员进行危险点告知，交代安全措施和技术措施，并确定每一个工作班成员都已知晓	5	少一项扣 2 分		
3.5	施工作业	按规定组织施工	5	少一项扣 2 分		
3.6	工作终结验收	按工艺规范组织验收	5	少一项扣 2 分		
4	安全措施	（1）危险点分析及其预防。 （2）执行标准作业卡。 （3）执行电力安全工作规程中保证安全的组织措施。 （4）执行电力安全工作规程中保证安全的技术措施。 （5）执行有关高空作业的规定。 （6）工器具检查和试验要求。 （7）大型操作项目的指挥，信号及工作人员的互相配合。 （8）出现异常情况时的处理程序	20	少一项扣 2 分		

续表

序号	项目名称	质量要求	满分	扣分标准	扣分原因	得分
5	技术措施					
5.1	工器具的使用要求	（1）选择主要施工工器具的规格型号。 （2）主要施工机器的强度校核	10	少一项扣 5 分		
5.2	质量要求	（1）依据项目要求选择合理的施工方案。 （2）按照设置的故障类型写清质量要求	10	少一项扣 5 分		
6	工具材料					
6.1	工具	（1）应有工具清单。 （2）应包含施工工具。 （3）应含有验电器、接地线、安全带、延长绳、脚扣等安全工器具和个人工具	5	少一项扣 2 分；没有型号要求扣 2 分		
6.2	材料	（1）应有材料清单。 （2）应有故障抢修需要的主要材料	5	少一项扣 3 分；没有型号要求扣 2 分		
合计			100			

Jc0010263493 更换配电线路拉线的抢修方案。（100 分）

考核知识点：运行管理知识

难易度：难

技能等级评价专业技能考核操作工作任务书

一、任务名称

更换配电线路拉线的抢修方案。

二、适用工种

配电线路工技师。

三、具体任务

针对此项工作，事故类型为拉线损坏，要求考生编写一份配电线路抢修的施工组织方案。

四、工作规范及要求

请按以下要求完成配电线路拉线的抢修方案的编写；方案编写在教室内完成。

（1）人员配置分工合理（方案中不得出现真实单位名称及个人姓名）。

（2）工器具及材料清楚。

（3）主要作业程序正确。

（4）关键工序工艺质量标准清楚。

（5）考核时间结束终止考试。

（6）本考核总成绩满分为 100 分。

五、考核及时间要求

考核时间共 30 分钟，每超过 1 分钟扣 2 分，到 35 分钟终止考核。

技能等级评价专业技能考核操作评分标准

<table>
<tr><td>工种</td><td colspan="6">配电线路工</td><td>评价等级</td><td>技师</td></tr>
<tr><td>项目模块</td><td colspan="5">运行管理知识—运行设备检修</td><td>编号</td><td colspan="2">Jc0010263493</td></tr>
<tr><td>单位</td><td colspan="2"></td><td>准考证号</td><td colspan="3"></td><td>姓名</td><td></td></tr>
<tr><td>考试时限</td><td colspan="2">30 分钟</td><td>题型</td><td colspan="3">综合操作</td><td>题分</td><td>100 分</td></tr>
<tr><td>成绩</td><td></td><td>考评员</td><td></td><td>考评组长</td><td colspan="2"></td><td>日期</td><td></td></tr>
<tr><td>试题正文</td><td colspan="8">编写一份更换配电线路拉线的抢修方案</td></tr>
</table>

续表

需要说明的问题和要求	（1）学员集中于教室在30分钟内完成方案编写。 （2）方案中施工班组、作业人员不指定，由考生自行填写，但不得出现真实单位名称和个人姓名。 （3）更换一条耐张杆拉线。 （4）所用工具、材料由考生根据施工需要进行安排。 （5）本考核总成绩满分为100分

序号	项目名称	质量要求	满分	扣分标准	扣分原因	得分
1	准备工作					
1.1	办理工作票	根据实际情况填写工作票，并审票合格	5	工器具每漏、错选一项扣1分； 不按规定穿着一项扣1分； 不办理操作票扣5分		
1.2	准备工器具	根据工作需要选择工器具及安全用具	5			
1.3	着装、穿戴	按规定穿工作服、工作鞋，戴绝缘手套、安全帽等	5			
2	工作过程					
2.1	临时拉线设置	钢丝绳缠绕电杆2圈后用卸扣或U形环锚固，杆下人员用紧线器将临时拉线收紧，在拉线棒上装1只U形环锚固临时拉线，要求不影响正式拉线的安装	10	少一项扣5分		
2.2	拆除旧拉线	先拆UT线夹的螺母，松去拉线，将上把拆除、吊下	15	少一步扣5分		
2.3	制作新拉线	按要求做好上把固定，用紧线器收紧钢绞线画印，制作下把装上并调整UT线夹的螺帽使之受力正常	15	少一项扣5分		
2.4	拆除临时拉线	（1）按规定将钢绞线回头尾线绑扎。 （2）拆除临时拉线不可伤及正式拉线	15	少一项扣5分		
3	工作竣工验收					
3.1	按规范进行验收	（1）拉线尾线出线，尾线从凸肚处穿出。 （2）尾线回头长度为300～500mm。 （3）拉线受力均匀。 （4）螺杆应露扣，并应有不少于1/2螺杆丝扣长度	20	少一项扣5分		
3.2	工作终结	交回工作票，汇报工作结束	5	少一项扣5分		
3.3	安全文明生产	工器具材料摆放有序，工器具、设备无损伤，杆上无遗留物及跌落物等失误，清理现场，交还工器具及剩余材料	5	工具损坏一次扣1分； 不作清理扣3分； 不交还工器具扣3分； 未在规定时间完成，每延时1分钟扣2分		
合计			100			

Jc0010263494　配电线路单相接地的抢修方案。（100分）

考核知识点：运行管理知识

难易度：难

技能等级评价专业技能考核操作工作任务书

一、任务名称

配电线路单相接地的抢修方案。

二、适用工种

配电线路工技师。

三、具体任务

针对此项工作，事故类型为10kV线路单相接地，要求考生编写一份配电线路单相接地的抢修方案。

四、工作规范及要求

请按以下要求完成配电线路单相接地的抢修方案的编写；方案编写在教室内完成。

（1）人员配置分工合理（方案中不得出现真实单位名称及个人姓名）。

（2）工器具及材料清楚。

（3）主要作业程序正确。

（4）关键工序工艺质量标准清楚。

（5）考核时间结束终止考试。

（6）本考核总成绩满分为 100 分。

五、考核及时间要求

考核时间共 30 分钟，每超过 1 分钟扣 2 分，到 55 分钟终止考核。

技能等级评价专业技能考核操作评分标准

工种	配电线路工					评价等级	技师
项目模块	运行管理知识—运行设备检修				编号	Jc0010263494	
单位			准考证号			姓名	
考试时限	30 分钟		题型	综合操作		题分	100 分
成绩		考评员		考评组长		日期	
试题正文	编写一份配电线路单相接地的抢修方案						
需要说明的问题和要求	（1）学员集中于教室在 30 分钟内完成方案编写。 （2）方案中施工班组、作业人员不指定，由考生自行填写，但不得出现真实单位名称和个人姓名。 （3）所用工具、材料由考生根据施工需要进行安排。 （4）本考核总成绩满分为 100 分						

序号	项目名称	质量要求	满分	扣分标准	扣分原因	得分
1	整体要求					
1.1	标题	要写清楚线路名称、杆号及抢修内容	5	少一项扣 2 分		
1.2	工程概况介绍	应对抢修内容或该工作的背景进行简单描述。应写清楚工作的线路、杆号、工作内容、工作范围	10	没有工作内容介绍扣 5 分		
2	作业程序					
2.1	准备工作	（1）安全措施宣讲及落实（作业人员着装正确，戴安全帽，系安全带）。 （2）人员分工（指挥、安全监护、登杆各岗位人员分配）。 （3）了解故障线路名称、故障状态、接地相位、并明确线路运行方式，初步分析线路故障发生范围。 （4）根据本线路故障巡线预案，制订故障巡线和线路分段隔离方案，明确线路分段巡视和开关拉合顺序，明确人员分工	10	少一项扣 2 分		
2.2	判断隔离故障点	按照故障巡线和线路分段拉闸方案，结合线路故障指示仪指示信息，由工作人员负责人下令隔离线路故障多发段或主线后段	5	少一项扣 1 分		
2.3	抢修过程	（1）工作负责人向调度确定该线路在冷备用状态。 （2）验电确定无电压后，立即测量隔离点前段线路的绝缘电阻。摇测时应先接接地端，后用绝缘操作杆将绝缘电阻与线路逐相连接，测试绝缘电阻。用相同的方法测量隔离点后段的线路的绝缘电阻。 （3）如果隔离点前段线路正常，则由工作负责人向调度汇报，要求送主线；然后对后段线路选择合适的分段点，再次测量线路前、后绝缘电阻，并及时恢复可以送电的线路。 （4）如果是隔离点前段线路故障，应对前段线路选择合适的分段点，再次测量线路前、后段绝缘电阻，并及时恢复可以送电的线路	40	少一步扣 10 分		

续表

序号	项目名称	质量要求	满分	扣分标准	扣分原因	得分
2.4	巡视查找故障点	（1）在隔离出最后的故障线路区段后，工作负责人安排对故障短线路进行分组巡视。 （2）各分组巡线人员对负责巡视的线路按照先主干线后分支线、先首端后末端、先故障多发段后其他线路的原则进行巡视，直到发现故障点	10	少一步扣5分		
3	工作终结验收					
3.1	恢复送电	（1）发现故障点后，分段巡视小组负责人应迅速与工作负责人联系。 （2）工作负责人下令隔离故障点，并向调度汇报，恢复对非故障线路送电	10	少一步扣5分		
3.2	安全文明生产	操作过程中无工具损伤，柜内无遗留物，工作完毕应清理现场，交还工器具	10	不到位或不牢靠扣1～5分； 未清理现场或未交还工器具扣3分； 未在规定时间完成，每延时1分钟扣2分		
合计			100			

Jc0010263495　配电线路跳闸重合不成功的抢修方案。（100分）

考核知识点：运行管理知识

难易度：难

技能等级评价专业技能考核操作工作任务书

一、任务名称

配电线路跳闸重合不成功的抢修方案。

二、适用工种

配电线路工技师。

三、具体任务

针对此项工作，事故类型为10kV线路跳闸不重合故障，要求考生编写配电线路跳闸重合不成功的抢修方案。

四、工作规范及要求

请按以下要求完成配电线路跳闸重合不成功的抢修方案；方案编写在教室内完成。

（1）人员配置分工合理（方案中不得出现真实单位名称及个人姓名）。

（2）工器具及材料清楚。

（3）主要作业程序正确。

（4）关键工序工艺质量标准清楚。

（5）考核时间结束终止考试。

（6）本考核总成绩满分为100分。

五、考核及时间要求

考核时间共30分钟，每超过1分钟扣2分，到35分钟终止考核。

技能等级评价专业技能考核操作评分标准

工种	配电线路工			评价等级	技师
项目模块	运行管理知识—运行设备检修		编号	Jc0010263495	
单位		准考证号		姓名	
考试时限	30 分钟	题型	综合操作	题分	100 分
成绩	考评员		考评组长	日期	
试题正文	编写一份配电线路跳闸重合不成功的抢修方案				
需要说明的问题和要求	（1）学员集中于教室在 30 分钟内完成方案编写。 （2）方案中施工班组、作业人员不指定，由考生自行填写，但不得出现真实单位名称和个人姓名。 （3）所用工具、材料由考生根据施工需要进行安排。 （4）本考核总成绩满分为 100 分				

序号	项目名称	质量要求	满分	扣分标准	扣分原因	得分
1	整体要求					
1.1	标题	要写清楚线路名称、杆号及作业内容	5	少一项扣 2 分		
1.2	抢修工作介绍	应对工程概况或该工作的背景进行简单描述	5	没有工程概况介绍扣 5 分		
2	准备工作					
2.1	工作内容	应写清楚工作的线路、杆号、工作内容、工作范围	10	少一项内容扣 3 分		
2.2	工作人员及分工	（1）应写清楚工作班组和人数；或者逐一填写工作人员名字。 （2）单位名称和个人姓名不得使用真实名称。 （3）应有明确分工	5	一项不正确扣 2 分		
2.3	工作时间	应写清楚计划工作时间，计划工作开始及工作结束时间均应以年、月、日、时、分填写清楚	5	没有填写时间扣 5 分；时间填写不清楚扣 3 分		
3	作业程序					
3.1	准备工作	（1）安全措施宣讲及落实（作业人员着装正确，戴安全帽，系安全带）。 （2）人员分工（指挥、安全监护、登杆各岗位人员分配）。 （3）了解故障线路名称、故障状态、接地相位，并明确线路运行方式，初步分析线路故障发生范围。 （4）根据本线路故障巡线预案，制订故障巡线和线路分段隔离方案，明确线路分段巡视和开关拉合顺序，明确人员分工	10	少一项扣 2 分		
3.2	判断隔离故障点	按照故障巡线和线路分段拉闸方案，结合线路故障指示仪指示信息，由工作人员负责人下令隔离线路故障多发段或主线后段	10	少一项扣 1 分		
3.3	巡视查找故障点	（1）按照故障巡线和线路分段隔离方案，结合线路故障指示仪指示信息进行巡线。 （2）如发现故障，分段巡视负责人应立即向工作负责人汇报，迅速隔离故障点。工作负责人向调度和班组负责人汇报，由班组负责人安排事故抢修。 （3）如未发现故障，则拉开第一个分段开关和前段主线的主分支线路。由工作负责人向调度报告已对故障线路区域进行隔离，恢复前段主线供电。 （4）按照线路故障分段巡视隔离方案，重复上述程序巡视隔离线路，直到隔离出最后的故障线路区段。 （5）工作负责人安排对隔离线路进行分组巡视，直到发现故障点	30	少一步扣 5 分		

续表

序号	项目名称	质量要求	满分	扣分标准	扣分原因	得分
4	工作终结验收					
4.1	恢复送电	（1）发现故障点后，分段巡视小组负责人应迅速与工作负责人联系。 （2）工作负责人下令隔离故障点，并向调度汇报，恢复非故障线路送电	10	少一步扣5分		
4.2	安全文明生产	操作过程中无工具损伤，柜内无遗留物，工作完毕应清理现场，交还工器具	10	不到位或不牢靠扣1～5分； 未清理现场或未交还工器具扣3分； 未在规定时间完成，每延时1分钟扣2分		
合计			100			

Jc0010263496　配电线路三相四线制中性线带电事故的抢修方案。（100分）

考核知识点：运行管理知识

难易度：难

技能等级评价专业技能考核操作工作任务书

一、任务名称

配电线路三相四线制中性线带电事故的抢修方案。

二、适用工种

配电线路工技师。

三、具体任务

针对此项工作，事故类型为三相四线制中性线带电事故的处理，要求考生编写一份配电线路抢修方案。

四、工作规范及要求

请按以下要求完成配电线路三相四线制中性线带电事故的抢修方案的编写；方案编写在教室内完成。

（1）人员配置分工合理（方案中不得出现真实单位名称及个人姓名）。

（2）工器具及材料清楚。

（3）主要作业程序正确。

（4）关键工序工艺质量标准清楚。

（5）组织、安全、技术措施齐全。

（6）考核时间结束终止考试。

（7）本考核总成绩满分为100分。

五、考核及时间要求

考核时间共30分钟，每超过1分钟扣2分，到35分钟终止考核。

技能等级评价专业技能考核操作评分标准

工种	配电线路工					评价等级	技师
项目模块	运行管理知识—运行设备检修				编号	Jc0010263496	
单位		准考证号				姓名	
考试时限	30分钟	题型	综合操作			题分	100分
成绩		考评员		考评组长		日期	
试题正文	编写一份配电线路三相四线制中性线带电事故的抢修方案						

续表

需要说明的问题和要求	（1）学员集中于教室，在30分钟内完成方案编写。 （2）方案中施工班组、作业人员不指定，由考生自行填写，但不得出现真实单位名称和个人姓名。 （3）所用工具、材料由考生根据施工需要进行安排。 （4）本考核总成绩满分为100分。 （5）可根据常见事故进行设置事故类型

序号	项目名称	质量要求	满分	扣分标准	扣分原因	得分
1	准备工作					
1.1	准备工器具	根据工作需要选择工器具及安全用具	5			
1.2	着装、穿戴	按规定穿工作服、工作鞋，戴绝缘手套、安全帽等	5			
2	作业过程					
2.1	工作前准备	（1）安全措施宣讲及落实（作业人员着装正确，戴安全帽，系安全带）。 （2）人员分工（指挥、安全监护、登杆各岗位人员分配）。 （3）了解故障线路名称、故障状态、接地相位，并明确线路运行方式，初步分析线路故障发生范围。 （4）根据本线路故障巡线预案，制订故障巡线和线路分段隔离方案，明确线路分段巡视和开关拉合顺序，明确人员分工	20	少一项扣2分		
2.2	测量	现场用万用表测量各相电压结果如下：一相相电压为零，另两相相电压为380V	10	少一项扣1分		
2.3	故障分析	说明故障相与中性线短路，且中性线在某处断线	10	少一步扣2分		
2.4	故障处理	将专用变压器的低压开关拉开，找出中性线与故障相短路点，并将其分开	10			
2.5	恢复送电	将中性线断线点接好，合上专用变压器低压开关，恢复正常供电，故障消失	10	少一项扣2分		
3	工作终结验收					
3.1	恢复送电	（1）发现故障点后，分段巡视小组负责人应迅速与工作负责人联系。 （2）工作负责人下令隔离故障点，并向调度汇报，恢复对非故障线路送电	20	少一步扣5分		
3.2	安全文明生产	操作过程中无工具损伤，柜内无遗留物，工作完毕应清理现场，交还工器具	10	不到位或不牢靠扣1～5分； 未清理现场或未交还工器具扣3分； 未在规定时间完成，每延时1分钟扣2分		
合计			100			

Jc0010263497　配电线路直线杆断杆事故的组织措施。(100分)

考核知识点：运行管理知识

难易度：难

技能等级评价专业技能考核操作工作任务书

一、任务名称

配电线路直线杆断杆事故的组织措施。

二、适用工种

配电线路工技师。

三、具体任务

针对此项工作，事故类型为直线杆被撞需要更换的处理，要求考生编写一份配电线路直线杆断杆事故的组织措施。

四、工作规范及要求

请按以下要求完成配电线路直线杆断杆事故的组织措施编写；方案编写在教室内完成。

（1）人员配置分工合理（方案中不得出现真实单位名称及个人姓名）。

（2）工器具及材料清楚。

（3）主要作业程序正确。

（4）关键工序工艺质量标准清楚。

（5）组织、安全、技术措施齐全。

（6）考核时间结束终止考试。

（7）本考核总成绩满分为 100 分。

五、考核及时间要求

考核时间共 30 分钟，每超过 1 分钟扣 2 分，到 35 分钟终止考核。

技能等级评价专业技能考核操作评分标准

工种	配电线路工			评价等级	技师
项目模块	运行管理知识—运行设备检修		编号	Jc0010263497	
单位		准考证号		姓名	
考试时限	30 分钟	题型	综合操作	题分	100 分
成绩		考评员		考评组长		日期	
试题正文	编写一份配电线路直线杆断杆事故的组织措施				
需要说明的问题和要求	（1）学员集中于教室在 30 分钟内完成方案编写。 （2）方案中施工班组、作业人员不指定，由考生自行填写，但不得出现真实单位名称和个人姓名。 （3）电杆为 10m 钢筋混凝土单杆，组立方式为使用吊车组立。 （4）所用工具、材料由考生根据施工需要进行安排。 （5）本考核总成绩满分为 100 分				

序号	项目名称	质量要求	满分	扣分标准	扣分原因	得分
1	工作前准备					
1.1	办理工作票	根据实际情况填写工作票，并审票合格	5	工器具每漏、错选一项扣 1 分； 不按规定穿着一项扣 1 分； 不办理操作票扣 5 分		
1.2	准备工器具	根据工作需要选择工器具及安全用具	5			
1.3	着装、穿戴	按规定穿工作服、工作鞋，戴绝缘手套、安全帽等	5			
2	作业过程					
2.1	工作前准备	（1）安全措施宣讲及落实（作业人员着装正确，戴安全帽，系安全带）。 （2）人员分工（指挥、安全监护、吊车操作、拆除扎线、临时拉线、制作拉线、登杆各岗位人员分配）。 （3）作业开始前的检查（导线受力情况的检查）	15	少一项扣 2 分		
2.2	拆除旧杆	（1）将钢丝绳套选择在合适的位置绑扎，并使钢丝绳受力。 （2）将要更换的直线杆导线三相扎线松开，导线用绳索拉向外侧不影响拆除旧杆。 （3）拔出电杆	15	少一项扣 5 分		

续表

序号	项目名称	质量要求	满分	扣分标准	扣分原因	得分
2.3	立杆	（1）在原处挖掘基坑。 （2）检查或放置底盘。 （3）选择合适位置绑扎起吊点，对各绑扎点及吊点情况进行检查。 （4）起吊电杆，电杆受力后应检查各绑扎点及吊点，横担离地 30～50cm 时停止牵引，检查各受力点，确无问题后再起吊。 （5）调整电杆位置，落杆入基础坑内，并使电杆位于线路中心	20	少一步扣 4 分		
2.4	架设导线及附件安装	（1）安装直线杆横担和绝缘子。 （2）将导线绑扎在绝缘子上	10	少一项扣 5 分		
2.5	拆除工器具及清理现场	（1）登杆拆除吊点钢丝绳套。 （2）清理现场	10	少一项扣 5 分		
3	工作终结验收					
3.1	按规范进行验收	对现场进行全面检查验收，无异常后，通知人员拆除接地线，所有人员撤离现场	5	不到位或不牢靠扣 1～5 分； 未清理现场或未交还工器具扣 3 分； 未在规定时间完成，每延时 1 分钟扣 2 分		
3.2	工作终结及送电	交回工作票，汇报工作结束，恢复送电	5			
3.3	安全文明生产	操作过程中无工具损伤，柜内无遗留物，工作完毕应清理现场，交还工器具	5			
合计			100			

Jc0010263498 配电线路耐张杆断杆事故抢修方案。（100 分）

考核知识点：运行管理知识

难易度：难

技能等级评价专业技能考核操作工作任务书

一、任务名称

配电线路耐张杆断杆事故抢修方案。

二、适用工种

配电线路工技师。

三、具体任务

针对此项工作，事故类型为耐张杆被撞需要更换的处理，要求考生编写一份配电线路耐张杆断杆事故抢修方案。

四、工作规范及要求

请按以下要求完成配电线路耐张杆断杆事故的抢修方案的编写；方案编写在教室内完成。

（1）人员配置分工合理（方案中不得出现真实单位名称及个人姓名）。

（2）工器具及材料清楚。

（3）主要作业程序正确。

（4）关键工序工艺质量标准清楚。

（5）组织、安全、技术措施齐全。

（6）考核时间结束终止考试。

（7）本考核总成绩满分为 100 分。

五、考核及时间要求

考核时间共 30 分钟，每超过 1 分钟扣 2 分，到 35 分钟终止考核。

技能等级评价专业技能考核操作评分标准

<table>
<tr><td>工种</td><td colspan="6">配电线路工</td><td>评价等级</td><td>技师</td></tr>
<tr><td>项目模块</td><td colspan="5">运行管理知识—运行设备检修</td><td>编号</td><td colspan="2">Jc0010263498</td></tr>
<tr><td>单位</td><td colspan="2"></td><td>准考证号</td><td colspan="3"></td><td>姓名</td><td></td></tr>
<tr><td>考试时限</td><td colspan="2">30 分钟</td><td>题型</td><td colspan="3">综合操作</td><td>题分</td><td>100 分</td></tr>
<tr><td>成绩</td><td></td><td>考评员</td><td colspan="2"></td><td>考评组长</td><td></td><td>日期</td><td></td></tr>
<tr><td>试题正文</td><td colspan="8">编写配电线路耐张杆断杆事故抢修方案</td></tr>
<tr><td>需要说明的问题和要求</td><td colspan="8">（1）学员集中于教室在 30 分钟内完成方案编写。
（2）方案中施工班组、作业人员不指定，由考生自行填写，但不得出现真实单位名称和个人姓名。
（3）电杆为 10m 钢筋混凝土单杆，组立方式为使用吊车组立。
（4）所用工具、材料由考生根据施工需要进行安排。
（5）本考核总成绩满分为 100 分</td></tr>
</table>

<table>
<tr><td>序号</td><td>项目名称</td><td>质量要求</td><td>满分</td><td>扣分标准</td><td>扣分原因</td><td>得分</td></tr>
<tr><td>1</td><td>工作前准备</td><td></td><td></td><td></td><td></td><td></td></tr>
<tr><td>1.1</td><td>办理工作票</td><td>根据实际情况填写工作票，并审票合格</td><td>5</td><td rowspan="3">工器具每漏、错选一项扣 1 分；
不按规定穿着一项扣 1 分；
不办理操作票扣 5 分</td><td></td><td></td></tr>
<tr><td>1.2</td><td>准备工器具</td><td>根据工作需要选择工器具及安全用具</td><td>5</td><td></td><td></td></tr>
<tr><td>1.3</td><td>着装、穿戴</td><td>按规定穿工作服、工作鞋，戴绝缘手套、安全帽等</td><td>5</td><td></td><td></td></tr>
<tr><td>2</td><td>作业过程</td><td></td><td></td><td></td><td></td><td></td></tr>
<tr><td>2.1</td><td>准备工作</td><td>（1）安全措施宣讲及落实（作业人员着装正确，戴安全帽，系安全带）。
（2）人员分工（指挥、安全监护、吊车操作、拆除扎线、临时拉线、制作拉线、登杆各岗位人员分配）。
（3）作业开始前的检查（导线受力情况的检查）</td><td>15</td><td>少一项扣 3 分</td><td></td><td></td></tr>
<tr><td>2.2</td><td>拆除旧杆</td><td>（1）将要更换的耐张杆相邻两基直线杆分别打好防止倒杆的临时拉线，并将导线锚住。
（2）防止耐张杆松落导线时造成相邻两直线杆倾斜，用紧线器松放导线。拆除导线顺序为先拆除中相导线，再拆除两边相导线。
（3）将钢丝绳套选择在合适的位置绑扎，并使钢丝绳受力。
（4）在导线拆除后拆除耐张杆拉线。
（5）拆除旧电杆</td><td>20</td><td>少一项扣 3 分</td><td></td><td></td></tr>
<tr><td>2.3</td><td>立杆</td><td>（1）利用挖坑工具把原杆坑挖深、挖大，满足埋深要求。
（2）选择合适位置绑扎起吊点，对各绑扎点及吊点情况进行检查。
（3）起吊电杆，电杆受力后应检查各绑扎点及吊点，横担离地 30～50cm 时停止牵引，检查各受力点，确无问题后再起吊。
（4）调整电杆位置，落杆入基础坑内，并使电杆位于线路中心</td><td>20</td><td>少一步扣 3 分</td><td></td><td></td></tr>
<tr><td>2.4</td><td>架设导线及附件安装</td><td>（1）安装横担及悬式绝缘子。
（2）使用紧线器安装导线。先收两边相导线，再收中相导线。
（3）核实导线弧垂符合要求。
（4）引流线连接。引流线应采用压接或专用线夹连接。若为绝缘导线，应进行绝缘处理；若导线有损伤，应按规定进行修补</td><td>15</td><td>少一步扣 3 分</td><td></td><td></td></tr>
<tr><td>3</td><td>工作终结验收</td><td></td><td></td><td></td><td></td><td></td></tr>
<tr><td>3.1</td><td>按规范进行验收</td><td>对现场进行全面检查验收，无异常后，通知人员拆除接地线，所有人员撤离现场</td><td>5</td><td rowspan="3">不到位或不牢靠扣 1～5 分；
未清理现场或未交还工器具扣 3 分；
未在规定时间完成，每延时 1 分钟扣 2 分</td><td></td><td></td></tr>
<tr><td>3.2</td><td>工作终结及送电</td><td>交回工作票，汇报工作结束，恢复送电</td><td>5</td><td></td><td></td></tr>
<tr><td>3.3</td><td>安全文明生产</td><td>操作过程中无工具损伤，柜内无遗留物，工作完毕应清理现场，交还工器具</td><td>5</td><td></td><td></td></tr>
<tr><td colspan="2">合计</td><td></td><td>100</td><td></td><td></td><td></td></tr>
</table>

Jc0010263499 配电线路导线断股抢修方案。（100 分）

考核知识点：运行管理知识

难易度：难

技能等级评价专业技能考核操作工作任务书

一、任务名称

配电线路导线断股抢修方案。

二、适用工种

配电线路工技师。

三、具体任务

10kV 某线 12—13 号杆段 A 相导线因吊车碰线导致导线损伤，需要组织抢修对导线进行修补。针对此项工作，考生编写一份配电线路导线断股抢修方案。

四、工作规范及要求

给定条件：采用停电方式放下导线，修补方式为铝丝麻股，导线型号 JKLGYJ－185/30，请按照以下要求完成方案的编写。

（1）人员配置分工合理（方案中不得出现真实单位名称及个人姓名）。

（2）工器具及材料清楚。

（3）主要作业程序正确。

（4）关键工序工艺质量标准清楚。

（5）组织、安全、技术措施齐全。

（6）考核时间结束终止考试。

（7）本考核总成绩满分为 100 分。

五、考核及时间要求

考核时间共 30 分钟，每超过 1 分钟扣 2 分，到 35 分钟终止考核。

技能等级评价专业技能考核操作评分标准

工种	配电线路工					评价等级	技师
项目模块	运行管理知识—运行设备检修				编号	Jc0010263499	
单位		准考证号				姓名	
考试时限	30 分钟	题型	综合操作			题分	100 分
成绩		考评员		考评组长		日期	
试题正文	编写配电线路导线断股抢修方案						
需要说明的问题和要求	（1）学员集中于教室在 30 分钟内完成方案编写。 （2）方案中施工班组、作业人员不指定，由考生自行填写，但不得出现真实单位名称和个人姓名。 （3）使用麻股的办法处理断股导线。 （4）所用工具、材料由考生根据施工需要进行安排。 （5）本考核总成绩满分为 100 分						

序号	项目名称	质量要求	满分	扣分标准	扣分原因	得分
1	工作前准备					
1.1	办理工作票	根据实际情况填写工作票，并审票合格	5	工器具每漏、错选一项扣 1 分； 不按规定穿着一项扣 1 分； 不办理操作票扣 5 分		
1.2	准备工器具	根据工作需要选择工器具及安全用具	5			
1.3	着装、穿戴	按规定穿工作服、工作鞋，戴绝缘手套、安全帽等	5			

续表

序号	项目名称	质量要求	满分	扣分标准	扣分原因	得分
2	作业过程					
2.1	打开直线杆导线	（1）使用放线滑车将相邻两档直线杆 A 相导线。 （2）将 A 相导线落下	20	少一项扣 5 分		
2.2	修补导线	（1）有用铝丝麻股的作业步骤，流程完整，正确。 （2）有使用防水胶带恢复导线绝缘性能的步骤	30	少一步扣 5 分		
2.3	恢复导线	使用绑扎线重新绑扎导线并调整弧垂	20	少一项扣 3 分		
3	工作终结验收					
3.1	按规范进行验收	对现场进行全面检查验收，无异常后，通知人员拆除接地线，所有人员撤离现场	5	不到位或不牢靠扣 1～5 分； 未清理现场或未交还工器具扣 3 分； 未在规定时间完成，每延时 1 分钟扣 2 分		
3.2	工作终结及送电	交回工作票，汇报工作结束，恢复送电	5			
3.3	安全文明生产	操作过程中无工具损伤，柜内无遗留物，工作完毕应清理现场，交还工器具	5			
合计			100			

Jc0003263500　测量架空导线对交叉跨越物垂直距离的操作。（100 分）

考核知识点：配电线路工的基本知识

难易度：难

技能等级评价专业技能考核操作工作任务书

一、任务名称

测量架空导线对交叉跨越物垂直距离的操作。

二、适用工种

配电线路工技师。

三、具体任务

测量计算架空导线对交叉跨越物垂直距离。考生须在 25 分钟内完成测量计算操作。

四、工作规范及要求

（1）要求单独操作，一人配合。

（2）由考评员随机指定测量点。

（3）写出计算过程。

（4）工具：选用光学经纬仪，J2、J6 型均可，塔尺、计算器。

（5）在培训线路上操作。

（6）本考核总成绩满分为 100 分。

五、考核及时间要求

考核时间共 45 分钟，每超过 1 分钟扣 2 分，到 50 分钟终止考核。

技能等级评价专业技能考核操作评分标准

工种	配电线路工					评价等级	技师
项目模块	配电线路工的基本知识—线路基本知识				编号	Jc0003263500	
单位			准考证号			姓名	
考试时限	50 分钟		题型	综合操作		题分	100 分
成绩		考评员		考评组长		日期	

续表

试题正文	测量架空导线对交叉跨越物垂直距离的操作					
需要说明的问题和要求	(1)要求单独操作，一人配合。 (2)由考评员随机指定测量点、并写出计算过程					
序号	项目名称	质量要求	满分	扣分标准	扣分原因	得分
1	准备工作					
1.1	工器具	经纬仪、塔尺、计算器	5	差一项不得分		
1.2	选定仪器的测量点	观测点位置，在线路交叉角的平分线上的四个位置任选一个，观测点位置距离线路交叉点距离 20～40m	5	不正确扣 5 分		
1.3	着装、穿戴	工作服、工作鞋等穿戴正确	5	不正确扣 5 分		
2	操作过程					
2.1	仪器对中、整平	指挥配合人员将塔尺立在线路交叉点正下方	5	不正确扣 5 分		
2.2	对光	在观测点位置将仪器整平、对光	5	不正确扣 5 分		
2.3	瞄准、旋紧	将望远镜视线调至垂直 90°，瞄准塔尺，调焦，转动照准部及望远镜锁紧螺旋将其锁紧	5	不正确扣 5 分		
2.4	精平	转动望远镜微调螺旋使十字丝上、下丝与塔尺某一刻度重合	10	不正确扣 5 分		
2.5	水平测距	读出上丝及下丝所夹塔尺刻度，利用 $L=$（上丝－下丝）×100 得出水平距离	10	计算不正确扣 1～10 分		
2.6	旋松螺丝	松开望远镜锁紧螺旋	5	不正确扣 5 分		
2.7	粗调	将仪器竖盘照明反光镜转动使显微镜中的读数最明亮、清晰	5	不正确扣 5 分		
2.8	对准导线旋紧	转动镜筒瞄准上层导线（也可先测下层导线或被跨物）锁紧望远镜制动手轮	10	不正确扣 1～10 分		
2.9	微调	转动望远镜微动手轮使十字丝与上下导线或建筑物精确相切	10	不正确扣 1～10 分		
2.10	读数	精确读出度、分、秒 计算：利用公式计算出交叉跨越间的距离 $=L\left[(\tan\beta-\tan\alpha)\right]$	5	不正确扣 1～10 分		
3	工作终结验收					
3.1	测量操作	动作顺利流畅、顺序正确、数据精确	10	错误一次扣 1～2 分		
3.2	安全及文明生产	(1)操作动作熟练。 (2)将仪器一次性装箱成功。 (3)清理工作现场符合文明生产要求。 (4)在规定的时间内完成	5	每项酌情扣 1～2 分		
合计			100			

Jc0003263501 编制配电线路施工方案的主要内容。(100 分)

考核知识点：配电线路工的基本知识

难易度：难

技能等级评价专业技能考核操作工作任务书

一、任务名称

编制配电线路施工方案的主要内容。

二、适用工种

配电线路工技师。

三、具体任务

编制配电线路施工方案的主要内容。针对此项工作，考生须在 25 分钟内完成更换处理操作的口述或笔试。

四、工作规范及要求

（1）模拟操作（口试或笔试）。

（2）本考核总成绩满分为 100 分。

五、考核及时间要求

考核时间共 30 分钟，考生需在规定时间内完成考核。

技能等级评价专业技能考核操作评分标准

工种	配电线路工					评价等级	技师
项目模块	运行管理知识—运行设备检修				编号	Jc0003263501	
单位			准考证号			姓名	
考试时限	30 分钟		题型	综合操作		题分	100 分
成绩		考评员		考评组长		日期	
试题正文	编制配电线路施工方案的主要内容						
需要说明的问题和要求	（1）口试或笔答。 （2）架设一个项目，并提出具体要求						

序号	项目名称	质量要求	满分	扣分标准	扣分原因	得分
1	工作前准备					
1.1	编制说明	编制依据	5	不正确扣 1～2 分		
		本方案适用范围	5			
		应遵守的规章制度	5			
		明确工日、工期	4			
2	工作过程					
2.1	组织措施	成立工作组，明确负责人	5	不正确扣 1～3 分		
		明确各级机构，负责人的职权和职责	5			
		本项目的主要工作量及工作范围	5			
		工作分工，进度，应停电的范围、时间	4			
2.2	技术措施	依据项目要求选择合理的施工方案	5	不正确扣 1～3 分		
		施工的质量标准	5			
		选择主要施工工器具的规格型号	5			
		主要施工机器的强度校核	5			
2.3	安全措施	危险点分析及其预防	4	不正确扣 2～4 分		
		执行标准作业卡	4			
		执行《电力安全工作规程》中保证安全的组织措施	4			
		执行《电力安全工作规程》中保证安全的技术措施	4			
		执行有关高空作业的规定	4			
		工器具检查和试验要求	4			
		大型操作项目的指挥，信号及工作人员的相互配合	4			
		出现异常情况时的处理程序	4			

续表

序号	项目名称	质量要求	满分	扣分标准	扣分原因	得分
3	其他要求	（1）要求着装正确（工作服、工作胶鞋、安全帽）。 （2）书写规范，字迹清晰。 （3）步骤齐全，无漏填项。 （4）在规定的时间内完成	10	不符合要求扣 2 分		
合计			100			

Jc0006263502　变压器吊芯检查的操作。（100 分）

考核知识点：配电变压器知识

难易度：难

技能等级评价专业技能考核操作工作任务书

一、任务名称

变压器吊芯检查的操作。

二、适用工种

配电线路工技师。

三、具体任务

模拟进行变压器吊芯检查。针对此项工作，考生须在 25 分钟内完成更换处理操作。

四、工作规范及要求

（1）模拟操作（口试或者笔试）。

（2）本考核总成绩满分为 100 分。

五、考核及时间要求

考核时间共 25 分钟，到时终止考核。

技能等级评价专业技能考核操作评分标准

工种	配电线路工					评价等级	技师
项目模块	配电变压器知识—配电变压器的运行				编号	Jc0006263502	
单位			准考证号			姓名	
考试时限	25 分钟		题型	综合操作		题分	100 分
成绩		考评员		考评组长		日期	
试题正文	变压器吊芯检查的操作						
需要说明的问题和要求	（1）模拟操作（口试或者笔试）。 （2）要求着装正确（工作服、工作胶鞋、安全帽）						

序号	项目名称	质量要求	满分	扣分标准	扣分原因	得分
1	工作前准备					
1.1	环境条件	周围气温不低于 0℃，相对湿度不大于 65%	5	少考虑一项扣 2 分； 材料、工具等错、漏选一项扣 1 分； 未检查一项扣 1 分； 不按规定穿着一项扣 1 分		
1.2	吊芯前准备	（1）材料、工具及起重设备准备就位，并符合工作需求。 （2）安全帽、工作服、工作鞋等穿戴正确。 （3）要取油样进行耐压试验与化学分析	5			

续表

序号	项目名称	质量要求	满分	扣分标准	扣分原因	得分
2	吊芯工作过程			放油不符合要求扣5分； 卸螺栓方法不对扣5分； 铁芯碰倒油箱扣7分； 每项不符合要求扣3分； 漏检一次扣4分； 不能修复扣4分		
2.1	放油	将油箱中的油放出一部分，对有油枕的变压器，应将油放至箱盖密封垫水平以上，不带油枕的则放至线套管以下	10			
2.2	卸螺栓	卸开油箱顶盖与箱体之间的螺栓	5			
2.3	吊芯	起吊时应缓慢上升，变压器芯不得碰撞油箱；变压器套管、散热管不能受力或碰撞；吊出变压器的底部高出油箱后，进行滴油；搭临时作业架，稳固可靠且便于进行检查	15			
2.4	变压器芯检查与修复	用干净的白布擦洗绕组、铁芯及支架绝缘隔板；检查线圈楔有无松动变形，有无金属杂物，铁芯螺栓是否拧紧，铁芯上下接地片紧固有无损坏，穿心螺栓及铁芯对地绝缘电阻是否符合要求；做好各项检查记录	20			
2.5	检查邮箱及耐油密封胶条与修复	检查邮箱内有无金属物；检查耐油密封胶条；经过检查消除隐患	10			
2.6	组装变压器	吊起变压器芯以油箱内壁的定位铁为准，对正油箱，缓缓平稳落下变压器芯；不要使铁芯、绕组与油箱碰撞，防止落入异物；将铁芯放至定位标记	10			
3	工作竣工验收					
3.1	箱盖螺栓安装	以压下密封胶垫厚度的1/3为宜	5	不符合规定扣2分； 每一个螺栓不到位扣1分； 不能按规定操作扣5分； 变压器内有遗留物扣15分； 其他错误一项扣5分		
3.2	加注变压器油	加入标准变压器油至油位标准线，并检查各密封渗漏油	5			
3.3	安全文明生产	操作中无损坏变压器及工器具，变压器内无遗留物件，清理场地及交还工器具	10			
合计			100	未在规定时间内完成，每延时1分钟扣2分		

Jc0005263503　液压法导线接续的操作。（100分）

考核知识点：配电线路知识

难易度：难

技能等级评价专业技能考核操作工作任务书

一、任务名称

液压法导线接续的操作。

二、适用工种

配电线路工技师。

三、具体任务

用液压法完成导线接续的操作。针对此项工作，考生须在30分钟内完成更换处理操作。

四、工作规范及要求

（1）要求单独操作，一人配合。

（2）要求着装正确（工作服、工作胶鞋、安全帽）。

（3）工器具：相应导线与接续管规格、型号匹配；选用压接机具、压接模具，确保压模规格与压接管相匹配；液压接钳及压接模具、断线钳、钢丝刷、细砂纸、游标卡尺、木锤、锉刀、记号笔等。

（4）本考核总成绩满分为100分。

五、考核及时间要求

考核时间共30分钟，每超过1分钟扣2分，到35分钟终止考核。

技能等级评价专业技能考核操作评分标准

<table>
<tr><td>工种</td><td colspan="5">配电线路工</td><td>评价等级</td><td>技师</td></tr>
<tr><td>项目模块</td><td colspan="4">配电线路知识—架空线路的组成</td><td>编号</td><td colspan="2">Jc0005263503</td></tr>
<tr><td>单位</td><td colspan="2"></td><td>准考证号</td><td colspan="2"></td><td>姓名</td><td></td></tr>
<tr><td>考试时限</td><td colspan="2">30分钟</td><td>题型</td><td colspan="2">综合操作</td><td>题分</td><td>100分</td></tr>
<tr><td>成绩</td><td></td><td>考评员</td><td colspan="2"></td><td>考评组长</td><td>日期</td><td></td></tr>
<tr><td>试题正文</td><td colspan="7">液压法导线接续的操作</td></tr>
<tr><td>需要说明的问题和要求</td><td colspan="7">（1）要求单独操作，一人配合。
（2）要求着装正确（工作服、工作胶鞋、安全帽）</td></tr>
</table>

序号	项目名称	质量要求	满分	扣分标准	扣分原因	得分
1	工具材料准备、检查					
1.1	液压机具及模具接续管选用检查	（1）选用压接机具、压接模具，确保压模规格与压接管相匹配，并进行外观检查。 （2）压接钳应放在坚硬、平整的地面上，模具顶盖上方不得有人	5	漏、错选一项扣3分； 未进行外观检查扣2分		
1.2	钢模选择	压接钢芯的钢模规格符合钢芯型号，压接铝线的钢模规格符合连接导线型号	5	钢模选用错误扣5分		
1.3	导线与接续管的检查	LGJ－240导线、电力复合脂、接续金具，型号符合要求，并进行外观检查	5	选择材料与项目不符合扣3分； 未检查每项扣2分		
2	清洗、涂导电脂					
2.1	接续管的清洗	对接续管应用汽油清洗接续管内壁油垢，清除影响穿管的锌疤与焊渣	5	清洗达不到要求扣5分		
2.2	导线被压接部分的清洗	钢芯铝绞线的液压部分穿管前应以汽油清除表面油垢	5	表面未作处理扣2分； 导线擦洗不干净扣2分； 涂除长度不够扣3分		
2.3	涂导电脂	涂抹范围为液压后铝股与铝管接触的表面全部	5	导电脂未按要求进行涂抹扣5分		
3	画印、剥铝线、穿管					
3.1	压接管画印、割线	钢芯与外层铝绞线分别压接。当导线头裁好后，对导线接头进行严格画印、绑扎、割线，钢绞线端头向内1/2钢接续管长处画印。铝管端口线两边对称，钢管端口线距内层铝股台阶线不少于10mm	15	导线接头没画印扣5分； 切割前未在导线、钢绞线进行绑扎扣2分； 切割尺寸不标准扣3分		
3.2	导线穿管对接	进行液压法压接前应将割线后的线头进行试穿管以检验管、线间的连接是否符合要求。套入钢接续管顺序、方向位置准确	10	接续管与导线规格不匹配扣3分； 未对照压接管表面标识核准扣1分； 穿管顺序、方向不正确扣1分		

续表

序号	项目名称	质量要求	满分	扣分标准	扣分原因	得分
3.3	钢接续管压接的压模顺序	钢芯铝绞线压接时，应先压内层钢管，再压外层铝管，压接钢模选择正确；压接顺序正确。每压接一模后应停留 30s 以上	10	压接顺序错误扣 5 分； 压接不作停留扣 1 分/次； 压接尺寸错误扣 1 分/项		
3.4	铝接续管压接的压模顺序	钢芯铝绞线对接方式操作，压接顺序正确。铝接续管套在钢接续管上的位置应两侧相等，铝接续管压接自重叠部分两端各留出 10mm 处分别向两端进行，压完一端再压另一端；压接时，相邻两模间应重叠 5～8mm，每压接一模后停留 30s 以上	10	压接顺序错误扣 5 分； 压接不规范扣 2～5 分； 压接尺寸错误扣 1 分/项； 未重叠扣 1 分/处； 压接停留时间不够扣 1 分/次		
4	质量要求					
4.1	外观检查、整理	导线液压法压接后的接续管表面应光滑、平整，不允许有扭曲，无飞边、毛刺，接续管表面出现飞边时应将其锉平后，再用砂纸打磨光滑。液压后的接续管应呈正六边形，符合标准	15	绝续管表面不光滑扣 5 分； 绝续管表面不平整扣分； 绝续管有飞边、毛刺扣 4 分； 压接后不用砂纸打磨扣 3 分		
4.2	防腐处理	操作过程中无工具损伤，文明操作，要求操作过程熟练连贯、有序，清理现场	5	接续管未打印工号扣 2 分（口述）； 压管两端未防腐处理扣 3 分		
5	其他要求	（1）操作动作熟练。 （2）清理工作现场符合文明生产要求。 （3）在规定时间内完成。 （4）工作服、绝缘鞋、安全帽等穿戴正确	5	操作动作不熟练扣 2 分； 其余每项扣 1 分		
合计			100			

Jc0010263504　编写 10kV 用户工程线路验收的组织方案。（100 分）

考核知识点：运行管理知识

难易度：难

技能等级评价专业技能考核操作工作任务书

一、任务名称

编写 10kV 用户工程线路验收的组织方案。

二、适用工种

配电线路工技师。

三、具体任务

某 10kV 用户在某供电公司 110kV 溪塔变 10kV 线路 518 溪正线 75 号杆 T 接 1.5km 线路，安装 500kVA 变压器 1 台，现工程已完工，根据用户验收送电要求，某供电公司要对该线路进行验收。针对此项工作，要求考生编写一份 10kV 用户工程线路验收的组织方案。

四、工作规范及要求

请按以下要求完成 10kV 用户工程线路验收的组织方案的编写；方案编写在教室内完成。

（1）人员配置分工合理、职责清楚（方案中不得出现真实单位名称及个人姓名）。

（2）工器具清楚。
（3）验收内容清楚。
（4）验收质量标准清楚。
（5）组织、安全、技术措施齐全。
（6）考核时间结束终止考试。
（7）本考核总成绩满分为 100 分。

五、考核及时间要求

考核时间共 60 分钟，每超过 1 分钟扣 2 分，到 65 分钟终止考核。

技能等级评价专业技能考核操作评分标准

工种	配电线路工				评价等级	技师
项目模块	运行管理知识—运行设备检修			编号	Jc0010263504	
单位		准考证号			姓名	
考试时限	60 分钟	题型	综合操作		题分	100 分
成绩		考评员		考评组长		日期
试题正文	编写 10kV 用户工程线路验收的组织方案					
需要说明的问题和要求	（1）学员集中于教室在 60 分钟内完成方案编写。 （2）方案中施工班组、作业人员不指定，由考生自行填写，但不得出现真实单位名称和个人姓名。 （3）验收范围应包括线路除基础外的所有内容。 （4）所用工具、材料由考生根据施工需要进行安排。 （5）本考核总成绩满分为 100 分					

序号	项目名称	质量要求	满分	扣分标准	扣分原因	得分
1	整体要求					
1.1	标题	要写清楚用户线路双重名称、杆号及作业内容	5	少一项扣 2 分		
1.2	工作概况介绍	应对工作概况或该工作的背景进行简单描述	5	没有工程概况介绍扣 5 分		
2	组织措施					
2.1	工作内容	应写清楚工作的线路双重名称、杆号、工作内容、工作范围	10	少一项内容扣 3 分		
2.2	工作人员及分工	（1）应写清楚工作班组和人数；或者逐一填写工作人员名字。 （2）单位名称和个人姓名不得使用真实名称。 （3）应有明确分工	5	一项不正确扣 2 分		
2.3	工作时间	应写清楚计划工作时间，计划工作开始及工作结束时间均应以年、月、日、时、分填写清楚	5	没有填写时间扣 5 分；时间填写不清楚扣 3 分		
3	验收内容					
3.1	导地线	应对导地线有以下方面的明确要求： （1）导线弧垂。 （2）导线水平度。 （3）导线接头。 （4）交跨距离。 （5）表面有无损伤、散股、折弯现象。 （6）引流线对杆塔距离	5	少一项扣 1 分		
3.2	附件	应对附件有以下方面的明确要求： （1）线夹安装。 （2）横担安装。 （3）螺帽及开口销	5	少一项扣 2 分		

续表

序号	项目名称	质量要求	满分	扣分标准	扣分原因	得分
3.3	杆塔	应对杆塔有以下方面的明确要求： （1）杆塔倾斜度。 （2）杆塔防腐、防盗。 （3）耐张塔预偏。 （4）混凝土杆表面裂纹。 （5）螺栓情况	5	少一项扣2分		
3.4	拉线	应对拉线有以下方面的明确要求： （1）拉线夹角。 （2）与带电部位的距离。 （3）受力情况	5	少一项扣2分		
3.5	通道	应对通道有以下方面的明确要求： （1）通道交跨。 （2）线下树木、道路、河流等方面的要求。 （3）档距核对。 （4）砌护情况	4	少一项扣2分		
3.6	变压器台架	（1）熔断器。 （2）避雷器。 （3）变压器。 （4）计量装置	4	少一项扣1分		
3.7	资料收集	应对设计图纸、施工记录进行检查	2	少一项扣2分		
4	安全措施					
4.1	登杆的安全措施	（1）有防高空坠落措施。 （2）有防止高空落物伤人的措施	10	少一项扣5分		
4.2	防止感应电伤人的措施	接触带电体作业前须加挂个人保安线	10	无此项内容不得分		
5	技术措施					
5.1	工器具的使用要求	（1）应对测量工器具（经纬仪）的使用有明确的要求。 （2）测距杆的使用要求	10	无此项内容不得分，内容不全酌情扣分		
6	工具					
6.1	测量仪器	应有测量仪器清单，并根据需要对仪器的型号做出一定的要求	5	无此项内容不得分；内容不全酌情扣分		
6.2	安全工器具	登杆塔的工器具，安全带、脚扣、延长绳等	5	无此项内容不得分；内容不全酌情扣分		
合计			100			

Jc0007263505　10kV 柱上隔离开关更换。（100 分）

考核知识点：柱上开关设备知识

难易度：难

技能等级评价专业技能考核操作工作任务书

一、任务名称

10kV 柱上隔离开关更换。

二、适用工种

配电线路工技师。

三、具体任务

完成 10kV 柱上隔离开关更换。针对此项工作，考生须在 60 分钟内完成操作。

四、工作规范及要求

（1）现场实际操作。

（2）工器具：电工个人工具、2500V 绝缘电阻表、脚扣、安全带、传递绳、工具包、验电器、接地线、绝缘手套、绝缘操作杆、帆布垫。

（3）材料：隔离开关、螺栓若干、铝扎丝。

（4）本考核总成绩满分为 100 分。

五、考核及时间要求

考核时间共 60 分钟，每超过 1 分钟扣 2 分，到 65 分钟终止考核。

技能等级评价专业技能考核操作评分标准

工种	配电线路工				评价等级	技师
项目模块	柱上开关设备知识—柱上开关设备的运行			编号	Jc0007263505	
单位		准考证号			姓名	
考试时限	60 分钟	题型	综合操作		题分	100 分
成绩		考评员		考评组长		日期	
试题正文	10kV 柱上隔离开关更换					
需要说明的问题和要求	（1）培训专用线路上操作，隔离开关及引线均已安装就位。 （2）线路已停电，作业现场配有安全围栏。 （3）发生安全生产事故本项考核不及格。 （4）本考核总成绩满分为 100 分					

序号	项目名称	质量要求	满分	扣分标准	扣分原因	得分
1	工作前准备					
1.1	仪器仪表	选用正确	5	绝缘电阻表现格选择不正确，扣 5 分		
1.2	工器具选择、检查	满足工作要求	2	工器具清理不熟、漏工具、不检查工具，扣 2 分/项		
1.3	材料清理、检查	满足工作要求	3	清理不熟或遗漏扣 3 分		
1.4	着装	工作服、工作鞋、安全帽等穿戴正确	5	不按规定着装扣 5 分； 着装不规范扣 2 分		
2	工作过程					
2.1	核对命名	核对设备双重名称无误	4	不核对扣 4 分		
2.2	登高前检查	检查登杆工具及杆塔基础，检查方法正确	3	未检查或不正确扣 3 分		
2.3	登杆作业	登杆动作熟练	3	登杆动作不熟练扣 3 分		
		杆上工位正确	3	杆上工位不合适扣 3 分		
		安全带使用正确	5	安全带使用不正确扣 5 分		
2.4	验电、接地	验电、接地顺序正确	5	验电、接地不戴绝缘手套，程序错误扣 5 分		
2.5	拆除引线	引线拆除后应临时固定	2	未固定扣 2 分		
2.6	更换隔离开关	安全、正确使用工具	3	工器具使用不当扣 3 分		
		物品传递捆绑牢固，升降过程无碰撞现象	2	物品传递出现碰撞扣 2 分		
		不出现高空落物	2	高空落物（小件）扣 2 分		
2.7	恢复引线及试操作	引线恢复正确	3	恢复不正确扣 2 分		
		安装完毕后隔离开关进行分合闸试验	5	未试操作、操作不熟扣 5 分		

续表

序号	项目名称	质量要求	满分	扣分标准	扣分原因	得分
3	工作终结验收					
3.1	隔离开关	安装正确牢固；隔离开关安装方向正确	15	安装不牢固，扣5分； 隔离开关安装方向错误扣5分		
3.2	螺栓	螺栓穿向正确	10	螺栓穿行错误，扣3分/处		
3.3	引线	引线连接紧密美观	10	引线连接不规范扣2分/处		
3.4	安全文明安全	工具、材料摆放有序、轻拿轻放；工作完毕工具、材料归位，场地清理干净	10	工具材料堆放杂乱扣5分； 未清理场地扣5分		
合计			100			

Jc0005263506 更换耐张杆的操作。(100分)

考核知识点：配电线路知识

难易度：难

技能等级评价专业技能考核操作工作任务书

一、任务名称

更换耐张杆的操作。

二、适用工种

配电线路工技师。

三、具体任务

完成更换耐张杆的操作。针对此项工作，考生须在25分钟内完成测量计算操作。

四、工作规范及要求

（1）模拟操作（笔答或口答）。

（2）工器具：紧线器、卡线器、钢丝绳、麻绳、电杆、绝缘子、横担、角铁桩、榔头、挖勺、滑车、绞磨、抱杆、接地线等。

（3）本考核总成绩满分为100分。

五、考核及时间要求

考核时间共25分钟，每超过1分钟扣2分，到30分钟终止考核。

技能等级评价专业技能考核操作评分标准

<table>
<tr><td>工种</td><td colspan="5">配电线路工</td><td>评价等级</td><td>技师</td></tr>
<tr><td>项目模块</td><td colspan="4">配电线路知识—架空线路的组成</td><td>编号</td><td colspan="2">Jc0005263506</td></tr>
<tr><td>单位</td><td colspan="2"></td><td>准考证号</td><td colspan="2"></td><td>姓名</td><td></td></tr>
<tr><td>考试时限</td><td colspan="2">25分钟</td><td>题型</td><td colspan="2">综合操作</td><td>题分</td><td>100分</td></tr>
<tr><td>成绩</td><td></td><td>考评员</td><td colspan="2"></td><td>考评组长</td><td></td><td>日期</td><td></td></tr>
<tr><td>试题正文</td><td colspan="8">更换耐张杆的操作</td></tr>
<tr><td>需要说明的问题和要求</td><td colspan="8">模拟操作（笔答或口答）</td></tr>
</table>

续表

序号	项目名称	质量要求	满分	扣分标准	扣分原因	得分
1	工具材料准备					
1.1	现场勘查	明确停电范围、施工方法、危险点和应采取的措施、配合工作等	5	漏、错选一项扣1分； 缺一步扣4分； 不按规定穿着一项扣1分； 不进行现场勘查扣10分； 不办理工作票扣10分		
1.2	制订施工方案	根据现场勘查，制订施工组织、安全措施及技术方案	5			
1.3	工器具、材料准备	选择施工工器具、安全工器具、材料，满足施工要求	5			
1.4	停电申请	按要求上报线路停电申请	5			
1.5	办理工作票	规范填写线路第一种工作票，签发后交由工作负责人审核	5			
2	工作过程					
2.1	工作许可	按规定办理许可手续	5	不办许可手续扣10分； 不按工作票实施补充安全措施扣10分； 缺一项扣4分； 顺序错误扣4分； 顺序错误扣4分； 不符合要求扣1～3分		
2.2	站班会	工作前对工作班成员进行危险点告知，交代安全措施合计数措施，并确认每一个工作班成员都已知晓	5			
2.3	补充安全措施	按工作要求实施补充安全措施	5			
2.4	拆除旧杆	将要更换的耐张杆相邻两基直线杆打好拉线，并将导线锚住，防止耐张杆送落导线时造成相邻两直线杆倾斜，用紧线器松放导线（需要时加装临时拉线），拆除电杆上引流大头、横担、拉线及绝缘子串，拨出电杆	25			
2.5	立杆、架设导线、附件安装	（1）在远处挖掘基坑。 （2）检查或防止底盘。 （3）立新电杆，架设临时拉线。 （4）组装赶上横担及绝缘子串。 （5）将导线收紧挂好，恢复引流线。 （6）拆除临时拉线	20			
3	工作终结验收					
3.1	电杆、弧垂和拉线检查	符合验收、运行规范规定	5	不正确每项扣5分； 不办终结手续扣5分； 未清理扣3分； 不交还工器具扣3分		
3.2	工作终结	拆除接地线，所有人员撤离，办理工作终结	5			
4	其他要求	（1）要求着装正确（工作服、工作胶鞋、安全帽）； （2）操作动作熟练； （3）清理工作现场符合文明生产要求； （4）在规定的时间内完成	5	每项酌情扣1～2分		
合计			100			

Jc0005263507 人字固定抱杆组立钢筋混凝土电杆。（100分）

考核知识点： 配电线路知识

难易度： 难

技能等级评价专业技能考核操作工作任务书

一、任务名称

人字固定抱杆组立钢筋混凝土电杆。

二、适用工种

配电线路工技师。

三、具体任务

用人字固定抱杆组立钢筋混凝土电杆。针对此项工作，考生须在 25 分钟内完成更换处理操作的口述或笔试。

四、工作规范及要求

（1）模拟操作（口试或笔试）。

（2）本考核总成绩满分为 100 分。

五、考核及时间要求

考核时间共 25 分钟，考生需在规定时间内完成考核。

技能等级评价专业技能考核操作评分标准

工种	配电线路工					评价等级	技师
项目模块	配电线路知识—架空线路的组成				编号	Jc0005263507	
单位		准考证号				姓名	
考试时限	25 分钟	题型	综合操作			题分	100 分
成绩		考评员		考评组长		日期	
试题正文	人字固定抱杆组立钢筋混凝土电杆						
需要说明的问题和要求	（1）模拟操作（笔答或口述）。 （2）各地可根据本地区实际情况参照使用						

序号	项目名称	质量要求	满分	扣分标准	扣分原因	得分
1	工作准备					
1.1	工器具配置	抱杆、锚桩、钢丝绳、大锤、绞磨、滑轮组、单滑轮、钢丝绳套、卸扣、麻绳、铁锹、撬棍、枕木、常用工具等	7	不正确扣 1～2 分		
1.2	杆身、杆洞检查	电杆质量、杆洞位置和深度符合要求。电杆移至杆坑附近，使电杆垂直抱杆平面	5	不正确扣 2～3 分		
1.3	着装、穿戴	按规定穿戴安全帽、工作服，工作鞋等	3	不正确扣 1～3 分		
2	班前会	交代任务，明确分工、责任，统一指挥	5	不正确不给分		
3	现场布置					
3.1	施工现场布置	前后抱杆拉线、杆坑中心及人字抱杆的定点在同一垂直平面上，严禁偏移，以保证在起吊过程中受力均匀	5	不正确扣 0.5～1 分		
3.2	地锚布置	地锚与电杆基坑的距离应大于 1.2 倍杆高，根据具体地形而定，以远些为好，抱杆拉线与地面夹角一般不大于 45°	5	不正确扣 0.5～1 分		
3.3	抱杆设定	保持顶部夹角为 20° 左右，抱杆根开宜为 2.5～3m	5	不正确扣 1～2 分		
3.4	吊点选择	吊点应为电杆重心高度偏上 0.3～0.5m	5	不正确扣 0.5～1 分		
4	电杆组立					
4.1	现场准备	按施工要求合理分工，布置人员打好临时拉线，检查起吊绳索，组织进行立杆工作	5	每错、漏一项扣 1 分		
4.2	起吊立杆前检查	根据起吊的施工技术措施，按起吊现场的布置，检查各项措施及工器具是否合乎要求	5	每错、漏一项扣 1 分		
4.3	指挥立杆	电杆起立离地约 0.8m 时，对电杆做一次冲击试验，对各部受力点做一次全面检查，确无问题再继续起吊	5	每错、漏一项扣 1 分		
		起吊 70° 后应减缓速度，注意杆头各侧拉绳，特别控制号杆头部拉绳，防止过牵引	5			
		起立至杆根离地时，停止牵引，用白棕绳调整电杆	5			
		电杆进洞时应有专人负责校正杆位	5			

续表

序号	项目名称	质量要求	满分	扣分标准	扣分原因	得分
4.4	整杆工作	回填土每升高 500mm，夯实一次，回填土高出地面 300mm	5	每错、漏一项扣 1 分		
		用白棕绳进行校正	5			
		拆除临时拉线和抱杆	5			
5	电杆组立后杆位尺寸	电杆根部中心与线路中心线的横向位移不大于 50mm	5	不正确扣 1～3 分		
		直线杆的倾斜不应大于梢径的 1/2，转角、耐张杆应向外角预偏不大于 1 个梢径	5			
6	其他要求	（1）着装正确。 （2）操作动作熟练。 （3）将仪器一次性装箱成功。 （4）清理工作现场符合文明生产要求。 （5）在规定的时间内完成	5	不正确扣 1～5 分		
合计			100			

Jc0005263508 指挥更换 10kV 线路导线的操作。（100 分）

考核知识点：配电线路知识

难易度：难

技能等级评价专业技能考核操作工作任务书

一、任务名称

指挥更换 10kV 线路导线的操作。

二、适用工种

配电线路工技师。

三、具体任务

模拟指挥更换 10kV 线路导线。针对此项工作，考生须在 25 分钟内完成更换处理操作。

四、工作规范及要求

（1）模拟操作（口试或者笔试）。

（2）采用旧线拖引新线法更换导线。

（3）本考核总成绩满分为 100 分。

五、考核及时间要求

考核时间共 25 分钟，到时终止考核。

技能等级评价专业技能考核操作评分标准

工种	配电线路工					评价等级	技师
项目模块	配电线路知识—架空线路的组成				编号	Jc0005263508	
单位			准考证号			姓名	
考试时限	25 分钟		题型	综合操作		题分	100 分
成绩		考评员		考评组长		日期	
试题正文	指挥更换 10kV 线路导线的操作						
需要说明的问题和要求	（1）模拟操作（口试或者笔试）。 （2）采用旧线拖引新线法更换导线						

续表

序号	项目名称	质量要求	满分	扣分标准	扣分原因	得分
1	工作准备					
1.1	现场勘查	明确停电范围、施工方法及危险点，采取恰当的安全措施和应配合的工作等	4	缺一项扣4分； 工器具错、漏选一项扣1分； 不完整扣1～3分； 不按规定穿着一项扣1分； 不进行现场勘查扣10分； 不办理工作票扣10分		
1.2	制订施工方案	根据现场勘查，制订施工组织措施、安全措施及施工技术方案	4			
1.3	工器具、材料准备	选择施工工器具、安全工器具、材料，满足施工要求	4			
1.4	停电申请	按要求上报线路停电申请	4			
1.5	办理工作票	规范填写线路第一种工作票，签发后交由工作负责人审核	4			
1.6	着装、穿戴	工作服、工作鞋、安全帽等穿戴正确	2			
2	工作过程					
2.1	工作许可	按规定办理工作手续	4	缺一项扣4分； 不完整扣1～3分； 顺序错扣5分； 方法错扣10分		
2.2	站班会	工作前对工作班成员进行危险点告知，交代安全措施和技术措施，并确认每一个工作班成员都已知晓	4			
2.3	补充安全措施	按工作票要求实施补充安全措施	4			
2.4	撤旧线操作					
2.4.1	打临时拉线	根据受力情况，在耐张段两端打好临时拉线	4			
2.4.2	搭跨越架	如有交叉跨越，应按规定搭好跨越架，并落实人员看守	4			
2.4.3	导线放入滑轮	挂上滑轮，拆除导线的扎线，将导线放入放线滑轮内	4			
2.4.4	松旧线	在终端杆塔，绞磨牵引导线，使绝缘子串松弛，由杆上作业人员脱去球头挂环后，再令绞磨人员松磨，使导线和绝缘子松弛落地	10			
2.5	展放新线					
2.5.1	连接新线	将新线与旧线尾端连接，方法正确，连接牢固	4			
2.5.2	放线	派人检查导线展放过程中有无卡阻现象，确定后可通知收旧线	4			
2.5.3	挂线	拖完旧线将同时到达的新线放入耐张线夹内连同绝缘子串一起装设在杆塔横担上	4			
2.5.4	紧线	牵引端接到通知后即可进行紧线，指定专人观测弧垂，弧线员应监视知道线的完好程度，确定是否需要补修	10			
2.5.5	导线固定	弧垂合格后停止紧线，在耐张杆塔上锚固；逐一在直线杆将导线固定在绝缘子上	4			
3	工作竣工验收					
3.1	按规范进行验收	对现场进行全面检查验收，无异常后，通知人员拆除接地线，所有人员撤离现场	4	缺一项扣4分； 未拆除接地线扣总分值50%； 违章一次扣3分； 不符合要求扣1～3分； 未清理扣3分； 不交还工器具扣3分； 未在规定时间内完成，每延时1分钟扣2分		
3.2	工作终结及送电	交回工作票，汇报工作结束，恢复送电	4			
3.3	安全文明生产	（1）现场材料、工器具堆放合理。 （2）工作结束后清理现场，将带入现场的施工器械、设备及材料撤出现场运回。 （3）现场施工无违章	10			
合计			100			

Jc0006263509　调整柱上配电变压器挡位。（100分）

考核知识点：配电变压器知识

难易度：难

技能等级评价专业技能考核操作工作任务书

一、任务名称

调整配电变压器挡位。

二、适用工种

配电线路工技师。

三、具体任务

通过电压监测点检测，某线路上的公共变压器（柱上变压器）低压侧电压为 410V，需对该公共变压器进行挡位调整。针对此项工作，考生须在 35 分钟内完成更换操作。

四、工作规范及要求

给定条件：线路已做好停电、验电、装设接地线等技术措施，变压器挡位共三挡（10kV±5%），已知挡位为Ⅱ挡。

（1）变压器台上单独操作，地面 1 名辅工配合。

（2）专用工具：验电器、传递绳、安全带、脚扣。

（3）个人工具：万用表、活动扳手、棉纱、工具包。

（4）本考核总成绩满分为 100 分。

五、考核及时间要求

考核时间共 35 分钟，每超过 1 分钟扣 2 分，到 40 分钟终止考核。

技能等级评价专业技能考核操作评分标准

工种	配电线路工				评价等级	技师
项目模块	配电变压器知识—配电变压器的运行			编号	Jc0006263509	
单位		准考证号			姓名	
考试时限	35 分钟	题型	综合操作		题分	100 分
成绩	考评员		考评组长		日期	
试题正文	调整柱上配电变压器挡位					
需要说明的问题和要求	（1）柱上配电变压器挡位调整操作为单人依次进行，在 35 分钟内完成。 （2）调整柱上配电变压器挡位的给定条件：线路已做好停电、验电、装设接地线等技术措施。 （3）变压器台上单独操作，地面 1 名辅工配合。 （4）本考核总成绩满分为 100 分，各项得分均扣完为止。 （5）依据《架空配电线路及设备运行规程》制定					

序号	项目名称	质量要求	满分	扣分标准	扣分原因	得分
1	电压调整计算，确定调整挡位					
1.1	按照给定条件计算电压超限情况	供电电压允许偏差为额定电压的±7%，计算出监测电压超过限值（3.4V）	5	不能说出供电电压允许偏扣 2 分； 不能计算出监测电压超过限值 5 分		
1.2	通过计算确定需要调整的挡位	根据计算结果，按照“低向低调，高向高调”的原则，确定调整变压器挡位为 10kV+5%（Ⅰ挡），并计算出调整到Ⅰ挡后低压侧电压为 390.5V	5	不能正确确定需要调整变压器挡位扣 5 分； 没有计算出调整后电压扣 5 分		

续表

序号	项目名称	质量要求	满分	扣分标准	扣分原因	得分
2	工具材料准备、检查					
2.1	个人工具检查	齐全、符合质量要求	1	少一项扣0.5分		
2.2	专用工具检查	外观检查符合要求，试验验电器良好，登杆工具，安全带	1	少一项扣0.5分		
2.3	万用表检查	按照万用表使用要求检查万用表良好	5	未检查扣1分；检查不正确扣1分		
2.4	登杆前检查	检查杆根、杆身、名称及编号	1	未检查一项扣1分		
2.5	工器具冲击试验	在正式登杆前，对登杆工具和安全带进行冲击试验无异常	1	未做冲击试验扣1分；漏一项扣1分		
2.6	登杆	安全、熟练	4	一项不正确扣1分； 动作不流畅扣1分； 有危险动作扣1分； 没有进行验电扣2分		
2.7	所站位置及使用安全带	工作位置选择，安全带使用操作正确，传递绳拴到固定位置	2	不正确系安全带扣0.5分； 失去安全带的保护扣0.5分； 所选工作位置不合适扣0.5分		
3	分接开关调整操作					
3.1	分接开关调整	（1）打开分接开关挡位盖。 （2）检查分接开关位置。 （3）打开分接开关挡位定位销。 （4）旋动手柄至I挡。 （5）合上分接开关挡位定位销至I挡位置	25	一项不正确扣5分		
3.2	测量变压器直流电阻	（1）依次测量变压器高压侧各相直流电阻，并记录。 （2）根据测量结果计算三相直流电阻不平衡度：不平衡度=（最大值−最小值）/平均值≤2%。 （3）不平衡度大于2%时，重新调整	30	没有测量扣5分； 没有计算出不平衡度扣10分； 不平衡度计算不正确扣5分		
3.3	清理，检查现场	（1）对分接开关进行清擦。 （2）盖上分接开关外罩	5	没有检查扣8分； 没有清擦扣1分		
4	下杆					
4.1	取下传递绳	（1）取下传递绳，随身携带。 （2）不得失去安全带的保护	1	一项不正确扣2分		
4.2	下杆	（1）正确下杆。 （2）不得失去安全带的保护。 （3）动作流畅，无危险动作	4	一项不正确扣2分		
5	其他要求					
5.1	变压器台架上操作	（1）不得有高空坠物。 （2）动作流畅，无危险动作。 （3）吊绳使用正确，脚扣放置位置合适	3	有高空坠物不得分； 其他项不符合要求每项扣1分		
5.2	着装	工作服、工作鞋、安全帽、劳保手套穿戴正确	2	漏一项扣2分		
5.3	清理现场	符合文明生产要求	2	不正确扣2分		
5.4	完成时间	在规定时间内按要求完成	3	每超过1分钟扣2分，到40分钟终止考核		
合计			100			

Jc0006263510 调整美式箱式变压器挡位。（100分）

考核知识点：配电变压器知识

难易度：难

技能等级评价专业技能考核操作工作任务书

一、任务名称

调整美式箱式变压器挡位。

二、适用工种

配电线路工技师。

三、具体任务

通过电压监测点检测，某线路美式箱式变压器低压侧电压为 192V，电压合格率越下限，需对该箱式变压器进行挡位调整。针对此项工作，考生须在35分钟内完成更换操作。

四、工作规范及要求

给定条件：线路已做好停电、验电、装设接地线等技术措施，变压器挡位共五挡（10kV±2×2.5%），目前挡位未知。

（1）地面单独操作，1名辅工配合。

（2）专用工具：验电器。

（3）个人工具：万用表、活动扳手、工具包。

（4）本考核总成绩满分为100分。

五、考核及时间要求

考核时间共35分钟，每超过1分钟扣2分，到40分钟终止考核。

技能等级评价专业技能考核操作评分标准

<table>
<tr><td>工种</td><td colspan="5">配电线路工</td><td>评价等级</td><td>技师</td></tr>
<tr><td>项目模块</td><td colspan="4">配电变压器知识—配电变压器的运行</td><td>编号</td><td colspan="2">Jc0006263510</td></tr>
<tr><td>单位</td><td colspan="2"></td><td>准考证号</td><td colspan="2"></td><td>姓名</td><td></td></tr>
<tr><td>考试时限</td><td colspan="2">35分钟</td><td>题型</td><td colspan="2">综合操作</td><td>题分</td><td>100分</td></tr>
<tr><td>成绩</td><td></td><td>考评员</td><td></td><td>考评组长</td><td></td><td>日期</td><td></td></tr>
<tr><td>试题正文</td><td colspan="7">调整美式箱式变压器挡位</td></tr>
<tr><td>需要说明的问题和要求</td><td colspan="7">（1）美式箱式变压器挡位调整操作为单人依次进行，在35分钟内完成。
（2）调整美式箱式变压器挡位的给定条件：线路已做好停电、验电、装设接地线等技术措施，变压器挡位共五挡（10kV±2×2.5%），目前挡位未知。
（3）单独操作，1名辅工配合。
（4）本考核总成绩满分为100分，各项得分均扣完为止。
（5）依据《架空配电线路及设备运行规程》制定</td></tr>
</table>

序号	项目名称	质量要求	满分	扣分标准	扣分原因	得分
1	电压调整计算					
1.1	按照给定条件计算电压超限情况	220V供电电压允许偏差为额定电压的+7%、−10%，计算出监测电压超过限值	10	不能说出供电电压允许偏扣2分； 不能计算出监测电压超过限值扣5分		
2	工具材料准备、箱式变压器分接开关实际位置检查					

续表

序号	项目名称	质量要求	满分	扣分标准	扣分原因	得分
2.1	个人工具检查	齐全、符合质量要求	1	少一项扣 0.5 分		
2.2	专用工具检查	外观检查符合要求，试验验电器良好	1	少一项扣 0.5 分		
2.3	万用表检查	按照万用变使用要求检查万用表良好	3	未检查扣 1 分；检查不正确扣 1 分		
2.4	分接开关实际位置检查	核对并正确记录分接开关位置	5	开门前未检查扣 1 分； 未验电扣 1 分； 未正确记录扣 3 分		
3	确定调整挡位					
3.1	通过计算确定需要调整的挡位	根据计算结果，按照“低向低调，高向高调”的原则，确定调整变压器挡位，并计算出调整到Ⅰ挡后的低压侧电压	20	不能正确确定需要调整变压器挡位扣 5 分； 没有计算出调整后电压扣 5 分		
4	分接开关调整操作					
4.1	分接开关调整	（1）拧出阻动限位螺栓。 （2）旋动手柄至合适挡位。 （3）拧紧阻动限位螺栓	20	一项不正确扣 5 分		
4.2	测量变压器直流电阻	（1）依次测量变压器高压侧各相直流电阻，并记录。 （2）根据测量结果计算三相直流电阻不平衡度：不平衡度 =（最大值–最小值）/平均值≤2%。 （3）不平衡度大于 2%时，重新调整	30	没有测量扣 5 分； 没有计算出不平衡度扣 10 分； 不平衡度计算不正确扣 5 分		
5	其他要求					
5.1	着装	工作服、工作鞋、安全帽、劳保手套穿戴正确	2	漏一项扣 2 分		
5.2	清理现场	符合文明生产要求	2	不正确扣 2 分		
5.3	完成时间	在规定时间内按要求完成	6	每超过 1 分钟扣 2 分，到 40 分钟终止考核		
合计			100			

Jc0006263511　配电变压器中性点位移故障处理方案。（100 分）

考核知识点：配电变压器知识

难易度：难

技能等级评价专业技能考核操作工作任务书

一、任务名称

配电变压器中性点位移故障处理方案。

二、适用工种

配电线路工技师。

三、具体任务

编写配电变压器中性点位移故障处理方案。针对此项工作，考生须在 25 分钟内完成操作。

四、工作规范及要求

（1）模拟操作（口试或者笔试）。

（2）架设其中一个原因导致中性点位移，并提出具体要求。

（3）本考核总成绩满分为 100 分。

五、考核及时间要求

考核时间共 25 分钟，到时终止考核。

技能等级评价专业技能考核操作评分标准

工种	配电线路工			评价等级	技师
项目模块	配电变压器知识—配电变压器的运行		编号	Jc0006263511	
单位		准考证号		姓名	
考试时限	25 分钟	题型	综合操作	题分	100 分
成绩		考评员		考评组长	
日期					
试题正文	配电变压器中性点位移故障处理方案				
需要说明的问题和要求	（1）模拟操作（口试或者笔试）。 （2）架设其中一个原因导致中性点位移，并提出具体要求				

序号	项目名称	质量要求	满分	扣分标准	扣分原因	得分
1	工作前准备					
1.1	编制说明	（1）编制依据。 （2）本方案适用范围。 （3）应遵循的规章制度。 （4）明确施工日期与工期	16	每项 4 分（漏项、错项扣 4 分）		
2	工作过程					
2.1	组织措施	（1）成立工作班，明确负责人。 （2）明确各级机构、负责人及其职责。 （3）本项目主要工作量、工作范围。 （4）人员分工。 （5）停电范围、计划完成时间	20	每项 4 分（漏项、错项扣 4 分）		
2.2	技术措施	（1）依据项目要求选择合理的施工方案。 （2）施工质量标准。 （3）主要施工用具。 （4）施工用材料	20	每项 5 分（漏项、错项扣 5 分）		
2.3	安全措施	（1）危险点分析及预防执行标准作业卡。 （2）保证安全的组织措施。 （3）保证安全的技术措施。 （4）执行有关高空作业的规定。 （5）工器具检查和实验要求。 （6）工作指挥、信号及人员的相互配合。 （7）出现异常情况的处理程序	28	每项 4 分（漏项、错项扣 5 分）		
3	工作竣工验收					
3.1	竣工验收标准	参照有关条文执行	10	不符合标准扣 10 分； 未清理现场扣 3 分； 未在规定时间内完成，每延时 1 分钟扣 2 分		
3.2	安全文明生产	工作完毕清理、清扫施工现场	3			
		工作人员行为举止	3			
合计			100			

第五部分
高级技师

第九章 配电线路工高级技师技能笔答

Jb0006132512 变压器内部的局部放电往往是由气泡诱发产生的，请说明气泡产生的原因。（5分）

考核知识点：配电变压器知识

难易度：中

标准答案：

（1）固体绝缘浸渍过程不完善，残留气泡。

（2）油在高电场作用下析出气泡。

（3）局部发热，引起绝缘材料分解产生气泡。

（4）油中杂质水分在高电场作用下电解产生气泡。

（5）外界因素，如本体进水、温度骤变、油中气泡析出。

（6）油中气泡的局部放电，又会使油和绝缘材料分解成气体，而产生新气泡。

Jb0010131513 对于中性点不接地的 10kV 配电网发生单相接地，故障馈线和非故障馈线有哪些特征差异？（5分）

考核知识点：运行管理知识

难易度：易

标准答案：

（1）非故障线路零序电流的大小等于本线路的接地电容电流；故障线路零序电流的大小等于所有非故障线路的零序电流之和，也就是所有非故障线路的接地电容电流之和。

（2）非故障线路的零序电流超前零序电压 90°，故障线路的零序电流滞后零序电压 90°；故障线路的零序电流与非故障的零序电流相位差 180°。

（3）接地故障处的电流大小等于所有线路（包括故障线路和非故障线路）的接地电容电流的总和，并且超前零序电压 90°。

Jb0005131514 何谓架空线的应力？其值过大或过小对架空线路有何影响？（5分）

考核知识点：配电线路知识

难易度：易

标准答案：

（1）架空线的应力是指架空线受力时其单位横截面上的内力。

（2）架空线应力过大，易在最大应力气象条件下超过架空线的强度而发生断线事故，难以保证线路安全运行。

（3）架空线应力过小，会使架空线弧垂过大，要保证架空导线对地具备足够的安全距离，必然因增高杆塔而增大投资，造成浪费。

Jb0004132515 架空线路按经济电流密度选择导线，为什么还要按发热条件校验其导线截面？（5分）

考核知识点： 配电网络基本知识

难易度： 中

标准答案：

因为导线中通过电流时将产生电能损耗，使导线发热，温度升高。如果导线温度过高，导线的连接处会加速氧化，从而增加连接点电阻。而连接点电阻的增加，会使导线连接处更加发热而温度升高，从而烧断连接点。另外，导线在温度升高时，弧垂跟着增大，会使导线对地及与各种交叉物间的距离减小，可能导致事故。因此，导线在运行中的温度不应超过其最高允许温度，就应按发热条件校验导线截面。

Jb0004132516　简述电力线路三段式电流保护的工作原理。（5分）

考核知识点： 配电网络基本知识

难易度： 中

标准答案：

（1）电力线路的三段式电流保护是指：电流速断保护，带时限电流速断保护和过电流保护。

（2）电流速断保护是按本线路的末端短路时的最大短路电流整定，保护范围为本线路全长的一部分，动作时间由继电器固有时间决定。

（3）带时限电流速断保护是按下一线路的速断保护整定，保护范围为本线路全长，动作时间按下一线路的速断保护整定，其时限 $t=0.5\text{s}$。

（4）过电流保护是按线路最大负荷电流整定，保护范围根据近后备及远后备设置不同，近后备只对本线路起后备保护作用，远后备不仅对本线路起保护作用，并延伸至下一线路或更远，动作时间按阶梯原则整定，靠近电源侧时间长，靠近负荷侧时间短。

Jb0005132517　哪些设备和场所必须安装末端保护的剩余电流保护装置？（5分）

考核知识点： 配电线路知识

难易度： 中

标准答案：

（1）属于Ⅰ类的移动式电气设备及手持式电动工具。

（2）生产用的电气设备。

（3）施工工地的电气机械设备。

（4）安装在户外的电气装置。

（5）临时用电的电气设备。

（6）机关、学校、宾馆、饭店、企事业单位和住宅等除壁挂式空调电源插座外的其他电源插座或插座回路。

（7）游泳池、喷水池、浴池的电气设备。

（8）安装在水中的供电线路和设备。

（9）医院中可能直接接触人体的电气医用设备。

（10）其他需要安装剩余电流保护装置的场所。

Jb0006132518　配电变压器的分接头开关的作用是什么？如何使用？（5分）

考核知识点： 配电变压器知识

难易度： 中

标准答案：

（1）根据变压器装在线路上的位置，供电电压的高低和二次负荷的大小等情况，为了保证变压器二次输电电压在额定允许范围内，采用调整分头开关来实现。

（2）根据变压器原理 $U_1/U_2=n_1/n_2$，在一次供电电压不变的情况下，改变一次绕组的匝数来实现二次电压的调整。

（3）配电变压器的分头开关有三挡，即 I、II、III。在正常情况下，放在第II挡；当二次输出电压低时，减少一次绕组的匝数，分头开关调至I挡，使二次输出电压升高；当二次输出电压高时，增加一次绕组的匝数，分头开关调至III挡，使二次输出电压降低。

（4）因为配电变压器的分头开关是无载调压装置，故在使用分头开关时，要停电后再调整。

Jb0004132519 配电网电能损耗计算需要哪些原始材料？（5分）

考核知识点：配电网络基本知识

难易度：中

标准答案：

（1）配电线路的单线图，图上应标明每一线段的参数、各节点配电变压器的铭牌参数。

（2）配电线路首端代表日的负荷曲线及有功、无功电量，当月的有功、无功电量。

（3）用户配电变压器代表日的有功、无功电量。

（4）公用配电变压器代表日或全月的有功、无功电量。

（5）配电线路首端代表日电压曲线。

（6）配电线路上装设的电容器和位置以及全月投运时间。

Jb0004132520 配电线路在校核导线截面时对允许电压降如何规定？（5分）

考核知识点：配电网络基本知识

难易度：中

标准答案：

（1）1～10kV 配电线路，自供电的变电站二次侧出口至线路末端变压器或末端受电变电站一次侧入口的允许电压降为供电变电站二次侧额定电压的5%。

（2）1kV 以下配电线路，自配电变压器二次侧出口至线路末端（不包括接户线）的允许电压降为额定电压的4%。

Jb0004132521 配电自动化中就地控制方式的馈线自动化有哪几种方案？各适用于什么情况？（5分）

考核知识点：配电网络基本知识

难易度：中

标准答案：

（1）重合器方案，通过重合器分、合闸的时序配合来实现故障隔离并恢复非故障区段的供电，适用于环网线路。

（2）电压—时间型分段器方案，适用于环网线路。

（3）变电站出线断路器与重合器、分段器或者熔断器相互配合实现故障区段隔离和恢复故障区段上游区段的供电，适用于辐射状线路。

Jb0005133522 在不并网自备电源与电网电源之间如何正确装设切换装置和可靠的联锁装置？（5分）

考核知识点：配电线路知识

难易度：难

标准答案：

（1）不并网自备电源与电网电源必须采用“先断后通”的切换方式。

（2）用户所有用电负荷应同步切换，一般三相可采用四极双投隔离开关，单相采用二极双投隔离开关，较大容量的发电机组，电流较大确有困难的可用一组多极单投隔离开关控制自发电切换，另一组多极单投隔离开关控制电网切换，但两组隔离开关之间必须采用可靠的机械（或电气）联锁，即保证一组隔离开关处于分闸位置时，另一组隔离开关才能合上。

（3）不并网自备电源和电网电源的中性线与相线必须同步切换。

（4）不并网自备电源用户须具有低压配电装置，切换点必须装设在低压配电室的总柜处，不得装设在各用电设备端。

（5）具有两台以上自备发电机时，也必须具备可靠的机械（或电气）联锁，实行“多台并车，一点切换”的方式。

Jb0005132523　剩余电流动作保护器的选择保护配置原则是什么？（5分）

考核知识点：配电线路知识

难易度：中

标准答案：

（1）剩余电流总保护宜采用组合式保护器，且电源的控制开关宜采用带分励脱扣器的低压断路器。

（2）剩余电流中级保护及三相动力电源的剩余电流末级保护，宜采用具有剩余电流、短路及过负荷保护功能的剩余电流断路器。

（3）单相剩余电流末级保护，宜选用剩余电流保护和短路保护为主的剩余电流断路器。

（4）剩余电流断路器、组合式剩余电流动作保护器的电源控制开关，其通断能力应能可靠地分断安装处可能发生的最大短路电流。

Jb0005132524　线路设备的污级分为哪几级？相应线路绝缘子盐密为多少？（5分）

考核知识点：配电线路知识

难易度：中

标准答案：

线路设备的污级共划分为五级。

相应线路绝缘子盐密如下：

（1）0级，大气清洁地区，线路绝缘子盐密不大于0.03mg/cm^2。

（2）Ⅰ级，大气轻度污染地区，线路绝缘子盐密0.03～0.06mg/cm^2。

（3）Ⅱ级，大气中等污染地区，线路绝缘子盐密0.06～0.10mg/cm^2。

（4）Ⅲ级，大气污染较严重地区，线路绝缘子盐密0.10～0.25mg/cm^2。

（5）Ⅳ级，大气特别严重污染地区，线路绝缘子盐密0.25～0.35mg/cm^2。

Jb0011132525　小区配电室（10kV变电站）对建筑的要求有哪些？（5分）

考核知识点：开关站、配电室和箱式变电站

难易度：中

标准答案：

（1）高压配电室宜设不能开启的自然采光窗，窗台距室外地坪不宜低于 1.8m，低压配电室可设能开启的自然采光窗，配电室临街的一面不宜开窗。

（2）变压器室、配电室、电容器室的门应向外开启，相邻配电室之间有门时，此门应能双向开启。

（3）配电室各房间经常开启的门、窗，不宜直通相邻的酸、碱、蒸汽、粉尘和噪声严重的场所。

（4）变压器室、配电室、电容器室等应设置防止雨、雪和蛇、鼠类小动物从采光窗、通风窗、门、电缆沟等进入室内的设施。

（5）配电室、电容器室和各辅助房间的内墙表面应抹灰刷白，地（楼）面宜采用高标号水泥抹面压光，配电室、变压器室、电容器室的顶棚以及变压器室的内墙面应刷白。

（6）长度大于 7m 的配电室应设两个出口，并宜布置在配电室的两端，长度大于 60m 时，宜增加一个出口，当变电站采用双层布置时，位于楼上的配电室应至少设一个通向室外的平台或通道的出口。

（7）配电室、变电站的电缆夹层、电缆沟和电缆室，应采取防水、排水措施。

Jb0006132526 电力变压器的基本结构有哪些主要部分？油枕有什么作用？小型电力变压器为什么不装设油枕？（5 分）

考核知识点：配电变压器知识

难易度：中

标准答案：

（1）电力变压器主要由铁芯和绕组、绝缘引线、调压装置、油箱及冷却装置、出线套管、变压器油等组成。

（2）变压器油枕的主要作用是：避免油箱中的油与空气接触，以防油氧化变质，渗入水分，降低绝缘性能。

（3）因为大型变压器密封困难，变压器油热胀冷缩时，必有水分进入油箱，安装油枕后，当油热膨胀时，一部分油便进到油枕罩，而当油冷却时，一部分油又从油枕回到油箱中，这样就可以避免绝缘油大面积与空气接触，减少氧化和水分渗入。

（4）小型变压器因为油量少，膨胀程度小，且容易密封，只要将箱盖盖紧就可以避免外界空气的进入，故不需要油枕。

Jb0005132527 配电网的规划设计应符合哪些基本原则？（5 分）

考核知识点：配电线路知识

难易度：中

标准答案：

（1）中压配电网应依据高压变电站的位置和负荷分布分成若干相对独立的分区。分区配电网应有大致明确的供电范围，一般不交错重叠。分区配电网的供电范围将随新增加的高压变电站及负荷的增长而进行调整。

（2）高压变电站中压出线开关停用时，应能通过中压配电网转移负荷，对用户不停电。设计时应考虑装置分段开关，故障时便于隔离，设置杆位时应充分预留用户接入点。

（3）高压变电站之间的中压配电网应有足够的联络容量，正常时开环运行，异常时能够转移负荷。

（4）中压配电网应有较强的适应性，主干线导线截面应按长远规划选型并一次建成，在负荷发展不能满足需要时，可增加新的馈入点或插入新的变电站，而其结构基本不变。

（5）低压配电线路单相用户接入时应考虑低压台区的三相负荷平衡问题。

（6）设计时要查明所在地区的气象条件，以便进行必要的验算。

Jb0010132528　导线的运行标准是什么？（5分）

考核知识点：运行管理知识

难易度：中

标准答案：

（1）导线最大电流不应超过允许电流。

（2）导线接头无变色和腐蚀，连接螺栓应紧固。

（3）导线无断股。

（4）导线的过引线及引下线，对电杆、铁件等净空距离不应小于：10kV，0.2～0.3m；1kV 级以下，0.1～0.15m。

（5）三相导线驰度误差不应超过－5%或10%，一般档距导线驰度相差不应超过50mm。

Jb0004131529　电力系统中高次谐波有什么危害？（5分）

考核知识点：配电网络基本知识

难易度：易

标准答案：

（1）可能引起电力系统内的共振现象。

（2）电容器与电抗器的过热与损坏。

（3）同步电机或异步电机的转子过热、振动。

（4）继电保护装置误动。

（5）计量装置不准确及产生通信干扰等。

Jb0004133530　电压管理主要内容是什么？（5分）

考核知识点：配电网络基本知识

难易度：难

标准答案：

（1）配电运行人员应掌握配电网络中高压线路和低压台区的电压质量情况，运行部门要采取技术措施，以高供电电压质量。

（2）供电公司供用户受电端（产权分界点）的电压变动幅度应不超过受电设备（器具）额定电压的下列指标范围：20kV及以下三相供电电压允许偏差为标称电压的±7%，220V单相供电电压允许偏差为标称电压的+7%、－10%。

（3）配电线路的电压损失，高压不应超过5%，低压不应超过4%。

（4）低压网络每个台区的首、末端每年至少测量电压一次。

（5）有下列情况之一者，应测量电压：① 投入较大负荷；② 用户侧电压不正常；③ 三相电压不平衡，烧坏用电设备（器具）；④ 更换或新装变压器；⑤ 调整变压器分接头。

Jb0005131531　杆塔整体组立时，人字抱杆的初始角设置多少为好？为什么？（5分）

考核知识点：配电线路知识

难易度：易

标准答案：

（1）人字抱杆的初始角设置为60°～65°最佳。

（2）初始角设置过大，抱杆受力虽可减小，但此时抱杆失效过早，对立杆不利。

（3）初始角设置过小，抱杆受力增大，且杆塔起立到足够角度不易脱帽，同样对立杆不利。

Jb0005133532　钢筋混凝土构件出现裂纹后有什么危害？（5分）

考核知识点：配电线路知识

难易度：难

标准答案：

（1）降低电杆的整体刚度，电杆出现裂纹后，因为在裂纹面的混凝土脱离工作，主要由钢筋承受拉力，使电杆的整体刚度有所降低。

（2）当电杆出现裂纹或裂纹扩大之后，在负载的作用下，电杆的挠度增加，从而增加了电杆的附加弯矩。同时会使雨水或腐蚀气体从裂纹处侵袭，使钢筋锈蚀，并使混凝土碳化，随之从裂纹处冒出自向裂纹更加严重。在盐雾地区的电杆，钢筋的锈蚀比一般地区的电杆更为明显。

（3）预应力电杆出现裂纹之后，将使钢筋更加锈蚀，应力大大降低。

Jb0005133533　更换耐张杆的施工步骤有哪些？（5分）

考核知识点：配电线路知识

难易度：难

标准答案：

（1）将要更换的耐张杆相邻两基杆打好临时拉线，并将导线锚住，防止松线时相邻两基杆倾斜。

（2）用紧线器放松导线，拆除杆上引流线接头、横担、绝缘子及拉线，拔出电杆。

（3）在原处挖掘基坑。

（4）立新杆，装设拉线，组装杆上横担及绝缘子串，将导线收挂好，恢复引流线。

（5）拆除临时拉线。

Jb0005133534　架空电力线路在高峰负荷季节应注意哪些事项？（5分）

考核知识点：配电线路知识

难易度：难

标准答案：

架空电力线路在高峰负荷季节，因导线通过的负荷电流大，致使温度升高，弧垂增大。实践证明，当导线负荷电流接近其长期允许电流值时，导线温度可达70℃左右。当导线过载时，弧垂增加率与电流增长率几乎呈直线关系。由于弧垂的增大，减小了导线对地和对其他交叉跨越设施的距离，直接影响线路安全运行。

因此，在高峰负荷季节，一定要注意以下几个问题：

（1）电力线路不要过负荷运行。

（2）测定导线对地及对其他交叉跨越设施的距离，并换算到导线最高运行温度，核实距离是否符合要求，不合格者应及时处理。

（3）检查测量导线连接点电阻，不合格者及时采取措施。并沟线夹的接触面是线和面的接触，电阻大，且易受腐蚀（因裸露于大气中），不宜用于污秽区及大负荷线路。

Jb0005131535　简述钢管杆基坑开挖的方法和注意事项。（5分）

考核知识点：配电线路知识

难易度：易

标准答案：

（1）对线路选线、定位后，要根据施工图进行基坑开挖。

（2）挖坑的位置要以定位时的中心桩为准，如果施工时要移去中心桩，之前应钉好相应的副桩，立杆时用副桩和细铅丝上的漆点找回中心桩的位置。

（3）基坑应根据施工条件确定坑口尺寸及坑深。一般混凝土电杆的埋深为电杆长度的1/6～1/5，坑的深度为电杆埋入深度加底盘厚度。

Jb0008132536　接地装置的形式有哪些？（5分）

考核知识点：防雷与接地

难易度：中

标准答案：

（1）接地装置由于敷设不同分为水平接地体和垂直接地体。

（2）水平接地体。用圆钢或扁钢水平铺设在地面以下深0.5～1m的坑内，长度不超过10m。

（3）垂直接地体。用角钢、圆钢或钢管垂直埋入地下，输电线路的防雷接地一般采用水平接地体，当单个接地体不能满足要求时，可采用多个接地体组合而成。

Jb0005133537　绝缘子沿面发生闪络放电原因是什么？（5分）

考核知识点：配电线路知识

难易度：难

标准答案：

（1）雷击闪络放电。直击雷或感应雷过电压引起绝缘子串闪络。

（2）内过电压闪络放电。断路器跳闸、线路短路接地、空载线路的切除等，只要是电力系统网络参数（电容、电阻和电感）发生变化，都会引起瞬间过电压，其数值为系统相电压的3～4倍。

（3）长期时间工频电压升高闪络放电。10～35kV中性点不接地系统，当一相金属性接地时，其他两相电压升高为1.73倍，在故障消除前，这种电压升高总是存在。绝缘子串如存在绝缘弱点，就会发生击穿闪络。

（4）正常工作电压下闪络放电。主要是绝缘子脏污使绝缘下降，这样当大雾及潮湿天气时可能引起绝缘子闪络。

Jb0005133538　绝缘子在什么情况下容易损坏？（5分）

考核知识点：配电线路知识

难易度：难

标准答案：

（1）绝缘子安装使用不当。例如低电压等级的绝缘子用在高电压等级的线路上，造成绝缘损坏；绝缘子正常承受的机械负载超过其允许值而被拉坏；绝缘子安装时内部受伤，未发现，送电后导致损坏。

（2）由于天气冷热变化造成损坏，或因受到冰雹、射击、爆破及其他外力的破坏。

（3）由于绝缘子泄漏比距（即每千伏电压的泄漏距离）不能满足污秽的要求，或绝缘子在雨雾天气引起闪络，或遭受雷击而损坏。

（4）当线路发生短路故障时，由于电动力过大造成损坏。

Jb0010132539 抢修工作包含哪些环节？（5分）

考核知识点：运行管理知识

难易度：中

标准答案：

（1）收集故障信息。主要通过调度和外界报告来收集。

（2）设备管辖单位配电抢修指挥中心（或生产调度、抢修负责人等）接到故障信息后，组织运行人员查出故障点。

（3）运行人员将现场故障情况和所需材料告知配电抢修指挥中心（或生产调度、抢修负责人等）。

（4）配电抢修指挥中心（或生产调度、抢修负责人等）根据故障情况，安排足够的抢修人员，准备工器具、材料和车辆进行抢修工作。

（5）抢修工作负责人与调度联系并办理相应的许可手续，到达现场之后，进行合理分工并设置现场安全措施。

（6）抢修人员进行抢修工作。

（7）抢修结束，清理现场，人员撤离。

（8）抢修工作负责人汇报工作终结。

Jb0010133540 抢修工作中的主要安全措施有哪些？（5分）

考核知识点：运行管理知识

难易度：难

标准答案：

（1）核对线路名称和杆号，应与抢修线路一致。

（2）检查杆根、拉线和登高工器具。

（3）严格执行验电、装设接地线措施。验电前，应测验电器和绝缘手套合格。装设接地线过程中，严禁人身触及地线。

（4）所有安全器具应具有有效试验合格证。

（5）工作班成员进入工作现场应戴安全帽，登高作业时应系好安全带，按规定着装。

（6）杆上工作使用的材料、工具应用绳索传递。杆上人员应防止掉东西，拆下的金具禁止抛扔，在工作现场要设遮栏并挂“止步，高压危险”警示牌。

（7）高空作业时不得失去监护。

（8）使用吊车时，吊车起吊过程中，吊臂下严禁有人逗留。吊车司机应严格听从工作负责人的指挥，与杆上人员协调配合。

（9）作业时应注意感应电伤害，必要时应使用个人保安线。

Jb0010132541 抢修工作中的主要技术措施有哪些？（5分）

考核知识点：运行管理知识

难易度：难

标准答案：

（1）对歪斜和单侧受力的电杆，应做好临时拉线后方可进行登杆作业。

（2）放松导线时，严禁采用突然剪断导线的方法松线。

（3）导线连接时，应使用同规格、同截面、同绞向的导线。

（4）对受短路电流冲击过的接续金具进行检查，确保处于良好状态。

（5）更换断路器或隔离开关后的分合状态应和原来一致，相序应和事故前一致。

（6）导线引接线应保持与原来相序一致，若为绝缘导线，绝缘层剥离处应进行绝缘补强处理。

Jb0010131542　什么叫线路状态检修？状态检修的基本原则是什么？（5分）

考核知识点：运行管理知识

难易度：易

标准答案：

（1）线路状态检修是指对巡视、检测发现的状态量超过状态控制值的部位或区段检修维护或修理的过程，可根据实际情况采取带电或停电方式进行。

（2）线路状态检修可结合线路的大修、技术改造和日常维修进行。

（3）状态检修的基本原则：经状态巡视、状态检测和在线监测等发现的异常状态（隐患）应按“应修必修，修必修好”的原则，及时安排线路设备带电处理或停电检修。

Jb0004132543　提高配电网供电可靠性的措施有哪些？（5分）

考核知识点：配电网络基本知识

难易度：中

标准答案：

（1）改善配电网络结构。

（2）逐步对设备实行状态检修。

（3）开展带电作业。

（4）实现配电自动化，在发生故障时，快速隔离故障段，使非故障段倒入其他线路，恢复供电。

（5）发展临时发电车、临时变电站供电等辅助设施。

Jb0004132544　为什么要开展均负荷工作？（5分）

考核知识点：配电网络基本知识

难易度：中

标准答案：

均负荷工作是变压器运行工作中重要工作之一，当三相负荷不平衡时，往往造成：

（1）三相电压不平衡，使供电质量降低。

（2）不能充分发挥变压器容量以及增大调整、更换变压器的工作量，使经济效益降低。

（3）中性线电流增大，超出规程规定数值，当中性线发生断线后，中性点电位偏移较大，造成用电设备烧毁事故。

（4）由于不平衡电流的作用，使线损增大。

Jb0008131545　消弧线圈为什么能够消除线路接地时所产生的弧光电压？（5分）

考核知识点：防雷与接地

难易度：易

标准答案：

线路接地后，故障点经线路、大地、变压器的中性点流过电容电流，若在中性点加入消弧线圈，消弧线圈中流过电感电流，此电流滞后电压90°，而电容电流超前90°，方向相反，相互抵消，互相补偿，故障点的电流减少，电弧自动熄灭，达到消除故障的目的。

Jb0003131546　用绝缘电阻表测量绝缘电阻时，为什么规定摇测时间为 1min？（5 分）

考核知识点：配电线路工的基本知识

难易度：易

标准答案：

用绝缘电阻表测量绝缘电阻时，一般规定摇测时间为 1min。1min 后的电流（吸收电流）将随时间的增长而逐渐下降，而绝缘体的电阻率是根据稳态传导电流而决定的，并且不同材料的绝缘体，其绝缘吸收电流和衰减时间也不同。但是试验证明，对绝大多数绝缘材料来说绝缘吸收电流经过 1min 已趋于稳定，所以规定以加压 1min 后的绝缘电阻值来确定绝缘性能的好坏。

Jb0006131547　油浸式变压器缺油运行有什么后果？（5 分）

考核知识点：配电变压器知识

难易度：易

标准答案：

（1）无法对油位和油色进行监视。

（2）增大油和空气接触面，使油氧化、受潮，降低油绝缘性能。

（3）影响绕组间、绕组对地间的绝缘强度，易造成绝缘击穿。

（4）使油循环不正常，温度升高，绝缘易老化。

Jb0004131548　正常运行的负荷较大的 10kV 线路，当拉闸限电后恢复送电时，过电流保护经常动作，试分析原因。（5 分）

考核知识点：配电网络基本知识

难易度：易

标准答案：

负荷较大的 10kV 线路，当拉闸限电后，用户的电动机等电气设备均在合闸状态，10kV 线路送电后，这些用户设备均在同时启动，电动机的启动电流是额定电流的数倍，因此造成 10kV 线路过负荷，从而使过电流保护动作。为避免过电流保护动作，应在拉闸限电后，停运部分线路变压器和小区变压器，待 10kV 线路正常运行后，再逐次将停运的线路变压器及小区变压器投入运行。

Jb0004131549　电网的无功补偿配置原则是什么？（5 分）

考核知识点：配电网络基本知识

难易度：易

标准答案：

（1）分散就地补偿与变电站集中补偿相结合，以分散补偿为主。

（2）高压补偿与低压补偿相结合，以低压补偿为主。

（3）降损与调压相结合，以降损为主。

Jb0004132550　单组柱上式中压无功补偿装置的安装位置如何确定？（5 分）

考核知识点：配电网络基本知识

难易度：中

标准答案：

（1）负荷均匀分布的架空配电线路，装置安装在距变电站 2/3 处。

（2）负荷递减分布的架空配电线路，装置安装在距变电站 4/9 处。

（3）负荷递增分布的架空配电线路，装置安装在距变电站7/9处。

（4）负荷等腰三角形分布的架空配电线路，装置安装在距变电站5/9处。

（5）为了得到最大的电压升高，装置靠近线路末端安装。

Jb0004133551　阐述线路功率因数过低由何原因所造成，以及提高功率因数有何作用。（5分）

考核知识点：配电网络基本知识

难易度：难

标准答案：

（1）造成功率因数过低的主要原因是：在电力系统中电动机及其他带线圈的用电设备过多（这些负载属纯感性负载），这类设备除从电源取得一部分电流做有功外，还将消耗部分用来建立线圈的磁场的无功电流，这样就额外地加大了电源的负担。显然，线路中的感性负载过多，无功电流所占的比例就越大，功率因数就越低，电源的额外负担就越大。

（2）提高功率因数有以下几方面的作用：

1）提高用电电压质量，改善设备允许条件，有利于安全生产；

2）节约电能，降低生产成本，提高经济效益；

3）减少线路的功率损失，提高电网输送功率；

4）减少发电机的无功负载，提高发电机的有功出力，使发电机容量得以充分发挥和利用。

Jb0004132552　试述三相四线制电源中的中性线的作用。（5分）

考核知识点：配电网络基本知识

难易度：中

标准答案：

（1）三相四线制电源对于三相对称负载可以接成三相三线制，不需要中性线，可是在三相不对称负载中，便不能接成三相三线制，而必须接成三相四线制，且应使中性线阻抗等于或接近零。

（2）当中性线存在时，负载的相电压总是等于电源电压的相电压，这里中性线起着迫使负载相电压对称和不变的作用，因此，当中性线的阻抗等于零时，即使负载不对称，但各相的负载电压仍然是对称的，各相负载的工作彼此独立，互不影响，即使某一相负载出了故障，另外的非故障相的负载照常可以正常工作。

（3）与对称负载不同的地方就是各相电流不再对称，中性线内有电流存在，所以中性线不能去掉。当中性线因故障断开了，这时虽然线电压仍然对称，但由于没有中性线，负载的相电压不对称了，造成有的负载相电压偏高，有的负载相电压偏低，可能使有的负载因电压偏高而损坏，有的负载因电压偏低而不能正常工作。

（4）在三相四线制线路的干线上，中性线任何时候都不能断开，不能在中性线上安装开关，更不允许装设熔断器。

Jb0007133553　用于并联电容器装置的断路器选型有哪些要求？（5分）

考核知识点：柱上开关设备知识

难易度：难

标准答案：

（1）用于并联电容器装置的断路器，应采用真空断路器或SF_6断路器等适合于电容器组投切的设备，其技术性能应符合断路器共用技术要求，尚应满足以下特殊要求：

1）应具备频繁操作的性能；

2）合、分时触头弹跳应不大于限定值，开断时应不出现重击穿；

3）应能承受电容器组的关合涌流和工频短路电流以及电容器高频涌流的联合作用；

4）减少发电机的无功负载，提高发电机的有功出力，使发电机容量得以充分发挥和利用。

（2）并联电容器装置总回路中的断路器，应具有切除所连接的全部电容器组和开断总回路短路电流的性能。分组回路断路器可采用不承担开断短路电流的开关设备。

（3）低压并联电容器装置中的投切开关宜采用具有选项功能和功耗较小的开关器件。当采用普通开关时，其接通、分断能力和短路强度等技术性能，应符合设备装设点的电网条件；切除电容器时，开关应不发生重击穿；投切开关应具有频繁操作的性能。

Jb0004133554　并联电容器保护装置有哪些要求？（5分）

考核知识点：配电网络基本知识

难易度：难

标准答案：

（1）单台电容器内部故障保护方式（内熔丝、外熔断器和继电保护），应在满足并联电容器组安全运行的条件下进行配置。

（2）并联电容器组（内熔丝、外熔断器和继电保护）均应设置不平衡保护。

（3）并联电容器装置应设置速断保护，保护应动作于跳闸。速断保护的动作电流值，按最小运行方式下整定，在电容器组端部引线发生两相短路时，保护的灵敏系数应符合继电保护要求；速断保护的动作时限应大于电容器组的合闸涌流时间。

（4）并联电容器装置应装设过电流保护，保护应带时限动作于跳闸。过电流保护的动作电流值，应按大于电容器的长期允许最大过电流整定。

（5）并联电容器装置应装设母线过电压保护，保护应带时限动作于信号或跳闸。

（6）并联电容器装置应装设母线失电压保护，保护应带时限动作于跳闸。

（7）并联电容器装置的油浸式串联电抗器，其容量为0.18MVA及以上时，宜装设瓦斯保护。当油箱内故障产生轻微瓦斯或油面下降时，应瞬时动作于信号；当油箱内故障产生大量瓦斯时，应瞬时动作于断路器跳闸。干扰式串联电抗器宜根据具体条件设置保护。

（8）电容器组的电容器外壳直接接地时，宜装设电容器组接地保护。

（9）集合式电容器应装设压力释放和温控保护，压力释放动作于跳闸，温控动作于信号。

（10）低压并联电容器装置，应有短路保护、过电流保护、过电压保护和失电压保护，并宜配置谐波超值保护。

Jb0005132555　简述导线振动的起因及对线路将会引起何种事故。（5分）

考核知识点：配电线路知识

难易度：中

标准答案：

（1）架空线路的导线（避雷线）受到稳定的微风作用时，在导线背后形成以一定频率上下交替变化的气流旋涡，从而使导线受到一个上下交变的脉冲力作用。当气流旋涡的交替变化频率与导线的固有自振频率相等时，导线在垂直面内产生共振即引起导线振动。

（2）导线振动的波形为驻波，即波节不变，波幅上下交替变化，而且一年中导线振动的时间长达全年时间的30%～50%。无论导线以什么频率振动，线夹出口处总是一波节点，所以，导线振动使导线在线夹出口处反复拗折，引起材料疲劳，最后导致断股、断线事故，对线路的正常安全运行危害较大。

Jb0005132556　10kV 及以下架空线路导线截面的确定应符合哪些规定？（5 分）

考核知识点：配电线路知识

难易度：中

标准答案：

（1）结合地区配电网发展规划和对导线截面确定，每个地区的导线规格宜采用 3～4 种。

（2）采用允许电压降校核时：

1）1～10kV 配电线路，自供电的变电站二次侧出口至线路末端变压器或末端受电变电站一次侧入口的允许电压降为供电变电站二次侧额定电压的 5%；

2）1kV 以下配电线路，自配电变压器二次侧出口至线路末端（不包括接户线）的允许电压降为额定电压的 4%。

（3）校验导线载流量时，裸导线与聚乙烯、聚氯乙烯绝缘导线的允许温度采用 70℃，交联聚乙烯绝缘导线的允许温度采用 90℃。

（4）1kV 以下三相四线制的中性线截面，应与相线截面相同。

Jb0005132557　基础施工的校验计算包括哪些内容？（5 分）

考核知识点：配电线路知识

难易度：中

标准答案：

（1）根据主杆下压力及地基许可耐压力验算底盘的规格。

（2）根据拉线受力选择拉盘规格和验算埋深。

（3）根据主杆的一般运行情况，选择主杆埋深及应否增设卡盘。

（4）一般计算方式是：可先假定底盘、拉线盘规格，再验算其是否合格。

Jb0006132558　变压器直流电阻三相不平衡系数偏大的常见原因有哪些？（5 分）

考核知识点：配电变压器知识

难易度：中

标准答案：

（1）分接开关接触不良。这主要是分接开关内部不清洁，电镀层脱落，弹簧压力不够等原因造成。

（2）变压器套管的导电杆与引线接触不良，螺栓松动等。

（3）焊接不良。由于引线和绕组焊接处接触不良造成电阻偏大；多股并绕绕组，其中有几股线没有焊接上或脱焊，此时电阻可能偏大。

（4）三角形接线一相断线。

（5）变压器绕组局部匝间，层、段间短路或断线。

Jb0005133559　充油设备进行交流耐压试验，如何分析判断其试验结果？（5 分）

考核知识点：配电线路知识

难易度：难

标准答案：

按规定的操作方法，当试验电压达到规定值时，若试验电流与电压不发生突然变化，产品内部没有放电声，试验无异常，即可认为试验合格。对放电部位的确定，可通过放电声音和仪表的指示分析，作出如下分析判断：

（1）悬浮电位放电，仪表指示无变化，若属试品内部金属部件或铁芯没接地，出现“啪啪”声，这种声音的音量不大，且电压升高时，声音不增大。

（2）气泡放电，这种放电可分为贯穿性放电和局部放电两种。这种放电的声音很清脆，像铁锤击打油箱的声音伴随放电声，仪表有稍微摆动的现象。产生这类放电的原因，多是线包扎不紧或注油后抽真空或静放时间不够。这类放电是最常见的。

（3）内部固体绝缘的击穿或沿面放电，这种情况下，产生的放电声音多是“嘭嘭”的低沉声或者是“吆吆”的声音，伴随有电流表指示突然增大。

（4）另外，有些情况下，虽然试品击穿了，但电流表的指示也可能不变。造成这种情况的原因是回路的总电抗为 $X=|X_C-X_L|$，而试品短路时 $X_C=0$，若原来试品的容抗 X_C 与试验变压器漏抗之比等于2，那么 X_C 虽然为零，但回路的 X 仍为 X_L，即电抗没变，所以电流表指示不变。

Jb0005132560 测量电力电缆的直流泄漏电流时，为什么在测量中微安表指针有时会有周期性摆动？（5分）

考核知识点：配电线路知识

难易度：中

标准答案：

如果没有电缆终端头脏污及试验电源不稳定等因素的影响，在测量中直流微安表出现周期性摆动，可能是被试电缆的绝缘中有局部的孔隙性缺陷。孔隙性缺陷在一定的电压下发生击穿，导致泄漏电流增大，电缆电容经过被击穿的间隙放电；当电缆充电电压又逐渐升高，间隙又再次被击穿，然后间隙绝缘又一次得到恢复。如此周而复始，就使测量中的微安表出现周期性的摆动现象。

Jb0008132561 消弧线圈设备设置的条件有哪些？（5分）

考核知识点：防雷与接地

难易度：中

标准答案：

（1）6～20kV 系统不直接连接发电机，由钢筋混凝土或金属杆塔的架空线路构成的系统和 35、66kV 系统，当单相接地故障电容电流不大于 10A 时，可采用不接地方式；当大于 10A 又需在接地故障条件下运行时，应采用中性点谐振接地方式。

（2）不直接连接发电机的 6～20kV 电缆线路构成的系统，当单相接地故障电容电流小于或等于 10A 时可采用不接地方式；当单相接地故障电容电流大于 10A 又需在接地故障条件下运行时，应采用中性点谐振接地方式。

（3）电网的电容电流，应包括有电气连接的所有架空线路、电缆线路的电容电流，并计及厂、站母线和电容的影响。该电容电流应取最大运行方式下的电流。计算电网的电容电流时，应考虑电网 5～10 年的发展。

Jb0004132562 切、合空载线路为什么会产生操作过电压？如何进行限制？（5分）

考核知识点：配电网络基本知识

难易度：中

标准答案：

（1）一般切、合空载线路是电网中最常见的操作过程之一，在开关操作事故中，系统的运行状态发生改变（操作前或事故后）将引起系统中电容和电感中电磁能量互相转换的过渡过程。在阻尼不足的电路中，这种过程常常是振荡性的，此时，就有可能在某设备上在局部或全部电网中出现过电压。

（2）对空载线路而言，通过开关的电流仍是线路的电容电流，通常只有几十到几百安，比起短路电流要小得多。但是，能切断巨大短路电流的开关却不能切断重燃空载线路。这是因为开关分闸初期，切除空载线路使得恢复电压幅值较高，触头间的抗电强度耐受不住高幅值恢复电压作用的缘故。所以灭弧能力愈差，开关中电弧重燃概率愈大，过电压可能愈高，事故也愈多，故重燃就是产生操作过电压的根本原因。

（3）为限制切、合空载线路的操作过电压，可采用 SF_6 断路器或采用灭弧能力较强的断路器，也可在断路器触头上并联中值电阻（1000～3000Ω）。

Jb0008133563　试述氧化锌避雷器的主要优点。（5 分）

考核知识点：防雷与接地

难易度：难

标准答案：

与普通阀型避雷器相比，氧化锌避雷器具有优越的保护性能：

（1）无间隙。在正常工作电压下，氧化锌电阻片相当于一绝缘体，工作电压不会使氧化锌电阻片烧坏，因此可以不用串联火花间隙。

（2）无续流。当电网中出现过电压时，通过避雷器的电流增大，氧化锌电阻片上的残压受其良好的非线性特性控制；当过电压作用结束后，氧化锌电阻片又恢复绝缘体状态，续流仅为微安级，实际上可认为无续流。

（3）电气设备所受过电压能量可以降低。虽然在 10kA 雷电流下的残压值与碳化硅避雷器相同，但由于后者只在串联火花间隙放电后才有电流流过，而前者在整个过程中都有电流流过，因此降低了作用在电气设备上的过电压幅值。

（4）通流容量大。氧化锌避雷器的通流能力完全不受串联间隙被灼伤的制约，仅与阀片本身的通流能力有关。

（5）易于制成直流避雷器。因为直流续流不像工频续流一样存在自然零点，所以直流避雷器如用串联间隙就难以灭弧。氧化锌避雷器没有串联间隙，所以易于制成直流避雷器。

Jb0005132564　电击穿的机理是什么？它有什么特点？（5 分）

考核知识点：配电线路知识

难易度：中

标准答案：

（1）在电场的作用下，当电场强度足够大时，介质内部的电子带着从电场获得的能量，急剧地碰撞它附近的原子和离子，使之游离。因游离而产生的自由电子在电场的作用下又继续和其他原子或离子发生碰撞，这个过程不断地发展下去，使自由电子越来越多并在电场作用下定向流动。如此不断循环下去，最终在绝缘结构中形成了导电通道，绝缘性能完全被破坏。这就是电击穿的机理。

（2）电击穿的特点是：外施电压比较高；强电场作用的时间相当短便发生击穿；击穿位置往往从场强最高的地方开始（如电极的尖端或边缘处）；电击穿与电场的形状有关，而几乎与温度无关。

Jb0005132565　电晕产生的物理机理是什么？它有哪些有害影响？（5 分）

考核知识点：配电线路知识

难易度：中

标准答案：

（1）在极不均匀电场中，最大场强与平均场强相差很大，以致当外加电压及平均场强还较低时，电极曲率较大处附近空间的局部场强已很大，在这局部场强区中产生强烈的电离，但由于电极稍远处场强已大为减弱，所以此电离区不可能扩展到很大，只能局限在此电极附近的场强范围内。伴随着电离而存在的复合和反激励，辐射出大量光子，在黑暗中可以看到在该电极附近空间有蓝色的晕光，这就是电晕。

（2）电晕放电有许多危害。首先是会引起功率损耗、能量损耗，这是因为电晕放电时的光、声、热、化学等效应都要消耗能量。其次，电晕放电还将造成对周围无线电通信和电气测量的干扰，若用示波器观察，电晕电流为一个个断续的高频脉冲。另外，电晕放电时所产生的一些气体具有氧化和腐蚀作用。而在某些环境要求比较高的场合，电晕放电时所发出的噪声有可能超过环保标准。

Jb0011132566　在 10kV 全电缆线路中，环网柜出线间隔保护定值配置有哪些具体要求？（5 分）

考核知识点：开关站、配电室和箱式变电站

难易度：中

标准答案：

（1）断路器间隔尽量配出给用户，原则上只接入报装容量在 2000kVA 及以上的用户或总容量在 2000kVA 及以上的架空分支线路。

（2）若断路器间隔配出给电缆分支箱（少数），电缆分支箱进线开关配置负荷开关，所有出线开关设为负荷开关加熔断器的组合电器，全部用来接入报装容量在 2000kVA 以下的用户或分支线路（老旧分支箱里全部配置负荷开关无法有效隔离用户故障）。

（3）若环网柜中配出给分支箱的馈线开关采用负荷开关，则电缆分支箱进线开关配置为断路器，所有出线开关设为负荷开关加熔断器的组合电器，全部用来接入报装容量在 2000kVA 以下的用户或分支线路。

Jb0005132567　在 10kV 架空线路中，保护定值配置有哪些具体要求？（5 分）

考核知识点：配电线路知识

难易度：中

标准答案：

（1）主干线首级开关配置为断路器，配置限时电流速断和过电流保护，重合闸根据实际情况投退。

（2）架空线路跌落式熔断器全部用来接入报装容量在 1000kVA 以下的用户或总容量在 1000kVA 以下的分支线路。熔断器熔丝规格按照报装容量的 70%来计算。

（3）架空线路柱上断路器保护定值一般设为 600～800A，保护时限设为 0s（部分保护装置最小值 0.3s）。原则上只接入报装容量在 1000kVA 及以上的用户或总容量在 1000kVA 及以上的分支线路。

Jb0005133568　垂直敷设的电缆应如何选择敷设方式和固定方式？（5 分）

考核知识点：配电线路知识

难易度：难

标准答案：

垂直敷设电缆，需按电缆质量以及由电缆的热伸缩而产生的轴向力来选择敷设方式和固定方式。

（1）落差不大、电缆质量较轻时，宜采用直线敷设、顶部设夹具固定方式，电缆的热伸缩由底部弯曲处吸收。

（2）电缆质量较大，由电缆的热伸缩所产生的轴向力不大的情况下，宜采用直线敷设、多点固定方式，固定间距需按电缆质量和由电缆热伸缩而产生的轴向力计算。

（3）电缆质量大，由电缆的热伸缩所产生的轴向力较大的情况下，宜采用蛇形敷设，并在蛇形弧顶部添设能横向滑动的夹具。

Jb0005132569　交联聚乙烯绝缘电缆金属屏蔽的结构形式有哪些？（5分）

考核知识点：配电线路知识

难易度：中

标准答案：

（1）一层或二层退火铜带螺旋搭盖绕包，形成一个圆柱同心导体。

（2）多根细铜丝绕包，外用铜带螺旋间隙绕包，以增加短路容量，绕包相反以抵消电感。

（3）铜带或铝带纵包方式。

Jb0005131570　塑料电缆树枝化放电的控制方法有哪些？（5分）

考核知识点：配电线路知识

难易度：易

标准答案：

（1）从导线的材质及绞向、绝缘层厚度、节距等方面改进电缆结构。

（2）减少气隙数目和尺寸。

（3）改善绝缘材料本身耐树枝性的物理共混方法。

（4）改善电缆绝缘层加工及工艺条件。

（5）针对树枝的引发和成长，采用相同的物理、化学方法抑制水树枝。

Jb0011131571　使用接插件的电缆分支箱的主要技术参数有哪些？（5分）

考核知识点：开关站、配电室和箱式变电站

难易度：易

标准答案：

（1）额定电压。

（2）最高工作电压。

（3）额定电流。

（4）额定频率。

（5）热稳定电流。

（6）峰值电流。

（7）工频耐压值。

（8）雷电冲击耐压值。

（9）导体工作温度。

（10）潮湿试验。

Jb0005132572　为什么塑料电缆不允许进水？（5分）

考核知识点：配电线路知识

难易度：易

标准答案：

（1）塑料电缆进水后，会发生老化现象，这主要是由于水分呈树枝状渗透引起的。

（2）在导体内及绝缘体外都有水分存在时，产生老化现象最严重。

（3）当导体的温度较高时，导体内有水分比绝缘外有水分所引起的水分渗透，更能加快电缆老化速度。

Jb0005133573 施工组织设计的专业设计一般内容有哪些？（5分）

考核知识点：配电线路知识

难易度：难

标准答案：

（1）工程概况。

（2）平面布置图和临时建筑的布置与结构。

（3）主要施工方案。

（4）施工技术供应，物资供应，机械及工具配备力能供应及运输等各项计划。

（5）有关特殊的准备工作。

（6）综合进度安排。

（7）保证工程质量、安全，降低成本和推广技术革新项目等指标和主要技术措施。

Jb0005133574 电缆线路的验收应进行哪些检查？（5分）

考核知识点：配电线路知识

难易度：难

标准答案：

（1）电缆规格符合规定，排列整齐、无损伤，标牌齐全、正确、清晰。

（2）电缆的弯曲半径、有关距离及单芯电力电缆的金属护层的接地线应符合要求。

（3）电缆终端、中间接头安装牢固，无损伤。

（4）接地良好。

（5）电缆终端相色正确，支架等的金属部件油漆（镀锌层）完整。

（6）电缆沟、隧道内、桥梁上无杂物，且盖板齐全。

Jb0005132575 水下电缆引至岸上的区段，应有适合敷设条件的防护措施，还应符合哪些规定？（5分）

考核知识点：配电线路知识

难易度：中

标准答案：

（1）岸边稳定时，应采用保护管、沟槽敷设电缆，必要时可设置工作井连接，管沟下端宜置于最低水位下不小于1m的深处。

（2）岸边未稳定时，还宜采取迂回形式敷设，以预留适当备用长度的电缆。

（3）水下电缆的两岸，应设有醒目的警告标志。

Jb0005132576 单芯电缆护套一端接地方式中为什么必须安装一条沿电缆平行敷设的回流线？（5分）

考核知识点：配电线路知识

难易度：中

标准答案：

（1）在金属护套一端接地的电缆线路中，为确保护套中的感应电压不超过允许值，必须安装一条电缆线路平行敷设的导体，且导体的两端接地，这种导体称为回流线。

（2）当发生单相接地故障时，接地短路电流可以通过回流线流回系统中心点，由于通过回流线的接地电流产生的磁通抵消了一部分电缆导线接地电流所产生的磁通，因而可降低短路故障时护套的感应电压。

Jb0011131577　简述美式分支箱母排接板的安装步骤。（5分）

考核知识点： 开关站、配电室和箱式变电站

难易度： 易

标准答案：

（1）先将母排接板安装在电缆分支箱上，调整合适的安装和操作距离，然后固定螺栓。

（2）卸下接头上防尘帽，将套管表面用清洁剂清洁，均匀涂上硅脂。

（3）将母排接板上的接地孔用接地线与接地体相连。

Jb0005131578　同一层支架上电缆排列配置方式，应符合哪些规定？（5分）

考核知识点： 配电线路知识

难易度： 易

标准答案：

（1）控制和信号电缆可紧靠或多层叠置。

（2）除交流系统用单芯电力电缆的同一回路可采取品字形（三叶形）配置外，对重要的同一回路多根电力电缆，不宜叠置。

（3）除交流系统用单芯电缆情况外，电力电缆相互间宜有35mm间隙。

Jb0005133579　电缆的防火阻燃可采取哪些措施？（5分）

考核知识点： 配电线路知识

难易度： 难

标准答案：

（1）在电缆穿过竖井、墙壁、楼板或进入电气盘、柜的孔洞处用防火堵料密实封堵。

（2）在重要的电缆沟和隧道中，按设计要求分段或用软质耐火材料设置阻火墙。

（3）对重要回路的电缆，可单独敷设于专门的沟道中或耐火封闭槽盒内，或对其施加防火涂料、防火包带。

（4）在电力电缆接头两侧及相邻电缆2～3m长的区段施加防火涂料或防火包带，必要时采用高强度防爆耐火槽盒进行封闭。

（5）按设计采用耐火或阻燃型电缆。

（6）按设计设置报警和灭火装置。

（7）防火重点部位的出入口，应按设计要求设置防火门或防火卷帘。

（8）改、扩建工程施工中，对于贯穿已运行的电缆孔洞、阻火墙，应及时恢复封堵。

Jb0004133580　电树枝的特性有哪些？（5分）

考核知识点： 配电网络基本知识

难易度： 难

标准答案：

（1）电树枝的产生必须有局部的高场强。

（2）电树枝的引发与材料的本身耐电强度有关。

（3）交变电场的机械应力可诱发电树枝。

（4）气隙的存在是电树枝生成的前提。

（5）杂质的存在可诱发杂质电树枝。
（6）电树枝中伴有局部放电。
（7）电树枝引发后，一般发展较快。
（8）电树枝放电使介质损耗增加，绝缘电阻和击穿电压下降。
（9）电树枝的发展与电压形式和温度有关。

Jb0008132581 护套接地有哪些注意事项？（5分）

考核知识点：防雷与接地

难易度：中

标准答案：

（1）护套一端接地的电缆线路与架空线路相连时，护套的直接接地一般设在与架空线相接的一端，保护器装设在另一端，这样可以降低护套上的冲击过电压。

（2）护套两端接地的电缆线路，当护套出现冲击过电压，保护器动作时，护套上有很大的电流经接地线流入大地，故接地应牢靠。

（3）高压电缆护层绝缘具有重要作用，不可损坏，电缆线路除规定接地的地方以外，其他部位不得有接地情况。

Jb0005131582 电力电缆故障发生的主要原因有哪些？（5分）

考核知识点：配电线路知识

难易度：易

标准答案：

（1）机械损伤。
（2）绝缘老化。
（3）绝缘受潮。
（4）过电压。
（5）电缆发热。
（6）产品质量缺陷。

Jb0005131583 电力电缆寻找故障点时，一般需先烧穿故障点，烧穿时采用交流有效还是直流有效？（5分）

考核知识点：配电线路知识

难易度：易

标准答案：

（1）运行中的电缆常出现高阻接地，当缺乏探测仪器时，一般先将高阻故障烧穿变为低阻故障，以利于用电桥法寻找电缆的故障点。

（2）若施加交流，因电缆的容量大，设备的容量也较大，另外，交流电压过零易于熄弧，故烧穿效果较差。若施加直流，只要通过的电流在1A左右，就可以烧穿故障点，效果较好。另外，因电缆电容在直流电压作用下，不产生电容电流，设备的容量可较小。

Jb0005133584 交联聚乙烯绝缘电缆进入潮气后如何处理？（5分）

考核知识点：配电线路知识

难易度：难

标准答案：

（1）去潮处理的原理：在电缆的一端用压缩气体介质（通常用干燥的氮气或干燥空气）强制灌入电缆绝缘线芯内，在电缆的另一端同时抽真空，让干燥气体吸入进入电缆的潮气后抽出。

（2）去潮专用设备及材料：真空泵（要求极限真空小于 0.5Pa）1 台，空气压缩机 1 台，抽真空用塑料管、铅套管（直径略大于电缆绝缘、长度 300mm 左右）6 个以及 PE 自粘胶带、变色硅胶、温度计、湿度计等。

（3）画出去潮回路接线示意图。

（4）去潮操作步骤：

1）将需要去潮电缆的头部打开，漏出电缆导体 40mm，设法将电缆倾斜，让电缆内的进水从电缆两端自然流出，根据电缆内的进水程度控制滴水时间，一般为 12～16h；

2）用湿度计观察周围环境的相对湿度，当空气湿度达到 50%以下时，启动真空泵开始抽真空，在最初的 8h，真空度可以达到 250～300Pa，继续抽真空，维持 20h；

3）停止抽真空，将干燥气体以一定压力充入电缆内，等电缆两端的压力值读数一致时，维持 4h，让电缆内的干燥空气充分吸收潮气；

4）启动真空泵再次抽真空，抽去电缆内的潮湿气体，真空平衡后，重复第 3）步工作；

5）重复第 3）、第 4）步工作数次；

6）接上变色硅胶罐抽真空，2～4h 后，如果硅胶罐不变色，说明去潮处理已经完成。

Jb0005132585　护层电压是怎样产生的？对电缆有什么影响？应如何处理？（5 分）

考核知识点：配电线路知识

难易度：中

标准答案：

（1）单芯电缆在三相交流电网中运行时，线芯电流产生的一部分磁通与铅包相连，这部分磁通使铅包产生感应电压。

（2）感应电压数值与电缆排列中心距离和铅包平均半径之比的对数成正比，并且与线芯负荷电流、频率以及电缆的长度成正比。在等边三角形排列的线路中，三相感应电压相等。在水平排列的线路中，边相的感应电压较中相感应电压高。

（3）单芯电缆铅包接地后，由于铅包感应电压在铅包中产生护层循环电流，此电流大小与电压高低和电缆间距等因素有关，基本上与线芯电流处于同一数量级。

（4）在铅包内造成护层损耗发热，降低电缆的输送容量 30%～40%。

（5）单芯电缆线路的铅包只有一点接地时，铅包上任一点的感应电压不应超过 65V，并应对地绝缘。

（6）如大于此规定电压时，应取铅包分段绝缘或绝缘后连接成交叉互联的接线。

（7）为了减小单芯电缆线路对邻近辅助电缆及通信电缆的感应电压，应采用交叉互联接线。

Jb0004133586　讨论直流耐压试验的注意事项。（5 分）

考核知识点：配电网络基本知识

难易度：难

标准答案：

（1）整流电路不同，硅整流堆所受反向工作电压不尽相同，采用半波整流电路时，使用的反向工作电压不要超过硅整流堆的反向峰值电压的一半，不同设备的试验要注意整流管的极性。

（2）硅整流堆串联运用时应采取均压措施。如果没有采取均压措施，则应降低硅整流堆的使用电压。

（3）试验时升压可分 5 个阶段均匀升压，升压速度一般保持 1～2kV/s，每个阶段停留 1min，并读取泄漏电流值。

（4）所有试验用器具及接线应放置稳固，并保证有足够的绝缘安全距离。

（5）电缆直流耐压试验后进行放电：通常先让电缆通过自身绝缘电阻放电，然后通过 80kΩ/1kV 左右的电阻放电，不得使用树枝放电，最后再直接接地放电。当电缆线路较长，试验电压较高时，可以采用几根水电阻串联放电。放电棒端部要渐渐接近微安表的金属扎线，反复放电几次，待不再有火花产生时，再用连接有接地线的放电棒直接接地。

（6）泄漏电流只能用作判断绝缘情况的参考，电缆泄漏电流具有下列情况之一者，说明电缆绝缘有缺陷，应找出缺陷部位，并进行处理：① 泄漏电流很不稳定；② 泄漏电流随时间有上升现象；③ 泄漏电流随试验电压升高急剧上升。

Jb0005132587　讨论感应法在应用中的几个问题。（5 分）

考核知识点：配电线路知识

难易度：中

标准答案：

（1）目前采用的音频信号发生器，其频率大多数为 800～1000Hz。选用这个频率是由于人耳对这一频率较敏感，但接收设备很难将其与工业干扰分开（因为信噪比较低），因此要提高音频信号源的功率，以减少工业干扰的影响。

（2）当听测接头位置用于相间短路故障时，要求较大功率的音频信号源，一般电缆要通过 5～7A 以上的电流才便于听测，而对于频率较高的信号源，则功率可小一些，但一般也应在 2A 以上。

（3）音频信号的输出阻抗，应尽量与电缆的阻抗相匹配，以便取得最大输出功率。对故障电缆，由于其阻值仍可能发生变化，为防止因阻抗不匹配而损坏音频信号源，使用时应有专人看守或加开路保护设备。

Jb0010132588　配电线路运行班应具备哪些规程？（5 分）

考核知识点：运行管理知识

难易度：中

标准答案：

《中华人民共和国电力法》、《电力设施保护条例》、《电力供应与使用条例》、《供用电营业规则》、《电力安全工作规程》、《电力生产事故调查规程》、《安全生产工作规定》、《架空配电线路及设备运行规程》、《变压器运行规程》、《电力电缆运行规程》、《10kV 及以下架空电力线路设计规程》、《城市电力电缆线路设计技术规程》、《架空绝缘配电线路设计技术规程》、《10kV 及以下变电所设计规范》、《农村低压电力技术规程》、《电气装置安装工程 35kV 及以下架空电力线路施工及验收规范》、《架空绝缘配电线路施工及验收规程》、《电气装置安装工程电缆线路施工及验收规范》、《电气装置安装工程接地装置施工及验收规范》、《交流电气装置的接地》、《交流电气装置的过电压保护和绝缘配合》。

Jb0001132589　为什么要加强班组创新？如何实现班组创新？（5 分）

考核知识点：职业道德

难易度：中

标准答案：

创新是企业发展的永恒动力。在班组中广泛开展职工技术创新活动，既能拥有最广泛的群众基础，又能调动好、发挥好、保护好一线职工的创造热情，更好地促进职工广泛深入地参与公司改革发展，实现职工与公司共同发展。

（1）以“五小”、QC、技术攻关等群众性技术创新活动为载体，广泛开展班组技术创新活动。

（2）完善职工技术创新成果评价、奖励、保护、应用等闭环管理，营造鼓励创新的良好氛围，激发班组创新活力。

（3）突出劳模示范引领作用，坚持“全员全面、实际实用、共建共享、创新创优、成长成才”的思路，实现创新创效。

Jb0001132590　班组安全管理有哪些内容？（5分）

考核知识点：职业道德

难易度：中

标准答案：

（1）班组认真贯彻“安全第一、预防为主”的方针，按照《安全生产工作规定》的要求，全面落实安全责任制。

（2）根据安监部门规定，组织职工参加每年一次的电力安全工作规程培训和心肺复苏培训，考试合格后方可上岗工作。特种作业人员必须经过专门培训，考试合格后，持证上岗。

（3）班组要坚持每天召开班前会，班前会上布置生产任务的同时要交代安全工作。

（4）生产性班组每周组织一次安全日活动，非生产性班组每月组织一次安全日活动，每次活动不得少于2h并做好记录。

（5）运行、检修、基建班组，要结合季节特点和发生事故的规律每年必须进行季节性安全生产大检查，其他班组要根据情况进行定期和不定期的安全检查，查思想、查规程、查工器具、查隐患、查薄弱环节。

（6）生产班组严格执行“两票（工作票、操作票）三制（交接班制度、巡回检查制度、设备定期试验轮换制度）”和设备缺陷管理等保证电力生产安全的基本制度，做到严肃、认真、准确、及时，达到标准化、规范化的要求。

（7）安全工器具的管理、检查试验和使用等，应因符合规程规定和有关要求，禁止使用不合格工器具。压力容器要定期检查、试验、符合要求。

（8）班组要协助领导和有关部门组织事故调查，对事故坚持“四不放过”原则。

Jb0001132591　电力应用文的学习和运用有什么意义？简述公文处理的原则。（5分）

考核知识点：职业道德

难易度：中

标准答案：

（1）培养协作能力，提高业务素质；开发智力资源，造就创造型人才；促进理论与实践相结合，学以致用。

（2）公文处理应当坚持实事求是、精简、高效的原则，做到及时、准确、安全；公文处理必须严格执行国家保密法律、法规和其他有关规定，确保国家秘密的安全。

Jb0001132592　如何提高沟通协调能力？（5分）

考核知识点：职业道德

难易度：中

标准答案：

（1）积极沟通。重视且乐于沟通，愿意与人建立联系。

（2）换位思考。能够打破自我心中的思维模式，尝试从对方的角度和立场考虑问题，体察对方感受，促进互相理解。

（3）及时反馈。重视信息的分享，用心倾听各方的意见，并根据实际情况及时做出调整和回应。

（4）机制保证。能够有意识地在组织中搭建沟通平台，通过机制建设确保沟通渠道的顺畅。

Jb0004132593 什么是介质损耗角正切值？测量 tanδ有何意义？（5 分）

考核知识点：配电网络基本知识

难易度：中

标准答案：

绝缘介质在交流电压作用下，可以看作是由电容电流和电阻电流构成的等值并联电路。其中电容性电流的大小与被试品的电容量大小有关，而电阻性电流的大小与绝缘介质在交流电压作用下的介质损耗有关。通过测试电阻电流与电容电流的比可以判断绝缘介质在交流电压作用下的损耗情况，这一比值称为介质损耗角正切值。

测量 tanδ是 35kV 及以上电力变压器、互感器和多油断路器高压试验时的一个重要项目。通过测量介质损耗角正切值可以检查被试品是否存在绝缘受潮和老化等缺陷。介质损耗角正切值测量的试验电压为 10kV，一般低于额定工作电压，因此属于非破坏性试验。

Jb0004133594 测量 tanδ时，为消除电场干扰，有哪几种方法？（5 分）

考核知识点：配电网络基本知识

难易度：难

标准答案：

（1）屏蔽法。测量 tanδ用的仪器和试验连接线都应有完善的屏蔽结构。

（2）选相倒相法。其基本原理是利用改变试验电源的相位，使外电场的干扰产生相反的结果，再对选相倒相前后各次测试所得数据进行计算，选取误差最小的 tanδ测试值。

（3）移相法。在测试 tanδ时用移相器改变试验电压的相位，在试验电流 $\dot{I}_X$ 与干扰电流 $\dot{I}_g$ 相位相同和相反两种情况下分别测量 tanδ。如果在试验电源的相位翻转 180° 后，前后两次测得的 tanδ数值不变，则这个数据就是实际值，已排除了外电场干扰的影响。

（4）干扰平衡法。干扰平衡法是利用外加的特制的可调电源，向测量回路上施加一个反干扰电压，产生一个反干扰电流 $\dot{I}_F$。在试验变压器 T 尚未升压的情况下，首先调节反干扰电流 $\dot{I}_F$ 的大小和方向，使电桥平衡，检流计指示零位。这表示流过检流计的反干扰电流 $\dot{I}_F$ 与干扰电流 $\dot{I}_g$ 之和为零。反干扰电流 $\dot{I}_F$ 已将干扰电流 $\dot{I}_g$ 平衡，这时再加试验电压，当调节电桥再次达到平衡时，即能得到较准确的 tanδ值。

Jb0005132595 简述电缆中间头模注熔接新技术及其特点。（5 分）

考核知识点：配电线路知识

难易度：中

标准答案：

（1）电缆模注熔接接头，是通过放热焊接方式等径处理导体连接，有效解决铜连接管的缺陷问题。

（2）同时根据电缆的本体结构，采用电缆本体同等材料，将半导层、绝缘层及外屏蔽电缆本体中的结构重点部位通过模注熔接方式进行恢复，解决了密封间隙的问题，最终实现了无应力锥、无活动界面，其电场分布和电气稳定性与原电缆本体形成了一致的电场应力，从而使电缆接头处成为完整的电缆而没有接头的概念。

（3）有效解决了中高压电缆击穿关键问题，达到免维护的效果。为电缆系统提供了一种更高的电气稳定性和安全可靠性的电缆接续技术。

Jb0005133596　稀土高铁铝合金电缆金属铠装结构以及材料成本、安装成本的优势有哪些？（5分）

考核知识点：配电线路知识

难易度：难

标准答案：

（1）国内常用的铠装电缆，大多采用钢带铠装，安全级别低，在受到外界破坏力时，其抵御能力差，容易导致击穿，且质量重，安装成本相当高，加之耐腐蚀性能差，使用寿命不长。

（2）金属连锁铠装电缆，采用的是铝合金带连锁铠装，其层与层之间的连锁结构能保证电缆经受外界强大的破坏力，即使电缆遭受较大的压力和冲击力时，电缆不易受损，提高了安全性能。

（3）铝合金带铠装结构使电缆与外界隔离，在火灾时，铠装层提高了电缆的阻燃耐火级别，降低了火灾的危险系数。

（4）铝合金带铠装结构相对于钢带铠装，其质量轻，敷设便利，可免桥架安装，加快施工进度，能减少20%～40%的安装费用。

（5）根据使用场所的不同可以选择不同的外护套层，使铝合金带铠装结构电缆的用途更加广泛。在实现同样性能的前提下，铝合金带铠装结构的直接成本即电缆本身的成本比铜缆低。

Jb0005132597　利用移动箱变车更换柱上变压器的关键点有哪些？（5分）

考核知识点：配电线路知识

难易度：中

标准答案：

（1）作业人员在安装或拆除工作接地时应戴绝缘手套。

（2）作业人员在接触带电导线和进行换相作业转移前，应得到监护人的许可。

（3）绝缘斗臂车在作业时，发动机不能熄火（电能驱动型除外），以保证液压系统处于工作状态；绝缘斗臂车、发电车、移动箱变车应接地，接地电阻符合要求。

（4）带电、停电配合作业的项目，当带电、停电作业工序转换时，应指定现场协调人统一协调带电、停电作业，确认无误后，方可开始工作。

（5）负荷导出和恢复原运行方式前应在低压开关处核对相序。

Jb0005133598　旁路作业法检修架空线路的关键点有哪些？（5分）

考核知识点：配电线路知识

难易度：难

标准答案：

（1）转角杆安装中间支持工具必须使用转角型中间支持工具。

（2）输送绳与电缆导入轮及输送绳与输送绳之间的连接必须牢固、可靠。

（3）输送绳受力后，在紧线工具卷槽内输送绳匝数不得低于5圈。

（4）输送绳在安装过程中，与有电设备应保持足够的安全距离。

（5）旁路柔性电缆采用地面敷设时，应对地面的旁路作业设备采取可靠的绝缘防护措施后方可投入运行，确保绝缘防护有效。

（6）旁路柔性电缆采用地面敷设时，旁路电缆运行期间应派专人看守、巡视，防止外人碰触。

（7）旁路电缆投入运行前应确认相位正确后，方可合上旁路负荷开关。

（8）旁路电缆绝缘检测后和退出运行后应充分放电，方可接触。

（9）带电、停电配合作业的项目，当带电、停电作业工序转换时，双方工作负责人应进行安全技术交接，确认无误后，方可开始工作。

（10）停电检修线路应落实相应的安全措施，恢复线路运行前，应检查确认符合送电条件。

Jb0005133599　旁路作业法检修架空线路的安全注意事项有哪些？（5分）

考核知识点：配电线路知识

难易度：难

标准答案：

（1）作业前应进行现场勘查。

（2）当斗臂车绝缘斗距带电线路1～2m或工作转移时，应缓慢移动，动作要平稳，严禁使用快速挡；绝缘斗臂车在作业时，发动机不能熄火（电能驱动型除外），以保证液压系统处于工作状态。

（3）敷设旁路电缆时，牵引速度应均匀；电缆不得与地面或其他硬物摩擦；旁路电缆接续时应对电缆接头进行清洁，接续应牢固可靠，接头两侧固定好连接器，连接器严禁受力。

（4）连接旁路作业设备前，应对各接口进行清洁和润滑，用不起毛的清洁纸或清洁布、无水酒精或其他电缆清洁剂清洁，确认绝缘表面无污物、灰尘、水分、损伤。在插拔界面均匀涂润滑硅脂。

（5）组装完毕并投入运行的旁路作业装备可以在雨、雪天气运行，但应做好防护。禁止在雨、雪天气进行旁路作业装备敷设、组装、回收等工作。

（6）根据旁路高压引下电缆接线端子的不同，亦可采用绝缘手套法带电断、接旁路高压引下电缆接头。

（7）作业线路下层有低压线路同杆并架时，如妨碍作业，应对作业范围内的相关低压线路采取绝缘遮蔽措施。

（8）上、下传递工具、材料均应使用绝缘绳传递，严禁抛掷。

（9）作业过程中禁止摘下绝缘防护用具。

Jb0005132600　旁路作业法检修电缆线路对气象条件有哪些要求？（5分）

考核知识点：配电线路知识

难易度：中

标准答案：

（1）旁路作业应在良好天气下进行。风力大于5级，或湿度大于80%时，不宜进行作业。如遇雷电、雪、雹、雨、雾等不良天气，禁止进行旁路作业。作业过程中若遇天气突然变化，有可能危及人身及设备安全时，应立即停止工作，撤离人员，恢复设备正常状况或采取临时安全措施。

（2）组装完毕并投入运行的旁路作业装备可以在雨、雪天气运行，但应做好防护。禁止在雨、雪天气进行旁路作业装备敷设、组装、回收等工作。

Jb0005133601　旁路作业法检修环网箱的安全注意事项有哪些？（5分）

考核知识点：配电线路知识

难易度：难

标准答案：

（1）敷设旁路电缆时，须由多名作业人员配合使旁路电缆离开地面整体敷设，防止旁路电缆与地面摩擦，且不得受力。

（2）打开环网箱柜门前应检查环网箱箱体接地装置的完整性，在接入旁路柔性电缆终端前，应对环网箱开关间隔出线侧进行验电。

（3）绝缘电阻检测完毕、拆除旁路设备前、拆除电缆终端后，均应进行充分放电，用绝缘放电杆放电时，绝缘放电杆的接地应良好。

（4）连接旁路作业设备前，应对各接口进行清洁和润滑，用不起毛的清洁纸或清洁布、无水酒精或其他电缆清洁剂清洁，确认绝缘表面无污物、灰尘、水分、损伤。在插拔界面均匀涂润滑硅脂。

（5）旁路柔性电缆采用地面敷设时，应对地面的旁路作业设备采取可靠的绝缘防护措施后方可投入运行，确保绝缘防护有效。

（6）旁路电缆运行期间，应派专人看守、巡视，防止外人碰触。

（7）不得强行解锁环网箱“五防”装置。

（8）操作环网箱开关，检测旁路回路整体绝缘电阻、放电，均应戴绝缘手套。

（9）倒闸操作应使用操作票。

（10）待检修环网箱负荷电流不应超过200A。旁路回路投入运行后，应每隔0.5h检测一次回路的负载电流并监视其运行情况。

Jb0003132602　如何通过间接方法判断设备操作位置？（5分）

考核知识点：配电线路工的基本知识

难易度：中

标准答案：

（1）配电设备操作后的位置检查应以设备实际位置为准。

（2）无法看到实际位置时，应通过间接方法如设备机械位置指示、电气指示、带电显示装置、仪表及各种遥测、遥信等信号的变化来判断设备位置。

（3）判断时，至少应有两个非同样原理或非同源的指示发生对应变化，且所有这些确定的指示均已同时发生对应变化，方可确认该设备已操作到位。

（4）检查中若发现其他任何信号有异常，均应停止操作，查明原因。

（5）若进行遥控操作，可采用上述间接方法或其他可靠的方法判断设备位置。

Jb0003132603　工作负责人的安全责任有哪些？（5分）

考核知识点：配电线路工的基本知识

难易度：中

标准答案：

（1）正确组织工作。检查工作票所列安全措施是否正确完备，是否符合现场实际条件，必要时予以补充完善。

（2）工作前，对工作班成员进行工作任务、安全措施交底和危险点告知，并确认每个工作班成员都已签名。

（3）组织执行工作票所列由其负责的安全措施。

（4）监督工作班成员遵守《国家电网公司电力安全工作规程（配电部分）》、正确使用劳动防护用品和安全工器具以及执行现场安全措施。

（5）关注工作班成员身体状况和精神状态是否出现异常迹象，人员变动是否合适。

Jb0003131604　同杆（塔）架设多回线路中部分线路停电的工作，为防止误登有电线路，应采

取哪些措施？（5 分）

考核知识点： 配电线路工的基本知识

难易度： 易

标准答案：

（1）每基杆塔应设识别标记（色标、判别标识等）和线路名称、杆号。

（2）工作前应发给作业人员相对应线路的识别标记。

（3）经核对停电检修线路的识别标记和线路名称、杆号无误，验明线路确已停电并挂好接地线后，工作负责人方可宣布开始工作。

（4）作业人员登杆塔前应核对停电检修线路的识别标记和线路名称、杆号无误后，方可攀登。

（5）登杆塔和在杆塔上工作时，每基杆塔都应设专人监护。

Jb0003132605　某供电公司需要在连接有低压分布式电源的低压线路上进行更换导线工作（工作地段内无邻近、交叉的其他线路），该低压分布式电源与电网通过 400V/100A 的空气开关并网。为保证施工安全，工作前应采取哪些防止倒送电的安全措施？（5 分）

考核知识点： 配电线路工的基本知识

难易度： 中

标准答案：

（1）工作票签发人组织现场勘查，制订作业方案。

（2）填用低压工作票。

（3）提前告知分布式电源用户停送电时间，与用户相互配合做好电网停电检修的隔离措施，将停电隔离点的空气开关锁住，并悬挂“禁止合闸，线路有人工作！”标示牌。

（4）将待更换导线的低压线路停电，将停电操作的开关（或刀闸）操作把手锁住并悬挂“禁止合闸，线路有人工作！”标示牌，在停电操作的开关（或刀闸）的用户侧装设一组低压接地线。

（5）在电网与分布式电源用户停电隔离点的空气开关电网侧装设一组低压接地线。

Jb0005131606　带电作业何种情况下应停用重合闸，并不得强送电？（5 分）

考核知识点： 配电线路知识

难易度： 易

标准答案：

（1）中性点有效接地的系统中有可能引起单相接地的作业，中性点非有效接地的系统中有可能引起相间短路的作业，工作票签发人或工作负责人认为需要停用重合闸的作业应停用重合闸，并不得强送电。

（2）禁止约时停用或恢复重合闸。

Jb0002131607　安全工器具试验合格证如何粘贴？哪些安全工器具应进行试验？（5 分）

考核知识点： 安全防护知识

难易度： 易

标准答案：

（1）安全工器具经试验合格后，应在不妨碍绝缘性能且醒目的部位粘贴合格证。

（2）应试验的安全工器具如下：

1）规程要求试验的安全工器具；

2）新购置和自制的安全工器具；

3）检修后或关键零部件已更换的安全工器具；

4）对机械、绝缘性能产生疑问或发现缺陷的安全工器具；

5）出了问题的同批次安全工器具。

Jb0003131608　一级动火在首次动火时有哪些要求？动火执行人、监护人同时离开作业现场，恢复动火有何要求？（5分）

考核知识点： 配电线路工的基本知识

难易度： 易

标准答案：

（1）一级动火在首次动火时，各级审批人和动火工作票签发人均应到现场检查防火安全措施是否正确完备，测定可燃气体、易燃液体的可燃蒸气含量是否合格，并在监护下做明火试验，确无问题后方可动火。工作票签发人组织现场勘查，制订作业方案。

（2）动火执行人、监护人同时离开作业现场，间断时间超过30min，继续动火前，动火执行人、监护人应重新确认安全条件。需填用低压工作票。

Jb0009131609　起重机作业时的注意事项有哪些？（5分）

考核知识点： 起重机械在电力施工中的应用

难易度： 易

标准答案：

（1）作业时，起重机应置于平坦、坚实的地面上。不得在暗沟、地下管线等上面作业；无法避免时，应采取防护措施。

（2）作业时，起重机臂架、吊具、辅具、钢丝绳及吊物等与架空输电线及其他带电体的距离不得小于《国家电网公司电力安全工作规程（配电部分）》表6－1的规定，且应设专人监护。

（3）小于《国家电网公司电力安全工作规程（配电部分）》表6－1、大于《国家电网公司电力安全工作规程（配电部分）》表3－1规定的安全距离时，应制订防止误碰带电设备的安全措施，并经本单位分管副总经理审批。

（4）小于《国家电网公司电力安全工作规程（配电部分）》表3－1规定的安全距离时，应停电进行。

Jb0004132610　工作人员进行继电保护装置传动试验，请简述应采取的安全措施。如果传动中遇到异常情况应如何处理？（5分）

考核知识点： 配电网络基本知识

难易度： 中

标准答案：

（1）在做继电保护装置传动试验前，应通知运维人员和有关人员，并指派专人到现场监视后，方可进行。

（2）检验继电保护的工作人员，不得操作运行中的设备、信号系统、保护连接片。在取得运维人员许可并在检修工作盘两侧开关把手上采取防误操作措施后，方可断、合检修断路器（开关）。

（3）在传动试验过程中，凡遇到异常情况（如直流系统接地等）或断路器（开关）跳闸时，不论是否与本工作有关，都应立即停止工作，保持现状，待查明原因，确认与本工作无关时方可继续工作。

（4）若异常情况或断路器（开关）跳闸是本工作所引起，应保留现场并立即通知运维人员。

Jb0005131611　电网管理单位与分布式电源用户签订的并网协议中，在安全方面至少应明确哪些内容？（5分）

考核知识点：配电线路知识

难易度：易

标准答案：

（1）并网点开断设备（属于用户）操作方式。

（2）检修时的安全措施。双方应相互配合做好电网停电检修的隔离、接地、加锁或悬挂标示牌等安全措施，并明确并网点安全隔离方案。

（3）由电网管理单位断开的并网点开断设备，仍应由电网管理单位恢复。

Jb0002132612　符合哪些情况的电网事件属于特别重大电网事故（一级电网事件）？（5分）

考核知识点：安全防护知识

难易度：中

标准答案：

有下列情形之一者，为特别重大电网事故（一级电网事件）：

（1）造成区域性电网减供负荷30%以上者。

（2）造成电网负荷20 000MW以上的省（自治区）电网减供负荷30%以上者。

（3）造成电网负荷5000MW以上20 000MW以下的省（自治区）电网减供负荷40%以上者。

（4）造成直辖市电网减供负荷50%以上，或者60%以上供电用户停电者。

（5）造成电网负荷2000MW以上的省（自治区）人民政府所在地城市电网减供负荷60%以上，或者70%以上供电用户停电者。

Jb0002133613　符合哪些情况的电网事件属于重大电网事故（二级电网事件）？（5分）

考核知识点：安全防护知识

难易度：难

标准答案：

有下列情形之一者，为重大电网事故（二级电网事件）：

（1）造成区域性电网减供负荷10%以上30%以下者。

（2）造成电网负荷20 000MW以上的省（自治区）电网减供负荷13%以上30%以下者。

（3）造成电网负荷5000MW以上20 000兆瓦以下的省（自治区）电网减供负荷16%以上40%以下者。

（4）造成电网负荷1000MW以上5000兆瓦以下的省（自治区）电网减供负荷50%以上者。

（5）造成直辖市电网减供负荷20%以上50%以下，或者30%以上60%以下的供电用户停电者。

（6）造成电网负荷2000MW以上的省（自治区）人民政府所在地城市电网减供负荷40%以上60%以下，或者50%以上70%以下供电用户停电者。

（7）造成电网负荷2000MW以下的省（自治区）人民政府所在地城市电网减供负荷40%以上，或者50%以上供电用户停电者。

（8）造成电网负荷600MW以上的其他设区的市电网减供负荷60%以上，或者70%以上供电用户停电者。

Jb0002133614　当电网安全水平降低，出现哪些情况时，将被定为六级电网事件？（5分）

考核知识点：安全防护知识

难易度：难

标准答案：

当电网安全水平降低，出现下列情况之一者，定为六级电网事件：

（1）区域电网、省（自治区、直辖市）电网实时运行中的备用有功功率不能满足调度规定的备用要求。

（2）电网输电断面超稳定限额连续运行时间超过 1h。

（3）220kV 以上线路，母线失去主保护。

（4）互为备用的两套安全自动装置（切机、切负荷、振荡解列、集中式低频低压解列等）非计划停用时间超过 72h。

（5）系统中发电机组 AGC 装置非计划停用时间超过 72h。

Jb0002132615　符合哪些条件的事件将被认定为八级设备事件？（5 分）

考核知识点：安全防护知识

难易度：中

标准答案：

八级设备事件未构成七级以上设备事件，符合下列条件之一者，定为八级设备事件：

（1）造成 5 万元以上 10 万元以下直接经济损失者。

（2）10kV 以上输变电设备跳闸（10kV 线路跳闸重合成功不计）、被迫停运、非检修、停止备用，或设备异常造成限（降）负荷（输送功率）运行。

（3）35kV 变电站站用直流全部失电。

（4）110kV（含 66kV）变电站站用交流全部失电。

（5）发电厂出现下列情况之一者：

1）发电机组被迫停止运行或停止备用；

2）主要构建筑物、水库库盆、输水道等出现缺陷需要处理的；

3）主要辅机和公用系统被迫停止运行或停止备用；

4）发电机变压器组主保护非计划停运，导致主保护非计划单套运行，时间超过 24h；

5）供热发电机组对用户停止供热；

6）风电机组故障停运。

Jb0002132616　哪些事故应由调查组填写事故调查报告书？（5 分）

考核知识点：安全防护知识

难易度：中

标准答案：

（1）人身死亡、重伤事故。

（2）五级以上电网事故。

（3）五级以上设备事故。

（4）六级以上信息系统事件。

（5）其他由国家电网有限公司、省电力公司、国家电网有限公司直属公司根据事故性质及影响程度指定填写的。

Jb0002131617　《国家电网公司电力事故调查规程》（2011 年修订版）中所说的输变电主设备主要包含哪些设备？（5 分）

考核知识点：安全防护知识

难易度：易

标准答案：

（1）主变压器、电抗器、高压母线、配电变压器、断路器、线路（电缆）、厂用变压器等。

（2）换流器、换流变压器、交流滤波器、直流滤波器、平波电抗器、接地极等。

Jb0002132618　七级以上事故应报送月度事故快报，应包括哪些内容？（5分）

考核知识点：安全防护知识

难易度：中

标准答案：

（1）人身死亡、重伤和轻伤人数。

（2）电网、设备、信息系统事故次数。

（3）恶性误操作事故次数。

（4）事故发生的时间、地点、单位；事故发生的简要经过、伤亡人数、直接经济损失的初步估计；设备损坏、电网停电影响以及系统和网络故障的初步情况；事故发生原因的初步判断。

（5）事故造成负荷损失的，需同时填报损失负荷和停电用户数。

Jb0002131619　电网电能质量降低，造成哪些后果的事件才能认定为五级电网事件？（5分）

考核知识点：安全防护知识

难易度：易

标准答案：

电网电能质量降低，造成下列后果之一者，被认定为五级电网事件：

（1）频率偏差超出以下数值：

1）在装机容量3000MW以上电网，频率偏差超出（50±0.2）Hz，延续时间30min以上。

2）在装机容量3000MW以下电网，频率偏差超出（50±0.5）Hz，延续时间30min以上。

（2）500kV以上电压监视控制点电压偏差超出±5%，延续时间超过1h。

Jb0002133620　最新修订的《国家电网公司电力事故调查规程》的制定目的、依据和正式实施时间分别是什么？（5分）

考核知识点：安全防护知识

难易度：难

标准答案：

（1）制定目的：为了规范国家电网有限公司系统安全事故报告和调查处理，落实安全事故责任追究制度，通过对事故的调查分析和统计，总结经验教训，研究事故规律，采取预防措施，防止和减少安全事故。

（2）制定依据：根据《生产安全事故报告和调查处理条例》（国务院令第493号）、《电力安全事故应急处置和调查处理条例》（国务院令第599号）等法规，制定本规程。

（3）最新修订的《国家电网公司电力事故调查规程》规程自2012年1月1日起施行。

Jb0007133621　断路器在什么情况下应申请立即停电检修？（5分）

考核知识点：柱上开关设备知识

难易度：难

标准答案：

（1）套管有严重破损和放电现象。

（2）油断路器灭弧室冒烟或内部有异常声响。

（3）油断路器严重漏油，油位器中见不到油面。

（4）SF_6气室严重漏气，发出操作闭锁信号。

（5）真空断路器出现真空损坏的“咝咝”声，不能可靠合闸，合闸后声音异常，合闸铁芯上升不返回，分闸脱扣器拒动。

（6）断路器动作合闸后，值班人员应立即记录故障发生的时间，并立即进行“事故特巡”，并查明原因及处理检修。

（7）断路器对故障分闸强行送电后，无论成功与否，均应对断路器外观进行仔细检查和处理。

（8）断路器对故障跳闸时发生拒动，造成越级分闸，在恢复系统送电前，应将发生拒动的断路器脱离系统并保持原状，待查清拒动原因并消除缺陷后方可投入运行。

（9）SF_6断路器发生意外爆炸或严重漏气等事故，值班人员接近设备要谨慎，尽量选择从“上风”接近设备，必要时要戴防毒面具，穿防护服。

Jb0011133622　简述电动隔离开关拒合闸故障及应对措施。（5分）

考核知识点：开关站、配电室和箱式变电站

难易度：难

标准答案：

电动操作机构的隔离开关拒绝合闸时，应着重观察接触器是否动作，电动机构转动与否以及传动机构动作情况等，以区分故障范围，并向调度汇报。

（1）若接触器未动作，可能是控制回路问题。处理办法：首先核对设备编号、操作顺序是否有误，如果有误，则是操作回路被防误闭锁回路闭锁，应立即纠正其错误操作；再检查操作电源是否正常，熔断器是否熔断或接触不良，处理正常后继续操作；若无以上问题，应检查回路中的不通电，处理正常后继续操作。

（2）若接触器已动作，问题可能是接触器卡滞或接触不良，也可能是电动机的问题。应进一步检查电动机接线端子上的电压，如果电压不正常，则证明是接触器的问题，反之是电动机的问题。

（3）若电动机转动，机构因机械卡涩合不上，应停止操作。先检查接地隔离开关，看是否完全拉开到位，将其完全拉开到位后，可继续操作。无上述问题时，应检查电动机是否缺相，三相电源恢复正常后，可继续操作。如果不是缺相问题，则可进行手动操作，检查机械卡涩部位，若能排除，可继续操作。若还是无法解决，应调整运行方式先恢复供电，而后向上级汇报，停电时再由检修人员处理。

Jb0007131623　高压熔断器在使用中的注意事项有哪些？（5分）

考核知识点：柱上开关设备知识

难易度：易

标准答案：

（1）高压跌开式熔断器底座（支架）和各部分零件应完整、固定牢固，三相支点在同一平面上。

（2）10kV跌开式熔断器相间距离不应小于500mm。

（3）跌开式熔断器的安装应符合下列要求：

1）接点转轴光滑灵活，铸件不应有裂纹、砂眼；

2）熔管内应清洁，熔丝安装应适当拉紧、拧牢；

3）熔管的轴线与垂线的夹角为15°～30°，允许偏差5°，熔丝熔断后跌开动作应灵活可靠，接

触紧密，上下引线应压紧，与线路导线的连接应紧密可靠；

4）瓷件良好，熔管不应有吸潮膨胀或弯曲现象；

（4）熔丝的规格应符合设计要求，并应无弯折，压扁或损伤。

Jb0007133624 10kV 高压跌开式熔断器常见的故障有哪些？（5 分）

考核知识点：柱上开关设备知识

难易度：难

标准答案：

（1）前抱箍螺栓与跌开式熔断器横担的连接点。跌开式熔断器运行时间过长时，螺栓很容易锈死，当需要更换时，很难拆下，往往要用钢锯把螺栓锯断。这种做法将导致通电时间较长，易造成用户投诉。

（2）支柱。由于运行时间长，瓷质老化，如果检修人员在进行拉合熔管操作时用力过猛，则会将支柱颈部推（拉）断，造成损坏。

（3）上动触点或拉合刀片。检修人员在线路带负荷拉合熔断器熔管时，产生的电弧对于 RW3－10G 型户外跌开式熔断器而言，容易把上动触点烧坏；对于 RW10－10F/100A 型熔断器而言，其拉合刀片较易被电弧灼伤损坏。

（4）熔管。在线路长期过负荷或经常出现故障时，由于熔管熔丝配置不合理，高于线路额定电流的情况下熔丝不易熔断，易造成熔管发热，导致熔管烧毁。此外，由于熔管两端铜帽的止定螺栓松动，其中一端的铜帽下滑，致使铜帽两端间距缩小，鸭嘴罩与上动触点接触不牢，被风吹时使熔管脱落。

（5）灭弧罩。RE10－10F/100A 型熔断器是带有灭弧室的一种常用的线路控制设备。在紧急情况下需要断开线路电源时，强烈的电弧可在灭弧室内熄灭，不至于因拉弧而造成弧光短路或接地等事故。但是，如果频繁地操作或刀片长期接触不良时，灭弧罩就较易烧毁。

Jb0008133625 接地装置按用途分为哪几类？接地电阻数值的范围是什么？（5 分）

考核知识点：防雷与接地

难易度：难

标准答案：

由于运行和安全的需要，常将电力系统及电气设备的某些导电部分和非导电部分（例如电缆外皮）经接地线连接至接地极，称为接地。埋入大地并土壤接触的金属导体称为接地体，电气设备的接地部分同接地体相连接的金属导体称为接电线，接地体与接地线合称为接地装置。按用途接地可分为工作接地、保护接地、雷电保护接地和防静电接地四种。

（1）工作接地。根据电力系统正常运行的需要而设置的接地，称为工作接地。例如三相系统的中性点接地、配电变压器低压侧中性点接地等。通常要求工作接地的接地电阻为 0.5～10Ω。

（2）保护接地。电气设备的金属外壳、配电装置的构架和线路杆塔等，由于绝缘损坏有可能带电，为防止危及人身和设备的安全而设置的接地，称为保护接地。例如电动机、变压器以及高、低压电器等外壳接地。这种接地只是在故障条件下发挥作用。其接地电阻，对高压设备要求 1～10Ω，低压设备为 10～100Ω。

（3）雷电保护接地。为雷电保护装置向大地泄放雷电流而设置的接地，称为雷电保护接地或防雷接地。例如避雷针、避雷线、避雷器的接地。它是防雷保护装置不可缺少的组成部分，特殊的工作接地。其接地电阻通常为 1～30Ω。

（4）防静电接地。为防止静电对易燃油、天然气罐和管道等危险作用而设置的接地，称为防静电接地。其接地电阻不应大于 30Ω。

Jb0005133626　简述电力电缆线路常见故障的原因及防范措施。（5分）

考核知识点：配电线路知识

难易度：难

标准答案：

（1）外力损伤。在电缆的保管、运输、敷设和运行过程中都可能遭受外力损伤，特别是已运行的直埋电缆，在其他工程的地面施工中易遭损伤。这类事故往往占电缆事故的50%。为避免这类事故，除加强电缆的保管、运输、敷设等各环节的工作质量外，更重要的是严格执行动土制度。

（2）保护层腐蚀。地下杂散的电化腐蚀或非中性土壤的化学腐蚀使保护层失效，失去对绝缘的保护作用。解决办法是：在杂散电流密集区安装排流设备；当电缆线路上的局部土壤含有损害电缆的化学物质时，应将这段电缆装于管内，并用中性土壤作电缆的衬垫并覆盖，还要在电缆上涂以沥青。

（3）铅包疲劳、龟裂、胀裂。原因是电缆品质不良。这可以加强敷设前对电缆的检查。如电缆的安装质量或环境条件很差，安装时局部电缆受到多次弯曲，弯曲半径过小，终端头、中间投运发热导致附近电缆段过热，周围电缆密集不易散热等，这要通过抓好施工质量得以保证。

（4）过电压、过负荷运行。电缆电压选择不当、在运行中突然有高压窜入或长期超负荷，都可能使电缆绝缘强度遭破坏，将电缆击穿。这需通过加强巡视检查、改善运行条件及时解决。

（5）户外终端头浸水爆炸。因施工不良，绝缘胶未灌满，致终端头浸水，最终发生爆炸。因此要严格执行施工工艺规程，认真验收，加强检查和及时维修。对已爆炸的终端头要截去重做。

（6）户内终端头漏油。终端头漏油，破坏了密封结构，使电缆终端部浸渍剂流失干枯，热阻增加，绝缘加速老化，易吸收潮气，造成热击穿。发现终端头渗油时应加强巡视，严重时应停电重做。

Jb0005133627　简述电力电缆的运行故障。（5分）

考核知识点：配电线路知识

难易度：难

标准答案：

运行故障是指电缆在运行中，因绝缘击穿或导体损坏而引起保护器动作突然停止供电的事故，或因绝缘击穿发生单相接地，虽未造成突然停止供电但又需要退出运行的故障。

常见的运行故障如下：

（1）电缆线路单相接地（未跳闸）。一般来说，发生此类故障的电缆导体的损伤只是局部的，如果是属于机构损伤，而故障点附近的土壤又较干燥时，一般可进行局部修理，加添一个假接头，即不将电缆芯线锯断，仅将故障点绝缘加强后密封。

（2）电缆线路其他接地或接地故障。发生此类故障的电缆导体和绝缘的损伤一般较大，已不能做局部修理，这时必须将故障点和已受潮的电缆全部锯断，换上同规格的电缆，安装新的电缆接头或终端。

（3）电缆终端故障。电缆终端一般留有余线，因此发生故障后一般应进行彻底修复。为了消除潮气，应将电缆锯断一段后重新制作终端。

Jb0005133628　简述电力电缆的试验故障。（5分）

考核知识点：配电线路知识

难易度：难

标准答案：

试验故障是指在预防性试验中被击穿或绝缘不良而必须进行检修才能恢复供电的故障。

常见的电缆试验故障如下：

（1）环氧树脂电缆接头在预防性试验中被击穿。对这类故障的处理方法是，先找出击穿点部位，将击穿点外面的环氧树脂用铁凿凿去，消除故障点后加包堵油层，然后再重新局部浇筑环氧树脂。

（2）户内终端在预防性试验中被击穿。对这类故障的处理方法是将故障相进行拆除，局部修理。

（3）护层故障。对护层有绝缘要求的电缆线路，在测得准确的护层故障位置后，可用与护层相同材料的补丁块以塑料焊枪热风吹焊或用自粘胶带紧包扎。损坏较多的护层可套上热缩卷包管包后，加热收缩。修补后的护层再做护层直流耐压试验或绝缘电阻测量。

Jb0005133629　简述电缆直流耐压及泄漏电流试验时的注意事项。（5分）

考核知识点：配电线路知识

难易度：难

标准答案：

（1）试验前先对电缆验电，并接地充分放电；将电缆两端所连接的设备断开，试验时不附带其他设备；将两端电缆头绝缘表面擦干净，减少表面泄漏电流引起的误差，必要时可在电缆头相间加设绝缘挡板。试验场地设好遮栏，在电缆另一端挂好警示牌并派专人看守以防外人靠近，检查接地线是否接地、放电棒是否接好。

（2）加压时，应分段逐渐提高电压，分别是0.25、0.5、0.75、1.0倍试验电压下停留1min读取泄漏电流值；最后在试验电压下按规定的时间进行耐压试验，并在耐压试验终了前读取耐压后的泄漏电流值。

（3）根据类型的不同，微安表有不同的接法，一般都将微安表接在高压侧，高压侧引线及微安表加屏蔽。对于带有铜丝网屏蔽层且对地绝缘的电力电缆，也可将微安表穿接在被试电缆的地线回路，在微安表两端并联一放电开关，测量时将开关拉开，测量最后放电前将开关合上，避免放电电流冲击损坏微安表。

（4）在高压侧直接测量电压。因为采用半波整流或被压整流时，如采取在低压侧测量电压换算至高压侧电压的方法，由于电压波形和变比误差以及杂散电流的影响，可能会使高压试验电压幅值产生较大的误差，故应在高压侧直流测量电压。

（5）每次耐压试验完毕，应先降压，切断电源。切断电源后必须对被试电缆用每千伏约 80kΩ的限流电阻对地放电数次，然后再直接对地放电，放电时间应不少于5min。

Jb0006132630　干式配电变压器日常运行中应注意哪些问题？（5分）

考核知识点：配电变压器知识

难易度：中

标准答案：

（1）有无异常声音及振动。

（2）有无局部过热，有害气体腐蚀等，有无爬电痕迹和炭化现象等造成的变色。

（3）变压器的风冷装置运转是否正常。

（4）高、低压接头应无过热，电缆头应无漏电、爬电现象。

（5）绕组的温升应根据变压器采用的绝缘材料等级，监视温升不得超过规定值。

（6）支持绝缘子应无裂纹，无放电痕迹。

（7）检查绕组压件是否松动。

（8）室内通风应良好，铁芯风道应无灰尘及杂物堵塞，铁芯无生锈或腐蚀现象等。

Jb0005133631　阐述配电线路施工工程预算书的编制程序。（5分）

考核知识点：配电线路知识

难易度：难

标准答案：

（1）工作准备阶段：

1）接受任务书；

2）借出和熟悉施工的图纸；

3）整理并分析初设修改的内容；

4）制订技术组织措施（包括计划进度）。

（2）文件编制阶段：

1）各种调整系数计算；

2）整理施工图纸，计算工程量，编制补充材料、设备预算价格；

3）编制各单位工程预算表；

4）编制总预算及写说明书；

5）编制其他费用预算表；

6）组织审核及修改。

（3）工作结尾阶段：

1）提交专工、总工审阅并签署；

2）成品送出给印制室印刷分发；

3）工程总结；

4）资料归档。

Jb0005133632　简述绝缘导线损伤后的处理方法。（5分）

考核知识点：配电线路知识

难易度：难

标准答案：

（1）线芯损伤的处理：

1）线芯截面损伤在导电部分截面的6%以内，损伤深度在单股线直径的1/3之内，应用同金属的单股线在损伤部分缠绕，缠绕长度应超出损伤部分两端各30mm。

2）线芯截面损伤不超过导电部分截面的17%时，可敷线修补，敷线长度应超过损伤部分，每端缠绕长度超过损伤部分不小于100mm。

3）线芯损伤有下列情况之一时，应锯断重接：在同一截面内，损伤面积超过线芯导电部分截面的17%；钢芯断一股。

（2）绝缘层的损伤处理：

1）绝缘层损伤深度在绝缘层厚度的10%及以上时应进行绝缘修补。可用绝缘自粘带缠绕，每圈绝缘粘带搭压带宽的1/2，补修后绝缘自粘带的厚度应大于绝缘层损伤深度，且不少于两层，也可用绝缘护罩将绝缘层损伤部位罩好，并将开口部位用绝缘自粘带缠绕封住。

2）一个档距内，单根绝缘线绝缘层的损伤修补不宜超过3处。

Jb0005133633　采用张力放线操作的要求有哪些？（5分）

考核知识点：配电线路知识

难易度：难

标准答案：

（1）张力放线的顺序一般先放中间相，后放两边相。

（2）牵引机、张力机必须按使用说明和操作规范进行操作，操作人员应经过专业培训并取得合格证后，方能操作。

（3）牵引导线时，应先开张力机，待张力机打开刹车发动后，方可开牵引机进行牵引。停止牵引时，操作程序则相反。当接到停机信号时，牵引机必须停止牵引，以便查明原因。张力机需在牵引机停机后方可停机。

（4）牵引导线时，应先慢速牵引，然后逐渐加速，以防牵引绳波动过大。如因故停工时，应先将导线锚固好后，方可放松牵引张力。

（5）放线段跨越或平行接近带电电力线路时，牵引场和张力场两端的牵引绳以及导线上均应挂接地滑车，并进行良好的接地。

Jb0005133634　进行导、地线弧垂观察的具体要求有哪些？（5分）

考核知识点：配电线路知识

难易度：难

标准答案：

（1）计算导线、架空地线弧垂或根据弧垂曲线查取弧垂时，应考虑初伸长的影响。

（2）计算或查取弧垂值时，应考虑施工现场的实际温度，当实测气温和计算或查对弧垂（f）值所给定的气温相差在±2.5℃以内时，观测弧垂可不调整，如超过此范围，则应予调整。

（3）观测弧垂时，应顺着阳光且宜从低处向高处观察，并尽可能选择前方背景较清晰的观察位置。当架空线基本达到要求弧垂时，应通知停止牵引，待架空线的摇晃基本稳定后再进行观察。

（4）多档紧线时，由于放线滑车的摩擦阻力，往往是前面弧垂已满足要求而后侧还未达到。因此，在弧垂观察时，应先观察距操作（紧线）场地较远的观察档，使之满足要求，然后再观察、调整近处观测档弧度。

（5）当多档紧线，几个弧垂观测档的弧垂不能都达到各自要求值时，如弧垂相差不大，对两个观测档的按较远的观测档达到要求为准，三个观察档的则以中间一个观测档达到要求为准；如弧垂相差较大，应查找原因后加以处理。

（6）观测弧垂应在白天进行，如遇大风、雾、雪等天气影响弧垂观测时，应暂停观测。

（7）对复导线的弧垂观察，应采用仪器进行，以免因目测弧垂的误差较大，造成复导线两线距离不匀。

Jb0005132635　线路正常运行时，简要说明直线杆和耐张杆承受荷载的类型及构成。（5分）

考核知识点：配电线路知识

难易度：中

标准答案：

（1）直线杆。在正常运行时主要承受水平荷载和垂直荷载；其中水平荷载主要由导线和避雷线的风压荷载、杆身的风压荷载、绝缘子及金具风压荷载构成；而垂直荷载主要由导线、避雷线、金具、绝缘子的自重及拉线的垂直分力引起。

（2）耐张杆。在正常运行时主要承受水平荷载、垂直荷载和纵向荷载；其中纵向荷载主要由顺线路方向不平衡张力构成，水平荷载和垂直荷载与直线杆构成相似。

Jb0005133636　架空配电线路竣工验收应检查哪些项目，提交哪些资料和文件？（5分）

考核知识点：配电线路知识

难易度：难

标准答案：

（1）在验收时应按下列要求进行检查：

1）采用器材的型号、规格；

2）线路设备标志应齐全；

3）电杆组立的各项误差；

4）拉线的制作和安装；

5）导线的弧垂、相间距离、对地距离、交叉跨越距离及对建筑物的接近距离；

6）电气设备外观应完整无缺损；

7）相位正确，接地装置符合规定；

8）沿线的障碍物、应砍伐的树及树枝等杂物应清除完毕。

（2）在验收时应提交下列资料和文件：

1）竣工图；

2）变更设计的证明文件（包括施工内容明细表）；

3）安装技术记录（包括隐蔽工程记录）；

4）交叉跨越距离记录及有关协议文件；

5）调整试验记录；

6）接地电阻实测值记录；

7）有关批准文件。

Jb0005133637　施工现场对钢筋混凝土电杆如何进行排杆？（5分）

考核知识点：配电线路知识

难易度：难

标准答案：

施工现场对钢筋混凝土电杆进行排杆，一般需要以下关系程序和规定：

（1）在排杆前，先根据图纸和施工手册，核对杆段规格及配筋是否符合要求，对电杆质量进行检查，如有缺陷，应在质量标准允许范围内，否则不能使用。

（2）若为双杆整体起吊排杆时，必须根据立杆方案确定，应使两杆排列的位置：

1）与坑口距离相等；

2）根开的尺寸符合图纸的数值；

3）平行于线路中心线或转角平分线。

（3）排杆时，先排放电杆的下段，根据电杆平面布置的要求，按起吊方案确定杆根与坑位中心的距离。

（4）在排杆时要拨正各穿钉孔的相对位置和方向，不要搞错，以便组装。

（5）排杆的场地不理想时，可适当地进行地形平整或支垫，并改善土质，使电杆放在合理的位置上。

（6）排杆时，必须保证连接的杆段在同一轴线上，可沿电杆上面和两侧面通过目测调正后，再沿电杆拉线校正，也可测量仪校正，在焊接过程中要随时注意杆身的正直，并应注意到土壤的松软而可能引起支点的缓缓地微微下沉。

（7）钢板圈对口找正，中间留 25 的焊口间隙，间隙过大时，可用气割修理，严禁用焊条或其他金属填充，钢圈厚度大于 6mm 时，应采用 V 型坡口多层焊接。

Jb0005133638　配电线路导线的展放工作如何进行组织？（5分）

考核知识点：配电线路知识

难易度：难

标准答案：

（1）组织人员进行通道清理工作，清理范围应根据施工设计要求和有关规程进行。

（2）组织搭好跨越架，跨越架与被跨越物之间的距离应符合规定要求。

（3）落实下述工作岗位人员，并于施工前明确交代任务：

1）每只线轴看护人；

2）每根导线、避雷线拖线时带队负责人；

3）每基杆塔登杆人；

4）各重要交叉跨越处或跨越架处的监护人；

5）沿线通信联络负责人；

6）沿线检查障碍物负责人。

（4）挂好绝缘子串及放线滑车。

（5）布线工作，根据每盘线的长度或重要程度及施工现场要求，合理分配在各耐张段，以求接头最少，少剩余线，同时考虑紧线后，导线、避雷线的接续压接管应避开不允许有接头的档距和位置。

Jb0005133639　爆炸危险环境内电气线路敷设的一般规定是什么？（5 分）

考核知识点：配电线路知识

难易度：难

标准答案：

（1）电气线路的敷设方式、路径，应符合设计规定。当设计无明确规定时，应符合下列要求：

1）电气线路应在爆炸危险性较小的环境或远离释放源的地方敷设；

2）当易燃物质比空气重时，电气线路应在较高处敷设；当易燃物质比空气轻时，电气线路宜在较低处或电缆沟敷设；

3）当电气线路沿输送可燃气体或易燃液体的管道栈桥敷设，管道内易燃物质比空气重时，电气线路应敷设在管道上方；管道内易燃物质比空气轻时，电气线路应敷设在管道正下方的两侧。

（2）敷设电气线路时宜避开可能受到机械损伤、振动、腐蚀以及可能受热的地方；当无法避开时，应采取预防措施。

（3）爆炸危险环境内采用的低压电缆和绝缘导线，其额定电压必须高于线路的工作电压，且不得低于 500V，绝缘导线必须敷设于钢管内，电气工作中性线绝缘层的额定电压，应与相线电压相同，并应在同一护套或钢管内敷设。

（4）电气线路使用的接线盒、分线盒、活接头、隔离密封件等连接件的选型，应符合现行国家标准 GB 50058—2014《爆炸危险环境电力装置设计规范》的规定。

（5）导线或电缆的连接，应采用有防松措施的螺栓固定，或压接、钎接、熔焊，但不得绕接。铝芯与电气设备的连接应有可靠的铜—铝过渡接头等措施。

（6）爆炸危险环境除本质安全电路外，采用的电缆或绝缘导线，其铜、铝线芯最小截面应符合规定。

（7）10kV 及以下架空线路严禁跨越爆炸性气体环境；架空线路与爆炸性气体环境的水平距离，不应小于杆塔高度的 1.5 倍。当水平距离小于规定而无法躲开的特殊情况下，必须采取有效保护措施。

Jb0005131640　混凝土双杆起立中发现迈步，如何调整？（5 分）

考核知识点：配电线路知识

难易度：易

标准答案：

（1）先检查迈步的原因，然后进行调整。

（2）因电杆已进入底盘移动而产生的迈步，可用千斤顶调整底盘的位置；如因杆根未入槽而产生迈步，可以用千斤顶将杆根顶入槽，或用双钩及支架将其吊入槽中。

（3）在调整迈步时，临时拉线应设人看守，并根据需要调整其松紧度。

Jb0005131641　电缆着火或电缆终端爆炸应如何处理？（5分）

考核知识点：配电线路知识

难易度：易

标准答案：

（1）立即切断电源。

（2）用干式灭火器进行灭火。

（3）室内电缆故障，应立即启动事故排风扇。

（4）进入发生事故的电缆层（室）应使用空气呼吸器。

Jb0006131642　变压器在什么情况下应立即停运？（5分）

考核知识点：配电变压器知识

难易度：易

标准答案：

变压器有下列情况之一者应立即停运：

（1）变压器声响明显增大，很不正常，内部有爆裂声。

（2）严重漏油或喷油，油面下降到低于油位计的指示限度。

（3）套管有严重的破损和放电现象。

（4）变压器冒烟着火。

Jb0008131643　携带式电气设备的接地有什么要求？（5分）

考核知识点：防雷与接地

难易度：易

标准答案：

（1）携带式电气设备应用专用芯线接地，严禁利用其他用电设备的中性线接地，中性线和接地线应分别与接地装置相连接。

（2）携带式电气设备的接地线应采用软铜绞线，其截面积不小于1.5mm^2。

Jb0002131644　采用什么方法使高压触电者脱离电源？（5分）

考核知识点：安全防护知识

难易度：易

标准答案：

高压触电可采用下列方法之一使触电者脱离电源：

（1）立即通知有关供电单位或用户停电。

（2）戴上绝缘手套，穿上绝缘靴，用相应电压等级的绝缘工具按顺序拉开电源开关或熔断器。

（3）抛掷裸金属线使线路短路接地，迫使保护装置动作，断开电源。

Jb0010131645 现场人员在锯电缆时应如何安全操作？（5分）

考核知识点：运行管理知识

难易度：易

标准答案：

（1）锯电缆之前，应与电缆走向图图纸核对相符。

（2）使用专用仪器（如感应法）确切证实电缆无电。

（3）用接地的带绝缘柄的铁钎钉入电缆芯后，方可工作。

（4）扶绝缘柄的人应戴绝缘手套并站在绝缘垫上。

Jb0005131646 对电缆井井盖、电缆沟盖板及电缆隧道入孔盖的使用应注意什么？（5分）

考核知识点：配电线路知识

难易度：易

标准答案：

（1）开启电缆井井盖、电缆沟盖板及电缆隧道入孔盖时应使用专用工具，同时注意所立位置，以免滑脱后伤人。

（2）开启后应设置标准路栏围起，并有人看守。

（3）工作人员撤离电缆井或隧道后，应立即将井盖盖好，以免行人碰盖后摔跌或不慎跌入井内。

Jb0004131647 10kV配电线路故障保护采用过电流保护，为什么同时又配加电流速断保护？（5分）

考核知识点：配电网络基本知识

难易度：易

标准答案：

过电流保护的启动电流是按照大于最大负荷电流的原则整定的，为了保证正确的选择，采用了逐级增大的阶梯形式时限特性，这样一来，靠近电源端故障电流很大的短路电流保护装置动作时间被延长，为克服这种情况，同时采用了提高整定值的限制动作保护范围，瞬时切除故障线路的电流速断保护。

Jb0004112648 某新建35kV用户变电站10kV母线的计算负荷为：有功功率 P=1250kW，无功功率 Q=1000kvar，拟在10kV母线装并联电容器，提高功率因数到规定值，即35kV侧满足 $\cos\varphi=0.9$ 的规定值，则10kV母线的功率因数应更高，设为 $\cos\varphi_2=0.95$。年平均有功负荷系数取 $\alpha=0.75$，年平均无功负荷系数取 $\beta=0.78$。试计算补偿的并联电容器的容量。（5分）

考核知识点：配电网络基本知识

难易度：中

标准答案：

解：
$$\cos\varphi=\frac{\alpha P}{\sqrt{(\alpha P)^2+(\beta Q)^2}}$$

$$=\frac{0.75\times1250}{\sqrt{(0.75\times1250)^2+(0.78\times1000)^2}}=0.77$$

$$\varphi_1=\arccos0.77=40^\circ$$

$$\tan\varphi_1=\tan40^\circ=0.839$$

根据题意，35kV侧满足 $\cos\varphi=0.9$ 的规定值，则10kV母线的功率因数应更高，设为 $\cos\varphi_2=0.95$，

故有

$$\cos\varphi_2=0.95，\varphi_2=18.2°，\tan\varphi_2=\tan18.2°=0.329$$

并联电容器的计算容量为

$$Q_C=\alpha P(\tan\varphi_1-\tan\varphi_2)=0.75\times1250\times(0.839-0.329)=478（kvar）$$

答：应补偿的并联电容器 478kvar 的容量。

Jb0005112649　一条 10kV 线路某耐张段，各档距分别为 $l_1=80m$，$l_2=85m$，$l_3=83m$，现在在 l_2 档距内进行弧垂观测，假设两导线悬挂点高差为 8.5m 代表档距下计算弧垂为 1.5m，试求：（5 分）

（1）该耐张段代表档距；

（2）观测档观测弧垂。

考核知识点： 配电线路知识

难易度： 中

标准答案：

解：（1）代表档距

$$l_D=\sqrt{\frac{l_1^3+l_2^3+l_3^3}{l_1+l_2+l_3}}=\sqrt{\frac{80^3+85^3+83^3}{80+85+83}}=82.74（m）$$

（2）因为 $\frac{h}{l}=\frac{8.5}{85}=10\%$，所以观测弧垂为

$$f=f_D\left(\frac{l}{l_D}\right)^2\Big/\cos\varphi=1.5\times\left(\frac{85}{82.74}\right)^2\Big/\frac{85}{\sqrt{85^2+8.5^2}}=1.59(m)$$

答： 该耐张段代表档距为 82.74m，观测弧垂为 1.59m。

Jb0005113650　一条 10kV 电力线路，在某档 $l=150m$ 的 1/3 处与一建筑物距离较近，水平距离为 3m，试按大风气象条件校验是否满足风偏要求。（已知条件：导线为 LGJ–150/20，应力 $\sigma=80MPa$，导线比载 $g_1=33\times10^{-3}N/m\cdot mm^2$，$g_4=50\times10^{-3}N/m\cdot mm^2$，两杆导线悬挂点等高）（5 分）

考核知识点： 配电线路知识

难易度： 难

标准答案：

解：（1）大风时的综合比载为

$$g=\sqrt{g_1^2+g_4^2}=\sqrt{(33\times10^{-3})^2+(50\times10^{-3})^2}=59.9\times10^{-3}（N/m\cdot mm^2）$$

（2）大风时 1/3 档距处弧垂为

$$f_x=\frac{g}{2\sigma}l_a l_b=\frac{59.9\times10^{-3}}{2\times80}\times50\times100=1.87（m）$$

（3）偏角、偏距计算

风偏角

$$\tan\varphi=\frac{g_4}{g_1}=\frac{50\times10^{-3}}{33\times10^{-3}}=1.515$$

$$\varphi=56.6°$$

水平偏距 $\Delta x=f_x\sin\varphi=1.87\times\sin56.6°=1.56$（m）

（4）建筑物与导线实际平距为 $3-\Delta x=3-1.56=1.44m<1.5m$（安全距离），所以风偏校验不合格。

答： 大风气象条件下风偏不能满足要求。

Jb0003113651　一条单回路高压配电线路使用12m高的拔梢杆（根部直径 D=350mm，混凝土壁厚 t=50mm，质量1000kg）导线为LGJ–50，导线每千米重195kg，垂直档距为120m，横担及附件总质量为50kg，土壤许可耐压力为147kN/m²，问可否不用底盘？若需要至少选多大？（5分）

考核知识点：配电线路工的基本知识

难易度：难

标准答案：

解：（1）垂直荷载为

导线荷载　　$0.195\times120\times3\times9.8=688$（N）

水泥杆荷载　　$1000\times9.8=9800$（N）

横担及铁塔附件荷载　　$50\times9.8=490$（N）

垂直总荷载　　688+9800+490＝10 978（N）＝10.978kN

（2）水泥杆底面积为

$$S=\frac{\pi}{4}[D^2-(D-2t)^2]=\frac{\pi}{4}[0.35^2-(0.35-2\times0.05)^2]=0.0471(\text{m}^2)$$

（3）该面积最大能承受的压力为

$$N=147\times0.0471=6.924\text{（kN）}<10.978\text{kN}$$

所以应加设底盘。

（4）初选0.4m×0.4m的规格，则

$$S=0.4\times0.4=0.16\text{（m}^2\text{）}$$

容许压力为

$$[N]=147\times0.16=23.52\text{（kN）}>10.978\text{kN}$$

满足要求。

答：应加设底盘，规格为0.4m×0.4m。

Jb0004113652　如图Jb0004113652所示，一条10kV线路AB段为LJ–185导线，长度为4.5km，测得A点无功为1800kvar，运行电压10kV，欲在B点装设电容器600kvar，试计算B点无功经济当量和当电容器介质损耗角正切值 $\tan\delta=0.003$ 时AB段一个月（30天）降损电量。（设LJ–185单位长度的电阻为0.157Ω/km）（5分）

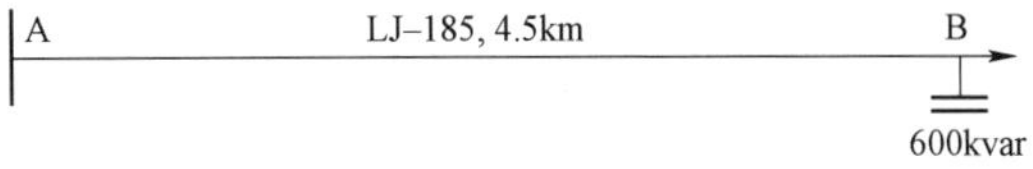

图 Jb0004113652

考核知识点：配电网络基本知识

难易度：难

标准答案：

解：

（1）B点的无功经济当量 C_P 为

$$C_P=\frac{2Q-Q_C}{U^2}R=\frac{(2\times1800-600)\times10^3}{(10\times10^3)^2}\times0.157\times4.5=0.0212\text{（kW/kvar）}$$

（2）AB段一个月（30天）降损电量为

$$\Delta A = Q_C [C_P - \tan\delta] T = 600 \times [0.021\,2 - 0.003] \times 30 \times 24 = -7862 \text{（kWh）}$$

答：B 点的无功经济当量为 0.021 2kW/kvar，AB 段一个月（30 天）降损电量为 7862kWh。

Jb0004112653　在图 Jb0004112653 所示电路中，已知：$R_1 = R_2 = 300\Omega$，$E=1.4V$，当开关 S 突然于 $t=0$ 时接通，设 U_C（0−）=0，试求 U_C（0+）、U_{R2}（0+）、U_C（∞）及 U_{R2}（∞）。（5 分）

考核知识点：配电网络基本知识

难易度：难

标准答案：

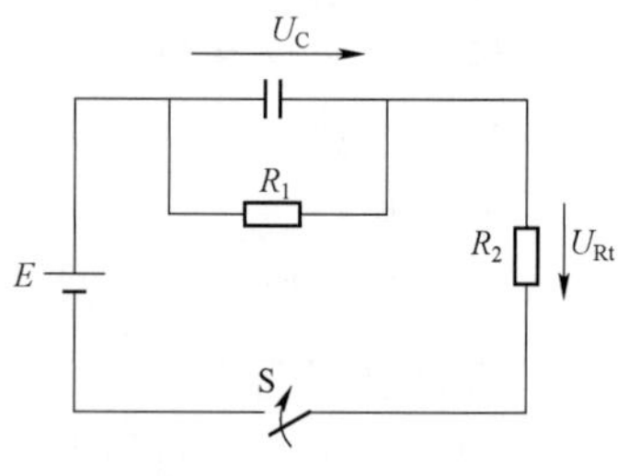

图 Jb0004112653

解：

该电路换路瞬间，电容器两端电压不能突变，所以可得下式

$$U_C(0+) = U_C(0-) = 0$$

说明当开关 S 闭合瞬间，电容器相当于短路，这时电源电压 E 直接接在电阻 R_2 两端，因此

$$U_{R_2}(0+) = E = 1.4 \text{（V）}$$

当 $t \to \infty$时，电路达到稳态，电容器 C 相当于开路，因此电路中的电流按欧姆定律计算为

$$I(\infty) = \frac{E}{R_1 + R_2} = \frac{1.4}{300+300} = \frac{1.4}{600} = \frac{7}{3} \times 10^{-3} \text{（A）}$$

$$U_C(\infty) = U_{R1}(\infty) = I(\infty) R_1 = \frac{7}{3} \times 10^{-3} \times 300 = 0.7 \text{（V）}$$

$$U_{R2}(\infty) = I(\infty) R_2 = \frac{7}{3} \times 10^{-3} \times 300 = 0.7 \text{（V）}$$

答：$U_C(0+) = U_C(0-) = 0, U_{R_2}(0+) = 1.4V$，$U_C(\infty) = 0.7V$，$U_{R_2}(\infty) = 0.7V$。

Jb0003113654　10kV 线路拉线单柱直线杆上的转动横担如图 Jb0003113654 所示。横担自重 160N，剪切螺栓的控制力（启动力）为 2451N，试选择剪切螺栓（或称保险螺栓）的大小。（螺栓的材料用 A3 钢，取单剪破坏强度 = 373MPa）（5 分）

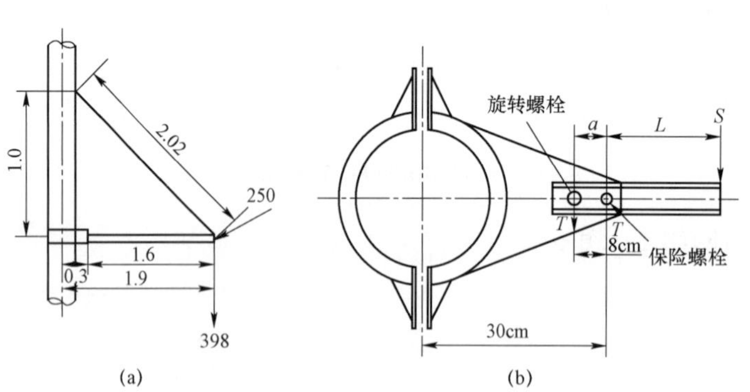

图 Jb0003113654

考核知识点：配电线路工的基本知识

难易度：难

标准答案：

解：

剪切螺栓承受的剪力为

$$T=\frac{S(L+a)}{a}=\frac{2451(1600+80)}{80}=51\,471\text{（N）}$$

则 $F\geqslant\frac{T}{\tau_b}=\frac{51\,471}{373}=138$（$mm^2$）

$$\phi=\sqrt{\frac{4F}{\pi}}=\sqrt{\frac{4\times138}{3.14}}=13.25\text{（mm）}$$

选用 $\phi=14$mm 的螺栓。

答：可选择直径为 14mm 的螺栓。

Jb0003113655　如图 Jb0003113655 所示，已知用经纬仪从 O 点测得一条 10kV 线路 A 与通信线 B 交跨在地面投影点 C 塔尺上的读数，上丝为 1.80m，中丝 1.55m，下丝 1.30m，垂直角 $\alpha=0°$；又测得通信线垂直角 $\alpha_{下}=3°18'$，10kV 电线垂直角 $\alpha_{上}=5°$，试求 OC 水平距离 DOC 及 AB 间净空垂直距离 P 是否满足。（5 分）

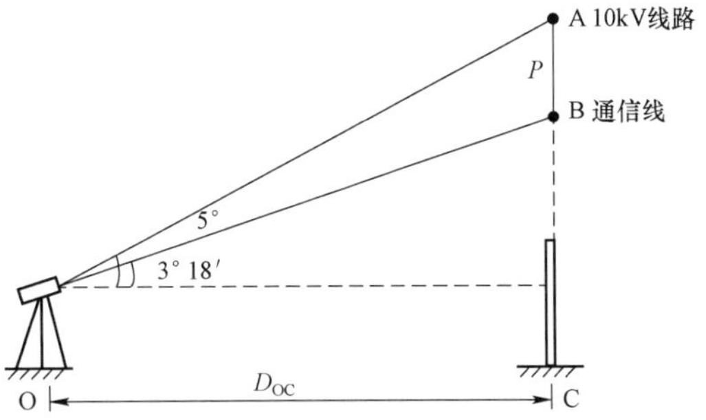

图 Jb0003113655

考核知识点：配电线路工的基本知识

难易度：难

标准答案：

解：

（1）平距为

$$\begin{aligned}D_{OC}&=K(\text{上丝}-\text{下丝})\cos^2\alpha\\&=100\times(1.80-1.30)\cos^2 0°\\&=100\times0.5\times1=50\text{（m）}\end{aligned}$$

（2）净空高度为

$$\begin{aligned}P&=D_{OCC}(\tan\alpha_{上}-\tan\alpha_{下})=50\times(\tan5°-\tan3°18')\\&=50\times(0.087\,5-0.057\,7)=1.49<2\text{m（安全距离）}\end{aligned}$$

交跨不能满足要求。

答：OC 间平距为 50m，两线净空高度为 1.49m，不能满足安全要求。

Jb0003113656　如图 Jb0003113656 所示，已知用经纬仪从 O 点测得一条 10kV 线路与一条公路交跨在路面投影点 C 塔尺上的读数，上丝为 1.85m，中丝为 1.50m，下丝为 1.15m，垂直角为 $\alpha=0°$；又测得 10kV 线路下导线垂直角 $\alpha'=5°$，试求导线到公路路面的净空高度 P 是否满足要求？（5 分）

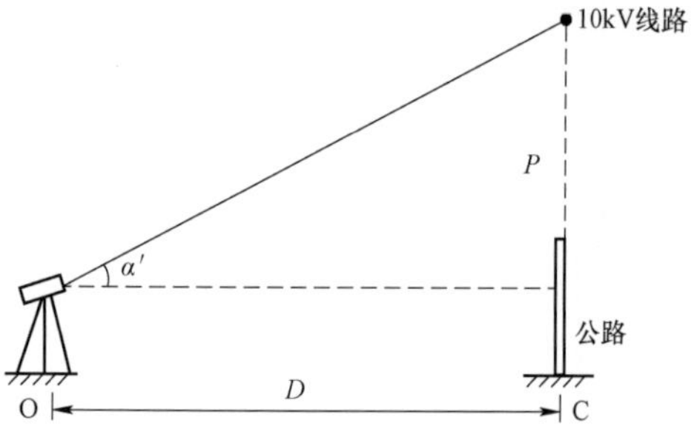

图 Jb0003113656

考核知识点：配电线路工的基本知识

难易度：难

标准答案：

解：

（1）平距为

$$D=K（上丝-下丝）\cos^2\alpha$$
$$=100\times(1.85-1.15)\times\cos^2 0^\circ$$
$$=100\times0.7\times1=70（m）$$

（2）净空高度为

$$P=D\tan\alpha'+中丝$$
$$=70\times\tan5^\circ+1.50$$
$$=70\times0.0875+1.50$$
$$=7.625（m）>7m（最小安全距离）$$

答：导线到公路路面的净空高度满足交跨要求。

Jb0003112657　如图 Jb0003112657 所示，为一基 10kV 电杆，每相导线质量 P=555kg，水平排列，相间距离均为 500mm，计算撑铁受力情况。（5 分）

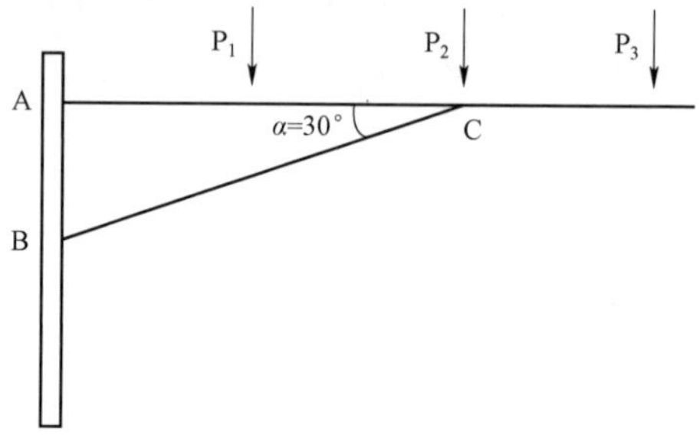

图 Jb0003112657

考核知识点：配电线路工的基本知识

难易度：中

标准答案：

解：

撑铁受力 T_{BC} 大小为

$$T_{BC}=\frac{1.5P+P+0.5P}{\sin30^\circ}\times9.8=\frac{3\times555}{\sin30^\circ}\times9.8=32\,634（N）$$

答：撑铁受力为 32 634N。

Jb0003121658　写出图 Jb0003121658 所示电力系统各种接线的方式。（5 分）

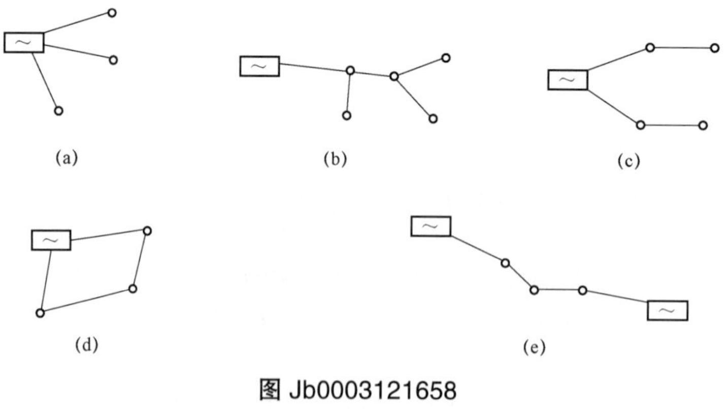

图 Jb0003121658

考核知识点：配电线路工的基本知识

难易度：易

标准答案：

图 Jb0003121658（a）放射式；图 Jb0003121658（b）干线式；图 Jb0003121658（c）链式；图

Jb0003121658（d）环式；图 Jb0003121658（e）两端供电网络。

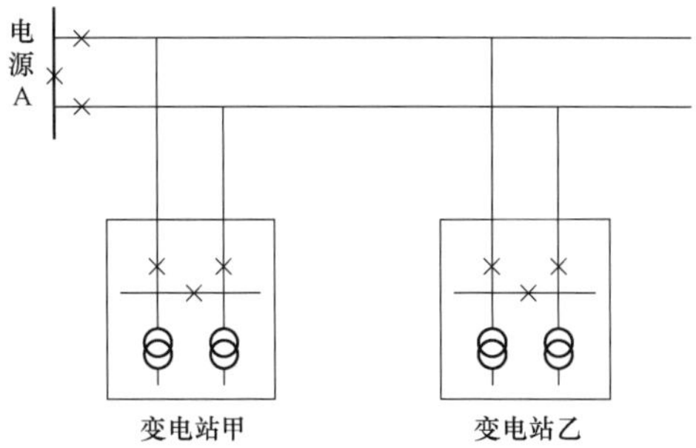

图 Jb0003121659

Jb0003121659　画出中压电缆网开环运行的单环网接线图。（5 分）

考核知识点：配电线路工的基本知识

难易度：易

标准答案：

如图 Jb0003121659 所示。

Jb0005122660　按《城市电力网规划设计导则》画出两座变电站，每座两台主变压器单侧电源双回供电高压架空网络示意图。（5 分）

考核知识点：配电线路知识

难易度：中

标准答案：

如图 Jb0005122660 所示。

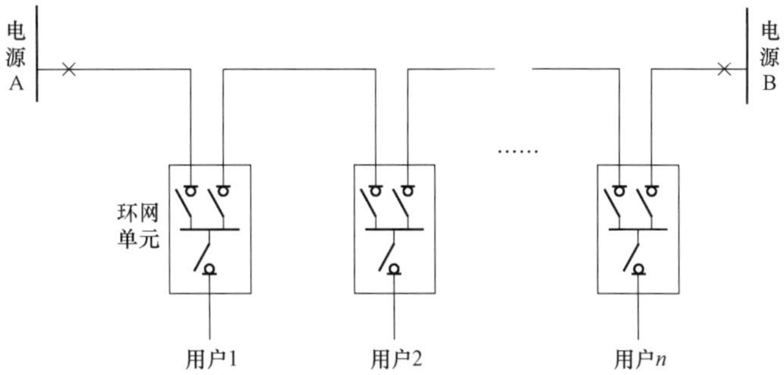

图 Jb0005122660

Jb0005122661　根据图 Jb0005122661 所示，请说出 10kV 三芯交联聚乙烯电缆冷缩式户内终端头局部剖面示意图标号所指的构件名称。

考核知识点：配电线路知识

难易度：中

标准答案：

1—接线端子；2、3—密封胶带；4—线芯导体；5—主绝缘层；6—冷缩终端套管；7—半导体带；8—外半导体层；9—铜屏蔽带；10—冷缩套管；11—PVC 标记带；12—分支管；13—铜屏蔽地线；14—铠装地线；15—外护层。

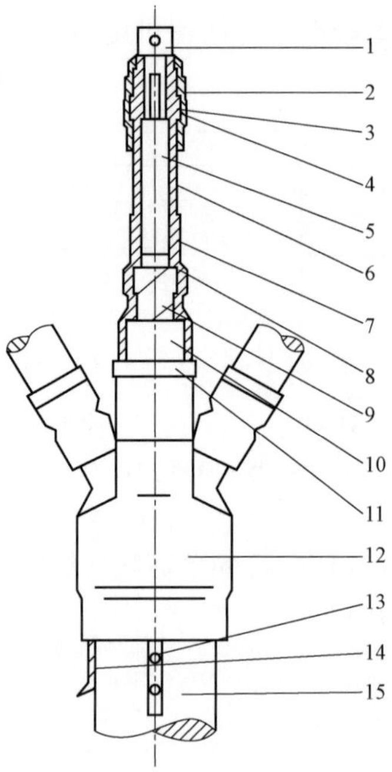

图 Jb0005122661

Jb0007122662　根据图 Jb0007122662 所示，请说出 SN10－3000 真空断路器所指的构件名称。（5 分）

考核知识点：柱上开关设备知识

难易度：中

标准答案：

1—外壳；2—静触头；3—屏蔽罩；4—可伐环；5—波纹管屏蔽罩；6—动触头；7—静导电杆；8—动触杆；9—调节调整螺钉。

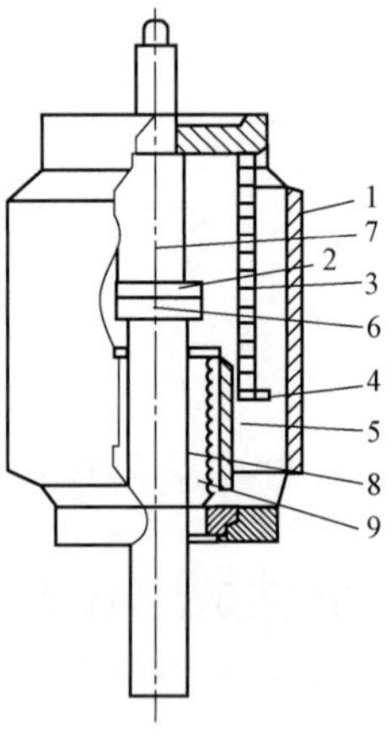

图 Jb0007122662

第十章　配电线路工高级技师技能操作

Jc0005141663　10kV 管道电缆敷设。(100 分)

考核知识点：配电线路知识

难易度：易

技能等级评价专业技能考核操作工作任务书

一、任务名称

10kV 管道电缆敷设。

二、适用工种

配电线路工高级技师。

三、具体任务

口述或笔答在电缆管道中敷设 10kV 电缆的方案。

四、工作规范及要求

（1）口答或笔答。

（2）穿管器、牵引机、电缆放线架、钢丝套、地滑车等。

（3）本考核总成绩满分为 100 分。

五、考核及时间要求

考核时间共 30 分钟，每超过 1 分钟扣 2 分。

技能等级评价专业技能考核操作评分标准

工种	配电线路工			评价等级	高级技师
项目模块	配电线路知识—电力电缆的运行		编号	Jc0005141663	
单位		准考证号		姓名	
考试时限	30 分钟	题型	单项操作	题分	100 分
成绩		考评员		考评组长		日期	
试题正文	10kV 管道电缆敷设				
需要说明的问题和要求	口答或笔答				

序号	项目名称	质量要求	满分	扣分标准	扣分原因	得分
1	工作前准备					
1.1	材料及工器具准备	按要求准备好工器具及材料，并进行检查	5	错、漏选一项扣 1 分； 工器具和材料未检查一项扣 1 分； 不按规定穿着一项扣 1 分		
1.2	着装、穿戴	工作服、工作鞋、安全帽等穿戴正确	5			
2	工作过程					
2.1	电缆管道清理	先用穿管机试穿管道是否畅通，管道内如有泥沙或其他杂物，应采用高压水枪等办法进行清洗	10	缺一项扣 5～10 分； 电缆引出方向错误扣 5 分； 转弯半径不符合要求扣 10 分； 不挂电缆标示牌扣 10 分； 不符合要求扣 1～3 分		

续表

序号	项目名称	质量要求	满分	扣分标准	扣分原因	得分
2.2	电缆展放	电缆展放时应从盘的上方引出，不应使电缆在地面摩擦拖拉	10	缺一项扣5～10分； 电缆引出方向错误扣5分； 转弯半径不符合要求扣10分； 不挂电缆标示牌扣10分； 不符合要求扣1～3分		
		为了加强润滑，可以在管口及电缆上抹上滑石粉或工业凡士林	10			
		转弯处电缆转弯半径应符合规范要求：三芯电缆为电缆外径的15倍，并在孔口垫胶皮，确保不损伤外护套	10			
		不同电缆中间接头宜相互错开，并保证电缆头平放	10			
2.3	电缆挂牌	电缆展放的同时应及时装设标示牌	5			
		电缆牌上应有以下内容：电缆编号、电缆型号、长度、规格、起点、终点等	5			
		在下列地点应挂电缆牌：电缆两端、改变电缆方向的转角处、电缆井处、电缆中间接头处	5			
		标示牌规格宜统一，并应能防腐，挂装应牢固	5			
2.4	管道孔封堵	电缆敷设完成后，应将孔洞用防火泥封堵	5			
3	工作终结验收					
3.1	电缆敷设	电缆平整，电缆无损伤，孔洞封堵良好	5	验收不符合要求每项扣1～2分； 未清理扣3分； 不交还工器具及剩余材料扣3分； 未在规定时间完成，每延时1分钟扣2分		
3.2	安全文明生产	工作中无违章出现，工作结束，清理现场，交还工器具及剩余材料	10			
合计			100			

Jc0005141664　10kV XLPE 电缆冷缩户内终端头制作。（100分）

考核知识点： 配电线路知识

难易度： 易

技能等级评价专业技能考核操作工作任务书

一、任务名称

10kV XLPE 电缆冷缩户内终端头制作。

二、适用工种

配电线路工高级技师。

三、具体任务

完成 10kV XLPE 电缆冷缩户内终端头制作。

四、工作规范及要求

（1）工作环境：现场操作场地及设备材料已完备。

（2）剥切尺寸正确，剥切绝缘不得损伤缆芯。

（3）绝缘表面处理应干净、光滑。

（4）剥除铜屏蔽层及半导电层不得伤及下一层。

（5）戴安全帽、穿工作服、穿绝缘鞋、带个人工器具。

（6）规定时间内完成。

（7）本考核总成绩满分为100分。

五、考核及时间要求

考核时间共60分钟，每超过1分钟扣2分。

技能等级评价专业技能考核操作评分标准

工种	配电线路工				评价等级	高级技师
项目模块	配电线路知识—电力电缆的运行			编号	Jc0005141664	
单位		准考证号			姓名	
考试时限	60分钟	题型	单项操作		题分	100分
成绩		考评员		考评组长	日期	
试题正文	10kV XLPE电缆冷缩户内终端头制作					
需要说明的问题和要求	（1）工作环境：现场操作场地及设备材料已完备。 （2）剥切尺寸正确，剥切绝缘不得损伤缆芯。 （3）绝缘表面处理应干净、光滑。 （4）剥除铜屏蔽层及半导电层不得伤及下一层。 （5）戴安全帽、穿工作服、穿绝缘鞋、带个人工器具。 （6）规定时间内完成					

序号	项目名称	质量要求	满分	扣分标准	扣分原因	得分
1	工作前准备					
1.1	材料及工器具准备	按要求准备好工器具及材料，并进行检查	3	错、漏选一项扣1分； 工器具和材料未检查一项扣1分； 不按规定穿着一项扣1分		
1.2	着装、穿戴	工作服、工作鞋、安全帽等穿戴正确	2			
2	工作过程					
2.1	支撑、矫直、外护套擦拭	为了便于操作，选好位置，将要进行施工的部分支架好，同时矫直，擦去外护套上的污迹	2	一项工作未做扣1分		
2.2	将电缆断切面锯平	如果电缆三相线芯锯口不在同一平面上或导体切面不平，应锯平	3	未按要求做扣3分		
2.3	校对施工尺寸	根据附件供应商提供的图纸，确定施工尺寸	5	尺寸与图纸不符合扣2～5分		
2.4	操作程序控制	操作程序应按图纸进行	5	程序错误扣5分； 遗漏工序扣5分		
2.5	剥除外护套、铠装、内护层、内衬、铜屏蔽及外半导电层等	剥切时切口不平，金属切口有毛刺或伤及其下一层结构，应视为缺陷；绝缘表面干净、光滑、无残质	30	尺寸不对扣5分； 剥时伤及绝缘扣10分； 剥口没处理成小斜坡、有毛刺扣5分； 绝缘表面没处理干净扣5分		
2.6	铠装接地与铜屏蔽接地	（1）固定应牢靠、美观。恒力弹簧接地上包绕填充胶，填充胶包绕应成形（橄榄状或苹果状）；再包绕绝缘自粘胶带，两接地之间有绝缘要求。 （2）应讲明接地为什么要分开	10	不牢固扣1分； 两接地之间无绝缘扣2分； 填充胶包绕不成形扣1分； 不能讲明接地分开原理扣5分		
2.7	半导电胶带的绕包	在铜屏蔽和绝缘交接处用半导电胶带半搭盖方式紧密绕包，且起点与终点都在铜带上	5	绕包位置不对扣5分； 起点与终点不在铜带上扣5分		
2.8	冷缩三叉管及绝缘管	清洁绝缘表面，并涂上少许硅脂，三叉套管套于电缆根部，逆时针抽芯绳，先缩根部，后缩三叉。绝缘管与三叉套管有搭盖	10	未均匀涂上硅脂扣3分； 先缩三叉，后缩根部扣3分； 绝缘管与三叉套管无搭盖扣4分		

续表

序号	项目名称	质量要求	满分	扣分标准	扣分原因	得分
2.9	剥削绝缘和压接接线端子	剥去绝缘处应削成铅笔状；压接端子既不可过度紧也不能不紧，以阴阳模接触为宜；压接后端子表面应打磨光滑	10	未削成铅笔状扣3分； 压接端子过度扣3分； 端子表面未打磨扣4分		
2.10	端部密封	将绝缘端部与端子之间的空隙密封成锥形	5	未密封扣5分； 密封不正确扣3分		
3	工作终结验收					
3.1	绝缘	外观检查要求接触良好，相色标志正确，绝缘测试合格	5	验收不符合要求每项扣1～2分； 未清理扣3分； 不交还工器具及剩余材料扣3分； 未在规定时间完成，每延时1分钟扣2分		
3.2	安全文明生产	工作中无违章出现，工作结束，清理现场，交还工器具及剩余材料	5			
合计			100			

Jc0005141665　10kV XLPE 电缆冷缩户外终端头制作。（100 分）

考核知识点：配电线路知识

难易度：易

技能等级评价专业技能考核操作工作任务书

一、任务名称

10kV XLPE 电缆冷缩户外终端头制作。

二、适用工种

配电线路工高级技师。

三、具体任务

完成 10kV XLPE 电缆冷缩户外终端头制作。

四、工作规范及要求

（1）工作环境：现场操作场地及设备材料已完备。

（2）剥切尺寸正确，剥切绝缘不得损伤缆芯。

（3）绝缘表面处理应干净、光滑。

（4）剥除铜屏蔽层及半导电层不得伤及下一层。

（5）戴安全帽、穿工作服、穿绝缘鞋、带个人工器具。

（6）规定时间内完成。

（7）本考核总成绩满分为 100 分。

五、考核及时间要求

考核时间共 60 分钟，每超过 1 分钟扣 2 分。

技能等级评价专业技能考核操作评分标准

<table>
<tr><td>工种</td><td colspan="6">配电线路工</td><td>评价等级</td><td>高级技师</td></tr>
<tr><td>项目模块</td><td colspan="5">配电线路知识—电力电缆的运行</td><td>编号</td><td colspan="2">Jc0005141665</td></tr>
<tr><td>单位</td><td colspan="2"></td><td>准考证号</td><td colspan="3"></td><td>姓名</td><td></td></tr>
<tr><td>考试时限</td><td colspan="2">60 分钟</td><td>题型</td><td colspan="3">单项操作</td><td>题分</td><td>100 分</td></tr>
<tr><td>成绩</td><td></td><td>考评员</td><td colspan="2"></td><td>考评组长</td><td></td><td>日期</td><td></td></tr>
<tr><td>试题正文</td><td colspan="8">10kV XLPE 电缆冷缩户外终端头制作</td></tr>
</table>

续表

需要说明的问题和要求	（1）工作环境：现场操作场地及设备材料已完备。 （2）剥切尺寸正确，剥切绝缘不得损伤缆芯。 （3）绝缘表面处理应干净、光滑。 （4）剥除铜屏蔽层及半导电层不得伤及下一层。 （5）戴安全帽、穿工作服、穿绝缘鞋、带个人工器具。 （6）规定时间内完成

序号	项目名称	质量要求	满分	扣分标准	扣分原因	得分
1	工作前准备					
1.1	材料及工器具准备	按要求准备好工器具及材料，并进行检查	3	错、漏选一项扣1分；工器具和材料未检查一项扣1分；不按规定穿着一项扣1分		
1.2	着装、穿戴	工作服、工作鞋、安全帽等穿戴正确	2			
2	工作过程					
2.1	支撑、矫直、外护套擦拭	为了便于操作，选好位置，将要进行施工的部分支架好，同时矫直，擦去外护套上的污迹	2	一项工作未做扣1分		
2.2	将电缆断切面锯平	如果电缆三相线芯锯口不在同一平面上或导体切面不平，应锯平	3	未按要求做扣3分		
2.3	校对施工尺寸	根据附件供应商提供的图纸，确定施工尺寸	5	尺寸与图纸不符合扣2～5分		
2.4	操作程序控制	操作程序应按图纸进行	5	程序错误扣3分；遗漏工序扣2分		
2.5	剥除外护套、铠装、内护层、内衬、铜屏蔽及外半导电层等	剥切时切口不平，金属切口有毛刺或伤及其下一层结构，应视为缺陷；绝缘表面干净、光滑、无残质	30	尺寸不对扣5分；剥时伤及绝缘扣10分；剥口没处理成小斜坡、有毛刺扣5分；绝缘表面没处理干净扣10分		
2.6	铠装接地与铜屏蔽接地	固定应牢靠、美观。恒力弹簧接地上包绕填充胶，填充胶包绕应成形（橄榄状或苹果状）；再包绕绝缘自粘胶带，两接地之间有绝缘要求	10	不牢固扣4分；两接地之间无绝缘扣4分；填充胶包绕不成形扣2分		
2.7	半导电胶带的绕包	在铜屏蔽和绝缘交接处用半导电胶带半搭盖方式紧密绕包，且起点与终点都在铜带上	5	绕包位置不对扣3分；起点与终点不在铜带上扣2分		
2.8	冷缩三叉管及绝缘管	清洁绝缘表面，并涂上少许硅脂，三叉套管套于电缆根部，逆时针抽芯绳，先缩根部，后缩三叉。绝缘管与三叉套管有搭盖	10	未均匀涂上硅脂扣3分；先缩三叉，后缩根部扣4分；绝缘管与三叉套管无搭盖扣3分		
2.9	剥削绝缘和压接接线端子	剥去绝缘处应削成铅笔状；压接端子既不可过度紧也不能不紧，以阴阳模接触为宜；压接后端子表面应打磨光滑	10	未削成铅笔状扣3分；压接端子过度扣3分；端子表面未打磨扣4分		
2.10	端部密封	将绝缘端部与端子之间的空隙密封成锥形	5	未密封扣5分；密封不正确扣3分		
3	工作终结验收					
3.1	绝缘	外观检查要求接触良好，相色标志正确，绝缘测试合格	5	验收不符合要求每项扣1～2分；未清理扣3分；不交还工器具及剩余材料扣3分；未在规定时间完成，每延时1分钟扣2分		
3.2	安全文明生产	工作中无违章出现，工作结束，清理现场，交还工器具及剩余材料	5			
合计			100			

Jc0005141666　10kV XLPE 电缆冷缩中间接头制作及试验。（100 分）

考核知识点：配电线路知识

难易度：易

技能等级评价专业技能考核操作工作任务书

一、任务名称

10kV XLPE 电缆冷缩中间接头制作及试验。

二、适用工种

配电线路工高级技师。

三、具体任务

完成 10kV XLPE 电缆冷缩中间接头制作及试验。

四、工作规范及要求

（1）一人操作，可有一人辅助实施，但不得有提示行为；电缆试验工作由两人进行，一人操作，一人监护。

（2）剥切尺寸正确，剥切绝缘不得损伤缆芯。

（3）绝缘表面处理应干净、光滑。

（4）剥除铜屏蔽层及半导电层不得伤及下一层。

（5）戴安全帽、穿工作服、穿绝缘鞋、带个人工器具。

（6）试验数据符合规程规定，试验操作行为安全规范，试验前应得到许可。

（7）规定时间内完成。

（8）本考核总成绩满分为 100 分。

五、考核及时间要求

考核时间共 210 分钟，每超过 1 分钟扣 2 分。

技能等级评价专业技能考核操作评分标准

工种	配电线路工				评价等级	高级技师
项目模块	配电线路知识—电力电缆的运行			编号	Jc0005141666	
单位		准考证号			姓名	
考试时限	210 分钟	题型	单项操作		题分	100 分
成绩	考评员		考评组长		日期	
试题正文	10kV XLPE 电缆冷缩中间接头制作及试验					
需要说明的问题和要求	（1）一人操作，可有一人辅助实施，但不得有提示行为；电缆试验工作由两人进行，一人操作，一人监护。 （2）剥切尺寸正确，剥切绝缘不得损伤缆芯。 （3）绝缘表面处理应干净、光滑。 （4）剥除铜屏蔽层及半导电层不得伤及下一层。 （5）戴安全帽、穿工作服、穿绝缘鞋、带个人工器具。 （6）试验数据符合规程规定，试验操作行为安全规范，试验前应得到许可。 （7）规定时间内完成					

序号	项目名称	质量要求	满分	扣分标准	扣分原因	得分
1	工作前准备					
1.1	材料及工器具准备	按要求准备好工器具及材料，并进行检查	3	错、漏选一项扣 1 分；工器具和材料未检查一项扣 1 分；不按规定穿着一项扣 1 分		
1.2	着装、穿戴	工作服、工作鞋、安全帽等穿戴正确	2			

续表

序号	项目名称	质量要求	满分	扣分标准	扣分原因	得分
2	工作过程					
2.1	支撑、矫直、外护套擦拭	为了便于操作，选好位置，将要进行施工的部分支架好，同时矫直，擦去外护套上的污迹，将外护套管套套在电缆上	2	一项工作未做扣 1 分		
2.2	确定中间对接点，将电缆断切面锯平	导体切面不平应锯平，确定对接中心点和长、短头	3	未按要求做扣 3 分； 尺寸不对或未做接头裕度扣 2 分		
2.3	校对施工尺寸	根据附件供应商提供的图纸，确定施工尺寸	5	尺寸与图纸不符合扣 2～5 分		
2.4	操作程序控制	操作程序应按图纸进行	5	程序错误扣 5 分； 遗漏工序扣 5 分		
2.5	剥除外护套、铠装、内护层、内衬、铜屏蔽及外半导电层等	剥切时切口不平，金属切口有毛刺或伤及其下一层结构，应视为缺陷；绝缘表面干净、光滑、无残质	15	尺寸不对扣 5 分； 剥时伤及绝缘扣 10 分； 剥口没处理成小斜坡、有毛刺扣 5 分； 绝缘表面没处理干净扣 5 分； 未均匀涂上硅脂扣 2～5 分		
2.6	剥削绝缘和压接连接管	绝缘处切断应削成铅笔状；压接从连接管两端口开始，压接数不得少于 4 点。压接后连接管表面应打磨光滑	5	绝缘剥切不平整扣 2～5 分； 压接点少于 4 点扣 2～5 分； 连接管表面未打磨扣 2～5 分		
2.7	定位和收缩中间头	定位需正确，在半导体层与主绝缘交界处涂抹混合剂时应戴塑料手套，抽芯时应逆时针	5	点位不准确扣 3 分； 抽芯时不顺利扣 2 分		
2.8	安装铜屏蔽网	沿接头方向拉伸收紧铜网，使其紧贴在接头两端的铜屏蔽层上，中间用 PVC 胶带固定 3 处，两端用恒力弹簧固定	5	中间未用 PVC 胶带固定 3 处扣 3 分； 铜网固定不牢固扣 2 分		
2.9	绕包防水带	在电缆两端内护套之间统包防水带，注意防水带涂胶粘剂的一面朝外，在整个接头处绕包防水带与两端外护套搭接 60mm，注意防水带涂胶黏剂的一面朝里	5	未按要求做扣 2～5 分； 搭接尺寸不对扣 2 分		
2.10	绕包装甲带	在整个接头处半叠绕装甲带做机械保护，并覆盖全部防水带	5	未按要求做扣 2～5 分； 工艺不符合要求扣 2～5 分		
2.11	绝缘摇测	选用绝缘电阻表正确，操作正确，对接前后都需摇测	10	未检查绝缘电阻表扣 2 分； 转速不符合要求扣 2 分； 未放电扣 3 分； 对接前后不摇测扣 3 分		
2.12	耐压试验	接线正确，操作正确	10	接线不正确扣 2～5 分； 未放电扣 3 分； 判断不正确扣 2 分		
2.13	试验数据分析	分析正确	10	不会分析扣 10 分； 分析不完整扣 2～5 分		
3	工作终结验收					
3.1	绝缘	外观检查要求接触良好，相色标志正确，绝缘测试合格	5	验收不符合要求每项扣 1～2 分； 未清理扣 3 分； 不交还工器具及剩余材料扣 3 分； 未在规定时间完成，每延时 1 分钟扣 2 分		
3.2	安全文明生产	工作中无违章出现，工作结束，清理现场，交还工器具及剩余材料	5			
合计			100			

Jc0005141667　用冲闪或直闪法测试10kV电缆高阻接地故障并精确定点。(100分)

考核知识点：配电线路知识

难易度：易

技能等级评价专业技能考核操作工作任务书

一、任务名称

用冲闪或直闪法测试10kV电缆高阻接地故障并精确定点。

二、适用工种

配电线路工高级技师。

三、具体任务

用冲闪或直闪法测试10kV电缆高阻接地故障并精确定点。

四、工作规范及要求

(1) 本操作设置监护人及辅助人员各一名，不得有提示行为。
(2) 仪器仪表使用正确，故障性质判断正确，测试方法选用正确。
(3) 波形判断正确，精确点误差不大于1m。
(4) 路径探测正确，电缆及电容需短接放电。
(5) 安全文明生产，规定时间内完成。
(6) 本考核总成绩满分为100分。

五、考核及时间要求

考核时间共60分钟，每超过1分钟扣2分。

技能等级评价专业技能考核操作评分标准

工种	配电线路工					评价等级	高级技师
项目模块	配电线路知识—电力电缆的运行				编号	Jc0005141667	
单位			准考证号			姓名	
考试时限	60分钟		题型	单项操作		题分	100分
成绩		考评员		考评组长		日期	
试题正文	用冲闪或直闪法测试10kV电缆高阻接地故障并精确定点						
需要说明的问题和要求	(1) 本操作设置监护人及辅助人员各一名，不得有提示行为。 (2) 仪器仪表使用正确，故障性质判断正确，测试方法选用正确。 (3) 波形判断正确，精确点误差不大于1m。 (4) 路径探测正确，电缆及电容需短接放电。 (5) 安全文明生产，规定时间内完成						

序号	项目名称	质量要求	满分	扣分标准	扣分原因	得分
1	工作前准备					
1.1	着装、穿戴	工作服、工作鞋、安全帽等穿戴正确	2	未着装扣3分； 着装不规范扣1分		
1.2	材料及工器具准备	按要求准备好工器具及材料，并进行检查	3	电缆牵引头选择错误扣2分； 未进行工器具检查扣1分； 工器具、材料漏选或有缺陷扣1分		
1.3	现场准备	(1) 试验场地围好安全围栏。 (2) 派人到另一端看守和装好安全遮栏，防止有人接触被试电缆	5	未做扣2分； 另一端未做安全措施扣3分		

续表

序号	项目名称	质量要求	满分	扣分标准	扣分原因	得分
2	工作过程					
2.1	对电缆进行放电	将接电线牢固接地，然后将电缆各相分别放电并接地	2	未放电并接地扣2分		
2.2	连续性检查	测量电缆连续性	3	未进行此项扣3分； 判断错误扣2分		
2.3	测量绝缘电阻	正确操作	3	绝缘电阻表选用的不对扣3分； 绝缘电阻表不检查扣3分； 放电及换线操作不对扣3分		
2.4	直流试验	对电缆进行直流耐压试验，判断故障电缆的击穿电压	5	操作不正确扣5分		
2.5	故障判断	正确判断电缆故障性质，确定故障探测方法	5	故障性质判断错误扣3分； 探测方法错误扣2分		
2.5.1	仪器连线	高压信号发生器与电缆连接正确，测距仪与高压发生器接线正确，高压信号发生器与电容接线正确，仪器接地牢靠	5	接线不正确扣3分； 仪器接地不牢靠扣2分		
2.5.2	通信联络	工作前确定操作人员间的联络方式，确保通信畅通，提高工作效率	2	未能保持正常通信扣2分		
2.5.3	仪器使用	正确开关机，会使用仪器菜单选项	10	仪器使用不熟悉扣2～5分； 不会使用扣10分		
2.5.4	方式选择	高压信号发生器放电方式选择周期，启动后按6～7s的周期对电缆放电	5	操作错误扣2～5分		
2.6	击穿判断	根据高压信号发生器放电时表针摆动判断故障点是否击穿	5	判断不对扣2～5分		
2.7	故障点粗测	根据波形粗测故障点距离	10	判断不对扣2～10分		
2.8	精确定点	会调整磁场增益，会调整声音信号增益，进行故障定点	20	操作错误扣2～10分； 故障点每偏差1m扣4分，最多扣10分； 不能精确定点扣20分		
2.9	清理现场	清点仪器，清理现场	5	未清点仪器，未清理现场行为扣2～5分		
3	工作终结验收					
3.1	安全文明生产	文明操作，禁止违章操作，不损坏工器具，不发生安全生产事故	10	有不安全行为扣5分； 有不安全行为扣2～5分； 损坏元件、工具扣2～5分		
合计			100			

Jc0005141668　电缆故障波形分析判断。（100分）

考核知识点： 配电线路知识

难易度： 易

技能等级评价专业技能考核操作工作任务书

一、任务名称

电缆故障波形分析判断。

二、适用工种

配电线路工高级技师。

三、具体任务

对电缆故障波形进行分析判断。

四、工作规范及要求

（1）试验正确接线。

（2）低压脉冲法的波形识别，直闪法的波形识别，冲闪法的波形识别。

（3）放电及换试验接线动作规范。

（4）安全文明生产，规定时间内完成。

（5）本考核总成绩满分为 100 分。

五、考核及时间要求

考核时间共 40 分钟，每超过 1 分钟扣 2 分。

技能等级评价专业技能考核操作评分标准

工种	配电线路工				评价等级	高级技师
项目模块	配电线路知识—电力电缆的运行			编号	Jc0005141668	
单位		准考证号			姓名	
考试时限	40 分钟	题型	单项操作		题分	100 分
成绩	考评员		考评组长		日期	
试题正文	电缆故障波形分析判断					
需要说明的问题和要求	（1）试验正确接线。 （2）低压脉冲法的波形识别，直闪法的波形识别，冲闪法的波形识别。 （3）放电及换试验接线动作规范。 （4）安全文明生产，规定时间内完成					

序号	项目名称	质量要求	满分	扣分标准	扣分原因	得分
1	工作前准备					
1.1	着装、穿戴	工作服、工作鞋、安全帽等穿戴正确	5	未着装扣 3 分； 着装不规范扣 1 分		
1.2	现场准备	试验场地围好安全围栏，挂标示牌	5	未做扣 5 分		
2	工作过程					
2.1	试验接线	试验接线应正确	10	不正确扣 10 分		
2.2	仪器使用	正确开关机，会使用仪器菜单选项	15	仪器使用不熟练扣 5 分； 不会使用扣 10 分		
2.3	低压脉冲法测全长的波形	会识波形并加以分析判断	5	不识波形扣 5 分		
2.4	低压脉冲法测断线故障的波形	会识波形并加以分析判断	5	不识波形扣 5 分		
2.5	低压脉冲法测低阻故障的波形	会识波形并加以分析判断	5	不识波形扣 5 分		
2.6	直闪法测高阻闪络型故障的波形	会识波形并加以分析判断	20	不识波形扣 10 分； 分析不对扣 5 分		
2.7	冲闪法测高阻泄漏型故障的波形	会识波形并加以分析判断	20	不识波形扣 10 分； 分析不对扣 5 分		
3	工作终结验收					
3.1	安全文明生产	文明操作，禁止违章操作，不损坏工器具，不发生安全生产事故	10	有不安全行为扣 5 分； 损坏元件、工器具扣 5 分		
合计			100			

Jc0005141669 10kV 电力电缆交流串联谐振试验。(100 分)

考核知识点：配电线路知识

难易度：易

技能等级评价专业技能考核操作工作任务书

一、任务名称

10kV 电力电缆交流串联谐振试验。

二、适用工种

配电线路工高级技师。

三、具体任务

完成 10kV 电力电缆交流串联谐振试验。

四、工作规范及要求

(1) 试验接线正确。

(2) 根据电缆电容量选用电抗的接线。

(3) 加压过程应呼唱。

(4) 放电及换试验接线动作规范。

(5) 给定电缆线路上安全措施已完成，配有一定区域的安全围栏及标示牌。

(6) 电缆对端需派人看守。

(7) 安全文明生产，在规定时间内完成。

(8) 本考核总成绩满分为 100 分。

五、考核及时间要求

考核时间共 30 分钟，每超过 1 分钟扣 2 分。

技能等级评价专业技能考核操作评分标准

工种	配电线路工				评价等级	高级技师
项目模块	配电线路知识—电力电缆的运行			编号	Jc0005141669	
单位		准考证号			姓名	
考试时限	30 分钟	题型	单项操作		题分	100 分
成绩		考评员		考评组长		日期
试题正文	10kV 电力电缆交流串联谐振试验					
需要说明的问题和要求	(1) 试验接线正确。 (2) 根据电缆电容量选用电抗的接线。 (3) 加压过程应呼唱。 (4) 放电及换试验接线动作规范。 (5) 给定电缆线路上安全措施已完成，配有一定区域的安全围栏及标示牌。 (6) 电缆对端需派人看守。 (7) 安全文明生产，在规定时间内完成					

序号	项目名称	质量要求	满分	扣分标准	扣分原因	得分
1	工作前准备					
1.1	着装、穿戴	工作服、工作鞋、安全帽等穿戴正确	5	未着装扣 5 分； 着装不规范扣 3 分		
2	工作过程					
2.1	现场准备					

续表

序号	项目名称	质量要求	满分	扣分标准	扣分原因	得分
2.1.1	放围栏	试验场地围好安全围栏	2	未做扣 2 分		
2.1.2	挂标示牌	电缆另一端挂好标示牌或派人看守	3	未做扣 3 分		
2.1.3	试验电压确定	正确确定试验电压	5	不正确扣 5 分		
2.1.4	耐压前后摇测绝缘电阻	不考评，但必须完成这一过程	5	未做扣 5 分		
2.1.5	检查电源	检查电源电压（交流 220V）	2	未做扣 2 分		
2.2	根据电缆试验电压及电容量选择电抗的接线	多只电抗器并联	10	操作不正确扣 2～10 分		
2.3	试验接线	试验接线应正确	10	不正确扣 2～10 分		
2.4	高压引线对地的绝缘距离	高压引线对地的绝缘距离足够	3	不正确扣 1～3 分		
2.5	接地线	连接牢靠	5	接地不牢靠扣 2～5 分		
2.6	试验接地	试验一相时，其他两相接地正确	5	不正确扣 2～5 分		
2.7	合闸升压	接到监护人指令并大声复诵后方可合闸	10	未接到监护人指令合闸扣 10 分； 未大声复诵扣 5 分		
2.8	试验电压的呼唱	加压过程应呼唱	5	未呼唱扣 5 分		
2.9	试验完毕时放电	试验完毕对电缆充分放电，直至电缆无残留电荷	10	操作不正确扣 2～10 分		
2.10	试验结果的判断	试验过程中不闪络、不放电，则耐压试验合格	10	不正确扣 2～10 分		
3	工作终结验收					
3.1	安全文明生产	文明操作，禁止违章操作，不损坏工器具，不发生安全生产事故	10	有不安全行为扣 2～5 分； 损坏元件、工器具扣 2～5 分		
合计			100			

Jc0003141670　矩形铁塔基础分坑的操作。（100 分）

考核知识点：配电线路工的基本知识

难易度：易

技能等级评价专业技能考核操作工作任务书

一、任务名称

矩形铁塔基础分坑的操作。

二、适用工种

配电线路工高级技师。

三、具体任务

完成矩形铁塔基础分坑的操作。针对此项工作，考生须在 40 分钟内完成测量分坑操作。

四、工作规范及要求

（1）要求单独操作，两人配合记录，画出分坑图，写出计算过程。

（2）工器具：选用光学经纬仪，J2、J6 型均可，皮尺、计算器、木桩、手锤、细铁丝、小铁钉等。

（3）选空旷场地操作。

（4）本考核总成绩满分为 100 分。

五、考核及时间要求

考核时间共 40 分钟，每超过 1 分钟扣 2 分，到 45 分钟终止考核。

技能等级评价专业技能考核操作评分标准

工种	配电线路工					评价等级	高级技师
项目模块	配电线路工的基本知识—线路基本知识				编号	Jc0003141670	
单位			准考证号			姓名	
考试时限	40 分钟		题型	单项操作		题分	100 分
成绩		考评员		考评组长		日期	
试题正文	矩形铁塔形基础分坑的操作						
需要说明的问题和要求	（1）要求单独操作，两人配合记录，画出分坑图，写出计算过程。 （2）假设：铁塔顺线根开为 b，横线路根开为 a，坑口边长为 d						

序号	项目名称	质量要求	满分	扣分标准	扣分原因	得分
1	分坑工器具的准备					
1.1	工器具	经纬仪、计算器、木桩、手锤、皮尺细铁丝、小铁钉等满足工作需要并作检查	5	差一项不得分		
1.2	选定仪器的测量点	确定线路方向桩 O 位置	5	不正确扣 5 分		
1.3		将仪器置于指定中心桩 O 位置	5	不正确扣 5 分		
2	调整仪器					
2.1	仪器对中、整平、对光	在观测点位置 O 上将仪器对中、整平、对光，前后均要检查中心桩位置的正确性，将望远镜瞄准标杆，调焦并将十字丝精确对准标杆	10	不正确扣 5 分		
3	分坑、计算					
3.1	分坑操作	将仪器竖盘照明反光镜转动使显微镜中的读数最明亮、清晰	10	不正确扣 1～10 分		
3.2		将仪器对准顺线路方向桩，用钢卷尺量出水平距离（a+b）/2，得出 A 点，打倒镜得出 B 点。$AO=BO=(a+b)/2$	10	不正确扣 1～10 分		
3.3		将仪器换向手轮转于水平位置，打开水平度盘照明反光镜并调整，使显微镜中读数最亮，转动水平度盘手轮，使读数为计算的水平角度。将镜筒旋转 90°钉 C 桩，倒镜钉 D 桩，同样使 $OC=OD=(a+b)/2$	10	不正确扣 1～10 分		
3.4		在此铁丝上量出 $AP=0.707(a+d)$、$CQ=0.707(a-d)$，得 P、Q 两点。 取 $2d$ 线长，将两端分别置于 P、Q 两点，拉紧线的中点得 M 点，翻转至反方向即得 N 点，沿 $NPMQ$ 在地面上画线，即得第一只基坑	20	不正确扣 1～10 分		
3.5		用细铁丝连接 AD 在此铁丝上量出 $AP'=(a+d)/2$，$DQ'=(a-d)/2$，得 P'、Q' 两点，拉紧线的中点即得 M' 点，反方向即得 N' 点，沿 $N'P'M'Q'$ 在地面上画线即得第二只基坑	10	不正确扣 1～10 分		
3.6		同样连接 BD、BC。同样方法得出第三、四只基坑。 认真检查，一次确保分坑尺寸正确	10	不正确扣 1～10 分		
4	其他要求	（1）要求着装正确（工作服、工作胶鞋、安全帽）。 （2）操作动作熟练。 （3）将仪器一次性装箱成功。 （4）清理工作现场符合文明生产要求。 （5）在规定的时间内完成	5	每项酌情扣 1～2 分		
合计			100			

Jc0003141671 异长法观测导线弧垂的操作。（100 分）

考核知识点：配电线路工的基本知识

难易度：易

技能等级评价专业技能考核操作工作任务书

一、任务名称

异长法观测导线弧垂的操作。

二、适用工种

配电线路工高级技师。

三、具体任务

用异长法观测导线弧垂。针对此项工作，考生须在 30 分钟内完成更换处理操作。

四、工作规范及要求

（1）要求单独操作，一人配合记录，写计算过程。

（2）给出档距、前后杆塔呼称高。

（3）工具：选用光学经纬仪，J2、J6 型均可，塔尺、钢卷尺、计算器。

（4）在培训线路上操作。

（5）本考核总成绩满分为 100 分。

五、考核及时间要求

考核时间共 30 分钟，每超过 1 分钟扣 2 分，到 35 分钟终止考核。

技能等级评价专业技能考核操作评分标准

工种	配电线路工				评价等级	高级技师
项目模块	配电线路工的基本知识—线路基本知识			编号	Jc0003141671	
单位		准考证号			姓名	
考试时限	30 分钟	题型	单项操作		题分	100 分
成绩	考评员		考评组长		日期	
试题正文	异长法观测导线弧垂的操作					
需要说明的问题和要求	要求单独操作，一人配合记录					
	给出档距、前后杆塔呼称高					

序号	项目名称	质量要求	满分	扣分标准	扣分原因	得分
1	工具材料准备、检查					
1.1	工器具	经纬仪、塔尺、计算器	5	差一项不得分		
1.2	选定仪器的测量点	观测点位置，在该杆塔所测导线挂线点正投影至地面上的点	10	不正确每项扣 5 分		
2	调整仪器					
2.1	仪器对中、整平、对光，采集该档观测点处杆塔呼称高	在观测点位置将仪器对中、整平、对光	10	不正确扣 5 分		
2.2		量出经纬仪仪高（望远镜转轴中心至杆塔基面的高度）	10	不正确扣 1～8 分		
2.3		用观测点导线挂点至杆塔高度减去仪高	10	不正确扣 1～8 分		
2.4		核对该档档距、观测点、导线挂点高度是否准确	10	不正确扣 5 分		

续表

序号	项目名称	质量要求	满分	扣分标准	扣分原因	得分
3	测量，计算					
3.1	测量导线弧垂最低点垂直角度，计算弧垂	将仪器竖盘照明反光镜转动使显微镜中的读数最明亮、清晰	5	不正确扣 5 分		
3.2		转动镜筒瞄准导线方向锁紧望远镜制动手轮	5	不正确扣 5 分		
3.3		转动望远镜微动手轮使十字丝中横丝与导线弧垂最低点精确相切，精确读出垂直角α	10	不正确扣 1～10 分		
3.4		转动望远镜微动手轮使十字丝中横丝与导线挂线点精确相切，精确读出垂直角β	10	不正确扣 1～10 分		
3.5		计算： $B=$档距 $(\tan\beta-\tan\alpha)$； 异长法公式为 $f=\frac{1}{4}(\sqrt{a}+\sqrt{b})^2$	10	不正确扣 1～10 分		
4	其他要求	（1）要求着装正确（工作服、工作胶鞋、安全帽）。 （2）操作动作熟练。 （3）将仪器一次性装箱成功。 （4）清理工作现场符合文明生产要求。 （5）在规定的时间内完成	5	每项酌情扣 1～2 分		
合计			100			

Jc0005152672　电缆工程竣工验收的主要内容。（100 分）

考核知识点：配电线路知识

难易度：中

技能等级评价专业技能考核操作工作任务书

一、任务名称

电缆工程竣工验收的主要内容。

二、适用工种

配电线路工高级技师。

三、具体任务

检查电缆工程竣工验收的主要内容。

四、工作规范及要求

（1）考查电缆工程各个阶段的工程资料是否齐备。

（2）考查电缆工程施工现场与设计图纸是否一致。

（3）在规定时间内完成。

（4）本考核总成绩满分为 100 分。

五、考核及时间要求

考核时间共 20 分钟，每超过 1 分钟扣 2 分。

技能等级评价专业技能考核操作评分标准

工种	配电线路工					评价等级	高级技师
项目模块	配电线路知识—电力电缆的运行				编号	Jc0005152672	
单位		准考证号				姓名	
考试时限	20 分钟	题型	多项操作			题分	100 分
成绩		考评员		考评组长		日期	
试题正文	电缆工程竣工验收的主要内容						

续表

需要说明的问题和要求	（1）考查电缆工程各个阶段的工程资料是否齐备。 （2）考查电缆工程施工现场与设计图纸是否一致。 （3）在规定时间内完成

序号	项目名称	质量要求	满分	扣分标准	扣分原因	得分
1	工程前期资料检查					
1.1	查看项目立项资料	（1）检查项目可研或建议书批复文件。 （2）查看项目计划下达文件	5	未检查一项扣2分，扣完为止		
1.2	查看相关资质	（1）查看设计、监理、施工单位资质情况。 （2）查看项目中标通知书。 （3）查看设计、监理、施工单位合同签订情况	5	未检查一项扣2分，扣完为止		
2	工程实施资料检查					
2.1	查看“三措一案”	检查工程的“三措一案”会签手续	5	未检查扣5分		
2.2	查看施工设备情况	检查施工所使用的各种器械报检手续	5	未检查扣5分		
2.3	查看施工人员情况	检查施工人员资质是否符合国家有关规定要求	5	未检查扣5分		
2.4	查看工程开工报告	掌握工程开工时间及施工工期	5	未检查扣5分		
2.5	查看设计图纸	检查工程设计是否满足国家电网公司配网典型设计要求	10	未检查扣10分		
2.6	现场检查	（1）检查现场电缆、电缆沟走径、设备数量是否与设计图纸相符。 （2）检查电缆盘井、检查井数量及尺寸是否与设计图纸相符	20	未检查一项扣3分		
2.7	竣工资料检查	（1）检查竣工资料内容是否齐全、准确。 （2）检查竣工资料中签字、盖章是否齐全。 （3）检查竣工资料中是否有施工过程资料，如隐蔽工程的照片或影像资料等。 （4）检查消缺记录是否与缺陷整改通知单相符。 （5）检查制造厂提供的产品说明书、试验记录、合格证件及安装图纸等技术文件。 （6）检查电缆的型号、长度及中间接头位置是否在图纸上表明，中间接头坐标是否采集。 （7）检查设计变更的证明文件和竣工图资料。 （8）检查电缆及设备的试验报告是否合格。 （9）检查监理资料是否齐全、完善。 （10）检查竣工验收报告内容是否翔实	25	未检查一项扣3分		
2.8	竣工结算检查	（1）检查竣工结算资金是否与ERP相符。 （2）检查工程审计结果执行情况	10	未检查一项扣5分		
3	工程资料归档					
3.1	资料保管情况	检查工程资料是否移交至档案管理部分保管	5	未检查扣3分		
合计			100			

Jc0010152673　编制配电线路施工方案的主要内容。（100分）

考核知识点：运行管理知识

难易度：中

技能等级评价专业技能考核操作工作任务书

一、任务名称

编制配电线路施工方案的主要内容。

二、适用工种

配电线路工高级技师。

三、具体任务

编制配电线路施工方案的主要内容。

四、工作规范及要求

（1）口试或笔答。

（2）假设一个项目，并提出具体要求。

（3）安全文明生产，在规定时间内完成。

（4）本考核总成绩满分为 100 分。

五、考核及时间要求

考核时间共 30 分钟，每超过 1 分钟扣 2 分。

技能等级评价专业技能考核操作评分标准

工种	配电线路工			评价等级	高级技师
项目模块	运行管理知识—运行设备检修		编号	Jc0010152673	
单位		准考证号		姓名	
考试时限	30 分钟	题型	多项操作	题分	100 分
成绩		考评员		考评组长		日期	
试题正文	编制配电线路施工方案的主要内容				
需要说明的问题和要求	（1）口试或笔答。 （2）假设一个项目，并提出具体要求。 （3）安全文明生产，在规定时间内完成				

序号	项目名称	质量要求	满分	扣分标准	扣分原因	得分
1	工作前准备					
1.1	编制说明	编制依据	5	错一项扣 4～5 分		
		本方案适用范围	5			
		应遵守的规章制度	5			
		明确工日、工期	4			
2	工作过程					
2.1	组织措施	成立工作组，明确负责人	5	错一项扣 4～5 分		
		明确各级机构、负责人的职权和职责	5			
		本项目的主要工作量及工作范围	5			
		工作分工、进度，应停电的范围、时间	4			
2.2	技术措施	依据项目要求选择合理的施工方案	5			
		施工的质量标准	5			
		选择主要施工工器具的规格型号	5			
		主要施工机器的强度校核	5			
2.3	安全措施	危险点分析及预防	4			
		执行标准作业卡	4			
		执行《电力安全工作规程》中保证安全的组织措施	4			
		执行《电力安全工作规程》中保证安全的技术措施	4			
		执行有关高空作业的规定	4			
		工器具检查和试验要求	4			
		大型操作项目的指挥，信号及工作人员的互相配合	4			
		出现异常情况时的处理程序	4			

续表

序号	项目名称	质量要求	满分	扣分标准	扣分原因	得分
3	工作终结验收					
3.1	竣工验收标准	参照有关条文执行	10	漏、错一项扣 1 分； 未在规定时间完成，每延时 1 分钟扣 2 分		
合计			100			

Jc0011152674　10kV 开关站（全密封 SF_6 环网柜）间联络线路由运行改检修的操作。（100 分）

考核知识点：开关站、配电室和箱式变电站

难易度：中

技能等级评价专业技能考核操作工作任务书

一、任务名称

10kV 开关站（全密封 SF_6 环网柜）间联络线路由运行改检修的操作。

二、适用工种

配电线路工高级技师。

三、具体任务

完成 10kV 开关站（全密封 SF_6 环网柜）间联络线路由运行改检修的操作。

四、工作规范及要求

（1）倒闸操作应由 2 人进行。

（2）安全文明生产，在规定时间内完成。

（3）本考核总成绩满分为 100 分。

五、考核及时间要求

考核时间共 20 分钟，每超过 1 分钟扣 2 分。

技能等级评价专业技能考核操作评分标准

工种	配电线路工				评价等级	高级技师
项目模块	开关站、配电室和箱式变电站—开关站、配电室和箱式变电站的运行			编号	Jc0011152674	
单位		准考证号			姓名	
考试时限	20 分钟	题型	多项操作		题分	100 分
成绩		考评员		考评组长	日期	
试题正文	10kV 开关站（全密封 SF_6 环网柜）间联络线路由运行改检修的操作					
需要说明的问题和要求	（1）当甲开关站和乙开关站相互联络的线路检修时，两开关站相应间隔（简称甲间隔和乙间隔）由运行改检修的操作。 （2）乙开关站为电源侧。 （3）开关站设备为全密封 SF_6 环网柜。 （4）倒闸操作应由 2 人进行。 （5）安全文明生产，在规定时间内完成					

序号	项目名称	质量要求	满分	扣分标准	扣分原因	得分
1	工作前准备					
1.1	接受调度预令	准确无误	3	工器具每漏、错选一项扣 1 分； 不按规定穿着一项扣 1 分；		
1.2	办理操作票	依据调度预令，根据实际情况填写操作票，并审票合格	5			
1.3	接受正令	准确无误	3			

续表

序号	项目名称	质量要求	满分	扣分标准	扣分原因	得分
1.4	准备工器具	根据工作需要选择工器具及安全用具	3	不办理操作票扣5分； 无调度令扣3分		
1.5	着装、穿戴	按规定穿工作服、工作鞋，戴绝缘手套、安全帽等	3			
2	工作过程					
2.1	甲开关站操作			不核对名称扣3分； 操作顺序错误扣5分； 不悬挂警告牌扣3分； 不验电就装设接地线或合接地刀闸扣5分； 不规范扣1～2分； 不排风扣5分； 不检查SF_6气压一项扣5分； 不熟练扣1～3分； 无唱票复诵扣3分		
2.1.1	核对命名	核对开关站名称后，打开换气扇，排风15min后进入，核对甲间隔双重名称及状态	3			
2.1.2	检查气压	检查SF_6气压正常	5			
2.1.3	操作甲间隔设备	拉开甲间隔开关至分闸位置，查验并记录线路侧带电显示器或指示仪表状态及开关位置指示	5			
2.1.4	悬挂警告牌	悬挂“禁止合闸，线路有人工作”警告牌	3			
2.2	乙开关站操作					
2.2.1	核对名称	核对开关站名称后，打开换气扇，排风15min后进入，核对乙间隔双重名称及状态	3			
2.2.2	检查气压	检查SF_6气压正常	5			
2.2.3	操作乙间隔设备	拉开乙间隔开关至分闸位置	5			
2.2.4	验电	查验线路侧带电显示器或指示仪表及开关位置指示等，进行间接验电	5			
2.2.5	挂接地线	验明确无电压后，立即在乙间隔合上线路侧接地刀闸	5			
2.2.6	悬挂警告牌	在乙间隔悬挂“禁止合闸，线路有人工作”警告牌	3			
2.3	返回甲开关站操作					
2.3.1	核对名称	核对开关站名称后，打开换气扇，排风15min后进入，核对甲间隔双重名称及状态	3			
2.3.2	挂接地线	查验甲间隔开关线路侧带电显示器或指示仪表状态，和2.1.3状态比较确认线路侧已停电，立即在甲间隔线路侧装设接地线，或合上线路侧接地刀闸	10			
2.4	唱票复诵	倒闸操作时唱票复诵	3			
2.5	熟练程度	操作熟练、顺利	5			
3	工作终结验收					
3.1	开关操作	开关、刀闸操作到位	3	不到位或不牢靠扣1～2分； 不汇报调度扣4分； 未清理现场或未交还工器具扣3分； 未在规定时间完成，每延时1分钟扣2分		
3.2	接地线装设	接地线装设牢靠，警告牌挂设正确	3			
3.3	工作终结	操作结束后，汇报调度	4			
3.4	安全文明生产	操作过程中无工器具损伤，柜内无遗留物，工作完毕应清理现场，交还工器具	10			
合计			100			

Jc0011152675　10kV开关站（真空环网柜）间联络线路由运行改检修的操作。（100分）

考核知识点：开关站、配电室和箱式变电站

难易度：中

技能等级评价专业技能考核操作工作任务书

一、任务名称

10kV开关站（真空环网柜）间联络线路由运行改检修的操作。

二、适用工种

配电线路工高级技师。

三、具体任务

完成 10kV 开关站（真空环网柜）间联络线路由运行改检修的操作。

四、工作规范及要求

（1）倒闸操作应由 2 人进行。

（2）安全文明生产，在规定时间内完成。

（3）本考核总成绩满分为 100 分。

五、考核及时间要求

考核时间共 20 分钟，每超过 1 分钟扣 2 分。

技能等级评价专业技能考核操作评分标准

工种	配电线路工					评价等级	高级技师
项目模块	开关站、配电室和箱式变电站—开关站、配电室和箱式变电站的运行				编号	Jc0011152675	
单位			准考证号			姓名	
考试时限	20 分钟		题型	多项操作		题分	100 分
成绩		考评员		考评组长		日期	
试题正文	10kV 开关站（真空 SF_6 环网柜）间联络线路由运行改检修的操作						
需要说明的问题和要求	（1）当甲开关站和乙开关站相互联络的线路检修时，两开关站相应间隔（简称甲间隔和乙间隔）由运行改检修的操作。 （2）乙开关站为电源侧。 （3）开关站设备为真空环网柜。 （4）倒闸操作应由 2 人进行。 （5）安全文明生产，在规定时间内完成						

序号	项目名称	质量要求	满分	扣分标准	扣分原因	得分
1	工作前准备					
1.1	接受调度预令	准确无误	3	工器具每漏、错选一项扣 1 分； 不按规定穿着一项扣 1 分； 不办理操作票扣 5 分； 无调度令扣 3 分		
1.2	办理操作票	依据调度预令，根据实际情况填写操作票，并审票合格	5			
1.3	接受正令	准确无误	3			
1.4	准备工器具	根据工作需要选择工器具及安全用具	3			
1.5	着装、穿戴	按规定穿工作服、工作鞋，戴绝缘手套、安全帽等	3			
2	工作过程					
2.1	甲开关站操作			不核对命名扣 3 分； 操作顺序错误扣 5 分； 不悬挂警告牌扣 3 分； 不验电就装设接地线或合接地刀闸扣 5 分； 不规范扣 1～2 分； 不排风扣 5 分； 不检查 SF_6 气压一项扣 5 分； 不熟练扣 1～3 分； 无唱票复诵扣 3 分		
2.1.1	核对命名	核对开关站名称后进入，核对甲间隔双重命名及状态	3			
2.1.2	操作甲间隔设备	先拉开甲隔离开关，检查线路侧带电显示器或指示仪表情况，再拉开甲间隔母线侧刀闸，后拉开甲间隔线路侧刀闸	10			
2.1.3	悬挂警告牌	悬挂“禁止合闸，线路有人工作”警告牌	3			
2.2	乙开关站操作					
2.2.1	核对命名	核对开关站名称后进入，核对乙间隔双重命名及状态	3			

续表

序号	项目名称	质量要求	满分	扣分标准	扣分原因	得分
2.2.2	操作乙间隔设备	先拉开乙隔离开关，检查线路侧带电显示器或指示仪表情况，再拉开乙间隔母线侧刀闸，后拉开乙间隔线路侧刀闸	10	不核对命名扣 3 分； 操作顺序错误扣 5 分； 不悬挂警告牌扣 3 分； 不验电就装设接地线或合接地刀闸扣 5 分； 不规范扣 1～2 分； 不排风扣 5 分； 不检查 SF_6 气压一项扣 5 分； 不熟练扣 1～3 分； 无唱票复诵扣 3 分		
2.2.3	验电挂接地线	用验电器在乙间隔线路刀闸线路侧验电，放电验明确无电压后，立即在乙间隔线路刀闸线路侧装设接地线	10			
2.2.4	悬挂警告牌	在乙间隔悬挂“禁止合闸，线路有人工作”警告牌	3			
2.3	返回甲开关站操作					
2.3.1	核对命名	核对开关站名称后进入，核对甲间隔双重命名及状态	3			
2.3.2	验电挂接地	查甲间隔线路刀闸线路侧验电、放电， 验明确无电压后，立即在甲间隔线路刀闸线路装设接地线	10			
2.4	唱票复诵	倒闸操作时唱票复诵	3			
2.5	熟练程度	操作熟练、顺利	5			
3	工作终结验收					
3.1	开关操作	开关、刀闸操作到位	3	不到位或不牢靠扣 1～2 分； 不汇报调度扣 4 分； 未清理现场或未交还工器具扣 3 分； 未在规定时间完成，每延时 1 分钟扣 2 分		
3.2	接地线装设	接地线装设牢靠，警告牌挂设正确	3			
3.3	工作终结	操作结束后，汇报调度	4			
3.4	安全文明生产	操作过程中无工器具损伤，柜内无遗留物，工作完毕应清理现场，交还工器具	10			
合计			100			

Jc0001152676　编写技师技能培训方案（高技）。（100 分）

考核知识点： 职业道德

难易度： 中

技能等级评价专业技能考核操作工作任务书

一、任务名称

编写技师技能培训方案（高技）。

二、适用工种

配电线路工高级技师。

三、具体任务

某单位配电工区有 15 名配电线路技师需进行技能培训。针对此项工作，考生编写一份技师技能培训方案。

四、工作规范及要求

结合培训任务按照以下要求完成技能培训方案的编写。

（1）培训项目为实操项目。

（2）培训相关内容由考生自行组织。

（3）本考核总成绩满分为 100 分。

五、考核及时间要求

考核时间共 40 分钟，每超过 1 分钟扣 2 分，到 45 分钟终止考核。

技能等级评价专业技能考核操作评分标准

工种	配电线路工					评价等级	高级技师
项目模块	职业道德—配电线路工职业道德				编号	Jc0001152676	
单位			准考证号			姓名	
考试时限	40 分钟		题型	多项操作		题分	100 分
成绩		考评员		考评组长		日期	
试题正文	编写技师技能培训方案						
需要说明的问题和要求	（1）培训内容应为技能实操项目。 （2）内容不作限制，由考生自行组织						

序号	项目名称	质量要求	满分	扣分标准	扣分原因	得分
1	培训目标	应有明确的培训目标	10	缺少一项扣 10 分		
2	培训人	应有明确的授课人	10	缺少一项扣 10 分		
3	培训对象	应明确培训对象	10	缺少一项扣 10 分		
4	培训内容	应有具体的培训项目名称；应有项目的具体内容	20	缺少一项扣 10 分；培训课程安排不合理酌情扣分		
5	培训方式	应有明确的培训方式，培训方式为实操	10	缺少一项扣 10 分		
6	培训时间与地点	应明确培训时间，培训地点	20	缺少一项扣 10 分		
7	培训考核方式	应明确培训的考核方式，考核方式为实操	10	缺少一项扣 10 分		
8	其他相关事宜	其他相关的培训事宜，如奖惩方式、劳动纪律等要求	10	缺少一项扣 10 分		
合计			100			

Jc0003152677　测量 10kV 电力线 380V 电力线交跨的净空高度，并按 40℃高温时进行验算。（100 分）

考核知识点：配电线路工的基本知识

难易度：中

技能等级评价专业技能考核操作工作任务书

一、任务名称

测量 10kV 电力线 380V 电力线交跨的净空高度，并按 40℃高温时进行验算。

二、适用工种

配电线路工高级技师。

三、具体任务

测量 10kV 电力线 380V 电力线交跨的净空高度，并按 40℃高温时进行验算。针对此项工作，考生须在 45 分钟内完成更换处理操作。

四、工作规范及要求

（1）要求单独操作，一人配合。

（2）由考评员随机指定测量点，写出计算过程。

（3）工具：选用光学经纬仪，J2、J6 型均可，塔尺、钢卷尺、计算器，在培训线路上操作。

（4）本考核总成绩满分为 100 分。

五、考核及时间要求

考核时间共45分钟。每超过1分钟扣2分，到50分钟终止考核。

技能等级评价专业技能考核操作评分标准

工种	配电线路工						评价等级	高级技师
项目模块	配电线路工的基本知识—线路基本知识					编号	Jc0003152677	
单位			准考证号				姓名	
考试时限	45分钟		题型	多项操作			题分	100分
成绩		考评员			考评组长		日期	
试题正文	用光学经纬仪测出10kV电力线380V电力线交跨的净空高度，并按40℃高温时进行验算							
需要说明的问题和要求	（1）要求单独操作，一人配合。 （2）已知条件，交跨点为档距 $l=120\text{m}$ 的档距中点，导线比载为 $35\times10^{-3}\text{N/m}\cdot\text{mm}^2$。测量时导线应力为80MPa，40℃导线应力为60MPa							

序号	项目名称	质量要求	满分	扣分标准	扣分原因	得分
1	测量的准备					
1.1	工器具	经纬仪、脚架、塔尺，花杆、皮尺、木桩、榔头、小铁钉、函数计算器、考试专用纸等	5	差一项不得分		
1.2	选定仪器的测量点	（1）观测点位置，在线路与地面垂直位置任选一点。 （2）观测点位置距离线路被测点距离20～40m。 （3）量取仪高	5	不正确每项扣5分		
2	调整仪器					
2.1	仪器对中、整平、对光、瞄准、精平和读数、水平测距	指挥配合人员将塔尺立在线路交叉点正下方	5	不正确扣5分		
2.2		在观测点位置将仪器整平、对光	5	不正确扣5分		
2.3		将望远镜视线调至垂直90°，瞄准塔尺，调焦，转动照准部及望远镜锁紧螺旋将其锁紧	10	不正确扣5分		
2.4		转动望远镜微调螺旋使十字丝上、下丝与塔尺某一刻度重合	10	不正确扣5分		
2.5		读出上丝及下丝所夹塔尺刻度，利用 $D=K(\text{上丝}-\text{下丝})\cos^2\alpha$ 得出水平距离	10	计算不正确扣1～10分		
3	测量，计算					
3.1	导线对地面距离的测量及计算	松开望远镜锁紧螺旋	5	不正确扣5分		
3.2		将仪器竖盘照明反光镜转动使显微镜中的读数最明亮、清晰	10	不正确扣5分		
3.3		转动镜筒瞄准导线下边缘锁紧望远镜制动手轮读出读数	10	不正确扣1～10分		
3.4		精确读出度、分、秒。 计算：利用公式计算出交叉跨越间的距离 $d=D(\tan\alpha_{\text{上}}-\tan\alpha_{\text{下}})$	10	不正确扣1～10分		
3.5	弧垂计算	$f_1=gl^2/(8\sigma_1)=35\times10^{-3}\times120^2/(8\times80)=0.79\text{（m）}$ $f_2=gl^2/(8\sigma_2)=35\times10^{-3}\times120^2/(8\times60)=1.05\text{（m）}$ $\Delta f=f_2-f_1=1.05-0.79=0.26\text{（m）}$	5	不正确不得分		
4	判别	10kV与380V交跨要求： 最小安全距离 $[d]=2\text{m}$ 实际距离 $\Delta d=d-\Delta f\geqslant[d]$ 安全，否则不安全	5	不正确不得分		
5	其他要求	（1）要求着装正确（工作服、工作胶鞋、安全帽）。 （2）操作动作熟练。 （3）将仪器一次性装箱成功。 （4）清理工作现场，符合文明生产要求。 （5）在规定的时间内完成	5	每项酌情扣1～2分		
合计			100			

Jc0003152678　测量一条 10kV 电力线路，在某档 l =150m 的某处与一建筑物距离较近，试按大风气象条件校验是否满足风偏要求。（100 分）

考核知识点：配电线路工的基本知识

难易度：中

技能等级评价专业技能考核操作工作任务书

一、任务名称

测量一条 10kV 电力线路，在某档 l=150m 的某处与一建筑物距离较近，试按大风气象条件校验是否满足风偏要求。

二、适用工种

配电线路工高级技师。

三、具体任务

测量一条 10kV 电力线路，在某档 l=150m 的某处与一建筑物距离较近，试按大风气象条件校验是否满足风偏要求。

四、工作规范及要求

（1）要求单独操作，一人配合。

（2）由考评员随机指定测量点，写出计算过程。

（3）工器具：选用光学经纬仪，J2、J6 型均可，塔尺、钢卷尺、计算器，在培训线路上操作。

（4）本考核总成绩满分为 100 分。

五、考核及时间要求

考核时间共 45 分钟。每超过 1 分钟扣 2 分，到 50 分钟终止考核。

技能等级评价专业技能考核操作评分标准

工种	配电线路工				评价等级	高级技师
项目模块	配电线路工的基本知识—线路基本知识			编号	Jc0003152678	
单位		准考证号			姓名	
考试时限	45 分钟	题型	多项操作		题分	100 分
成绩		考评员		考评组长	日期	
试题正文	测量一条 10kV 电力线路，在某档 l =150m 的某处与一建筑物距离较近，试按大风气象条件校验是否满足风偏要求					
需要说明的问题和要求	（1）要求单独操作，一人配合。 （2）已知条件：导线为 LGJ－150/20，应力σ = 80MPa，导线比载 $g_1 = 33\times10^{-3}$N/m・mm^2，$g_4 = 50\times10^{-3}$N/m・mm^2					

序号	项目名称	质量要求	满分	扣分标准	扣分原因	得分
1	测量的准备					
1.1	工器具	经纬仪、脚架、塔尺，花杆、皮尺、木桩、榔头、小铁钉、函数计算器、考试专用纸等	5	差一项不得分		
1.2	选定仪器的测量点	（1）观测点位置，在档距一端架设经纬仪。 （2）量取仪高。 (3)用皮尺丈量线路在地平面投影点到建筑物最近点的水平距离 D	5	不正确每项扣 5 分		
2	调整仪器					

续表

序号	项目名称	质量要求	满分	扣分标准	扣分原因	得分
2.1	仪器对中、整平、对光、瞄准、精平和读数、水平测距	指挥配合人员将塔尺立在建筑物处	5	不正确扣 5 分		
2.2		在观测点位置将仪器整平、对光	5	不正确扣 5 分		
2.3		将望远镜视线调至垂直 90°，瞄准塔尺，调焦，转动照准部及望远镜锁紧螺旋将其锁紧	10	不正确扣 5 分		
2.4		转动望远镜微调螺旋使十字丝上、下丝与塔尺某一刻度重合	10	不正确扣 5 分		
2.5		读出上丝及下丝所夹塔尺刻度，利用 $l=K$（上丝 − 下丝）$\cos^2\alpha$ 得出水平距离	10	计算不正确扣 1～10 分		
3	计算					
3.1	导线的综合比载、弧垂、偏角、偏距计算	大风时的综合比载计算 $g_6=\sqrt{g_1^2+g_4^2}$ $=\sqrt{(33\times10^{-3})^2+(50\times10^{-3})^2}$ $=59.9\times10^{-3}$ N/m • mm²	10	不正确扣 5 分		
3.2		大风时的弧垂计算 $f_x=g_6l(150-l)/(2\sigma)$ $=59.9\times10^{-3}\times l\times(150-l)/(2\times80)$	10	不正确扣 5 分		
3.3		（1）风偏角计算。 $\tan\varphi=g_4/g_1=50\times10^{-3}/(33\times10^{-3})=1.515$ $\varphi=56.6°$。 （2）偏距计算。 $\Delta x=f_x\sin\varphi$ $=f_x\sin56.6°$ 线路风偏与建筑物距离为 $\Delta D=D-\Delta x$	10	不正确扣 1～10 分		
4	判别	（1）10kV 电力线与建筑物风偏最小安全距离［d］=1.5m。 （2）当$\Delta D\geqslant$［d］时满足风偏要求，当$\Delta D<$［d］时不满足风偏要求	10	不正确不得分		
5	其他要求	（1）要求着装正确（工作服、工作胶鞋、安全帽）。 （2）操作动作熟练。 （3）将仪器一次性装箱成功。 （4）清理工作现场，符合文明生产要求。 （5）在规定的时间内完成	10	每项酌情扣 1～2 分		
合计			100			

Jc0010163679 使用吊车更换 10m 耐张杆的施工组织方案。（100 分）

考核知识点：运行管理知识

难易度：难

技能等级评价专业技能考核操作工作任务书

一、任务名称

使用吊车更换 10m 耐张杆的施工组织方案。

二、适用工种

配电线路工高级技师。

三、具体任务

更换一基 10m 耐张杆，作业方法为吊车组立，钢筋混凝土杆已运输到位。针对此项工作，要求考生编写一份使用吊车更换 10m 耐张杆的施工组织方案。

四、工作规范及要求

单杆已运输到位，请按以下要求完成使用吊车更换 10m 耐张杆的施工组织方案的编写；方案编写在教室内完成。

（1）人员配置分工合理（方案中不得出现真实单位名称及个人姓名）。

（2）工器具及材料清楚。

（3）主要作业程序正确。

（4）关键工序工艺质量标准清楚。

（5）组织、安全、技术措施齐全。

（6）考核时间结束终止考试。

（7）本考核总成绩满分为 100 分。

五、考核及时间要求

考核时间共 60 分钟，每超过 1 分钟扣 2 分，到 65 分钟终止考核。

技能等级评价专业技能考核操作评分标准

<table>
<tr><td>工种</td><td colspan="6">配电线路工</td><td>评价等级</td><td>高级技师</td></tr>
<tr><td>项目模块</td><td colspan="5">运行管理知识—运行设备检修</td><td>编号</td><td colspan="2">Jc0010163679</td></tr>
<tr><td>单位</td><td colspan="2"></td><td>准考证号</td><td colspan="3"></td><td>姓名</td><td></td></tr>
<tr><td>考试时限</td><td colspan="2">60 分钟</td><td>题型</td><td colspan="3">综合操作</td><td>题分</td><td>100 分</td></tr>
<tr><td>成绩</td><td></td><td>考评员</td><td colspan="2"></td><td>考评组长</td><td></td><td>日期</td><td></td></tr>
<tr><td>试题正文</td><td colspan="8">编写一份使用吊车更换 10m 耐张杆的施工组织方案</td></tr>
<tr><td>需要说明的问题和要求</td><td colspan="8">（1）学员集中于教室在 60 分钟内完成方案编写。
（2）方案中施工班组、作业人员不指定，由考生自行填写，但不得出现真实单位名称和个人姓名。
（3）电杆为 10m 钢筋混凝土单杆，组立方式为使用吊车组立。
（4）所用工具、材料由考生根据施工需要进行安排。
（5）本考核总成绩满分为 100 分</td></tr>
</table>

序号	项目名称	质量要求	满分	扣分标准	扣分原因	得分
1	整体要求					
1.1	标题	要写清楚线路名称、杆号及作业内容	5	少一项扣 2 分		
1.2	工程概况介绍	应对工程概况或该工作的背景进行简单描述	5	没有工程概况介绍扣 5 分		
2	组织措施					
2.1	工作内容	应写清楚工作的线路、杆号、工作内容、工作范围	5	少一项内容扣 3 分		
2.2	工作人员及分工	（1）应写清楚工作班组和人数；或者逐一填写工作人员名字。 （2）单位名称和个人姓名不得使用真实名称。 （3）应有明确分工	5	一项不正确扣 2 分		
2.3	工作时间	应写清楚计划工作时间，计划工作开始及工作结束时间均应以年、月、日、时、分填写清楚	5	没有填写时间扣 2 分；时间填写不清楚扣 1 分		
3	作业程序					
3.1	准备工作	（1）安全措施宣讲及落实（作业人员着装正确，戴安全帽，系安全带）。 （2）人员分工（指挥、安全监护、吊车操作、拆除扎线、临时拉线、制作拉线、登杆各岗位人员分配）。 （3）作业开始前的检查（导线受力情况的检查）	5	少一项扣 2 分		
3.2	拆除旧杆	（1）将要更换的耐张杆相邻两基直线杆分别打好防止倒杆的临时拉线，并将导线锚住。 （2）防止耐张杆松落导线时造成相邻两直线杆倾斜，用紧线器松放导线。拆除导线顺序为先拆除中相导线，再拆除两边相导线。 （3）将钢丝绳套选择在合适的位置绑扎，并使钢丝绳受力。 （4）在导线拆除后拆除耐张杆拉线。 （5）拆除旧电杆	5	少一项扣 1 分		

续表

序号	项目名称	质量要求	满分	扣分标准	扣分原因	得分
3.3	立杆	（1）利用挖坑工具把原杆坑挖深、挖大，满足埋深要求。 （2）选择合适位置绑扎起吊点，对各绑扎点及吊点情况进行检查。 （3）起吊电杆，电杆受力后应检查各绑扎点及吊点，横担离地 30～50cm 时停止牵引，检查各受力点，确无问题后再起吊。 （4）调整电杆位置，落杆入基础坑内，并使电杆位于线路中心。 （5）杆根回填土并夯实。 （6）安装拉线并使拉线受力，UT 线夹的螺杆必须露扣，并留有不少于 1/2 螺杆丝扣长度以供调整。调整后，UT 型线夹的双螺母应并紧	10	少一步扣 2 分		
3.4	架设导线及附件安装	（1）安装横担及悬式绝缘子。 （2）使用紧线器安装导线。先收两边相导线，再收中相导线。 （3）核实导线弧垂符合要求。 （4）引流线连接。引流线应采用压接或专用线夹连接。若为绝缘导线，应进行绝缘处理；若导线有损伤，应按规定进行修补	5	少一项扣 1 分		
3.5	拆除工器具及清理现场	（1）登杆拆除吊点钢丝绳套。 （2）清理现场	5	少一项扣 2 分		
4	安全措施					
4.1	防触电措施	（1）核对线路名称。 （2）停电，在作业点两端验电、挂接地线	5	少一项扣 2 分		
4.2	防止高坠措施	（1）在正式拉线做好和杆根回填土夯实之前，不得登杆。 （2）对安全带及延长绳进行外观检查，并做冲击试验。 （3）登杆过程中应全程使用安全带，杆上作业过程中不得失去保护	5	少一项扣 2 分		
4.3	防止高空落物伤人措施	（1）作业人员应正确佩戴安全帽。 （2）拆除补强木梁时应使用滑车、绳索吊落，不得抛掷。 （3）作业点正下方不得有人逗留或通过	5	少一项扣 2 分		
4.4	防止倒杆措施	（1）杆塔起立后及横担离地 30～50cm 时，应对各受力点处做一次全面检查并进行冲击试验，确无问题再继续起立。 （2）起吊过程中，应注意检查各绑扎点钢丝绳套锁紧情况及位置是否正确。 （3）正式拉线做好，杆基回填土夯实后，方可登杆拆除所有牵引和临时拉线。 （4）距杆根 1.2 倍杆高范围内，除指挥人员外其他人员不得入内	5	少一项扣 2 分		
5	技术措施					
5.1	工器具的使用要求	（1）吊车吨位选择，统一指挥等。 （2）钢丝绳套绑扎位置及绑扎方法，使用过程进行安全检查等	5	少一项扣 5 分		
5.2	质量要求	（1）杆身不得有纵向裂纹，横向裂纹宽度不得超过 0.1mm，长度不得超过周长的 1/3，且 1m 内横向裂纹不得超过 3 处。 （2）转角杆组立后，杆位向内角的偏移不得大于 50mm，不能向外角偏移；杆塔应向外角方向微倾，但不得超过杆高 1%，不允许向内角方向倾斜。 （3）电杆埋深符合要求（+100mm，－50mm）。 （4）横担安装平正，安装偏差：横担端部上下歪斜不应大于 20mm；横担端部左右扭斜不应大于 20mm。 （5）三相导线弧垂应力求一致，施工误差不得超过设计弧垂±50mm	10	少一项扣 5 分		
6	工具材料					
6.1	工具	（1）应有工具清单。 （2）应含有吊车、钢丝绳套、绳索等立杆工具，并应根据情况选择适当的型号。 （3）应含有验电器、接地线、安全带、延长绳、脚扣等安全工器具	5	少一项扣 2 分；没有型号要求扣 2 分		
6.2	材料	（1）应有材料清单。 （2）应有电杆、横担、绝缘子、耐张金具、拉线等材料	5	少一项扣 3 分；没有型号要求扣 2 分		
合计			100			

Jc0010163680　使用人字抱杆更换 10m 耐张杆的施工组织方案。（100 分）

考核知识点：运行管理知识

难易度：难

技能等级评价专业技能考核操作工作任务书

一、任务名称

使用人字抱杆更换 10m 耐张杆的施工组织方案。

二、适用工种

配电线路工高级技师。

三、具体任务

更换一基 10m 耐张杆，作业方法为抱杆组立，钢筋混凝土杆已运输到位。针对此项工作，要求考生编写一份使用人字抱杆更换 10m 耐张杆的施工组织方案。

四、工作规范及要求

单杆已运输到位，请按以下要求完成使用人字抱杆更换 10m 耐张杆的施工组织方案的编写；方案编写在教室内完成。

（1）人员配置分工合理（方案中不得出现真实单位名称及个人姓名）。

（2）工器具及材料清楚。

（3）主要作业程序正确。

（4）关键工序工艺质量标准清楚。

（5）组织、安全、技术措施齐全。

（6）考核时间结束终止考试。

（7）本考核总成绩满分为 100 分。

五、考核及时间要求

考核时间共 60 分钟，每超过 1 分钟扣 2 分，到 65 分钟终止考核。

技能等级评价专业技能考核操作评分标准

工种	配电线路工				评价等级	高级技师
项目模块	运行管理知识—运行设备检修			编号	Jc0010163680	
单位		准考证号			姓名	
考试时限	60 分钟	题型	综合操作		题分	100 分
成绩		考评员		考评组长		日期	
试题正文	编写一份使用人字抱杆更换 10m 耐张杆的施工组织方案					
需要说明的问题和要求	（1）学员集中于教室在 60 分钟内完成方案编写。 （2）方案中施工班组、作业人员不指定，由考生自行填写，但不得出现真实单位名称和个人姓名。 （3）电杆为 10m 钢筋混凝土单杆，组立方式为使用抱杆组立。 （4）所用工具、材料由考生根据施工需要进行安排。 （5）本考核总成绩满分为 100 分					

序号	项目名称	质量要求	满分	扣分标准	扣分原因	得分
1	整体要求					
1.1	标题	要写清楚线路名称、杆号及作业内容	5	少一项扣 2 分		
1.2	工程概况介绍	应对工程概况或该工作的背景进行简单描述	5	没有工程概况介绍扣 5 分		

续表

序号	项目名称	质量要求	满分	扣分标准	扣分原因	得分
2	组织措施					
2.1	工作内容	应写清楚工作的线路、杆号、工作内容、工作范围	5	少一项内容扣3分		
2.2	工作人员及分工	（1）应写清楚工作班组和人数；或者逐一填写工作人员名字。 （2）单位名称和个人姓名不得使用真实名称。 （3）应有明确分工	5	一项不正确扣2分		
2.3	工作时间	应写清楚计划工作时间，计划工作开始及工作结束时间均应以年、月、日、时、分填写清楚	5	没有填写时间扣5分；时间填写不清楚扣3分		
3	作业程序					
3.1	准备工作	（1）安全措施宣讲及落实（作业人员着装正确，戴安全帽，系安全带）。 （2）人员分工（指挥、安全监护、吊车操作、拆除扎线、临时拉线、制作拉线、登杆各岗位人员分配）。 （3）作业开始前的检查（导线受力情况的检查）	5	少一项扣2分		
3.2	拆除旧杆	（1）将要更换的耐张杆相邻两基直线杆打好拉线，并将导线锚住。 （2）防止耐张杆松落导线时造成相邻两直线杆倾斜，用紧线器松放导线。 （3）将钢丝绳套选择在合适的位置绑扎，并使钢丝绳受力。 （4）在导线不受力后拆除拉线。 （5）拆除电杆	5	少一项扣1分		
3.3	立杆准备	（1）主牵引地锚布置，检查或放置底盘。主牵引地锚中心、电杆中心线、制动地锚中心及人字抱杆的顶点在同一垂直面上，严禁偏移，以保证在起吊过程中受力均匀。主牵引地锚与电杆基坑的距离为杆高的1.3～1.5倍，依据具体地形而定，以远些为好。主牵引绳与地面夹角一般不大于30°。 （2）制动绳地锚布置。制动绳位置应与电杆中心平行，制动地锚坑应与基坑的距离为电杆高的1.2倍，制动绳与制动锚之间应装制动器，以调整制动绳。 （3）抱杆设定。抱杆有效高度的选择一般为电杆重心高度的1.1倍，抱杆根部距支点的距离一般为2～5m，抱杆顶部的脱帽环应能保证倒抱杆时顺利脱落。 （4）一般15m以下的杆塔可采用单点方式起吊，各吊点的合力作用点在电杆重心高度的1.1～1.5倍处（距离以杆根算起）	5	少一步扣2分		
3.4	立杆	（1）在电杆起立过程中要集中精力，注意整个过程的工作情况，及早发现异常情况，及时处理，使起吊工作顺利进行。 （2）当电杆起吊至杆顶离开地面0.8m时，应停止起吊，检查各部受力情况及做冲击试验。 （3）电杆起吊到40°～50°时，应检查杆根是否对准地盘，如有偏斜应及时调正。在抱杆退落前应使杆根进入底盘位置。 （4）抱杆脱落时，应预先发出信号，电杆起吊暂停，要使抱杆缓缓落下，并注意各部受力情况有无异常。 （5）电杆起立到约70°时应减慢牵引速度，约80°时应停止牵引，并收紧稳好四面拉线，特别是制动方向拉线	5	少一步扣1分		
3.5	架设导线及附件安装	（1）安装横担及悬式绝缘子。 （2）使用紧线器安装导线。先收两边相导线，再收中相导线。 （3）核实导线弧垂符合要求。 （4）引流线连接。引流线应采用压接或专用线夹连接。若为绝缘导线，应进行绝缘处理；若导线有损伤，应按规定进行修补	5	少一项扣1分		
3.6	拆除工器具及清理现场	（1）登杆拆除吊点钢丝绳套。 （2）清理现场	5	少一项扣2分		
4	安全措施					
4.1	防触电措施	（1）核对线路名称。 （2）停电，在作业点两端验电、挂接地线	5	少一项扣2分		
4.2	防止高坠措施	（1）在杆根回填土夯实之前，不得登杆。 （2）对安全带及延长绳进行外观检查，并做冲击试验。 （3）登杆过程中应全程使用安全带，杆上作业过程中不得失去保护	5	少一项扣2分		

续表

序号	项目名称	质量要求	满分	扣分标准	扣分原因	得分
4.3	防止高空落物伤人措施	（1）作业人员应正确佩戴安全帽。 （2）作业点正下方不得有人逗留或通过	5	少一项扣2分		
4.4	防止倒杆措施	（1）杆塔起立后及横担离地30～50cm时，应对各受力点处做一次全面检查并做冲击试验，确无问题再继续起立。 （2）起吊过程中，应注意检查各绑扎点钢丝绳套锁紧情况及位置是否正确。 （3）正式拉线做好，杆基回填土夯实后，方可登杆拆除所有牵引和临时拉线	5	少一项扣2分		
5	技术措施					
5.1	工器具的使用要求	（1）吊车吨位选择，统一指挥等。 （2）钢丝绳套绑扎位置及绑扎方法，使用过程进行安全检查等	5	少一项扣5分		
5.2	质量要求	（1）杆身不得有纵向裂纹，横向裂纹宽度不得超过0.1mm，长度不得超过周长的1/3，且1m内横向裂纹不得超过3处。 （2）转角杆组立后，杆位向内角的偏移不得大于50mm，不能向外角偏移；杆塔应向外角方向微倾，但不得超过杆高1%，不允许向内角方向倾斜。 （3）电杆埋深符合要求（+100mm，－50mm）。 （4）横担安装平正，安装偏差：横担端部上下歪斜不应大于20mm；横担端部左右扭斜不应大于20mm。 （5）三相导线弧垂应力求一致，施工误差不得超过设计弧垂±50mm	10	少一项扣5分		
6	工具材料					
6.1	工具	（1）应有工具清单。 （2）应含有机动绞磨、人字抱杆、钢丝绳、滑车、钢丝绳套等立杆工具，并应根据情况选择适当的型号。 （3）应含有验电器、接地线、安全带、延长绳、脚扣等安全工器具	5	少一项扣2分；没有型号要求扣2分		
6.2	材料	（1）应有材料清单。 （2）应有横担、耐张绝缘子、耐张金具等材料	5	少一项扣3分；没有型号要求扣2分		
合计			100			

Jc0005163681 单抱杆更换15m耐张杆的操作。（100分）

考核知识点： 配电线路知识

难易度： 难

技能等级评价专业技能考核操作工作任务书

一、任务名称

单抱杆更换15m耐张杆的操作。

二、适用工种

配电线路工高级技师。

三、具体任务

指挥用单抱杆更换15m耐张杆的操作。针对此项工作，考生须在30分钟内完成更换处理操作。

四、工作规范及要求

（1）工具、材料已在现场，所有锚桩已经安装好。

（2）指挥布置工作现场，指挥各道工序，设一安全员协助检查。

（3）立电杆的单抱杆用小抱杆起立。

（4）工器具：长度10m左右30kN以上抱杆1根，6m左右小抱杆1副，机动绞磨1台，直径11～

12.5mm 牵引钢丝绳约 100m，角铁桩（12～14 根）；直径 11mm 临时拉线，大于 20m，4 根；30kN 滑轮组（两轮、三轮各 1 只），20kN 滑轮 1 只，钢丝绳套 3～4 只，大锤 3～5 把，铁锹 2 把，夯 1 只，卸扣，登杆工具，个人工具，吊绳 3～4 根，花篮螺栓式联板扣 5 副，钢钎等，红、绿旗。如土质不行应增加角铁桩或地锚。

（5）本考核总成绩满分为 100 分。

五、考核及时间要求

考核时间共 30 分钟。每超过 1 分钟扣 2 分，到 35 分钟终止考核。

技能等级评价专业技能考核操作评分标准

工种	配电线路工						评价等级	高级技师
项目模块	配电线路知识—架空线路的组成					编号	Jc0005163681	
单位			准考证号				姓名	
考试时限	60 分钟		题型	综合操作			题分	100 分
成绩		考评员			考评组长		日期	
试题正文	编写一份使用单抱杆更换 15m 耐张杆的施工组织方案							
需要说明的问题和要求	（1）学员集中于教室在 60 分钟内完成方案编写。 （2）方案中施工班组、作业人员不指定，由考生自行填写，但不得出现真实单位名称和个人姓名。 （3）电杆为 15m 钢筋混凝土单杆，组立方式为使用抱杆组立。 （4）所用工具、材料由考生根据施工需要进行安排。 （5）本考核总成绩满分为 150 分							

序号	项目名称	质量要求	满分	扣分标准	扣分原因	得分
1	整体要求					
1.1	标题	要写清楚线路名称、杆号及作业内容	5	少一项扣 2 分		
1.2	工程概况介绍	应对工程概况或该工作的背景进行简单描述	5	没有工程概况介绍扣 5 分		
2	组织措施					
2.1	工作内容	应写清楚工作的线路、杆号、工作内容、工作范围	5	少一项内容扣 3 分		
2.2	工作人员及分工	（1）应写清楚工作班组和人数；或者逐一填写工作人员名字。 （2）单位名称和个人姓名不得使用真实名称。 （3）应有明确分工	5	一项不正确扣 2 分		
2.3	工作时间	应写清楚计划工作时间，计划工作开始及工作结束时间均应以年、月、日、时、分填写清楚	5	没有填写时间扣 5 分，时间填写不清楚扣 3 分		
3	作业程序					
3.1	准备工作	（1）安全措施宣讲及落实（作业人员着装正确，戴安全帽，系安全带）。 （2）人员分工（指挥、安全监护、吊车操作、拆除扎线、临时拉线、制作拉线、登杆各岗位人员分配）。 （3）作业开始前的检查（导线受力情况的检查）	5	少一项扣 2 分		
3.2	拆除旧杆	（1）将要更换的耐张杆相邻两基直线杆打好拉线，并将导线锚住。 （2）防止耐张杆松落导线时造成相邻两直线杆倾斜，用紧线器松放导线。 （3）将钢丝绳套选择在合适的位置绑扎，并使钢丝绳受力。 （4）在导线不受力后拆除拉线上把。 （5）拔出电杆	5	少一项扣 1 分		

续表

序号	项目名称	质量要求	满分	扣分标准	扣分原因	得分
3.3	起立抱杆准备	（1）将四方的临时拉线锚桩安装好，安装距离为杆高1.2～1.3倍，方向为90°，其中两根应与电杆和抱杆脚连线方向一致，并在一条直线上。 （2）将机动绞磨锚桩安装好，安装方向应与电杆摆设方向一致，距离为电杆高度1.2倍以上。 （3）单抱杆脚应设在离杆坑1m左右，视土质情况，距离近些为好。必要时采取防沉、防塌措施。 （4）单抱杆摆放应与电杆同一方向，根部朝机动绞磨方向。 （5）小抱杆双脚分开1.8m左右，双脚放在单抱杆根部，向头部方向前进约1.5m，两脚连线与大抱杆垂直。 （6）将滑轮组及四方临时拉线挂在单抱杆头部，动滑轮挂在单抱杆根部。 （7）四方临时拉线分开拉至各自的锚桩。 （8）将牵引钢丝绳放在小抱杆顶部，并用一根吊绳中部绑紧小抱杆头，一端翻过牵引钢丝绳作为小抱杆反向拉绳，另一端作为木抱杆起立拉绳	5	少一步扣2分		
3.4	起立抱杆	（1）派两人各自稳住木抱杆根部，再派两人吊起小抱杆。两人拉起立拉绳的一端将木抱杆拉起至60°左右，并将吊绳两端暂时固定。 （2）收紧牵引钢丝绳，使它受力，松开吊绳两端，开动绞磨并指挥临时拉线使单抱杆平稳立起。 （3）小抱杆快失效时要拉紧小抱杆反向拉绳，使小抱杆轻轻倒下并及时收走。 （4）松开动滑轮与抱杆根部的连接。将四方临时拉线调整好并扎紧	5	少一步扣2分		
3.5	立杆	（1）计算出抱杆有效高度并留下0.5m左右余量，确定电杆吊点位置，一定要在重心以上。 （2）用大于12.5mm的钢丝绳套在吊点位置上，并用卸扣与动滑轮连接好，杆梢绑两根棕绳。 （3）用大于12.5mm的钢丝扣在抱杆根部，上连接10～20kN的导向滑轮，牵引绳从滑轮穿出。 （4）开动绞磨，待电杆离地后认真检查各受力点及各锚桩并冲击检查，确无问题，继续起吊。密切注意电杆重心变化，必要时用钢钎移动电杆，将电杆重心对准杆坑。 （5）电杆根部快离地时，派两人用绳子套住电杆根部，控制电杆摆动，继续起吊，并将电杆对准杆坑，及时停止牵引。 （6）绞磨倒车将电杆慢慢放杆坑，到位后拉动杆梢绳子，调整电杆铅直，并及时回土分层夯实。 （7）杆根牢固后，登杆拆除吊绳及吊点	5	少一步扣2分		
3.6	架设导线及附件安装	（1）安装横担及悬式绝缘子。 （2）使用紧线器安装导线。先收两边相导线，再收中相导线。 （3）核实导线弧垂符合要求。 （4）引流线连接。引流线应采用压接或专用线夹连接。若为绝缘导线，应进行绝缘处理；若导线有损伤，应按规定进行修补	5	少一步扣2分		
3.7	拆除工器具及清理现场	（1）登杆拆除吊点钢丝绳套。 （2）清理现场	5	少一项扣2分		
4	安全措施					
4.1	防触电措施	（1）核对线路名称。 （2）停电，在作业点两端验电、挂接地线	5	少一项扣2分		
4.2	防止高坠措施	（1）在杆根回填土夯实之前，不得登杆。 （2）安全带及延长绳外观检查及冲击试验。 （3）登杆过程中应全程使用安全带，杆上作业过程中不得失去保护	5	少一项扣2分		
4.3	防止高空落物伤人措施	（1）作业人员应正确佩戴安全帽。 （2）作业点正下方不得有人逗留或通过	5	少一项扣2分		

续表

序号	项目名称	质量要求	满分	扣分标准	扣分原因	得分
4.4	防止倒杆措施	（1）杆塔起立后及横担离地30～50cm时，应对各受力点处做一次全面检查并进行冲击试验，确无问题再继续起立。 （2）起吊过程中，应注意检查各绑扎点钢丝绳套锁紧情况及位置是否正确。 （3）正式拉线做好，杆基回填土夯实后，方可登杆拆除所有牵引和临时拉线	5	少一项扣2分		
5	技术措施					
5.1	工器具的使用要求	（1）机动绞磨吨位选择，统一指挥等。 （2）钢丝绳套绑扎位置及绑扎方法，使用过程进行安全检查等	5	少一项扣5分		
5.2	质量要求	（1）杆身不得有纵向裂纹，横向裂纹宽度不得超过0.1mm，长度不得超过周长的1/3，且1m内横向裂纹不得超过3处。 （2）转角杆组立后，杆位向内角的偏移不得大于50mm，不能向外角偏移；杆塔应向外角方向微倾，但不得超过杆高1%，不允许向内角方向倾斜。 （3）电杆埋深符合要求（+100mm，－50mm）。 （4）横担安装平正，安装偏差：横担端部上下歪斜不应大于20mm；横担端部左右扭斜不应大于20mm。 （5）三相导线弧垂应力求一致，施工误差不得超过设计弧垂±50mm	5	少一项扣5分		
6	工具材料					
6.1	工具	（1）应有工具清单。 （2）应含有机动绞磨、抱杆、钢丝绳、钢丝绳套、滑车等立杆工具，并应根据情况选择适当的型号。 （3）应含有验电器、接地线、安全带、延长绳、脚扣等安全工器具	5	少一项扣2分；没有型号要求扣2分		
6.2	材料	（1）应有材料清单。 （2）应有电杆、横担、绝缘子、扎线等材料	5	少一项扣3分；没有型号要求扣2分		
合计			100			

Jc0010163682　更换美式箱式变压器的检修方案。（100分）

考核知识点： 运行管理知识

难易度： 难

技能等级评价专业技能考核操作工作任务书

一、任务名称

更换美式箱式变压器的检修方案。

二、适用工种

配电线路工高级技师。

三、具体任务

更换一台美式箱式变压器，作业方法为停电检修，变压器已运输到位。针对此项工作，要求考生编写一份更换美式箱式变压器的施工组织方案。

四、工作规范及要求

变压器已运输到位，请按以下要求完成停电更换美式箱式变压器的施工组织方案的编写；方案编写在教室内完成。

（1）人员配置分工合理（方案中不得出现真实单位名称及个人姓名）。
（2）工器具及材料清楚。
（3）主要作业程序正确。
（4）关键工序工艺质量标准清楚。
（5）组织、安全、技术措施齐全。
（6）考核时间结束终止考试。
（7）本考核总成绩满分为100分。

五、考核及时间要求

考核时间共60分钟，每超过1分钟扣2分，到65分钟终止考核。

技能等级评价专业技能考核操作评分标准

工种	配电线路工					评价等级	高级技师
项目模块	运行管理知识—运行设备检修				编号	Jc0010163682	
单位			准考证号			姓名	
考试时限	60分钟		题型	综合操作		题分	100分
成绩		考评员		考评组长		日期	
试题正文	编写一份更换美式箱式变压器的检修方案						
需要说明的问题和要求	（1）考生集中于教室在60分钟内完成方案编写。 （2）方案中施工班组、作业人员不指定，由考生自行填写，但不得出现真实单位名称和个人姓名。 （3）更换方式为使用吊车。 （4）其他所用工具、材料由考生根据检修需要进行安排。 （5）本考核总成绩满分为100分						

序号	项目名称	质量要求	满分	扣分标准	扣分原因	得分
1	准备工作					
1.1	办理工作票	根据实际情况填写工作票，并审票合格	5	工器具每漏、错选一项扣1分； 不按规定穿着一项扣1分； 不办理操作票扣5分		
1.2	准备工器具	根据工作需要选择工器具及安全用具	5			
1.3	着装、穿戴	按规定穿工作服、工作鞋，戴绝缘手套、安全帽等	5			
2	作业过程					
2.1	准备工作	（1）安全措施宣讲及落实（作业人员着装正确，戴安全帽，系安全带）。 （2）人员分工（安装人员及配合人员）。 （3）作业开始前的准备（检查变压器、做好相色识别标记）	15	少一项扣5分		
2.2	拆除箱式变压器	（1）拆除高压进线、低压出线连接设备线夹，并做好相色识别标记。 （2）将箱式变压器使用吊车缓慢吊至平整结实的地面	15	少一项扣5分		
2.3	安装箱式变压器	（1）型号符合安装设计要求，瓷套管无损伤，各部位连接螺栓牢靠，各接口处无渗漏油，外表无机械损伤和锈蚀，油漆完好。 （2）就位推进要平稳，调整水平，不碰伤或撞坏器件，水平调整方法正确且满足要求	20	少一项扣5分		
2.4	运行前检查与试验	（1）确定分接头开关位置与要求符合并测量无误。 （2）每相之间直流电阻差值不得大于三相平均值的4%。 （3）瓷套管干净无裂纹，顶盖干净无工具、杂物，无渗漏油。 （4）引线、接地的接头连接要可靠。 （5）全电压合闸，第一次送电运行时间不小于10min，无异常声或放电声，合格后再进行第二次试验	20	少一项扣5分		

续表

<table>
<tr><th>序号</th><th>项目名称</th><th>质量要求</th><th>满分</th><th>扣分标准</th><th>扣分原因</th><th>得分</th></tr>
<tr><td>3</td><td>工作竣工验收</td><td></td><td></td><td></td><td></td><td></td></tr>
<tr><td>3.1</td><td>按规范进行验收</td><td>对现场进行全面检查验收，无异常后，通知人员拆除接地线，所有人员撤离现场</td><td>5</td><td rowspan="3">缺一项扣5分；
未拆除接地线扣总分值50%；
违章一次扣5分；
不符合要求扣1~3分；
未清理扣5分；
不交还工器具扣5分；
未在规定时间内完成，每延时1分钟扣2分</td><td></td><td></td></tr>
<tr><td>3.2</td><td>工作终结及送电</td><td>交回工作票，汇报工作结束，恢复送电</td><td>5</td><td></td><td></td></tr>
<tr><td>3.3</td><td>安全文明生产</td><td>（1）现场材料、工器具堆放合理。
（2）工作结束后清理现场，将带入现场的施工器械、设备及材料撤出现场运回。
（3）现场施工无违章</td><td>5</td><td></td><td></td></tr>
<tr><td colspan="2">合计</td><td></td><td>100</td><td></td><td></td><td></td></tr>
</table>

Jc0010163683 更换10kV联络开关的检修方案。（100分）

考核知识点：运行管理知识

难易度：难

技能等级评价专业技能考核操作工作任务书

一、任务名称

更换10kV联络开关的检修方案。

二、适用工种

配电线路工高级技师。

三、具体任务

更换10kV联络开关，作业方法停电检修。针对此项工作，要求考生编写一份更换10kV联络开关的检修方案。

四、工作规范及要求

请按以下要求完成10k联络开关的检修方案的编写；方案编写在教室内完成。

（1）人员配置分工合理（方案中不得出现真实单位名称及个人姓名）。

（2）工器具及材料清楚。

（3）主要作业程序正确。

（4）关键工序工艺质量标准清楚。

（5）组织、安全、技术措施齐全。

（6）考核时间结束终止考试。

（7）本考核总成绩满分为100分。

五、考核及时间要求

考核时间共60分钟，每超过1分钟扣2分，到65分钟终止考核。

技能等级评价专业技能考核操作评分标准

<table>
<tr><td>工种</td><td colspan="6">配电线路工</td><td>评价等级</td><td>高级技师</td></tr>
<tr><td>项目模块</td><td colspan="5">运行管理知识—运行设备检修</td><td>编号</td><td colspan="2">Jc0010163683</td></tr>
<tr><td>单位</td><td colspan="2"></td><td>准考证号</td><td colspan="3"></td><td>姓名</td><td></td></tr>
<tr><td>考试时限</td><td colspan="2">60分钟</td><td>题型</td><td colspan="3">综合操作</td><td>题分</td><td>100分</td></tr>
<tr><td>成绩</td><td></td><td>考评员</td><td colspan="2"></td><td>考评组长</td><td></td><td>日期</td><td></td></tr>
<tr><td>试题正文</td><td colspan="8">编写一份更换10kV联络开关的检修方案</td></tr>
</table>

续表

需要说明的问题和要求	（1）学员集中于教室在60分钟内完成方案编写。 （2）方案中施工班组、作业人员不指定，由考生自行填写，但不得出现真实单位名称和个人姓名。 （3）停电更换联络开关。 （4）所用工具、材料由考生根据施工需要进行安排。 （5）本考核总成绩满分为100分

序号	项目名称	质量要求	满分	扣分标准	扣分原因	得分
1	准备工作					
1.1	办理工作票	根据实际情况填写工作票，并审票合格	5	工器具每漏、错选一项扣1分； 不按规定穿着一项扣1分； 不办理操作票扣5分		
1.2	准备工器具	根据工作需要选择工器具及安全用具	5			
1.3	着装、穿戴	按规定穿工作服、工作鞋，戴绝缘手套、安全帽等	5			
2	工作过程					
2.1	拆除真空断路器	（1）拉开联络开关两侧刀闸。 （2）拆除断路器两侧与断路器接线端子连接的设备线夹及断路器外壳接地引线。 （3）将与断路器连接的引线拆除后，用钢丝绳将断路器两侧对角处连接牢固，吊车钩住钢丝绳后，杆上作业人员将断路器与台架的连接螺栓拆除。在断路器与台架连接螺栓完全拆掉之前，禁止吊断路器的钢丝绳带力，防止损坏断路器。 （4）与断路器的所有连接、固定处全部拆除后，将旧断路器吊下台架，完成拆除断路器工作	20	少一项扣5分		
2.2	新开关安装前的试验	（1）测量绝缘拉杆和绝缘支柱体的绝缘电阻：用2500V绝缘电阻表测量，其值不低于1200MΩ（耐压前后均应测量）。 （2）交流耐压试验：在真空断路器合闸、分闸两种状态下分别进行试验，试验时应按相间及地的方式进行（对一相试验时，另外两相短路并接地），相间、相对地及断口的耐压值相同。试验标准：出厂，24kV，1min；交接或大修后，38kV，1min	20	少一项扣5分		
2.3	更换断路器	（1）断路器经外观检查和试验合格后，由工作负责人指挥，将断路器吊放在台架上。杆上作业人员将其固定牢靠。 （2）以螺栓固定断路器时，应符合下列规定：螺杆应与构件面垂直，螺头平面与构件间不应有间隙。螺栓拧紧后，螺杆丝扣露出的长度，单螺母不应少于两个螺距，双螺母可与螺母相平	20	少一项扣5分		
2.4	连接引线	（1）断路器固定牢靠后即进行断路器设备引线连接。断路器与引线连接一般应用设备线夹或连接端子，连接紧密，接触良好。 （2）与断路器连接的引线为铝线时，连接点必须有铜铝过渡措施	10	少一项扣5分		
3	工作竣工验收					
3.1	按规范进行验收	对现场进行全面检查验收，无异常后，通知人员拆除接地线，所有人员撤离现场	5	缺一项扣5分； 未拆除接地线扣总分值50%； 违章一次扣5分； 不符合要求扣1～3分； 未清理扣5分； 不交还工器具扣5分； 未在规定时间内完成，每延时1分钟扣2分		
3.2	工作终结及送电	交回工作票，汇报工作结束，恢复送电	5			
3.3	安全文明生产	（1）现场材料、工器具堆放合理。 （2）工作结束后清理现场，将带入现场的施工器械、设备及材料撤出现场运回。 （3）现场施工无违章	5			
合计			100			

Jc0010163684 更换10kV隔离开关的检修方案。（100分）

考核知识点：运行管理知识

难易度：难

技能等级评价专业技能考核操作工作任务书

一、任务名称

更换 10kV 隔离开关的检修方案。

二、适用工种

配电线路工高级技师。

三、具体任务

更换 10kV 隔离开关，作业方法停电检修。针对此项工作，要求考生编写一份更换 10kV 隔离开关的检修方案。

四、工作规范及要求

请按以下要求完成 10k 隔离开关的检修方案的编写；方案编写在教室内完成。

（1）人员配置分工合理（方案中不得出现真实单位名称及个人姓名）。

（2）工器具及材料清楚。

（3）主要作业程序正确。

（4）关键工序工艺质量标准清楚。

（5）组织、安全、技术措施齐全。

（6）考核时间结束终止考试。

（7）本考核总成绩满分为 100 分。

五、考核及时间要求

考核时间共 60 分钟，每超过 1 分钟扣 2 分，到 65 分钟终止考核。

技能等级评价专业技能考核操作评分标准

工种	配电线路工					评价等级	高级技师
项目模块	运行管理知识—运行设备检修				编号	Jc0010163684	
单位			准考证号			姓名	
考试时限	60 分钟		题型	综合操作		题分	100 分
成绩		考评员		考评组长		日期	
试题正文	编写一份更换 10kV 隔离开关的检修方案						
需要说明的问题和要求	（1）学员集中于教室在 60 分钟内完成方案编写。 （2）方案中施工班组、作业人员不指定，由考生自行填写，但不得出现真实单位名称和个人姓名。 （3）停电更换隔离开关。 （4）所用工具、材料由考生根据施工需要进行安排。 （5）本考核总成绩满分为 100 分						

序号	项目名称	质量要求	满分	扣分标准	扣分原因	得分
1	准备工作					
1.1	办理工作票	根据实际情况填写工作票，并审票合格	5	工器具每漏、错选一项扣 1 分； 不按规定穿着一项扣 1 分； 不办理操作票扣 5 分		
1.2	准备工器具	根据工作需要选择工器具及安全用具	5			
1.3	着装、穿戴	按规定穿工作服、工作鞋，戴绝缘手套、安全帽等	5			
2	作业过程					

续表

序号	项目名称	质量要求	满分	扣分标准	扣分原因	得分
2.1	拆除旧隔离开关	（1）登杆前，必须检查杆根并确认无异常。 （2）拆除隔离开关端子的护罩及引线。 （3）拆除隔离开关，用循环绳送至杆下	20	少一项扣5分		
2.2	新开关安装前的试验	（1）测量绝缘拉杆和绝缘支柱体的绝缘电阻：用2500V绝缘电阻表测量，其值不低于1200MΩ（耐压前后均应测量）。 （2）交流耐压试验：在真空断路器合闸、分闸两种状态下分别进行试验，试验时应按相间及地的方式进行（对一相试验时，另外两相短路并接地），相间、相对地及断口的耐压值相同。试验标准：出厂，24kV，1min；交接或大修后，38kV，1min	20	少一项扣5分		
2.3	安装新隔离开关	（1）地面人员用循环绳绑牢隔离开关并缓缓拉上杆，在向上拉的过程中防止隔离开关与电杆相碰而损坏绝缘子及其他部件。 （2）安装隔离开关并固定牢靠。 （3）连接隔离开关引线。铜铝连接应有可靠的过渡措施。 （4）安装隔离开关连接端子绝缘防护罩	20	少一项扣5分		
2.4	连接引线	（1）断路器固定牢靠后即进行断路器设备引线连接。断路器与引线连接一般应用设备线夹或连接端子，连接紧密，接触良好。 （2）与断路器连接的引线为铝线时，连接点必须有铜铝过渡措施	10	少一项扣5分		
3	工作竣工验收					
3.1	按规范进行验收	对现场进行全面检查验收，无异常后，通知人员拆除接地线，所有人员撤离现场	5	缺一项扣5分； 未拆除接地线扣总分值50%； 违章一次扣5分； 不符合要求扣1～3分； 未清理扣5分； 不交还工器具扣5分； 未在规定时间内完成，每延时1分钟扣2分		
3.2	工作终结及送电	交回工作票，汇报工作结束，恢复送电	5			
3.3	安全文明生产	（1）现场材料、工器具堆放合理。 （2）工作结束后清理现场，将带入现场的施工器械、设备及材料撤出现场运回。 （3）现场施工无违章	5			
合计			100			

Jc0010163685　更换10kV避雷器的检修方案。（100分）

考核知识点：运行管理知识

难易度：难

技能等级评价专业技能考核操作工作任务书

一、任务名称

更换10kV避雷器的检修方案。

二、适用工种

配电线路工高级技师。

三、具体任务

更换10kV避雷器，作业方法停电检修。针对此项工作，要求考生编写一份更换10kV避雷器的检修方案。

四、工作规范及要求

请按以下要求完成10kV避雷器的检修方案的编写；方案编写在教室内完成。

（1）人员配置分工合理（方案中不得出现真实单位名称及个人姓名）。

（2）工器具及材料清楚。

（3）主要作业程序正确。

（4）关键工序工艺质量标准清楚。

（5）组织、安全、技术措施齐全。

（6）考核时间结束终止考试。

（7）本考核总成绩满分为100分。

五、考核及时间要求

考核时间共60分钟，每超过1分钟扣2分，到65分钟终止考核。

技能等级评价专业技能考核操作评分标准

工种	配电线路工					评价等级	高级技师
项目模块	运行管理知识—运行设备检修				编号	Jc0010163685	
单位			准考证号			姓名	
考试时限	60分钟		题型	综合操作		题分	100分
成绩		考评员		考评组长		日期	
试题正文	编写一份更换10kV避雷器的检修方案						
需要说明的问题和要求	（1）学员集中于教室在60分钟内完成方案编写。 （2）方案中施工班组、作业人员不指定，由考生自行填写，但不得出现真实单位名称和个人姓名。 （3）停电更换避雷器。 （4）所用工具、材料由考生根据施工需要进行安排。 （5）本考核总成绩满分为100分						

序号	项目名称	质量要求	满分	扣分标准	扣分原因	得分
1	准备工作					
1.1	办理工作票	根据实际情况填写工作票，并审票合格	5	工器具每漏、错选一项扣1分； 不按规定穿着一项扣1分； 不办理操作票扣5分		
1.2	准备工器具	根据工作需要选择工器具及安全用具	5			
1.3	着装、穿戴	按规定穿工作服、工作鞋，戴绝缘手套、安全帽等	5			
2	作业程序					
2.1	拆除旧避雷器	（1）拆除避雷器上、下端引线。 （2）拆除避雷器。杆上与地面工作人员相互配合，用传递绳将避雷器绑牢送到地面	30	少一项扣10分		
2.2	安装新避雷器	（1）将避雷器用绳索绑牢，传递给杆上人员。 （2）安装避雷器。 （3）连接避雷器上、下端引线	40	少一项扣10分		
3	工作竣工验收					
3.1	按规范进行验收	对现场进行全面检查验收，无异常后，通知人员拆除接地线，所有人员撤离现场	5	缺一项扣5分； 未拆除接地线扣总分值50%； 违章一次扣5分； 不符合要求扣1～3分； 未清理扣5分； 不交还工器具扣5分； 未在规定时间内完成，每延时1分钟扣2分		
3.2	工作终结及送电	交回工作票，汇报工作结束，恢复送电	5			
3.3	安全文明生产	（1）现场材料、工器具堆放合理。 （2）工作结束后清理现场，将带入现场的施工器械、设备及材料撤出现场运回。 （3）现场施工无违章	5			
合计			100			

Jc0010163686　更换综合配电箱的检修方案。（100分）

考核知识点：运行管理知识

难易度：难

技能等级评价专业技能考核操作工作任务书

一、任务名称

更换综合配电箱的检修方案。

二、适用工种

配电线路工高级技师。

三、具体任务

更换一台综合配电箱，综合配电箱已运输到位。针对此项工作，要求考生编写一份更换综合配电箱的检修方案。

四、工作规范及要求

综合配电箱已运输到位，请按以下要求完成更换综合配电箱的检修方案的编写；方案编写在教室内完成。

（1）人员配置分工合理（方案中不得出现真实单位名称及个人姓名）。

（2）工器具及材料清楚。

（3）主要作业程序正确。

（4）关键工序工艺质量标准清楚。

（5）组织、安全、技术措施齐全。

（6）考核时间结束终止考试。

（7）本考核总成绩满分为100分。

五、考核及时间要求

考核时间共60分钟，每超过1分钟扣2分，到65分钟终止考核。

技能等级评价专业技能考核操作评分标准

<table>
<tr><td>工种</td><td colspan="6">配电线路工</td><td>评价等级</td><td>高级技师</td></tr>
<tr><td>项目模块</td><td colspan="5">运行管理知识—运行设备检修</td><td>编号</td><td colspan="2">Jc0010163686</td></tr>
<tr><td>单位</td><td colspan="2"></td><td>准考证号</td><td colspan="3"></td><td>姓名</td><td></td></tr>
<tr><td>考试时限</td><td colspan="2">60分钟</td><td>题型</td><td colspan="3">综合操作</td><td>题分</td><td>100分</td></tr>
<tr><td>成绩</td><td></td><td>考评员</td><td colspan="2"></td><td>考评组长</td><td></td><td>日期</td><td></td></tr>
<tr><td>试题正文</td><td colspan="8">编写一份更换综合配电箱的检修方案</td></tr>
<tr><td>需要说明的问题和要求</td><td colspan="8">（1）考生集中于教室在60分钟内完成方案编写。
（2）方案中施工班组、作业人员不指定，由考生自行填写，但不得出现真实单位名称和个人姓名。
（3）更换方式为使用倒链。
（4）其他所用工具、材料由考生根据检修需要进行安排。
（5）本考核总成绩满分为100分</td></tr>
</table>

<table>
<tr><td>序号</td><td>项目名称</td><td>质量要求</td><td>满分</td><td>扣分标准</td><td>扣分原因</td><td>得分</td></tr>
<tr><td>1</td><td>准备工作</td><td></td><td></td><td></td><td></td><td></td></tr>
<tr><td>1.1</td><td>办理工作票</td><td>根据实际情况填写工作票，并审票合格</td><td>5</td><td rowspan="3">工器具每漏、错选一项扣1分；
不按规定穿着一项扣1分；
不办理操作票扣5分</td><td></td><td></td></tr>
<tr><td>1.2</td><td>准备工器具</td><td>根据工作需要选择工器具及安全用具</td><td>5</td><td></td><td></td></tr>
<tr><td>1.3</td><td>着装、穿戴</td><td>按规定穿工作服、工作鞋，戴绝缘手套、安全帽等</td><td>5</td><td></td><td></td></tr>
</table>

续表

序号	项目名称	质量要求	满分	扣分标准	扣分原因	得分
2	工作过程					
2.1	拆除综合配电箱	（1）拆除低压进出线桩头连接设备线夹，并做好相色识别标记。 （2）拆除电流互感器。 （3）拆除综合配电箱的固定螺栓	30	少一步扣 10 分		
2.2	安装综合配电箱	（1）型号符合安装设计要求，各部位连接螺栓牢靠，外表无机械损伤和锈蚀，油漆完好。 （2）就位推进要平稳，调整水平，不碰伤或撞坏器件。 （3）安装电流互感器	40	少一项扣 10 分		
3	工作竣工验收					
3.1	按规范进行验收	对现场进行全面检查验收，无异常后，通知人员拆除接地线，所有人员撤离现场	5	缺一项扣 5 分； 未拆除接地线扣总分值 50%； 违章一次扣 5 分； 不符合要求扣 1～3 分； 未清理扣 5 分； 不交还工器具扣 5 分； 未在规定时间内完成，每延时 1 分钟扣 2 分		
3.2	工作终结及送电	交回工作票，汇报工作结束，恢复送电	5			
3.3	安全文明生产	（1）现场材料、工器具堆放合理。 （2）工作结束后清理现场，将带入现场的施工器械、设备及材料撤出现场运回。 （3）现场施工无违章	5			
合计			100			

Jc0005163687　用倒落式抱杆，组织指挥整体起吊钢筋混凝土电杆。（100 分）

考核知识点：配电线路知识

难易度：难

技能等级评价专业技能考核操作工作任务书

一、任务名称

用倒落式抱杆，组织指挥整体起吊钢筋混凝土电杆。

二、适用工种

配电线路工高级技师。

三、具体任务

用倒落式抱杆，组织指挥整体起吊钢筋混凝土电杆。针对此项工作，考生须在 40 分钟内完成更换处理操作的口述或笔试。

四、工作规范及要求

（1）模拟操作（口试或笔试）。

（2）本考核总成绩满分为 100 分。

五、考核及时间要求

考核时间共 40 分钟，考生需在规定时间内完成考核。

技能等级评价专业技能考核操作评分标准

工种	配电线路工					评价等级	高级技师
项目模块	配电线路知识—架空线路的组成				编号	Jc0005163687	
单位			准考证号			姓名	
考试时限	40 分钟		题型	综合操作		题分	100 分
成绩		考评员		考评组长		日期	
试题正文	用倒落式抱杆，组织指挥整体起吊钢筋混凝土电杆						

续表

需要说明的问题和要求	（1）模拟操作（笔答或口述）。 （2）各地可根据本地区实际情况参照使用

序号	项目名称	质量要求	满分	扣分标准	扣分原因	得分
1	工作准备					
1.1	合理配置工器具	满足施工要求	5	少一项扣1分		
1.2	组织制定施工方案	工作内容正确，可以实施	5	不正确扣2～5分		
1.3	施工人员任务、职责	分工明确，责任到人、统一指挥	5	不正确扣2～5分		
2	工作过程					
2.1	施工现场布置					
2.1.1	主牵引地锚布置	（1）主牵引地锚中心、电杆中心线、制动地锚中心及人字抱杆的顶点在同一垂直平面上，严禁偏移，以保证在起吊过程中受力均匀	5	不正确扣2～5分； 少一项扣5分		
		（2）主牵引地锚与电杆基坑的距离为杆高的1.3～1.5倍，根据具体地形而定，以远些为好。主牵引绳与地面夹角一般不大于30°	5			
2.1.2	制动绳地锚布置	制动绳位置应与电杆中心平行，制动锚坑应与基坑的距离为电杆高的1.2倍，制动绳与制动锚之间应装制动器，以调整制动绳	5	不正确扣2～5分		
2.1.3	抱杆设定	抱杆有效高度的选择一般为电杆重心高度的1.1倍，抱杆根部距支点的距离一般为2～5m，抱杆的根开一般取2.5～5m，抱杆顶部的脱帽环应能保证倒抱杆时顺利脱落	5	不正确扣2～5分		
2.1.4	吊点选择	一般15m以下的杆塔可采用单点方式起吊；一般ϕ300mm、18～24m可采用双吊点；超过30m的应采用四点起立。各吊点的合力作用点，一般在电杆重心高度的1.1～1.5倍处（距离以杆根算起）	5	不正确扣2～5分		
2.2	立杆					
2.2.1	现场准备	按施工要求合理分工，布置人员打好临时拉线，检查起吊绳索，组织进行立杆工作	5	不正确扣2～5分		
2.2.2	起吊立杆前检查	根据起吊的施工技术措施，按起吊现场的布置，检查各项措施及工器具是否合乎要求	5	不正确扣2～5分		
2.2.3	指挥立杆	（1）在电杆起立过程中要精力集中，注意整个过程的工作情况，及早发现异常情况，及时处理，使起吊工作顺利进行	5	不正确扣2～5分； 少一项扣5分		
		（2）当电杆起吊至杆顶离开地面0.8m时，应停止起吊，检查各部受力情况及做冲击试验	5			
		（3）电杆起吊到40°～50°时，应检查杆根是否对准底盘，如有偏斜应及时调正。在抱杆脱落前应使杆根进入底盘位置	5			
		（4）抱杆脱落时，应预先发出信号，电杆起吊暂停，要使抱杆缓缓落下，并注意各部受力情况有无异常	5			
		（5）电杆起立到约70°时应减慢牵引速度，约80°时应停止牵引，并收紧稳好四面拉绳，特别是制动方向拉线	5			
2.2.4	整杆工作	杆立好后，应用经纬仪找正，调整杆塔垂直至符合要求，埋设卡盘，回填土，夯实。安装好拉线，然后拆除临时拉线及所有地面上立杆用的临时地锚桩等	5	不正确扣2～5分		
3	工作终结验收					
3.1	电杆组立后杆位尺寸	（1）顺线路方向尽量符合设计要求，杆位中心在垂直线路方向不得大于50mm，转角杆垂直线路方向和顺线路方向的位移均不应超过50mm。 （2）倾斜度直线杆杆稍不大于杆稍直径的一半，转角杆不应向内角倾斜，向外角倾斜应不大于1个杆稍直径	10	不正确扣2～5分； 少一项扣5分		
3.2	拉线组合	受力均匀，UT型线夹处用双螺母并紧	5	不正确扣2～5分		
3.3	安全文明生产	表述中应提到安全文明生产措施	5	不正确扣2～5分		
3.4	其他要求	在规定的时间内完成		每延时1分钟扣2分		
合计			100			

Jc0006163688　柱上油浸式配电变压器无载调压。(100分)

考核知识点：配电变压器知识

难易度：难

技能等级评价专业技能考核操作工作任务书

一、任务名称

柱上油浸式配电变压器无载调压。

二、适用工种

配电线路工高级技师。

三、具体任务

完成柱上油浸式配电变压器无载调压操作。

四、工作规范及要求

(1) 通过电压监测点监测，某配电变压器二次侧电压偏低。

(2) 配电变压器正常投运。

(3) 安全措施应完善。

(4) 本考核总成绩满分为100分。

五、考核及时间要求

考核时间共40分钟，每超过1分钟扣2分，到45分钟终止考核。

技能等级评价专业技能考核操作评分标准

工种	配电线路工						评价等级	高级技师
项目模块	配电变压器知识—配电变压器的运行					编号	Jc0006163688	
单位			准考证号				姓名	
考试时限	40分钟		题型	综合操作			题分	100分
成绩		考评员			考评组长		日期	
试题正文	柱上油浸式配电变压器无载调压							
需要说明的问题和要求	(1) 该操作为单人依次进行，地面1名配合电工，在40分钟内完成。 (2) 配电变压器正常投运。 (3) 安全措施应完善。 (4) 本考核总成绩满分为100分，各项得分均扣完为止							

序号	项目名称	质量要求	满分	扣分标准	扣分原因	得分
1	工作前的准备					
1.1	工器具、材料的选用	(1) 选用绝缘电阻表。 (2) 直阻1Ω以上单臂电桥，直阻1Ω以下双臂电桥。 (3) 摆放有序、整齐	4	选用不当扣1分； 未作外观检查扣1分； 错选、漏选扣1分； 摆放无序扣1分		
1.2	现场安全布置	施工现场设置安全遮栏，出入口悬挂“从此进出”标示牌，遮栏四周向外悬挂“止步，高压危险”标示牌	4	未挂标示牌扣4分； 标示牌不足扣2分		
1.3	调档前的分析	(1) 核对配电变压器名称，申请开工（口述）。 (2) 测量二次电压。 (3) 分析、判断原因（口述）	4	未核对名称扣1分； 未申请开工扣1分； 未测量二次电压扣1分； 未分析判断原因扣1分		
1.4	着装	正确佩戴安全帽，穿工作服，穿绝缘鞋	4	未正确着装扣4分； 着装不规范扣3分		

续表

序号	项目名称	质量要求	满分	扣分标准	扣分原因	得分
2	工作过程					
2.1	停电	（1）核对配电变压器名称，检查杆身、杆基。 （2）先低压、后高压。 （3）低压：先负荷、后总闸。 （4）高压：无风先中相，后边相；有风（考评员给定），中相、下风侧、上风侧。 （5）取下熔管时不得跌落	5	未核对扣 1 分； 先低压、后高压程序错误扣 1 分； 低压程序错误扣 1 分； 高压程序错误扣 1 分； 熔管未取扣 0.5 分； 熔管跌落扣 0.5 分		
2.2	验电、接地	（1）验电前、后检测验电器。 （2）先低压、后高压，由近至远。 （3）人与带电体保持安全距离。 （4）戴绝缘手套，同工位进行。 （5）人体不得接触接地线	5	验电器未测验扣 1 分； 验电或挂接地线顺序错误扣 1 分； 安全距离不够扣 1 分； 验电、挂接地非同工位进行扣 0.5 分； 未戴绝缘手套扣 1 分； 接触接地线扣 1 分		
2.3	两侧引线拆除	（1）先低压、后高压。 （2）两侧引线用螺栓连接一起。 （3）低压做好相序标记	5	拆除顺序错误扣 2 分； 引线未连接扣 1 分； 未作相色标记扣 1 分； 相色标记错误扣 1 分		
2.4	绝缘电阻测试	（1）测试前套管清洁处理。 （2）高压—低压及地：低压侧、接地、E 可靠连接，高压侧、L 连接。 （3）低压—高压及地：高压侧、接地、E 可靠连接，低压侧、L 连接。 （4）高压—低压：低压侧、E 可靠连接，高压侧、L 连接。 （5）步骤：接好 E 端、达到转速、碰接 L 端。 （6）绕组通路测试：同侧绕组两两短路慢摇发电机。 （7）读取 R_{15}、R_{60}，记录 R_{15}、R_{60}、温度、湿度。 （8）充分放电（1min）拆除、变换测试接线。 （9）给出结论	7	未清洁处理扣 1 分； 项目不全扣 1 分； 接线错误扣 1 分； 转速不够、不稳定扣 1 分； 遥测接线顺序错误扣 1 分； 读数时间不准确扣 1 分； 通路测试快速摇动发电机扣 1 分； 非通路测试指针指向零未停止扣 1 分； 未充分放电扣 1 分； 记录不全扣 1 分； 无结论扣 5 分		
2.5	直流电阻测试	（1）各绕组间 AB、BC、CA 和 ab、bc、ca。 （2）双臂：电流末端、电压线圈侧。 （3）应清除导电杆表面氧化物。 （4）先按 B，再按 G；指向“+”增加比较臂阻值，接近零，锁定 G，先松 G，再松 B。 （5）计算直流电阻不平衡率。 （6）给出结论	10	项目不全扣 1 分； 项目错误扣 1 分； 电桥接线错误扣 2 分； 未清除氧化物扣 1 分； 操作不熟练扣 1 分； 按下和松开 B、G 顺序错误扣 1 分； 提前锁住按钮 G 扣 1 分； 未计算不平衡率扣 1 分； 无结论扣 5 分		
2.6	挡位调节	（1）提起锁定销、拟定挡位方向旋转。 （2）定位前左右旋转旋钮、锁定旋钮	7	程序不熟练扣 4 分； 未左右旋转扣 3 分		
2.7	两阻值复测	（1）电阻：AB、BC、CA。 （2）绝缘与绕组通路。 （3）给出结论	5	绝缘、直阻项目不全扣 2 分； 通路未测试扣 1 分； 无结论扣 3 分		
2.8	两侧引线安装	（1）先高压、后低压。 （2）相序标识正确。 （3）恢复原貌（绝缘罩等）	10	未安装扣 10 分； 安装顺序错误 2 分； 相序不正确或返工 3 分； 未复原 2 分		
2.9	工作自检	（1）工作面确无遗留物、短路物（口述）。 （2）接地线可靠、距离符合标准（口述）	5	未检查遗留（短路）物扣 3 分； 安全距离不符合要求扣 2 分		

续表

序号	项目名称	质量要求	满分	扣分标准	扣分原因	得分
2.10	接地线拆除	申请同意拆除接地线。顺序正确。戴绝缘手套	10	未经许可扣 1 分； 拆接地线顺序错误扣 1 分； 安全距离不够扣 1 分； 接触接地线扣 1 分； 未戴绝缘手套扣 1 分		
2.11	配电变压器送电	（1）熔管安装完毕再送电。 （2）送电顺序与停电相反。 （3）探测变压器运行情况，并汇报。 （4）负载送电，先总后分（低压灭弧开关参照熔断器风向）	5	熔管安装、送电程序错误扣 1 分； 熔管跌落扣 1 分； 送电顺序错误扣 1 分； 未探测扣 1 分； 未汇报扣 1 分； 低压顺序错误扣 4 分		
2.12	电压复测	配电变压器二次侧首端、线路末电压复测（口述）	5	未复测电压扣 2 分； 首端未复测电压扣 1 分； 末端未复测电压扣 1 分		
3	安全文明生产	试验完成后，应收拾试验设备及工器具	5	未清理现场扣 2 分； 清理不充分扣 1 分； 未使用劳动防护用品扣 1 分； 损坏仪器扣 2 分		
合计			100	每超过 1 分钟扣 2 分，到 45 分钟终止考核		

Jc0005163689　指挥用单抱杆起立 12m 拔梢杆的操作。（100 分）

考核知识点：配电线路知识

难易度：难

技能等级评价专业技能考核操作工作任务书

一、任务名称

指挥用单抱杆起立 12m 拔梢杆的操作。

二、适用工种

配电线路工高级技师。

三、具体任务

指挥用单抱杆起立 12m 拔梢杆的操作。针对此项工作，考生须在 30 分钟内完成更换处理操作。

四、工作规范及要求

（1）工具、材料已在现场，所有锚桩已经安装好。

（2）指挥布置工作现场，指挥各道工序，设一安全员协助检查。

（3）立电杆的单抱杆用小抱杆起立。

（4）工器具：长度 10m 左右 30kN 以上抱杆 1 根，6m 左右小抱杆 1 副，机动绞磨 1 台，直径 11～12.5mm 牵引钢丝绳约 100m，角铁桩（12～14 根）；直径 11mm 临时拉线，大于 20m，4 根；30kN 滑轮组（两轮、三轮各 1 只），20kN 滑轮一只，钢丝绳套 3～4 只，大锤 3～5 把，铁锹 2 把，夯 1 只，卸扣，登杆工具，个人工具，吊绳 3～4 根，花篮螺栓式联板扣 5 副，钢钎等，红、绿旗。如土质不行应增加角铁桩或地锚。

（5）本考核总成绩满分为 100 分。

五、考核及时间要求

考核时间共 30 分钟。每超过 1 分钟扣 2 分，到 35 分钟终止考核。

技能等级评价专业技能考核操作评分标准

工种	配电线路工					评价等级	高级技师
项目模块	配电线路知识—架空线路的组成				编号	Jc0005163689	
单位			准考证号			姓名	
考试时限	30 分钟		题型	综合操作		题分	100 分
成绩		考评员		考评组长		日期	
试题正文	指挥用单抱杆起立 12m 拔梢杆的操作						
需要说明的问题和要求	（1）工具、材料已在现场，所有锚桩已经安装好。 （2）指挥布置工作现场，指挥各道工序，设一安全员协助检查。 （3）立电杆的单抱杆用小抱杆起立。 （4）准备以下工具：长度 10m 左右 30kN 以上抱杆 1 根，6m 左右小抱杆 1 副，机动绞磨 1 台，直径 11～12.5mm 牵引钢丝绳约 100m，角铁桩（12～14 根）；直径 11mm 临时拉线，大于 20m，4 根；30kN 滑轮组（两轮、三轮各 1 只），20kN 滑轮 1 只，钢丝绳套 3～4 只，大锤 3～5 把，铁锹 2 把，夯 1 只，卸扣，登杆工具，个人工具，吊绳 3～4 根，花篮螺栓式联板扣 5 副，钢钎等，红、绿旗。如土质不行应增加角铁桩或地锚						

序号	项目名称	质量要求	满分	扣分标准	扣分原因	得分
1	工作准备					
1.1	检查材料齐备情况	指定专人检查并亲自抽查	1	不正确不给分		
1.2	检查材料规格型号及质量	指定专人检查并亲自抽查	1	不正确不给分		
1.3	检查工具齐备情况	指定专人检查并亲自抽查	2	不正确扣 1～2 分		
1.4	检查工具规格型号、质量及符合安全要求	指定专人检查并亲自抽查	2	不正确扣 1～2 分		
1.5	检查机动绞磨	指定专人检查并起动试验	4	不正确扣 1～2 分		
1.6	检查杆坑尺寸	指定专人检查并亲自参与	2	不正确扣 1～2 分		
2	人员分工（具体落实到人）					
2.1	副指挥 1 人	具体落实到人	1	每错、漏一项扣 1 分		
2.2	安全员 1 人	人员安排正确	1			
2.3	临时拉线每点 2 人，共 8 人	人员安排正确	1			
2.4	机动绞磨 2 人	人员安排正确	1			
2.5	杆上人员及机动人员	人员安排正确	1			
3	宣讲安全事项					
3.1	统一指挥信号	讲解正确	1	一项不正确扣 1 分		
3.2	所有工作人员要服从指挥，互相关心施工安全	督促大家执行	1			
3.3	所有起重工具认真检查，不合格者不准使用，不准超载	指派安全员或专人负责检查落实	1			
3.4	电杆起立时，除指定人员外，其他人员在杆高 1.2 倍距离以外	督促大家执行	1			
3.5	不能站在受力钢丝绳内侧，不准跨越受力钢丝绳	督促大家执行	1			
3.6	各桩锚有专人看守	指派专人负责	1			
3.7	不准闲人进入工作现场	督促大家执行	1			
3.8	现场工作人员应戴安全帽，杆上工作人员应使用安全带	督促大家执行	1			
3.9	根据现场情况补充	安全员和大家发言	1			

续表

序号	项目名称	质量要求	满分	扣分标准	扣分原因	得分
4	起立抱杆准备工作	要求现场实际操作。如果是模拟操作，要仔细分派人员交代工作，提出要求				
4.1	将四方的临时拉线锚桩安装好	指挥正确，结果也正确。安装距离为杆高1.2～1.3倍，方向为90°，其中两根应与电杆和抱杆脚连线方向一致，并在一条直线上	3	每错、漏一项扣1～3分		
4.2	将机动绞磨锚桩安装好	指挥正确，结果也正确。安装方向应与电杆摆设方向一致，距离为电杆高度1.2倍以上	3			
4.3	单抱杆脚应设在离杆坑1m左右，视土质情况，距离近些为好。必要时采取防沉、防塌措施	指挥正确，结果也正确	3			
4.4	单抱杆摆放应与电杆同一方向，根部朝机动绞磨方向	指挥正确，结果也正确	3			
4.5	在单抱杆根部安一角桩，代替制动，必要时安装抱杆制动系统	指挥正确，结果也正确	3			
4.6	小抱杆双脚分开1.8m左右，双脚放在单抱杆根部，向头部方向前进约1.5m，两脚连线与大抱杆垂直	指挥正确，结果也正确	3			
4.7	将滑轮组及四方临时拉线挂在单抱杆头部，动滑轮挂在单抱杆根部	指挥正确，结果也正确	3			
4.8	四方临时拉线分开拉至各自的锚桩	指挥正确，结果也正确	3			
4.9	将牵引钢丝绳放在小抱杆顶部，并用一根吊绳中部绑紧小抱杆头，一端翻过牵引钢丝绳作为小抱杆反向拉绳，另一端作为木抱杆起立拉绳	指挥正确，结果也正确	3			
5	起立抱杆	要求现场实际操作。如果是模拟操作，要仔细派人员交代工作，提出要求				
5.1	派两人各自稳住木抱杆根部，再派两人吊起小抱杆。两人拉起立拉绳的一端将木抱杆拉起至60°左右，并将吊绳两端暂时固定	指挥正确，结果也正确。检查调整使单抱杆中心、小抱杆中心、单抱杆制动中心、牵引中心在一条直线上	3	一项不正确扣1～3分		
5.2	收紧牵引钢丝绳，使它受力，松开吊绳两端，开动绞磨并指挥临时拉线使单抱杆平稳立起	指挥正确，结果也正确	3			
5.3	小抱杆快失效时要拉紧小抱杆反向拉绳，使小抱杆轻轻倒下并及时收走	指挥正确，结果也正确	3			
5.4	松开动滑轮与抱杆根部的连接。将四方临时拉线调整好并扎紧	指挥正确，结果也正确。使动滑轮自然下垂对准杆坑的边部（抱杆一受力就能对准杆坑）	3			
6	起立电杆	要求现场实际操作。如果是模拟操作，要仔细派人员、交代工作、提出要求				
6.1	计算出抱杆有效高度并留下0.5m左右余量，确定电杆吊点位置，一定要在重心以上	在不影响工作前提下，吊点高些有利于电杆调直。指挥正确，结果也正确	3	一项不正确扣1～3分		
6.2	用大于12.5mm的钢丝绳套在吊点位置上，并用卸扣与动滑轮连接好，杆梢绑两根棕绳	指挥正确，结果也正确	3			

续表

序号	项目名称	质量要求	满分	扣分标准	扣分原因	得分
6.3	用大于 12.5mm 的钢丝扣在抱杆根部，上连接 10～20kN 的导向滑轮，牵引绳从滑轮穿出	指挥正确，结果也正确	3	一项不正确扣1～3分		
6.4	开动绞磨，待电杆离地后认真检查各受力点及各锚桩并冲击检查，确无问题，继续起吊。密切注意电杆重心变化，必要时用钢钎移动电杆，将电杆重心对准杆坑	指挥正确，结果也正确	3			
6.5	电杆根部快离地时，派二人用绳子套住电杆根部，控制电杆摆动，继续起吊，并将电杆对准杆坑，及时停止牵引	指挥正确，结果也正确	3			
6.6	绞磨倒车将电杆慢慢放杆坑，到位后拉动杆梢绳子，调整电杆铅直，并及时回土分层夯实	指挥正确，结果也正确	3			
6.7	杆根牢固后，登杆拆除吊绳及吊点	指挥正确，结果也正确	3			
7	其他要求					
7.1	技术要求	指挥熟练、果断、正确、有条理	5	不正确扣1～5分		
7.2	处理问题	老练正确	5	不正确扣1～5分		
7.3	时间要求	按时完成	4	每超过1分钟扣2分		
合计			100			

Jc0005163690　机动绞磨的使用操作。（100分）

考核知识点：配电线路知识

难易度：难

技能等级评价专业技能考核操作工作任务书

一、任务名称

机动绞磨的使用操作。

二、适用工种

配电线路工高级技师。

三、具体任务

机动绞磨的使用操作。针对此项工作，考生须在50分钟内完成更换处理操作。

四、工作规范及要求

（1）派两人协助，并设指挥一人。

（2）实际操作可在培训场地吊起一重物。

（3）本考核总成绩满分为100分。

五、考核及时间要求

考核时间共50分钟，每超过1分钟扣2分，到55分钟终止考核。

技能等级评价专业技能考核操作评分标准

工种	配电线路工				评价等级	高级技师
项目模块	配电线路知识—架空线路的组成			编号	Jc0005163690	
单位		准考证号			姓名	
考试时限	50 分钟	题型	综合操作		题分	100 分
成绩	考评员		考评组长		日期	
试题正文	机动绞磨的使用操作					
需要说明的问题和要求	（1）派两人协助，并设指挥一人。 （2）实际操作可在培训场地吊起一重物					

序号	项目名称	质量要求	满分	扣分标准	扣分原因	得分
1	机动绞磨安放位置的选择					
1.1	有操作场所，现场开阔、视线好	地势较平坦，能看见指挥信号和起吊过程	3	不正确扣 1～2 分		
1.2	符合安全规定的要求	全面考虑操作人员的安全	4	不正确扣 2～4 分		
1.3	符合现场工作的要求	尽量不妨碍其他项目的操作，布置时要考虑一点多用，尽力不发生一个工作现场转移绞磨的工作	3	不正确扣 1～2 分		
2	检查绞磨					
2.1	机动绞磨放平	绞磨平稳	3	不平稳扣 1～2 分		
2.2	检查机油、汽油、齿轮箱油	机油油面合格，汽油够用，齿轮箱油面合格	4	一项不检查扣 2 分		
2.3	认真检查锚桩	必须有可靠的地锚或桩锚	4	不正确扣 1～3 分		
3	准备牵引					
3.1	后钢丝绳与锚桩连接好	绞磨芯筒中线对准牵引方向	3	不正确扣 1～3 分		
3.2	打开油管开关，按下加油按钮	操作正确	3	不正确扣 1～3 分		
3.3	变速箱挂空挡，离合器处于离位	操作正确	3	不正确扣 1～3 分		
3.4	调整杆放在中偏低的位置上，视汽油机温度适当关上阻风门	操作正确	3	不正确扣 1～3 分		
3.5	拉动启动绳，使汽油机启动预热，打开阻风门	操作正确	3	不正确扣 1～3 分		
4	牵引					
4.1	松开挡板，将牵引钢丝绳缠绕绞磨芯	受力绳从绞磨芯下方进入顺时针缠绕，不少于 5 圈	4	不正确扣 1～4 分		
4.2	尾绳人员拉紧尾绳	操作正确	2	不正确扣 1～2 分		
4.3	装上挡板并切实固定	操作正确	3	不正确扣 1～3 分		
4.4	将绞磨芯拨至自由转动位置收紧尾绳	使牵引绳预受力	2	不正确扣 1～2 分		
4.5	将绞磨拨至牵引位置	切实固定	2	不正确扣 1～2 分		
4.6	挂上调整挡，平稳合上离合器	使牵引绳和绞磨后钢丝绳受力	4	不正确扣 1～3 分		

续表

序号	项目名称	质量要求	满分	扣分标准	扣分原因	得分
4.7	牵引工作中尾绳应及时收紧	尾绳保持受力状态	2	不正确扣1～2分		
4.8	必要时停止牵引，移动绞磨	使绞磨芯中线对准牵引	4	不正确扣1～3分		
4.9	牵引根据工作情况配合挡位，调速器（油门大小）进行牵引工作	操作正确	4	不正确扣1～3分		
5	技术要求					
5.1	密切注意指挥和起吊过程	手不能离开离合器操纵杆，及时减慢牵引速度或及时停止牵引	4	不正确扣1～3分		
5.2	感觉到机动绞磨受力大时要及时减至慢挡，同时检查桩锚是否松动	操作正确	6	不正确扣1～4分		
6	工作结束					
6.1	调速器（油门）加大，让汽油机高速运转几秒钟再熄火	操作正确	2	不正确扣1～2分		
6.2	调速器（油门）放至怠速位置，关上油管开关	操作正确	2	不正确扣1～2分		
6.3	从绞磨芯上拆出牵引钢丝绳并复位	操作正确	2	不正确扣1～2分		
6.4	从桩锚上拆出后钢丝绳套并作好绞磨运走的准备	操作正确	1	不正确扣1～2分		
7	其他要求					
7.1	动作要求	动作熟练、流畅	6	不熟练扣1～4分		
7.2	对离合器分合要求	离合器分合切实到位	5	不正确扣1～2分		
7.3	技术要求	熟悉指挥信号，反应迅速	6	不正确扣1～2分		
7.4	时间要求	按时完成	3	超过时间不给分，每超过1分钟扣2分		
合计			100			

Jc0005163691 编写一份10kV线路工程施工的组织方案。（100分）

考核知识点：配电线路知识

难易度：难

技能等级评价专业技能考核操作工作任务书

一、任务名称

编写一份10kV线路工程施工的组织方案。

二、适用工种

配电线路工高级技师。

三、具体任务

某10kV×××线路14号杆水泥杆已严重风化，电杆长期受到导线荷重的影响，裂纹超过规定值，且13号至14号杆杆底建有民房，导线对房屋距离不足，为保证工作的有序进行及线路安全运行，实施改造工程。针对此项工作，编写一份10kV线路技改工程施工的组织方案。

四、工作规范及要求

请按以下要求完成 10kV 线路技改工程施工的组织方案的编写；方案编写在教室内完成。

（1）人员配置分工合理（方案中不得出现真实单位名称及个人姓名）。

（2）工器具及材料清楚。

（3）主要作业程序正确。

（4）关键工序工艺质量标准清楚。

（5）组织、安全、技术措施齐全。

（6）考核时间结束终止考试。

（7）本考核总成绩满分为 100 分。

五、考核及时间要求

考核时间共 60 分钟，每超过 1 分钟扣 2 分，到 65 分钟终止考核。

技能等级评价专业技能考核操作评分标准

工种	配电线路工				评价等级	高级技师
项目模块	配电线路知识—架空线路的组成			编号	Jc0005163691	
单位		准考证号			姓名	
考试时限	60 分钟	题型	综合操作		题分	100 分
成绩		考评员		考评组长		日期	
试题正文	编写一份 10kV 线路工程施工的组织方案					
需要说明的问题和要求	（1）学员集中于教室在 60 分钟内完成方案编写。 （2）方案中施工班组、作业人员不指定，由考生自行填写，但不得出现真实单位名称和个人姓名。 （3）14 号杆更换为 15m 电杆，电杆已就位。 （4）13 号至 14 号杆之间导线更换为 JKLYJ－10W－70 型绝缘导线。 （5）所用工具、材料由考生根据施工需要进行安排。 （6）本考核总成绩满分为 100 分					

序号	项目名称	质量要求	满分	扣分标准	扣分原因	得分
1	工程概况					
1.1	工程说明	由于 110kV 城西站 10kV×××线路 14 号杆水泥杆已严重风化，电杆长期受到导线荷重的影响，裂纹超过规定值，且 13 号至 14 号杆杆底建有民房，导线对房屋距离不足，需要对其进行工程改造，为保证工作的有序进行及线路安全运行，特制订此方案	4	没有工程概况介绍扣 5 分		
1.2	主要工作内容	110kV 城西站 10kV×××线： （1）将 10kV×××线路 14 号杆更换为 15m 电杆。 （2）10kV×××线路 13 号至 14 号杆之间导线更换为 JKLYJ－10W－70 型绝缘导线	2	少一项扣 2 分		
1.3	工作地点	10kV×××线路 13 号至 14 号杆	2	不正确扣 2 分		
1.4	计划停电时间	××年××月××日××时××分至××年××月××日××时××分（实际停电时间以调度申请并得到批准的时间为准）	2	不正确扣 2 分		
2	组织措施					
2.1	人员及分工	工作负责人：××× 工作技术负责人：××× 工作现场安全员：××× 工作班组及成员：×××等××人	5	少一项内容扣 2 分		

续表

序号	项目名称	质量要求	满分	扣分标准	扣分原因	得分
2.2	职责	工作负责人：负责指挥、组织本工作班人员安全地完成本项工作任务的负责人。 工作技术负责人：负责协助工作负责人，进行现场技术指导和监督工作质量，看护工作班成员的工作是否符合技术规范要求的负责人。 工作现场安全员：协助工作负责人，负责对现场的安全情况进行全面监督，及时制止违章行为。 工作班成员：认真执行《电力安全工作规程》和现场安全措施，互相关心施工安全并监督《电力安全工作规程》和现场安全措施的实施	5	一项不正确扣 2 分		
3	停电安全技术指导					
3.1	应断开的开关、隔离开关	（1）×××断开 911 线路 01 杆开关。 （2）×××拉开 911 线路 02 杆隔离开关	6	少一项扣 2 分		
3.2	应换切相关直流电源（空气开关、熔断器、连接片）、低压二次回路	根据实际填写	2	少一步扣 2 分		
3.3	应合接地刀闸（注明编号），装设接地（注明确切地点），应设绝缘挡板	1 号×××线路 12 号减号侧； 2 号×××线路 15 号加号侧	6	少一项扣 2 分		
3.4	应设遮栏，应挂标示牌（注明位置）	（1）在×××线路 01 杆悬挂“禁止合闸，线路有人工作”标示牌。 （2）在工作地点四周装设安全遮栏，并悬挂“止步，高压危险”标示牌。 （3）必须在停电作业地点四周装设安全围栏，并悬挂安全标示牌	6	少一步扣 2 分		
4	安全措施					
4.1	防触电措施	（1）核对线路名称。 （2）停电，在作业点两端验电、挂接地线	5	少一项扣 2 分		
4.2	防止高坠措施	（1）在正式拉线做好和杆根回填土夯实之前，不得登杆。 （2）安全带及延长绳外观检查及冲击试验。 （3）登杆过程中应全程使用安全带，杆上作业过程中不得失去保护	5	少一项扣 2 分		
4.3	防止高空落物伤人措施	（1）作业人员应正确佩戴安全帽。 （2）拆除补强木梁时应使用滑车、绳索吊落，不得抛掷。 （3）作业点正下方不得有人逗留或通过	5	少一项扣 2 分		
4.4	防止倒杆措施	（1）杆塔起立后及横担离地 30～50cm 时，应对各受力点处做一次全面检查并进行冲击试验，确无问题再继续起立。 （2）起吊过程中，应注意检查各绑扎点钢丝绳套锁紧情况及位置是否正确。 （3）正式拉线做好，杆基回填土夯实后，方可登杆拆除所有牵引和临时拉线。 （4）距杆根 1.2 倍杆高范围内，除指挥人员外其他人员不得入内	5	少一项扣 2 分		
5	技术措施					
5.1	技术要求	（1）执行《电力安全工作规程（配电部分）》。 （2）现场工作人员必须持证上岗。 （3）严格按照国家标准及有关设计要求，验收规范要求进行施工	4	少一项扣 2 分		

续表

序号	项目名称	质量要求	满分	扣分标准	扣分原因	得分
5.2	工具	（1）安全工器具：绝缘棒、绝缘手套、高压验电器、高压接地线。 （2）作业工器具：个人工具、脚扣、安全围栏、安全警示牌、吊物绳、工程车辆、吊车。 （3）个人安全防护用品：安全帽、安全带	4	少一项扣2分		
5.3	材料	15m电杆1基，JKLYJ—70/10导线150m	2	少一项扣1分		
6	作业程序					
6.1	现场勘查	（1）组织人员现场查勘工作。 （2）根据现场情况确定施工。 （3）方案和所需工具以应采取的安全措施	2	少一项扣1分		
6.2	工作准备	（1）班前会：交代工作任务；检查工作人员的精神状态是否良好，对人员进行分工，与工作班成员进行危险点分析与控制。 （2）工具材料准备：按照工具表和材料表要求准备工具，安全工器具及材料。 （3）工作前挖好杆坑，布置好线盘安放处	2	少一项扣1分		
6.3	停电验电接地	（1）登杆前检查杆根并对登高工具进行冲击试验。 （2）停电时，必须详细核对现场线路、设备名称和杆号是否与工作现场符合。 （3）向调度申请停电，得到调度许可后，在监护人有效监护下有可能来电的开关进行验电，开关负荷侧验电无电压后接地	2	少一项扣2分		
6.4	换杆	（1）选择合适位置绑扎撑木梁，进行补强。 （2）选择合适位置绑扎起吊点，对各绑扎点及吊点情况进行检查。 （3）起吊电杆，电杆受力后应检查各绑扎点及吊点，横担离地30～50cm时停止牵引，检查各受力点，确无问题后再起吊。 （4）调整电杆位置，落杆入基础坑内。 （5）调整电杆及作拉线	10	少一项扣2分		
6.5	换线	（1）采用旧线换新线的方法更换13号至14号杆导线。 （2）放线、紧线完毕，按原相序连接好导线，拔除旧电杆，将原杆坑填土夯实，检查杆上有无遗留物，工作质量是否符合要求	10	少一项扣5分		
6.6	质量自检	工作结束后，工作负责人依据施工验收的规范对施工工艺、质量进行自检验收合格	2	不正确扣2分		
6.7	清理现场	回收所有工器具及材料，清理工作现场	1	不正确扣1分		
6.8	工作终结	工作负责人办理工作终结手续	1	不正确扣1分		
合计			100			

Jc0011163692 环网柜试验的操作。（100分）

考核知识点：开关站、配电室和箱式变电站

难易度：难

技能等级评价专业技能考核操作工作任务书

一、任务名称

环网柜试验的操作。

二、适用工种

配电线路工高级技师。

三、具体任务

模拟进行环网柜试验的操作。针对此项工作，考生须在35分钟内完成处理操作的口述或笔试。

四、工作规范及要求

（1）模拟操作（口试或笔试）。

（2）本考核总成绩满分为100分。

五、考核及时间要求

考核时间共35分钟，考生需在规定时间内完成考核。

技能等级评价专业技能考核操作评分标准

工种	配电线路工					评价等级	高级技师
项目模块	开关站、配电室和箱式变电站—开关站、配电室和箱式变电站的运行				编号	Jc0011163692	
单位			准考证号			姓名	
考试时限	35分钟		题型	综合操作		题分	100分
成绩		考评员		考评组长		日期	
试题正文	环网柜试验的操作						
需要说明的问题和要求	（1）针对此项工作，考生须在35分钟内完成处理操作的口述或笔试。 （2）本考核总成绩满分为100分						

序号	项目名称	质量要求	满分	扣分标准	扣分原因	得分
1	工作准备					
1.1	检查仪器仪表齐备情况	检查到位	2	不正确扣1～2分		
1.2	检查仪器仪表型号及合格证	检查到位	2	不正确扣1～2分		
1.3	检查工具及线材齐备情况	检查到位	2	不正确扣1～2分		
1.4	检查工具和线材规格型号、质量及符合安全要求	检查到位	2	不正确扣1～2分		
1.5	检查设备运行状态	检查到位	5	未检查扣10分		
1.6	记录环网柜及设备的数据	对照高压环网柜的合格证、出厂试验报告及设计图纸，核对环网柜铭牌技术参数，检查并记录铭牌的出厂编号等数据，记录现场的温度、湿度	2	不正确扣1～2分		
1.7	环网柜的进出线等拆除	将被试环网柜的进出线电缆拆除，与系统其他设备隔离，应有足够的安全距离，将避雷器的一次连接拆除，并做好记号	2	不正确扣1～2分		
1.8	电源	正确接取电源使用有过电流保护的电源箱，应有双极刀开关和电源指示灯，试验仪器的接地端子、被试设备外壳应与接地网连接可靠	3	不正确扣1～3分		
2	环网柜试验					
2.1	负荷开关试验					
2.1.1	导电回路电阻	采用电流100A的直流压降法测，测试结果符合产品技术条件规定	5	不正确不得分		
2.1.2	SF_6负荷开关	检查SF_6气体压力表指针应在SF_6气体额定压力值	2	不正确不得分		

续表

序号	项目名称	质量要求	满分	扣分标准	扣分原因	得分
2.1.3	负荷开关的绝缘电阻	测量负荷开关相间、相对地的绝缘电阻；绝缘电阻值参照制厂的规定，手动绝缘电阻表摇到额定转速才可接上被试绕组，测量完毕，先断开高压线，然后停止摇动绝缘电阻表	5	不正确不得分		
2.1.4	负荷开关交流耐压试验	对负荷开关进行交流耐压试验前后均测量绝缘电阻，前后测得的绝缘电阻值相比较不应有明显降低；负荷开关的交流耐压试验在合闸时相对地和分闸时断口间进行；试验电压应符合规程规定	6	不正确不得分		
2.1.5	放电	在完成测量绝缘电阻及交流耐压试验后，均须用放电棒对负荷开关进行放电	2	不正确不得分		
2.2	高压熔断器检查	检查高压限流熔丝的直流电阻，以及高压熔断器的额定电流；高压限流熔丝的直流电阻与同型号产品相比不应有明显差别	5	不正确不得分		
2.3	环网柜的整体试验	（1）检查避雷器隔离。 （2）交流耐压试验标准应采用连接的设备中最低的试验电压值为标准进行加压；全回路交流耐压试验应一相加压，其余两相接地，加压前后均测量绝缘电阻，前后测量出的绝缘电阻值相比较不应有明显降低。 （3）在试验升压期间，交流耐压试验高压引出线应支持牢固可靠，并有足够的安全绝缘距离，且试验接线正确。 （4）调压器零位及仪表的开始状态，均正确无误，升压过程应观察仪表的指示，监听整列柜的设备有没有异常现象，根据这些现象来判断。每次加压试验完或变更接线先将电压降至零位，断开试验电源，对被试设备及试验变压器高压部分放电、接地。 （5）全回路交流耐压试验，在加压中检查每一个柜的高压带电显示装置应正确显示	20	每错、漏一项扣4分		
2.4	避雷器试验					
2.4.1	避雷器的绝缘电阻	金属氧化物避雷器的绝缘电阻不少于1000MΩ；对避雷器进行直流参考电压和0.75倍直流参考电压下的泄漏电流试验，试验前后测量绝缘电阻，测量出的绝缘电阻值相比较不应有明显降低；手动绝缘电阻表摇到额定转速才可接上被试绕组，测量完毕，先切开高压线，然后停止摇动绝缘电阻表	6	每错、漏一项扣2～4分		
2.4.2	直流参考电压和0.75倍直流参考电压下的泄漏电流	（1）金属氧化物避雷器的直流参考电压实测值与出厂试验值相比较变化不大于±5%，0.75倍直流参考电压下的泄漏电流不应大于50μA或符合产品技术条件的规定。 （2）试验的过程中，设专人监护，禁止人员进入测试范围和触碰避雷器；试验操作人员要注意仪表的指示情况以及避雷器的状况，如发现有不正常现象，应立即降压，切断试验电源，做好安全措施并进行检查，根据检查情况确定重新试验或者终止试验。 （3）在完成每项测试后，均须用放电棒对避雷器进行放电、接地	14	每错、漏一项扣3～5分		
2.5	恢复设备引线连接	将试验前拆除的电缆、引线恢复原状，并确认连接牢固	2	不正确不得分		
2.6	结果分析	试验数据与试验标准或者出厂试验报告比较，分析判断是否合格	3	不正确不得分		
3	其他要求					
3.1	清理现场	拆除试验人员自装的接地线、短路线、收拾仪器、仪表、专用试验线、工具、围栏、标示牌等，不允许遗留物件在设备上	5	不正确扣1～2分		
3.2	竣工验收	对现场进行全面检查验收，无异常后，通知人员拆除接地线，所有人员撤离现场	3	不正确扣1～2分		
3.3	考核时间	按时完成	2	超过时间酌情扣分		
合计			100			

Jc0010163693 杆架式配电变压器停、送电操作。（100分）

考核知识点：运行管理知识

难易度：难

技能等级评价专业技能考核操作工作任务书

一、任务名称

杆架式配电变压器停、送电操作。

二、适用工种

配电线路工高级技师。

三、具体任务

完成杆架式配电变压器停、送电操作。针对此项工作，考生须在30分钟内完成更换处理操作。

四、工作规范及要求

（1）50～315kVA杆架式配电变压器，有开关箱及无功补偿设备。

（2）高压侧需停分支开关。

（3）操作按两人一组进行。

（4）本考核总成绩满分为100分。

五、考核及时间要求

考核时间共30分钟，到时终止考核。

技能等级评价专业技能考核操作评分标准

<table>
<tr><td>工种</td><td colspan="6">配电线路工</td><td>评价等级</td><td>高级技师</td></tr>
<tr><td>项目模块</td><td colspan="5">运行管理知识—运行设备检修</td><td>编号</td><td colspan="2">Jc0010163693</td></tr>
<tr><td>单位</td><td colspan="2"></td><td>准考证号</td><td colspan="3"></td><td>姓名</td><td></td></tr>
<tr><td>考试时限</td><td colspan="2">30分钟</td><td>题型</td><td colspan="3">综合操作</td><td>题分</td><td>100分</td></tr>
<tr><td>成绩</td><td></td><td>考评员</td><td colspan="2"></td><td>考评组长</td><td></td><td>日期</td><td></td></tr>
<tr><td>试题正文</td><td colspan="8">杆架式配电变压器停、送电操作</td></tr>
<tr><td>需要说明的问题和要求</td><td colspan="8">（1）50～315kVA杆架式配电变压器，有低压开关箱及无功补偿设备。
（2）高压侧需停分支开关。
（3）操作按两人一组进行</td></tr>
</table>

<table>
<tr><td>序号</td><td>项目名称</td><td>质量要求</td><td>满分</td><td>扣分标准</td><td>扣分原因</td><td>得分</td></tr>
<tr><td>1</td><td>工作前准备</td><td></td><td></td><td></td><td></td><td></td></tr>
<tr><td>1.1</td><td>办理工作票</td><td>规范填写线路第一种工作票，签发后交工作负责人</td><td>5</td><td rowspan="3">工具、材料错、漏选一项扣1分；
未检查一项扣一分；
不按规定穿着一项扣1分；
不办理工作票扣5分</td><td></td><td></td></tr>
<tr><td>1.2</td><td>选择工器具</td><td>根据工作要求，选择合适的登高及安全工器具</td><td>10</td><td></td><td></td></tr>
<tr><td>1.3</td><td>着装、穿戴</td><td>工作服、工作鞋、安全帽等穿戴正确</td><td>5</td><td></td><td></td></tr>
<tr><td>2</td><td>工作过程</td><td></td><td></td><td></td><td></td><td></td></tr>
<tr><td>2.1</td><td>站班会</td><td>向操作人员交代停电范围和安全注意事项</td><td>5</td><td rowspan="4">不开站班会扣5分；
登杆前不检查、登杆工具不试验各扣3分；
安全带绑系不正确扣5分；
杆上站位不合适扣1～3分；
拉开配电变压器高、低压侧开关顺序错误扣20分；
验电、挂拆接电线顺序错误各扣10分；
未悬挂警示牌扣5分；
没有去下熔管扣5分</td><td></td><td></td></tr>
<tr><td>2.2</td><td>登杆前及登杆工具检查</td><td>登杆前检查杆根和拉线，对登杆工具进行冲击试验</td><td>5</td><td></td><td></td></tr>
<tr><td>2.3</td><td>登杆</td><td>选择合适的登杆方向登杆，动作规范、熟练，站位合适，安全带系绑正确</td><td>5</td><td></td><td></td></tr>
<tr><td>2.4</td><td>拉配电变压器低压侧开关</td><td>先拉开低压开关，再拉开闸刀，后拉开熔断器，将熔丝放入工具袋内带着，悬挂“禁止合闸，有人工作”警示牌下杆</td><td>10</td><td></td><td></td></tr>
</table>

续表

序号	项目名称	质量要求	满分	扣分标准	扣分原因	得分
2.5	拉配电变压器高压侧分支开关	按对分支杆名称，检查杆根及拉线，登杆至合适位置，系好安全带，按规定顺序拉开跌落式熔断器的熔管，悬挂“禁止合闸，线路上有人工作！”标示牌	10	恢复送电顺序错误扣20分； 接地线柱没牢靠扣1～3分； 工作不符合要求扣1～3分		
2.6	配电变压器高压侧验电挂接地线	确认高压验电器完好；在配电变压器跌落式熔断器下桩头处验电，确认无电；按规定的顺序在配电变压器跌落式熔断器下桩头处挂设接地线，下杆	10			
2.7	配电变压器低压侧验电挂接地线	选择合适的登杆方向，系安全带，确认低压验电器完好，按规定逐项验电后挂好接地线	10			
2.8	恢复送电操作	拆除低压接地线，拆除高压接地线，高压送电，低压送电	15			
3	工作终结验收					
3.1	安全文明生产	工作中无违章出现，操作过程中无工器具损伤，无绝缘皮损伤，工作完毕清理场地，交还工器具	10	未在规定时间内完成，每延时1分钟扣2分		
合计			100			

Jc0010163694　杆架式配电变压器现场勘查确定停电部位。（100分）

考核知识点：运行管理知识

难易度：难

技能等级评价专业技能考核操作工作任务书

一、任务名称

杆架式配电变压器现场勘查确定停电部位。

二、适用工种

配电线路工高级技师。

三、具体任务

杆架式配电变压器现场勘查确定停电部位。针对此项工作，考生须在30分钟内完成处理操作。

四、工作规范及要求

（1）说明在杆架式配电变压器台上进行全部或部分停电工作，现场勘查工作应如何进行。

（2）口试或笔试。

（3）本考核总成绩满分为100分。

五、考核及时间要求

考核时间共30分钟，到时终止考核。

技能等级评价专业技能考核操作评分标准

<table>
<tr><td>工种</td><td colspan="6">配电线路工</td><td>评价等级</td><td>高级技师</td></tr>
<tr><td>项目模块</td><td colspan="5">运行管理知识—运行设备检修</td><td>编号</td><td colspan="2">Jc0010163694</td></tr>
<tr><td>单位</td><td colspan="2"></td><td>准考证号</td><td colspan="3"></td><td>姓名</td><td></td></tr>
<tr><td>考试时限</td><td colspan="2">20分钟</td><td>题型</td><td colspan="3">综合操作</td><td>题分</td><td>100分</td></tr>
<tr><td>成绩</td><td></td><td>考评员</td><td colspan="2"></td><td>考评组长</td><td></td><td>日期</td><td></td></tr>
<tr><td>试题正文</td><td colspan="8">杆架式配电变压器现场勘查确定停电部位</td></tr>
<tr><td>需要说明的问题和要求</td><td colspan="8">（1）说明在杆架式配电变压器台上进行全部或部分停电工作，现场勘查工作应如何进行。
（2）口试或笔试</td></tr>
</table>

续表

序号	项目名称	质量要求	满分	扣分标准	扣分原因	得分
1	工作前准备					
1.1	准备现场勘查资料	携带现场勘查记录表及相关运行资料	5	不按规定穿着一项扣1分； 不带现场勘查记录扣10分； 勘查人员组成说明不清扣1～5分		
1.2	勘查人员组成	参加现场勘查的人员应由施工（检修）工作负责人或工作票签发人和运行人员或施工检修人员组成，不少于2人	10			
1.3	着装、穿戴	工作服、工作鞋、安全帽等穿戴正确	5			
2	工作过程					
2.1	核对设备	现场勘查人员进场后，要核对设备	5	不核对设备扣5分； 漏项、缺项扣5分； 每项内容不完整扣1～3分；工作不符合要求扣1～3分		
2.2	确定高压侧停电位置	（1）当工作任务属于杆架式配电变压器台上常规工作，例如配电变压器加油，高、低压避雷器拆装，配电变压器高低压桩头、油枕等构件处理时，一般高压侧停电位置为配电变压器的高压侧跌落式熔断器（或开关）。此时应检查工作人员进行作业时人体高压带电部位距离应在0.7m以上。 （2）当工作人员人体对高压停电部位距离不能满足0.7m要求时，高压侧停电位置为该配电变压器的上一级分支跌落式熔断器（或开关处）。 （3）当工作任务属于在配电变压器高压侧跌落式熔断器的上、下桩头及其旁边的绝缘子、横担、引线等构件的工作时，高压侧停电位置为该配电变压器的上一级分支跌落式熔断器（或开关）处。 （4）当选择高压侧停电位置为上一级跌落式熔断器（或开关）时，检查高压停电点至配电变压器之间有无分支线路。如果有分支线路，应确保分支线路没有倒送电电源。不能确保时，应同时停分支线路	20			
2.3	确定低压侧停电位置	（1）当工作任务属于配电变压器台及以上的常规工作时，低压侧通电位置为配电变压器的低压总开关（剩余电流动作保护器）、隔离开关和熔断器。 （2）当工作任务属于配电变压器台的常规工作，但工作人员人体对停电低压总开关后的导电部位距离不能满足0.7m要求时，低压侧停电位置为该配电变压器总开关的后一级低压分支开关。 （3）当工作任务属于配电变压器低压箱或低压配电柜的工作时，低压侧停电位置为该配电变压器总开关后的低压出线开关。 （4）进行电容器停电工作时，应做好电容器放电工作	20			
2.4	确定邻近带电体的安全措施	（1）邻近有带电配电变压器时，当工作人员对邻近的高低压侧带电部位距离不能满足0.7m要求时，应对邻近配电变压器做好安全技术措施。 （2）有并列运行的配电变压器时，应将并列运行配电变压器停电并做好安全措施：如果并列运行的配电变压器不能停电时，应有相应安全措施。 （3）检查配电变压器高、低压侧有无影响安全作业的非标准装置，如果存在，应做相应安全措施；工作场所有由配电变压器供电的低压线路、路灯线路通过时，应对这些线路采取停电安全措施。 （4）两台及以上配电变压器低压侧共用一个接地体时，其他配电变压器应停电	25			
3	工作终结验收					
3.1	记录现场勘查情况	在规定时间内完成按现场勘查表内容逐项记录完整	10	记录不完整扣2～6分； 未在规定时间内完成，每延时1分钟扣2分		
合计			100			

Jc0011163695　箱式变压器试验的操作。(100分)

考核知识点：开关站、配电室和箱式变电站

难易度：难

技能等级评价专业技能考核操作工作任务书

一、任务名称

箱式变压器试验的操作。

二、适用工种

配电线路工高级技师。

三、具体任务

完成箱式变压器试验。针对此项工作，考生须在35分钟内完成处理操作的口述或笔试。

四、工作规范及要求

（1）模拟操作（口试或笔试）。

（2）本考核总成绩满分为100分。

五、考核及时间要求

考核时间共35分钟，考生需在规定时间内完成考核。

技能等级评价专业技能考核操作评分标准

<table>
<tr><td>工种</td><td colspan="5">配电线路工</td><td>评价等级</td><td>高级技师</td></tr>
<tr><td>项目模块</td><td colspan="4">开关站、配电室和箱式变电站—开关站、配电室和箱式变电站的运行</td><td>编号</td><td colspan="2">Jc0011163695</td></tr>
<tr><td>单位</td><td colspan="2"></td><td>准考证号</td><td colspan="3"></td><td>姓名</td><td></td></tr>
<tr><td>考试时限</td><td colspan="2">35分钟</td><td>题型</td><td colspan="3">综合操作</td><td>题分</td><td>100分</td></tr>
<tr><td>成绩</td><td></td><td>考评员</td><td></td><td>考评组长</td><td></td><td>日期</td><td></td></tr>
<tr><td>试题正文</td><td colspan="7">箱式变压器试验的操作</td></tr>
<tr><td>需要说明的问题和要求</td><td colspan="7">（1）针对此项工作，考生须在35分钟内完成处理操作的口述或笔试。
（2）本考核总成绩满分为100分</td></tr>
</table>

序号	项目名称	质量要求	满分	扣分标准	扣分原因	得分
1	工作准备					
1.1	检查仪器仪表齐备情况	检查到位	2	不正确扣1～2分		
1.2	检查仪器仪表型号及合格证	检查到位	2	不正确扣1～2分		
1.3	检查工具及线材齐备情况	检查到位	2	不正确扣1～2分		
1.4	检查工具和线材规格型号、质量及符合安全要求	检查到位	2	不正确扣1～2分		
1.5	检查设备运行状态	检查到位	5	未检查扣5分		
1.6	记录箱式变压器及设备的数据	对照箱式变压器的合格证、出厂试验报告及设计图纸，核对箱式变压器铭牌技术参数，检查并记录铭牌的出厂编号等数据，记录现场的温度、湿度	2	不正确扣1～2分		
1.7	箱式变压器的进出线等拆除	将被试箱式变压器的进出线电缆拆除，与系统其他设备隔离，应有足够的安全距离，将避雷器的一次连接拆除，并做好记号	2	不正确扣1～2分		

续表

序号	项目名称	质量要求	满分	扣分标准	扣分原因	得分
1.8	电源	正确接取电源使用有过电流保护的电源箱，应有双极刀开关和电源指示灯，试验仪器的接地端子、被试设备外壳应与接地网连接可靠	3	不正确扣1～3分		
2	箱式变压器试验					
2.1	绕组直流电阻测量	（1）测量所有各分接位置均需其直流电阻值，并记录油面温度。 （2）绕组间三相电阻率不平衡率：线间不大于1%，相间不大于2%	5	不正确不得分		
2.2	绕组绝缘特性测	（1）吸收比 $R_{60}/R_{15}\geqslant 1.3$，极化指数 $R_{600}/R_{60}\geqslant 1.5$。 （2）用绝缘电阻表分别测量铁芯、夹件绝缘电阻。 （3）绕组绝缘的介质损耗因数（$\tan\delta$）及电容测量：用介质损耗因数测量仪反接法进行测量，施加10kV电压；$\tan\delta<0.5\%$；正接法测量绕组间电容	10			
2.3	线端的操作冲击试验（SI）	（1）操作冲击波由冲击电压发生器直接施加到被测试线路端子上。冲击电压波形根据GB 1094.3－2003的规定，其视在波形时间至少为100μs，超过90%规定峰值的时间至少为200μs，从视在原点到第一个过零点的全部时间至少为500μs，最好为1000μs。 （2）试验顺序及记录：试验应包括一次50%～70%全试验电压下的冲击（校正冲击波）和三次连续全试验电压下的冲击	10			
2.4	线端的雷电全波冲击试验	（1）雷电冲击波由冲击电压发生器直接施加到被试线路端子上。波形参数：1.2±30%/50%±20%μs。 （2）试验顺序及记录：试验顺序包括电压为50%～75%全试验电压的一次冲击及其后的三次全试验电压的冲击	10			
2.5	外施耐压试验	（1）全绝缘的变压器，进行绕组的对地和绕组之间的主绝缘强度耐压试验。 （2）分级绝缘的变压器，进行中性点对地的绝缘强度耐压试验	10			
2.6	避雷器绝缘电阻泄漏电流测试	（1）绝缘电阻：35kV及以下的避雷器用2500V绝缘电阻表测量，其绝缘电阻不低于1000MΩ。 （2）泄漏电流：测量1mA（直流）时的临界动作电压 U_{1mA} 和 $75\%U_{1mA}$ 直流下的泄漏电流测量避雷器的 U_{1mA}。 （3）U_{1mA} 实测值与初始值或制造之比，其变化不应大于5%。 （4）$75\%U_{1mA}$ 下的泄漏电流不大于50μA。且与初始值相比较不应有明显变化	15			
2.7	恢复设备引线连接	将试验前拆除的电缆、引线恢复原状，并确认连接牢固	5			
2.8	结果分析	试验数据与试验标准或者出厂试验报告比较，分析判断是否合格	5			
3	其他要求					
3.1	清理现场	拆除试验人员自装的接地线、短路线，收拾仪器、仪表、专用试验线、工具、围栏、标示牌等，不允许遗留物件在设备上	5	不正确扣1～2分		
3.2	竣工验收	对现场进行全面检查验收，无异常后，通知人员拆除接地线，所有人员撤离现场	2	不正确扣1～2分		
3.3	考核时间	按时完成	3	超过时间酌情扣分		
合计			100			